21 世纪高等学校电子信息类规划教材

管理信息系统原理

（第二版）

主　编　李劲东　吕　辉　姜遇姬

参　编　冯继宣　周志丹　黄永斌　周志英

张　涛　白剑林　吕　晨

西安电子科技大学出版社

内 容 简 介

  本书从信息、系统、组织等基本概念出发，介绍了管理信息系统的原理和分类；讨论了计算机软硬件、通信、网络等技术的发展，面向管理、面向实现技术；分析了数据资源管理的理论与方法，管理信息系统的开发、实施与运行，尤其是对结构化、面向对象开发等方法做了较为深入的探讨；分析了电子商务应用系统的发展和基本框架。同时，本书还介绍了各种新兴的信息技术的应用。

  本书可作为高校相关专业的教材，也可作为管理信息系统的维护人员、管理干部、系统分析师和程序设计师的参考书。

图书在版编目(CIP)数据

管理信息系统原理/李劲东，吕辉，姜遇姬主编. —2版.
—西安：西安电子科技大学出版社，2007.8(2015.12 重印)
21 世纪高等学校电子信息类规划教材
ISBN 978 - 7 - 5606 - 1205 - 8

Ⅰ. 管…　Ⅱ. ①李…②吕…③姜…　Ⅲ. 管理信息系统－高等学校－教材　Ⅳ. C931.6

中国版本图书馆 CIP 数据核字(2007)第 107073 号

策　　划　陈宇光　臧延新
责任编辑　杨宗周
出版发行　西安电子科技大学出版社(西安市太白南路2号)
电　　话　(029)88242885　88201467　　邮　　编　710071
网　　址　www.xduph.com　　　　电子邮箱　xdupfxb001@163.com
经　　销　新华书店
印刷单位　陕西华沐印刷科技有限责任公司
版　　次　2007年8月第2版　2015年12月第11次印刷
开　　本　787毫米×1092毫米　1/16　印　张　21
字　　数　494千字
印　　数　39 001～41 000册
定　　价　36.00元
ISBN 978 - 7 - 5606 - 1205 - 8/TP · 0628
XDUP 1476012 - 11
＊＊＊如有印装问题可调换＊＊＊

第 二 版 前 言

本书第一版自 2003 年 2 月出版后，已经三次印刷，发行量近 20 000 册，在教学和科研实践中产生了良好效果。按照高等院校教材使用的时间序列，该书已经到了修改、再版的周期，同时原先的版本无论是在内容上还是在体系上都暴露出了某些不足。为了让本书继续在教学与科研中发挥作用，编著者经过多次讨论，决定对该书进行修订。

在修订该书的过程中，编著者相互之间进行了频繁的沟通交流，对新旧版的衔接、内容的组织等做了细致安排。第二版的总体思路是，对第一版部分章节做一些调整，个别内容加以修订，前五章突出理论性，后五章强调工程性。

第一版中强调的"管理信息系统"的三个特点——系统的观点、数学的方法和计算机应用，在这次修改过程中继承了下来，并在第二版中发扬光大，将基本原理与现实世界的结合在第二版中表现得更为紧密。例如，管理信息系统的概念，第二版将要分析它的双重性：既是信息系统在管理中的具体应用(Information Systems in Management)，又是管理信息的系统(Systems to Manage Information)。系统的核心是控制，而要控制就必须建立感应装置。第二版对管理信息系统中控制的实现机制、感应的构建方式、与实际管理职能的联系等关键问题，都希望给读者一个清楚的交代。此外，对于"计算机硬件、数据库、网络通信等只不过是建立感应、实现控制必不可少的设施和手段"等观点，我们本着"愿意听取批评和在干中学"的态度还是将这些想法在第二版中表达了出来。

管理信息系统的定义有狭义和广义之分，而本书对这两个定义都做了讨论。管理信息系统是多个学科的融合，是管理科学与信息技术的结合。它将多个学科的方法和理论，经过归纳、概括和总结，形成了一个完整的体系，既包括系统工程的思想，如信息、系统的概念等，还包括管理科学的理论，如组织、管理的职能、决策管理等。当然，也缺少不了计算机方面的技术，如数据结构、数据库系统、操作系统、计算机网络通信等。编著者试图努力清晰地阐述这一理论体系。

本书第 1、2、9 章由李劲东编写，第 3 章由冯继宣编写，第 4、5、6 章由吕辉和吕晨编写，第 7、8 章由吕辉和白剑林编写，第 10 章由冯继宣和李劲东编写。

还是一句老话：感谢读者阅读本书，真诚欢迎同仁提出批评和修改意见。本书第一作者的电子邮件地址：jdli@zwu.edu.cn。

编　者

2007 年 5 月

第 一 版 前 言

"管理信息系统"是一门以系统的观点、数学的方法和计算机应用为基础的新兴学科。管理的成效取决于科学的决策，而决策的正确与否取决于信息的质量和对信息的应用。作为管理的现代化手段，管理信息系统和信息资源的开发、利用将深刻影响到政治、经济、军事、文化、教育等各个领域。因此，管理信息系统的研制、开发越来越受到人们的普遍关注——企业、事业单位都在开发和应用各级各类信息系统，高等学校普遍设置了相关专业，为社会培养信息系统工程与管理人才。考虑到教学和社会的需求，结合作者多年从事教学和信息系统开发所积累的经验，我们编写了《管理信息系统原理》一书，希望对管理信息系统的教学和开发有所贡献。

根据管理类学科对"管理信息系统"课程的教学要求，兼顾社会的需求，基于"既不过于强调管理信息系统开发的系统分析、系统设计，培养系统分析和系统设计师，也不能像计算机学科的同类教材那样过于强调系统实现和软件开发，培养计算机程序开发工程师，而是两者有机结合"的考虑，本书编写的基本思想是：以管理信息系统原理为核心，既讲述系统分析、系统设计的一般原理和方法，又以一定篇幅介绍信息系统的主要实现理论和技术，面向管理，努力体现"系统的观点、数学的方法和计算机的应用"这一主线，并精选若干案例，以帮助学生掌握信息系统的实际应用。

本书共分 12 章。第 1 章讨论信息、系统、组织等管理信息系统的基本概念。第 2 章介绍信息系统层次划分和不同层次的系统功能。第 3 章到第 6 章主要介绍信息技术的相关理论和技术，包括计算机技术基础、数据通信技术基础、计算机网络技术以及数据资源管理技术等。数据通信技术为网络信息交换提供了基础；计算机网络技术部分介绍了计算机通信网络的主要理论和技术；数据资源管理技术部分介绍了数据库管理系统的基本理论和方法。第 7、8 章介绍信息系统的战略规划和管理信息系统的开发方法，从不同层次综合性地介绍了信息系统开发的一些原则。第 9 章介绍面向过程的结构化系统分析、设计的方法。第 10 章介绍面向对象软件开发的基本原理。第 11 章主要介绍管理信息系统实施、运行过程中的一些技术问题。第 12 章列举了宁波地区几家企业开发应用管理信息系统的成功案例，说明管理信息系统在企业中的应用。每章附有小结和习题。

为满足各种层次、类型的教学要求，本书对参考教学内容作了"*"标记。

本书是集体劳动的成果。在本书的形成过程中，组织了编写组，集体讨论定稿，并分工编写。其中，李劲东编写了第 1、12 章，姜遇姬编写了第 6、10 章，吕辉编写了第 4、5 章，黄永斌编写了第 7、11 章，周志丹编写了第 3 章，周志英编写了第 2、9 章，张涛编写了第 8 章。李劲东、姜遇姬、吕辉共同负责全书的统稿，周志丹协助完成了编写组织工作，姚杰、沈宏微、盛微等为本书作了大量的文字录入、制图等工作。

浙江万里学院将本书列入学院教材建设基金的资助计划，浙江万里学院教务长王刚对本书的编写给予了极大支持。宁波市信息办、市经委、市科技局以及三星集团等单位，白位杰、侯豫江、王剑荣、黄金龙、王浩军等为本书提供了许多成功案例。本书编写过程中，参阅了大量的文献资料，并作了引用，书后列出了参考书目，在此，对文献资料的作者以及给予了帮助的单位和个人表示诚挚的谢意。

本书在出版过程中得到了西安电子科技大学出版社的大力支持，在此对该社同志的辛勤劳动表示感谢。

我们真诚欢迎并感谢读者给本书提出宝贵的批评和修改意见，使其更加完善，以发挥更大的作用。我们的电子邮件地址是：jdli@mail.zjwu.net.

编著者
2003 年 2 月

目　　录

第1章　概述 ················· 1
　1.1　信息化 ················· 1
　　1.1.1　信息化的定义 ········· 1
　　1.1.2　信息化的发展 ········· 1
　1.2　信息 ··················· 2
　　1.2.1　信息的概念 ··········· 2
　　1.2.2　信息的特征 ··········· 4
　　1.2.3　信息的要素 ··········· 5
　　1.2.4　信息的内容 ··········· 6
　1.3　组织中的信息管理 ········· 6
　　1.3.1　信息管理的方式 ······· 7
　　1.3.2　信息管理的岗位 ······· 8
　　1.3.3　信息的加工 ··········· 9
　　1.3.4　信息收集的内容 ······ 11
　　1.3.5　企业竞争情报 ········ 12
　1.4　系统 ·················· 13
　　1.4.1　系统的一般性定义 ···· 13
　　1.4.2　系统的组成与分类 ···· 14
　　1.4.3　系统模型 ············ 15
　*1.5　信息与熵 ·············· 16
　　1.5.1　熵的概念 ············ 16
　　1.5.2　狭义信息论中的"信息" ·· 17
　　1.5.3　信息与熵之间的联系 ·· 19
　小结 ······················ 20
　习题 ······················ 21

第2章　组织中信息系统的层次 ·· 22
　2.1　组织、管理与决策 ········ 22
　　2.1.1　组织的定义 ·········· 22
　　2.1.2　管理与决策 ·········· 23
　　2.1.3　管理变革 ············ 24
　2.2　信息系统的概念 ········· 26
　　2.2.1　定义 ················ 26
　　2.2.2　知识工作系统 ········ 27
　　2.2.3　信息系统的发展 ······ 28
　2.3　信息系统的分类 ········· 29
　　2.3.1　管理活动的分类 ······ 29

　　2.3.2　信息系统的类型 ······ 30
　2.4　事务处理系统(TPS) ······ 31
　　2.4.1　TPS的概念 ·········· 31
　　2.4.2　TPS的运行过程 ······ 32
　　2.4.3　TPS的运行方法 ······ 34
　　2.4.4　TPS的设计目标 ······ 34
　　2.4.5　订单处理系统 ········ 36
　2.5　管理信息系统(MIS) ······ 39
　　2.5.1　MIS的概念 ·········· 39
　　2.5.2　MIS的运行过程 ······ 40
　　2.5.3　MIS的设计目标 ······ 41
　2.6　决策支持系统(DSS) ······ 42
　　2.6.1　DSS的概念 ·········· 42
　　2.6.2　DSS的特征 ·········· 43
　　2.6.3　DSS的组成 ·········· 44
　　2.6.4　DSS的发展 ·········· 46
　　2.6.5　DSS技术基础 ········ 47
　2.7　人工智能和专家系统 ······ 48
　　2.7.1　人工智能(AI) ········ 48
　　2.7.2　专家系统(ES) ········ 49
　小结 ······················ 51
　习题 ······················ 53

第3章　计算机技术基础 ········ 54
　3.1　计算机中的信息表示 ······ 54
　　3.1.1　数与码在计算机中的表示 ·· 54
　　3.1.2　音频和视频信息在计算机
　　　　　 中的表示 ············ 56
　3.2　计算机硬件基础 ········· 56
　　3.2.1　硬件系统组成 ········ 56
　　3.2.2　CPU ················ 59
　　3.2.3　存储系统 ············ 60
　　3.2.4　输入设备 ············ 62
　　3.2.5　输出设备 ············ 64
　　3.2.6　MIS中的输入/输出设备 ·· 66
　　3.2.7　总线 ················ 68
　3.3　计算机软件基础 ········· 69

3.3.1 软件概念 ……………… 69
3.3.2 操作系统 ……………… 70
3.3.3 程序设计语言与开发工具 …… 72
3.3.4 应用软件 ……………… 75
3.4 多媒体技术及其应用 …………… 76
3.4.1 多媒体技术概述 ………… 76
3.4.2 多媒体计算机的组成与应用 … 77
*3.4.3 高档微机的新技术 ……… 79
小结 …………………………… 81
习题 …………………………… 82

第4章 数据通信基础 ……………… 84
4.1 数字通信系统的基本组成 ……… 84
4.1.1 基本数字通信系统 ……… 84
4.1.2 模拟通信系统和数据通信系统 … 87
4.2 数据通信系统 ………………… 87
4.2.1 基本概念 ……………… 87
4.2.2 硬件构成 ……………… 91
4.2.3 软件构成 ……………… 95
4.2.4 主要性能指标 …………… 95
4.3 通信信道 …………………… 96
4.3.1 传输介质(物理信道) …… 96
4.3.2 多路复用 ……………… 100
4.4 数据传输方式 ………………… 104
4.4.1 数据信号的基本形式 …… 104
4.4.2 信道对基带信号传输的影响 … 106
4.4.3 数字调制技术 …………… 108
4.5 交换方式 …………………… 110
4.5.1 线路交换 ……………… 110
4.5.2 报文交换 ……………… 111
4.5.3 分组交换 ……………… 111
*4.6 差错控制技术 ………………… 113
4.6.1 差错控制的基本原理 …… 113
4.6.2 几种常用的差错控制编码方式 … 114
小结 …………………………… 115
习题 …………………………… 116

第5章 计算机网络技术 ………… 118
5.1 计算机网络概述 ……………… 118
5.1.1 计算机网络的形成与发展 … 118
5.1.2 计算机网络的定义 ……… 121
5.1.3 计算机网络体系结构
标准化及其组织 ……… 121
5.2 计算机网络的结构 …………… 123
5.2.1 体系结构 ……………… 123

5.2.2 拓扑结构 ……………… 125
5.2.3 逻辑结构(组成) ……… 127
5.2.4 物理结构 ……………… 128
5.3 局域网技术 ………………… 128
5.3.1 局域网概述 …………… 129
5.3.2 IEEE 802.3 标准——总线
局域网(以太网 Ethernet) …… 132
5.3.3 高速以太网技术 ………… 134
5.3.4 交换式网络 …………… 136
5.4 广域网技术 ………………… 136
5.4.1 分组交换网络 …………… 136
5.4.2 帧中继网络 …………… 138
*5.4.3 综合业务数字网 ISDN 和
ATM 网络简介 ……… 140
5.5 网络互联技术 ………………… 143
5.5.1 中继器 ………………… 143
5.5.2 网桥 ………………… 144
5.5.3 路由器 ………………… 146
*5.6 计算机网络的安全与管理 …… 148
5.6.1 网络安全概述 …………… 148
5.6.2 网络管理概述 …………… 150
5.6.3 网络操作系统 …………… 151
5.7 Internet 概述 ………………… 153
5.7.1 Internet 的形成与发展 … 153
5.7.2 Internet 提供的主要服务 … 154
5.7.3 Internet 基本技术 ……… 155
5.7.4 Internet 对企业的作用与影响 … 158
小结 …………………………… 159
习题 …………………………… 161

第6章 数据资源管理技术 ……… 162
6.1 数据资源管理技术的发展 …… 162
6.1.1 数据管理技术的发展 …… 162
6.1.2 访问远程数据资源 ……… 164
6.2 数据描述及数据模型 ………… 165
6.2.1 数据描述 ……………… 165
6.2.2 数据的逻辑模型 ………… 166
6.2.3 数据的物理模型 ………… 168
6.3 数据库管理系统 DBMS ……… 169
6.3.1 三级模式结构 …………… 169
6.3.2 DBMS 的组成 …………… 169
6.3.3 用户访问数据的全过程 … 171
6.3.4 用户界面 ……………… 172
6.4 关系型数据库 RDB …………… 172

6.4.1　基本概念 ·············· 172

6.4.2　关系数据模型的完整性规则 ······ 173

6.4.3　关系模型的操作 ·········· 174

6.5　RDB 设计 ··············· 179

6.5.1　RDB 实体联系模型 ········· 179

6.5.2　RDB 规范化理论 ·········· 180

6.5.3　RDB 设计实例 ··········· 182

6.6　新型数据库 ·············· 183

6.6.1　数据仓库 ············· 183

6.6.2　多媒体数据库 ··········· 186

6.6.3　数据库技术展望 ········· 188

小结 ··················· 190

习题 ··················· 191

第 7 章　管理信息系统开发方法 ····· 193

7.1　开发方法综述 ············· 193

7.1.1　开发方法的定义 ········· 193

7.1.2　开发方法的类型 ········· 195

7.2　MIS 开发过程 ············ 198

7.2.1　MIS 生命周期 ·········· 198

7.2.2　原型化开发方法 ········· 200

7.3　MIS 开发模型 ············ 204

7.3.1　瀑布模型 ············· 204

7.3.2　原型模型 ············· 205

7.3.3　MIS 模型化 ··········· 206

7.4　结构化分析方法 ··········· 208

7.4.1　系统分析 ············· 208

7.4.2　系统分析的工具 ········· 210

7.4.3　系统分析报告 ·········· 217

7.5　结构化设计方法 ··········· 218

7.5.1　子系统划分 ··········· 219

7.5.2　代码设计 ············· 221

7.5.3　输入/输出设计 ·········· 222

7.5.4　用户界面设计 ·········· 223

7.5.5　模块化设计与系统设计报告 ···· 226

7.6　网络环境下 MIS 的开发 ········ 227

7.6.1　系统开发的原则 ········· 227

7.6.2　系统开发的组织 ········· 228

7.6.3　系统的网络设计 ········· 229

小结 ··················· 231

习题 ··················· 232

第 8 章　面向对象开发方法 ······· 234

8.1　面向对象方法的产生及其发展 ···· 234

8.1.1　MIS 开发存在的主要问题 ······ 234

8.1.2　面向对象方法的发展 ·········· 235

8.1.3　结构化方法和面向对象

方法的比较 ··············· 235

8.2　面向对象的基本原理 ········· 237

8.2.1　基本概念 ············· 237

8.2.2　程序设计实例 ·········· 240

8.2.3　方法的主要机制 ········· 242

8.3　面向对象系统开发 ·········· 243

8.3.1　面向对象分析 ·········· 243

8.3.2　面向对象设计 ·········· 248

8.3.3　面向对象实现 ·········· 264

小结 ··················· 269

习题 ··················· 270

第 9 章　管理信息系统的实施与运行 ··· 272

9.1　MIS 的实施 ············· 272

9.1.1　程序设计方法 ·········· 272

9.1.2　系统调试 ············· 274

9.1.3　人员培训 ············· 275

9.1.4　系统试运行和系统切换 ····· 275

9.2　MIS 的安全管理 ··········· 277

9.2.1　MIS 不安全因素 ········· 277

9.2.2　MIS 安全的设计 ········· 279

9.2.3　MIS 的安全技术和控制方法 ··· 283

9.2.4　MIS 安全的风险评估 ······ 284

9.3　MIS 的运行 ············· 285

9.3.1　建立和健全运行制度 ······ 286

9.3.2　日常运行管理与监控 ······ 287

9.4　维护、升级与评价 ·········· 288

9.4.1　维护 ··············· 288

9.4.2　升级 ··············· 290

9.4.3　MIS 的评价体系 ········· 291

9.4.4　MIS 对管理者的影响 ······ 293

小结 ··················· 298

习题 ··················· 299

第 10 章　电子商务应用系统 ······· 300

10.1　电子商务的概念 ··········· 300

10.1.1　定义 ·············· 300

10.1.2　电子商务的系统特性 ······ 300

10.1.3　电子商务应用系统 ······· 301

10.2　电子商务的产生与发展 ······· 301

10.2.1　发展背景 ············ 301

10.2.2　电子商务的发展阶段 ······ 302

10.2.3　国内某区域电子商务的应用 ··· 303

10.3 电子商务的构成 ……………… 306
  10.3.1 电子商务的发展框架 ……… 306
  10.3.2 应用与技术的协同 ………… 308
  10.3.3 电子商务网络支撑平台 …… 310
  10.3.4 电子商务与 MIS 的关系 …… 311
10.4 电子商务的交易过程 ………… 312
  10.4.1 电子商务系统的类型 …… 312
  10.4.2 交易的三大环节 ………… 313
  10.4.3 电子商务对社会的影响 ……… 314

10.5 电子商务战略规划 ………………… 315
  10.5.1 战略规划的概念 ………… 315
  10.5.2 战略规划的目标与组织 …… 317
  10.5.3 战略规划的步骤 ………… 318
小结 ………………………………… 321
习题 ………………………………… 322
参考文献 ………………………… 323

第1章 概 述

1.1 信 息 化

1948 年，美国通信工程师香农（Shannon）创造性地推出了信息论的代表作《通信的数学理论》，为现代文明社会做出了两大方面的贡献：建立了信息的计量方法，发现了信息编码的三大定理。近 60 年后的今天，组织的信息资源管理从数据管理到信息管理，现在已经上升到了知识管理的高度，不再局限于数据、事实的传递、记录与存档，而是把"沉睡的知识"激活，恢复其"庐山"真面目并渗透到整个组织的知识交流与知识共享之中，使其成为影响组织的核心竞争力以及持续竞争优势的关键因素。

1.1.1 信息化的定义

当今世界，信息化被运用在许多领域中，这主要得益于人们对信息化的执着追求。一般认为，信息化就是计算机化——采用计算机帮助人们处理各种事物；信息化就是网络化——利用网络可以在广阔的信息空间里发掘和利用信息；也有人用智能化、知识化等来描绘信息化。事实上，信息化立足于数字化，计算机的普及、网络的应用构成了信息化的基础。但信息化又超越了数字化。一般说来，信息化包含了数字化、网络化和智能化三个发展层次，并已在国家政治、经济、军事上获得了广泛的应用。

1.1.2 信息化的发展

进入 21 世纪后，人类迎来了信息化时代，它推崇学习，鼓励创新，对人的素质提出了更高的要求。越来越多的人投入到学习新知识，创造和利用新理论的活动中。信息化时代表现为越来越多的人从事与信息有关的工作，或者越来越多的事与信息的概念联系在一起。与信息、知识相关的产业都在高速发展，更多的人从信息的角度去分析、观察、解决问题。信息产业以及与信息的产生、传播密切相关的行业，如销售、教育、银行、保险、法律等成长迅速，企业的信息化蓬勃发展。在传统的企业管理活动中，管理者注重的是人、财、物，而在现代企业中，管理者更加关注的是人、财、物、信息四种资源。与计算机打交道，不再是大学、研究所中的研究工作，而是支持企业发展的关键性应用技术。新经济的一个重要特点就是知识的发展会创造出很多对传统的生产模式、组织结构的改造和更替。信息具有非常大的学习回报性。在创造、使用信息上的投资越多，先进的技术和知识在全社会的传播就越广泛，知识和技术的获取成本就越低，会有更多的人学习新知识，参与发明和创造。如此良性循环下去，信息就可以带来可观的经济效益和社会效益。

在信息化时代，一个组织中各层机构的管理工作都是非常重要的。为了使管理更加有效和具有远见卓识，有人提出组织中凡对别人的工作负有责任的人员，都应该把自己看成是领导（企业中就是经理）。这对每位员工的素质都提出了较高的要求，尤其是知识方面的素质。许多管理失误是由于信息的不足或信息的不准确造成的，而信息的收集、整理、储存和利用都是以知识为基础的。

1.2 信　　息

国内对信息的概念的研究曾经历了情报学发展的阶段，尽管专家学者们当时就认识到情报只是信息的一种。"情报"一词大约是在 20 世纪初由留日学生把日语中这两个汉字引入到国内来的，而"信息"一词早在唐代诗人李中的诗词《暮春怀故人》里面就出现了。虽然英文"Information"一词在中文的情报、信息两者之间的随意性给国内的研究带来了一些干扰，但 20 世纪 80 年代掀起的情报定义的研究高潮为信息科学的普及推广起到了很大的推动作用。

1.2.1　信息的概念

1. 定义

美国数学家维纳（Wiener）在其代表作《控制论和社会》一书中，首次给出了信息的科学定义，即"信息是人们在适应外部世界，并使这种适应反作用于外部世界的过程中，同外部世界进行互相交换的内容和名称。"正如上面所述，"信息"一词应用的领域很多，适用范围非常广泛，既有数学上、技术上的定义，也有人文社会科学方面的解释。在 1979 年以前，国内权威的工具书《辞海》中尚未有"信息"一词。直到 1982 年，《辞海》（增补本）才将该词条收入书中，其解释是"音讯；消息"。1989 年出版的《辞海》将"信息"解释为"泛指消息和信号的具体内容和意义"。

再深入分析，信息是关于客观事物的可通信的知识，或者说信息是人们对客观世界的认识并经过传递能被他人感知的物质表示。图 1-1 形象地说明了这一点。图 1-1 中，甲、乙是接收和传递信息的用户，分别处在不同的环境里。i 是客观存在的事物，并发送信息。甲通过自己对 i 的认识，得到了信息 A，这中间还受到了干扰（$i \rightarrow A$）。乙也同样得到了信息 $B(i \rightarrow B)$。A 与 B 既可以完全一样，也可以有所差异，i、A、B 的内容就是信息。A 甚至还可以传递到乙再被乙所认识（如图中虚线所示）。这样甲就成为乙的信息发送者，而乙就是甲的信息用户。但此时的客观事物 i 已经上升到一个新

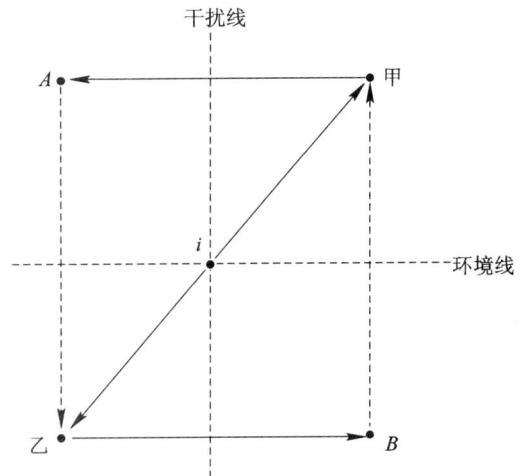

图 1-1　信息的示意图

的高度，因为信息中已掺入了甲的思想，所以甲的理解、表达等能力都将影响 A 与 i 的相近性。同理，B 也能这样进行传递。

信息的概念具有广泛的含义。一种通俗的解释是：信息是人们所关心的事情的情况。同一事物的情况对不同的个人或群体具有不同的意义。某个事物的情况只有对个人或群体的行为或思维、决策产生影响时，才能称为信息。

2. 信息量

从通信的观点看，我们这里所指的信息实际上并不是消息，但是可以由消息来传递。从统计学的意义来分析，信息是对各种可能的消息做出一定的选择。值得注意的是，电信中的信息传输模型和人们之间用语言或文字通信的过程十分相似。哈特莱(R. V. Hartley)第一个提出用对数单位来度量信息，并用消息概率给出这一度量形式，而香农则首次在通信理论中给出了信息的定义。香农当时提出的所谓"信息"的计算公式实质上是计算"信息量"的公式，信息是"用来消除未来的某种不确定性的"东西，信息量就成为对消息不确定性的一种衡量，用数学公式表示，即

$$I = \log\left(\frac{后验概率}{先验概率}\right) \tag{1-1}$$

式中：后验概率表示消息被收到后事件发生的概率；先验概率表示消息被收到前事件发生的概率；I 表示从一个消息中所收到的信息。

由此可见，消息中的事件在后验概率越大、先验概率越小时，消息传递的信息量越大。如果人们事先对某件事的知识(信息)很少，收到消息后能使这种知识增加很多，那么消息所传递的信息量就大。一般来说，在无干扰的情况下传来的消息告诉某事件已发生，则该事件发生的概率为 1，即后验概率为 1。此时，式(1-1)可改写为

$$I = \log\left(\frac{后验概率}{先验概率}\right) = -\log(先验概率) \tag{1-2}$$

若取以 2 为底的对数计算，则信息量的单位是比特。

信息量与"熵"的概念密不可分。最初创立信息论的科学家如冯·诺伊曼、香农等提到的信息实际上都指的是"信息量"，并不是信息的一般性定义。这些定义都撇开了接收和传递信息的用户的主观因素，故不可能对信息的真实性做出任何贡献。后来有学者将主观因素引进到信息的度量中，提出了加权熵、意义信息等概念。对"熵"概念的定义在本章最后一节中加以讨论。

3. 信息的外延

理解信息的概念还可以从它的外延来考虑。信息的外延包含许多方面，如：

(1) 人类的感觉，如意思上的理解、感悟等。

(2) 报刊文章、电视电影等。

(3) 个人和机构产生或获得的以及积累的各种资源。

(4) 计算机处理过的某个行星表面的图像、计算机模拟的一种建造中的飞机周围的气流等。

(5) 用于做出决策的程序、公司做财务记录的程序、软件中计算机运行所要遵循的步骤等。

自然界一切事物都处于相互联系、相互作用之中，这不仅是指物质的运动和能量的转

换，还包括事物之间传递相互联系与作用的媒介，以及这些媒介的各种运动和变化形式所表示的意义。例如，一则新闻可以导致一个企业倒闭，一张传单可以引起整个城市的不安，这就是信息的作用。由此，可以给出信息的一般定义为：事物之间相互联系、相互作用状态的描述。此定义说明，只有当事物之间相互联系、相互作用时，才会有信息产生。也就是说，一个事物由于受到另一个事物的影响而使得其某种属性发生了变化，从信息的角度看，这是因为前者得到了后者的某种信息，并产生了新的信息。由此可见，人类的活动离不开信息，自然界也充满着信息的活动。

4. 信息与一些相近概念的区别和联系

信息与数据、消息、情报、知识等有一定的联系，但又有明显的区别。

(1) 数据和信息的关系可形象地解释为原料和成品的关系，数据是原材料，信息是成品。必须指出的是，数据与信息这两个概念的区别是相对的。

(2) 人们通常所说的消息是指包含某种内容的音讯。消息是信息的反映形式，信息是消息的实质内容。消息只是信息的外壳，信息则是消息的内核，是对消息的理解。

(3) 情报是指有目的、有时效，经过传递获取的涉及到一定利害的特定的情况报道或资料整理的结果。可以说所有的情报都是信息，但不能说所有的信息都是情报。

(4) 知识是人类社会实践经验的总结，是人的主观世界对于客观世界的概括和反映。信息也不等于知识。有的信息有丰富的知识内容，有的信息就没有什么知识内容。在一个比较熟悉的环境中，人们可以轻松地将事务处理好，这实际上就是利用了已有知识的结果。

1.2.2　信息的特征

企业拥有四种典型的经营资源：人力资源、物力资源、财力资源和信息资源。信息资源具有一些其他资源所不具有的特征。

首先，信息具有可复制性。生产信息的成本或许非常高，但其复制成本却很低，信息产品几乎可以毫无成本地增加它的使用者。其次，信息具有消费的不排他性。相同时间里为多个用户所利用的信息，不会因为使用者的增加而使每个使用者获得的信息量减少，反而会带来整个社会信息总量的增加。这是信息与其他资源如物质、能源之间存在的根本区别。技术信息的拥有者把技术信息卖给其他人，自己并没有失去技术信息；买者得到信息，既是使用者，又可以成为技术信息的新的拥有者。许多信息具有很大的经济价值，它的分散利用将产生丰富的社会财富。信息还具有不可逆性。用户只有得到信息后才能知道其价值，事先很难判定信息的价值。但是，使用过后的信息是不能归还或者恢复到其初始状态的。

在企业中，计算机系统的硬件、软件等还可以被视为通常的物质资产进行评估，但生产技能、技术、商标、形象等信息资源所形成的资产却无法按照物质的标准衡量其价值，有人把这些资产叫做"无形资产"。理论上，信息的价值是可以衡量的，例如按照获取该信息所花费的社会必要劳动量计算。这种方法与计算其他物资产品价值的方法一样，实际上是物理可近性。信息的物理可近性是指信息与用户在距离、形体等物理特征上的可获得程度，具体表现为信息本身的费用、获得信息的人力和物力消耗以及检索耗时等指标。还有一种衡量信息价值的方法是根据使用该信息后的效果给出其价值。一条信息仅在物理上获得而不阅读其内容，是不能称之为信息可近的；而阅读这份信息却不得其义，也谈不上内容的可近性。信息的价值是在管理决策过程中使用了该信息所增加的经济收益减去获得信息所花的费用，这个计算方法的关键在于增加的经济收益如何确定。例如，企业在安排生产计划时，利用信息在多个方案中选出一个最优方案所获得的经济效益，与不用该信息随便选的方案获得的经济效益，两者之差就是信息的价值。获取信息能力的差异决定了企业的竞争力。在获得全部信息，对客观环境完全了解后得到最优决策，这叫做全情报价值。在确切知道决策所可能带来的结果的环境中做出决定，叫做确定性决策。但是，在大多数情况下，经理面对的决策问题不可能拥有完全的信息，需要进行风险性决策和不确定性决策。不确定性决策是决策者知道可能发生的各种情况，但不知道这些情况发生的概率；而风险性决策是在完全未知的环境中进行决策。

1.2.3　信息的要素

信息离不开物质载体，它的表现形式是物质的，这是信息的依附性所决定的。信息是由以下四个要素构成的。

1. 语义要素

语义要素中的语义既可以理解为人类语言，也可以理解为非人类共用语言所表达的语义。信息的语义使其具有使用价值。

2. 差异要素

信息会表现出一定的差异性，如有与无，多与少，强与弱或者时空上的差异等等。信息的差异越细微，信息越具有使用价值。

3. 传递要素

信息经过表现与传递，才能为其他对象所感知。传递要素包括信源、信宿、信道、信息流、编码和解码、噪声与干扰、反馈与前馈等。

4. 载体要素

载体是信息内容存储的依附体，又是信息内容传播的媒介。纸质文件的原件体现出内容和形式的统一。传统的文件格式，如开本大小、排印版式、内在联系等在文件形成之时便被永久固定下来。对企业之间的各种合同、单证等商业文件，载体的原始性——原件对其内容的原始性起证明作用，即借助载体、字迹材料、格式、签章等形式上的原始性对内容的原始性起到确认和证明的作用。所以，纸张是最普及、最可靠的信息载体。除了在声音和图像领域，纸张在记录信息方面的作用也是无可替代的。

在数字技术中，文件的保存格式与软件有关，而它的传输与存储介质可以是相分离的。越来越多的政府、企业在其活动中使用数字技术，国内许多地方也都在打造"数字区域"。过去人们用纸质文件来传递的信息，现在可直接用计算机数据代替，数字化信息实现了传统纸质文件的功能。信息的载体材料有很多种，这是由于以计算机为代表的信息技术已渗透到社会的各个角落。从波音 777 型飞机的无纸设计到风靡全球的 Internet，所产生的电子文件数量巨大。这些电子文件既有文本型的，也有图像、声音型的，有的进入正式交流领域，还有的是非正式交流的。对于电子文件，目前已经有好几种定义，其中美国联邦管理法规中对电子文件的解释是：包括数字的、图形的及文本的信息，它可以记录在计算机能够阅读的任何一种介质上，并且符合文件的定义。目前，成千上万的建筑、航空航天研究设计院采用了 CAD(计算机辅助设计)技术，许多政府部门、企事业单位开始利用计算机网络技术接收和发送文件，各地政府纷纷提出加快数字化的步伐。磁性载体的信息已经被人们所接受，电子文件开始在政治、军事、经济、文化等领域中发挥重要的作用。但是，纸质材料具有其他载体所不具备的优秀品质，它还将继续存在下去。

1.2.4　信息的内容

从存储的信息内容来划分，信息可分为数值信息、事实信息和文献信息三类。

1. 数值信息

数值信息的内容是数值、数字，或是由符号组成的代码。这类信息的实例是数值型数据库，如人口数据库、商品价格数据库、高考分数数据库、气象数据库、符号化的化学分子结构图等。意大利 SLAMARK International S. P. A 公司建立的 Pricedata 数据库，就收录了自 1972 年以来的世界上的金、银、钢铁、煤炭、石油、谷物、茶、咖啡、糖、香料、食用油、纺织品等 60 多种主要商品的价格行情，包括美元、英镑、日元、意大利里拉、法国和瑞士法郎、德国马克等 10 多种货币的汇兑等数据。

2. 事实信息

事实信息的内容是能够直接提供各种事实的直接描述信息。由于数据的输出不同，这类数据库与上面的数值型数据库不同，它必须能够回答像“世界上哪座山最高”一类的问题。应用事实信息的实例包括人事档案管理、科研项目管理、城建管理、企业决策、人才预测和军事上的作战指挥系统等。

3. 文献信息

文献是人类社会发展到一定阶段的产物，文献信息的内容是文献资料。文献信息是正规的、人类社会所特有的人工信息。早期的文献信息是把文献的标题、文摘、作者、分类号、主题词或关键词、文献出处等内容按照一定的结构组成数据库，并提供多种检索途径，需要时再由信息管理员将文献原文找出以提供使用。近来又出现一些全文数据库，将文献的全部文字装载到数据库中，对外开展服务。

数值信息、事实信息和文献信息分别存储在数值型数据库、事实型数据库以及文献型数据库中。

1.3　组织中的信息管理

计算机技术把组织的信息管理推向了一个崭新的高度。在习惯了使用计算机的工作环境下，有时偶尔碰上这些机器出了故障，组织中的信息不知道该怎么样去管理。计算机技术是要用键盘、喇叭、显示器和磁盘来扩展人的手指、耳朵、眼睛与大脑，但整个管理信息系统必须是建立在人对信息的管理之上的。所以，对信息管理的基本理论，甚至是传统的管理方法必须掌握，即使在管理信息系统已经发展得非常先进的今天。早在 1994 年，哈佛商学院的达文波特(Thomas H. Davenport)就提出了“以人为本的信息管理”的 IT 精神，

"有效的信息管理必须着眼于考虑人们如何应用信息,而不是如何使用机器"。

1.3.1 信息管理的方式

1. 信息管理的定义

从组织以及管理的角度,给信息管理下一个定义就是:信息管理是在管理科学的一般原理指导下,对信息活动中的各种要素,包括信息、人员、资金、设备、技术等,进行科学的规划、组织、协调和控制,以充分开发和有效利用信息资源,从而最大限度地满足社会的信息需求。

一个组织中两个基本部分是管理者和被管理对象,而建立管理者与被管理对象之间联系的正是信息。同时,管理也正是通过这些信息才得以实现的。因此,信息在组织及其管理中的地位和作用有以下四个方面:

(1)从管理系统的角度看,信息是管理系统的基本构成要素和管理系统之间联系的介质。

(2)从管理过程的角度看,管理过程实际上就是以信息为媒介,表现为信息的不断输入、变换、输出和反馈的过程。

(3)从管理组织的角度看,信息是系统相互间沟通、联络、协调行动的桥梁和纽带。

(4)从管理目的的角度看,信息的开发利用是提高经济效益和社会效益的重要途径。

2. 在企业管理中的作用

企业有大有小,对信息管理的要求也各不相同。按照一般流程,企业的信息管理应该包括信息收集、信息加工整理、信息分析与研究、信息利用等方面,其目的就是保证将正确的信息以正确的形式,在正确的时间传递到正确的人员手中。在传统的手工方式中,信息管理的方式就是使用笔、墨、纸来存储,靠面对面的说话来传递,用语言、文字来输入和输出;管理的工具无非是文件夹、资料袋以及各种标签、摘要卡片等等。计算机具有强大的、不可替代的信息管理的能力。在信息技术应用的初级阶段,计算机被习惯地视为单个的信息处理工具,而现在则更多的是群体和计算机、通信网络技术所支持的协同处理。它使得信息在组织中更加畅通、有序,因而也更加具有价值。通信网络将分布在企业、顾客、供应商、银行等之间的计算机连接在一起,无论是一个局域网上的本地文件服务器,或者是一个广域网上的公共文件服务器,都发展成为提供信息的设备——信息源。

企业中每项指标只能有一种标称、计算方法,否则信息就会产生多重含义。对于信息的多义性,在传统方式下是由信息的产生者与利用者通过交流来避免重复。由于计算机不能够像人类那样认识理解信息,因此,就在管理信息系统中对该条信息的的数据类型加以明确定义,从而使得计算机记住格式而不是理解内容来防止一词多义。

【案例 1-1】 一家石油开采跨国公司,不同部门对"油田位置"有不同的计算方法。一些人把它定义为最初的地理坐标——数值,另外一些人则认为是油井所在地——地名,有人甚至认为它是油在油罐区中或输油管中流动的位置——管道编号,等等。各种定义的数据都被输入到信息系统中,结果一联网,连最基本的信息也难以被不同的部门共享。

直观上看,信息管理的作用就是要解决类似信息多重含义的问题,无论是靠人工还是利用计算机。人或者计算机面对的是相同的基本问题,它不会因为计算机的出现、管理信息系统的构建就自动消失。在上面的案例中，信息管理的成果就是建立规范。后来，公司只得向整个管理系统用一种计算方式来明确"油田位置"的含义，那些坚持不同意见不肯同意到一种格式的经理和雇员，会因此调换岗位丢掉饭碗。这种方法对人类来说虽然有点极端，但确实收到了预期的效果：数据的一致性得到了维护，产品有了可以共享的信息。使用计算机来解决这个问题也是这种"同步"的措施。但是，这种结局掩盖了另一个新的问题：组织中能否允许信息个性化的存在。事实上，在新的国际化环境中，尤其是在有多种业务的大公司里信息的多重性就不可能被强行消除，这是信息管理面临的新问题。

这种信息个性化给组织及其内部的各个部门带来了效率，却使得经济全球化的信息共享变成一种挑战，在组织整合和信息共享方面也可能引发问题。所以，组织中信息管理还要在信息全球化和信息个性化之间施加一种良性的张力：全球化的张力设法让信息具有那种能用于整个组织中的含义；而个性化张力则推动个人或小组用对自己更实用的方法来定义信息。即可以采用局部信息流与集团公司信息流两种信息流并存的方式。尽管这种方式显得有些混乱和难以控制，但这对一个多样化的公司似乎还是很实际的，而且这也是企业信息管理必须承担的责任。

1.3.2　信息管理的岗位

1. 信息资源的概念

信息、物质和能源是人类社会资源的三大支柱。信息虽然是普遍存在的，但并非所有的信息全都是资源。只有满足一定条件的信息才能称之为信息资源。因此，信息资源也就是"可利用的信息"的集合。换句话说，只有经过信息管理，信息才能真正成为信息资源。而且信息资源归根结底就是一种信息。信息成为资源的必要条件是信息的加工和处理。

2. 信息资源管理的定义

信息资源管理是一个比信息管理更具有实践意义的概念，信息资源管理的定义是对获得、管理及控制信息资源的各个方面和部件的一种综合性方法。在工业化时代，信息是以一种参考的形式提供利用，如图书文献资料等。在信息化时代中，信息成为企业的一种重要的资源，其发展势头已经和 20 世纪 70 年代的人力资源管理(Human Resources Management，HRM)一样受到重视，出现了信息管理的高级职位——CIO(首席信息官，或者信息主管，英文是 Chief Information Officer)。

信息资源管理的意义在于：

(1) 开辟了新的管理领域，运用"资源管理"的理论对信息进行管理，有利于合理开发和有效利用信息资源。

(2) 在宏观管理、中观管理和微观管理等三个层面来对待信息管理，分别确定工作任务、目标与职责，有利于保护信息资源开发利用者的合法权益。

在微观管理层上，信息资源管理不仅重视信息对企业所具有的价值，还非常关注信息技术给企业带来的效益，并对信息技术进行开发、管理以实现企业的战略目标。其中既有传统的信息管理，还包括对相应的支撑技术的统筹安排。

信息管理的概念比信息资源管理的概念要广一些，而信息资源管理的含义比信息管理的含义更要深刻。

3. 信息资源管理的特点

在因特网取得了长足发展的今天，企业中开始有了信息资源管理的职位，并承担着与以往不同的重要角色。

传统的信息资源管理将目标定位在固有信息载体的物理处理和传递上，以整理和保管为主要任务，其主要涉及的数据、资料有非常"精确"的时空边界，缺乏不同部门信息的相互交流与渗透交叉；管理上的各种手段、方法之间缺乏必然联系。

相对应地，网络时代的信息资源管理具有以下特点：

（1）具有超越组织或机构的实力，把信息工作从以收集信息资源为主转变为以提供信息检索和传递为主。

（2）管理的触角横跨组织内外，突破组织、机构的有形边界，将一个组织乃至国家、世界的信息体系连成为一个整体，使各种信息基础设施兼容，尤其是各种软件的兼容。

（3）不同语种之间的沟通更加容易、快捷、频繁，各种信息技术的应用更加灵活、多样，致力于对企业有关的内部信息和外部信息进行管理，使信息服务逐步产业化。

4. 首席信息官

信息资源管理在网络时代出现的新特点，催生了企业中专门管理信息资源岗位的出现。国内外大型公司都是在首席执行官(Chief Executive Officer，CEO)的岗位下面设立CIO作为公司的副总裁，负责对全公司的信息资源进行管理和控制，并负责制定公司的信息政策和有关标准。CIO需要为企业研究和解决以下问题：

（1）摸清、熟悉并确定适宜的组织环境，如组织的结构、战略目标、经营理念、决策权类型以及评价机制等，为信息管理打下基础。

（2）发挥信息资源的作用，及时提供各种对组织机构产生影响的信息，特别是对组织最高决策层具有潜在影响的信息资源，满足组织总体战略目标的信息需求，帮助一个组织在竞争中取得优势。

（3）建立信息管理的框架，在组织中建立管理体制，保证信息的有序，使各类信息资源获得协调一致发展，从而保证企业中所有资源的合理分配，提高资源利用的可靠性。

以CIO为中心的信息资源管理新体制可以采取多种形式的组织机构。常规的形式是：在信息资源的最高层管理者的领导下，下设信息资源的技术服务人员、管理人员和开发人员，组成一个功能组织结构；还可以按照产品类型或服务类型进行结构划分，每个分支对应一个业务部门；各业务部门各有各的信息资源管理岗位，接受业务经理的领导。比较灵活的形式是将上述两种结构混合，每个产品或服务的信息资源管理者不仅服从业务经理的领导，同时要接受相应的上级信息资源管理部门的领导。

除了设立CIO这样一个高级职位外，下面还要设立专门的办事机构，具体规模大小要根据公司信息业务量来确定。对于中小企业，主要的管理信息系统都外包出去了，只设一个CIO岗位负责与外包公司进行协调。所以，CIO也需要根据组织的规模、业务性质等来确定最适宜的层次、职责以及权利和义务。

1.3.3　信息的加工

信息加工的涵义是对原始信息进行筛选、判别、分类、排序、计算和研究、著录和标引以及编目和组织的过程，通过上述环节的一系列操作构成二次信息。信息加工的作用是要在传递信息之前，消除那些虚假、伪装的信息；变初始的、零乱的成为规则的、有序的；本质上不是创造性工作，但也会产生一些新的信息形式，如文摘、索引等，又称之为信息的组织。

1. 信息分类

信息可以用另一种定义，它是度量某一个人选择情况顺序的自由。编码是把信息从代码、符号中提取出来的活动，这样编码就成为将那些具有高度相等概率的情况放在一起形成集合的过程。信息分类的来历也就是将那些具有高度相等概率的情况放在一起，形成集合；信息分类，除了将其分成类别，还要对各类别进行逻辑排列和集中，限制在编制的分类体系当中。文献的分类发展得比较成熟，因而文献分类法被归纳总结成为了规范、标准。不同国家、不同行业、不同产品都有各种各样的具体的信息分类法。分类采用的基本原理是逻辑关系，如从属关系、并列关系、相关关系、交叉关系等。

2. 信息分类的主要方法

（1）体系分类法。体系分类法是直接体现知识分类的等级制概念标识系统，它通过对概括信息内容及其某些外表特征的概念进行逻辑分类（划分与概括）和系统排列而构成。比如《中国图书馆分类法》、《杜威十进分类法》。

（2）组配分类法。组配分类法是为了克服体系分类法的列举式分类方法所造成的不能无限容纳概念的局限性，以及它的类目的单线排列方式所造成的"集中与分散"的矛盾发展而来的分类方法。

（3）主题法。传统的主题法或标题法，又可以分为单元词法、主题法（叙词法、关键词法）等，其中叙词法是在单元词法等多种检索语言的基础上以叙词作为标识符号标引，检索信息主题的方法。

3. 信息的著录和标引

（1）信息的著录。信息的著录是按照一定的格式和标准，对原始信息的外表特征（名称、来源、加工者）、物质特征（载体形式等）、内容特征进行分析、选择和记录的过程。

著录的标准化，国内外都制定有相关的标准，如《国际标准书目著录》（International Standard Bibliographic Description，ISBD）、《文献著录总则》（GB/T 3792.1－1983）等。

（2）标引的基本概念。信息的标引是分析原始信息的内容属性（特征）及相关外表属性，并用特定语言符号表达分析出的属性或特征，从而赋予信息检索表示的过程。根据表达文献内容和标识语言的不同，我们可以将标引的类型划分为分类标引和主题标引等。

标引的过程主要包括查重、主题分析、转换标识、审核等四个步骤，而标引质量控制可以从以下四方面入手：

（1）准确性。要求标引的标识与文献信息内容相符合。

（2）专指性。也称专指度，是指主题标识与文献主题概念的符合程度。

（3）网络性。也称网络度或标引深度，是指对文献信息进行标引的完备程度，具体表现为标引主题的个数。

（4）一致性。是指标引人员对同一主题的文献标引的一致程度。

4. 信息的编目和组织

信息的编目和组织是指按照一定的规则将著录和标引的结果另外编制成简明的目录，提供给信息需求者作为查找信息工具的活动，包括选择编目形式、实施目录编制、实施目录组织等环节。

除了信息编目，文献信息资源的编目也是一个非常重要的内容。文献信息资源编目涉及到著录标目的统一性、文献著录的准确性和一致性。计算机技术使得文献信息资源编目的组织模式由集中编目逐步走向共享编目。

(1) 集中编目是由一个公认的编目中心按照统一的分编规则编制书目纪录，并向其他文献收藏机构提供书目数据。国内有一些编目产品，如统编卡片以及丹诚软件与北京西单图书大厦共同开发的随书发行的机读书目记录。

(2) 联合编目是由多家图书文献部门根据协议，依据统一的工作规范分担编目工作，共享编目成果，如美国的《全国联合目录》(National Union Catalog)，中国的地区性联合编目中心(北京图联，上海翔华，江苏华茂，广东高校等)。

(3) 共享编目和联机编目是由计算机技术发展所带来的传统的集中编目和联合编目的集合体。现在，一种全新的共享编目模式，是由若干文献信息资源机构利用计算机和因特网共建共享联机书目数据库的一种新型的编目组织模式，范例就是美国的 OCLC(www.oclc.org)和中国的 CALIS(www.calis.edu.cn)。

1.3.4 信息收集的内容

企业信息总的来说有六大类：企业内部信息、技术信息、市场信息、政策法规信息、公众舆论信息和企业竞争信息。

1. 企业内部信息

企业内部信息包括销售发票、合同、产品用户档案、销售额、利润、退货记录、历年销售总量和经营状况信息(如企业经济指标、质量分析报告等)。目前，企业集团化已成为企业组织发展的潮流，有关横向联合的信息如下属企业、子公司、加盟店等企业内的有关信息就变得十分重要。这类内部信息关系到企业的发展，其保密性要求非常高。

2. 技术信息

技术信息是在企业产品开发、引进先进技术、改造设备、组织生产等业务活动中所依据的各项标准、规范等纯技术信息和技术经济信息。

(1) 技术标准，包括工艺、结构、包装、机械加工、技术检测等，是组织现代化生产不可缺少的手段和条件，同时也是提高产品质量、增强产品竞争力的技术保证。技术标准可分为国际标准、国家标准、行业标准、企业标准，其中国际标准越来越受到企业的重视。

(2) 纯技术信息，主要是关于本企业发展的科学理论性报告，如科技期刊、专业论文、科学论著、技术报告等。

(3) 技术经济信息，是指企业在技术引进等领域中，有关技术的法律状态、先进性、经济性以及效果的预测数据资料和调查报告，具体包括产品说明书、产品样本、专利等。

3. 市场信息

市场信息就是与本企业产品的市场占有率、寿命周期、市场价格动态、消费者的需求动向、市场的稳定性、多样性、特殊性以及季节性等相关的信息。

4. 政策法规信息

政策法规信息就是指对本企业的经营方针、产品战略、发展规划等具有决定性影响的一类信息。这类信息不仅包括国内的，还包括国外的有关法律、政策。政策法规信息对于外贸企业尤其重要。

5. 公众舆论信息

公众舆论信息包括产品形象和企业形象信息。

（1）产品形象信息，如公众对本企业产品的质量、性能、用途、价格、包装、售后服务等方面的反馈信息，还有一种信息是本行业的产品广告。

（2）企业形象信息，是指公众对本企业的印象和评价。

1.3.5　企业竞争情报

1. 企业竞争信息的定义

企业竞争信息是指其他同行企业的技术经济指标、价格、成本、产品质量、劳动生产率、产品加工方法、包装、销售渠道、生产工艺、总产量、工作条件、购销制度、企业管理等信息。企业内部信息与企业竞争信息恰好形成一对内与外的矛盾关系，一个企业的内部信息对其他企业而言就是一种竞争信息。

竞争情报是关于竞争环境、竞争对手、竞争策略的信息分析研究。以竞争情报为基础企业可以建立竞争情报系统，从企业竞争战略的高度出发，通过开发和有效利用各种信息、智力资源来提高企业竞争优势的信息系统。通过竞争情报系统，企业能够详细研究同行企业的情况，一方面是为了正确地决策和进行预测，提高企业自身的竞争力，另一方面也可以用来与本企业进行比较，找出差距，帮助企业提高利润和改进经济指标。

2. 信息过载

信息过载可定义为一种信息超出了人们所能够承受的数量的现象。如上所述，管理是人类社会普遍存在的活动。一个组织，无论大小、类型多么不同，机构多么复杂，都需要管理者对管理对象（会议日程、生产工序、产品销售或者下属员工等）进行协调、操作与控制。按照管理的三个层次来分析，不同层次的信息还表现出不同的特征，见表1-1。在实施管理的过程中，要识别每一个管理对象，不断了解他们的运动状态和运动方式。在这之前，还要知道他们的背景，根据现状预测未来的发展；要对其环境进行了解，对管理之后的效果还要进行评价。所做的这一切都是在获取信息。有了信息之后，还要根据上述不同的特征对信息进行分析，如比较、联系、推断等，这个过程还要结合相关的专业知识，而找到这些相关专业知识也需要信息。所以，正是信息构成了管理者与被管理者之间所有的关系，同时，也正是这些信息才使管理的目标得以实现。

表 1 - 1　信 息 特 征

	业务(事务)处理层	战术管理层	战略管理层
来源	组织内部	部分内部，部分外部	外部
范围	明确的，有限的	有一定的确定性	很宽
概括性	详细，具体	较概括	概括
时间性	历史	综合	未来
流通性	经常变化	定期变化	相对稳定
准确性	高	较高	低
使用频率	高	较高	低

　　管理实践中存在着沟通人际关系、传递信息和制定决策等三类管理角色，成功的管理者可以同时扮演不同的管理角色。决策的前提条件是要掌握大量的信息。既然管理和决策都对信息量提出了要求，迫使管理者与被管理者千方百计地去收集、掌握更多的信息，而且是越多越好。尤其是当今竞争环境日趋激烈，信息的掌握成为了众多企业势必争夺的阵地。然而，信息也不是越多越好，信息过多就成了"信息过载"。

　　"信息过载"是由于"信息爆炸"而产生的一种信息的数量超出了人们心理承受能力的现象。"信息爆炸"的具体表现不仅是信息数量的巨额增长，还表现为信息来源更加分散，信息的渠道、表现形式、语言符号和载体类型等都更加多样化，使人眼花缭乱。"信息爆炸"作用在每个信息用户上，使他们感到在可预见的这段时间内，无法完成对所有信息的阅读、吸收和利用。然而，他们又不愿轻易漏掉任何一条信息，于是就产生了"信息过载"，即信息超出了人们心理承受能力。尽管"信息过载"是针对科学研究所提出来的一种现象，但它对企业等任何组织都具有一定的指导意义。这是由于"信息爆炸"渗透到社会的每一个角落，并开始影响人类的经济、文化、生活等各项活动。信息管理的目标是既不让组织的各层机构感到信息短缺，又要避免信息过于繁多、杂乱无章，以致于产生"信息过载"。

1.4　系　　统

1.4.1　系统的一般性定义

　　"系统"一词可简单地描述为：为了达到某种目的而相互联系的部件的集合。较为正式的定义则是：系统是为了实现某种目的，由一些元素按照一定的法则构成和组织起来的一个集合体。"系统"一词已经被人们运用于各种场合，能以"系统"做后缀的名词多得不胜枚举。

　　系统的特征主要有四个：集合性、目的性、相关性以及可观和可控性。在系统模型的建立和推导中，系统的特点具体表现为：

　　(1) 系统是由部件组成的，部件处于运动状态。

　　(2) 部件之间存在着联系。

（3）系统的总性能大于各部件性能的和。

（4）系统的状态是可以转换的，而且这种转换是可以控制的。

"系统论"将事物当成一个整体并通过对事物的内部以及它与外部的全面、普遍的联系的研究，来考察、分析、综合、实现以及再现事物。把系统作为科学研究的对象，即动态的开放系统。很多现象，包括生物学、行为科学及社会科学中的现象都可以运用数学表达式和模型来进行描述，不同领域的系统在结构上类似。所以，要想把系统理论进一步深入学习下去，需要用到更多的数学知识。从这个意义上来看，系统工程、管理科学和运筹学这三个词实际上可以融为一体。

1.4.2 系统的组成与分类

最简单的系统由三个部分组成：输入、输出及联系输入和输出的中间元素，如图1-2所示。由一个或若干元素组成且有非常清楚的联系方式就是这个"中间元素"，可以实现处理加工、转换等功能。这也可以算作从另外的角度给"系统"作出的定义，即工程视野下的"系统"。

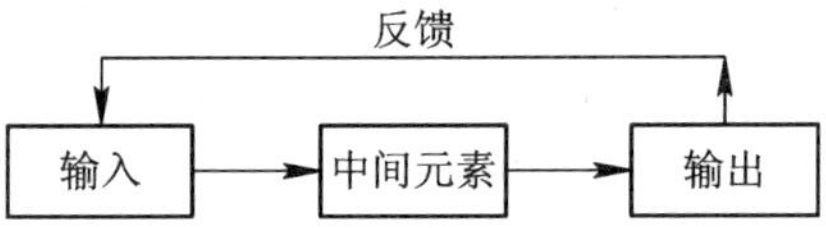

图1-2　系统组成的示意图

任何系统都必须有边界，系统的边界定义了系统本身的范围，而系统的环境是系统边界以外的所有事物。系统与系统环境则构成了全局，即全局是系统与环境的并集。系统边界的确定方法是找出系统的环境和系统的全局。因此，我们又有了确定系统的可操作的途径：先确定"系统"的全局，再找出"系统"的环境，这样一个"系统"的边界就可以清晰地勾画出来了。

系统边界有时也称为接口。系统与环境有接口，子系统与子系统之间也有接口。当系统较复杂时，即元素之间的关系难以表达清楚时，就要将系统分解成子系统。在管理信息系统领域，常见的子系统分解方法是功能/数据分析法。在企业中，可以从职能的角度将其分为生产、后勤、财会、市场等子系统。各子系统还具有连接，连接的基本形式有三种：串联、并联和反馈。系统的整体结构就是各个部件与这三种基本连接方式的有机组合。在软件工程领域，程序模块之间的联系的紧密程度可以用耦合的概念来衡量。

系统可以根据不同的特点来分类。按照其复杂程度，系统可分为简单系统与复杂系统；按其与环境的关系，又有开放式系统与封闭式系统。所谓开放式系统，是与环境保持某种关系的系统；而封闭式系统则是与环境无关的系统。

系统所处的环境有特定环境和一般环境两种。对企业来讲，特定环境包括直接与企业活动发生影响的因素，如顾客、竞争对手、供货商、相关政府部门、各种协会、相关技术等；一般环境是指间接地对该企业活动产生影响的因素，如文化、社会、政治、教育等。超市里的POS系统所处的就是特定环境，企业通过使用POS系统得到购买日期、金额、数量等信息，于是就发生了企业与特定环境之间的信息相互交流。目前，因特网是企业与社会建立信息交流的一般环境。

进一步分析系统的结构，系统应该包括五个要素：输入、处理、输出、反馈和控制。

（1）输入——给出处理所需要的条件和内容。

（2）处理——根据条件对输入的内容进行各种加工和转换。

（3）输出——经处理得到的结果。

（4）反馈——将输出的一部分内容返回到输入，供控制使用。

（5）控制——监督和指挥上面四个基本要素的正常工作。

从系统工程的角度出发，反馈是将系统的输出返回到系统的输入，经过中间单元的处理让新的输出达到某个预定的数值。作为反馈的超前方法，前馈则是通过预测未来事件，并根据预测结果调整输入。控制是采取矫正行动缩小偏差的过程。反馈、前馈和控制都是改善系统性能的手段。

系统的性能可以由各种方法来衡量。效率是衡量系统的一个指标，它是系统的产出与消耗的比值。有效性则是衡量系统实现其目标程度的指标，可以通过用实际实现的目标值除以总的预定目标值来计算。系统的关键在于控制。控制的问题说到底就是信息的使用问题。衡量信息管理有效性的关键不在于信息收集、加工、存储、传输等环节，而在于信息输出的实效、精度与数量等能否满足管理的要求。在使用信息时，应该对信息的反馈给予足够的重视。

1.4.3 系统模型

系统模型是系统论中最基本的概念，与它相关的概念还有系统状态、状态变量。系统状态表示了系统的变化过程在特定时间、特定空间、特定条件下的横断面，体现了系统的各元素的作用与联系。状态变量是用数学语言表示的状态与时间、空间与条件的关系，它可以是确定性的，也可以是非确定性的，即随机的或模糊的。系统模型是用数学的方法描述系统的所有状态之间的联系以及对系统同外部的联系进行的观测、分析和综合的方法。下面通过建立某个地区的社会系统的数学模型来说明系统的一般性定义以及数学模型就是用数学语言描述的系统行为的方程。

某地区社会现状是一个系统，因为根据系统的定义，社会现状是由各种相互具有关联性的事物如工人、农民、干部等组成。建立数学模型，有简单与复杂之分，这可以根据分析、计算能力以及精度要求来确定。本模型取工人、农民和干部对某项政策的态度作为社会现状，不考虑其他类型的人群，且在工人、农民和干部中也不再细分，是一个较为简化的建模实例。根据过去某个时间的统计数字求出方程的解，以便对某项政策在该地区执行的前景进行预测。

假设人们对政策的态度平均值为状态 $\bar{X}$，其中 x_1 表示该地区工人态度平均值变量，x_2 表示农民平均值变量，x_3 表示干部态度平均值变量。状态变量 $\bar{X}$ 是在构成系统的各元素的基础上推导建立起来的，其中初始值 $\bar{X}_0$ 是通过调查得出的人们现在对某项政策的态度，全心全意维护的取值为 1，坚决反对的取值为 -1，具有矛盾心理的取值为 -1～1 之间。其他变量包括：u_1 表示上级追加的政策的作用；u_2 表示周围地区政策执行效果对该地区的作用；a_{11} 表示工人自身态度的加权因子；a_{12} 表示农民对工人态度平均值的影响加权因子；a_{13} 表示干部对工人态度平均值的影响加权因子；b_{11} 表示上级追加政策对该地区工人态度平均值的影响加权因子；Y 表示政策执行效果的估价参量，如工农业生产上升指数；c_{11} 表示工人的态度对政策执行效果的影响加权因子。

由 a_{ij}，b_{ij}，c_{ij} 构成的各矩阵的值都是切实进行社会调查的结果，根据这些数据可建立下列方程组：

$$\left.\begin{array}{l}\dfrac{\Delta \bar{X}}{\Delta t} = A\bar{X} + B\bar{U} \\[2mm] Y = C\bar{X} \\[2mm] \bar{X}_0 = \begin{bmatrix} X_{10} \\ X_{20} \\ X_{30} \end{bmatrix}\end{array}\right\} \qquad (1-3)$$

式中，$\bar{X} = \begin{Bmatrix} x_1 \\ x_2 \\ x_3 \end{Bmatrix}$ 表示状态变量（向量）；$\bar{U} = \begin{Bmatrix} u_1 \\ u_2 \end{Bmatrix}$ 是控制变量（向量），是系统的外部输入量；Y 是一维参量，表示观察量或输出量，即对政策执行效果的估价参量，它的具体表达公式为

$$Y = c_{11}x_1 + c_{12}x_2 + c_{13}x_3 \qquad (1-4)$$

A 为系统矩阵，表示系统的内部联系；B 为控制矩阵，又称为输入矩阵，表示外部输入与系统内部状态的联系；C 为输出矩阵，又称观察矩阵。

方程组(1-3)中的第一个等式称为系统状态方程，第二个等式称为输出方程，第三个等式是初始条件。对方程组的求解本书不作具体介绍。上述系统模型的建立需要收集大量数据，输出量 Y 包含了许多有价值的预测信息，它可以帮助国家和企业做出重大决策，拟定长期发展规划。

＊1.5　信 息 与 熵

1.5.1　熵的概念

1. 物理系统的熵

现在有很多系统理论都用到了"熵"的概念。1865 年克劳修斯(K. Clausius)最早提出了物理学中"熵"的概念，后经过化学家、数学家等不断演绎，发展到现在成为一个重要的数学变量。其公式表达式也从简单的"商[1]"，发展到对数、概率统计等形式。熵的概念经历过无数次的"改良"，已经发生了质的飞跃，从"只能增不能减"拓展为"能增能减"，从物理世界到人类社会系统，横跨自然科学与社会科学，被称之为"科学史进程中曾最频繁的讨

---

[1]　经典热力学中，一般 Q 为热量，T 为绝对温度，S 代表熵，它具有不可逆转的只增不减性，即热力学第二定律所界定的——孤立系统的熵总是趋向增大。因为在自然界，温度总是自觉地从高的地方转移到低的地方，直到两边的温度相同。通过计算和实验观察，一个孤立系统的熵值越大，温差越小；反之，熵值越小，温差则越大。

论过的问题"。在国内这一概念也被赋予了极具有中文信息特征的术语①。

在经典热力学中,熵用一个简单的代数式表示,即

$$S = \frac{Q}{T} \tag{1-5}$$

或者,一个物理系统的熵的变化用积分形式表示为

$$S_2 - S_1 = \int_1^2 \frac{\mathrm{d}Q}{T} \tag{1-6}$$

式(1-6)中下限 1 和上限 2 为两个平衡态,Q 为热量,T 为绝对温度,$S_2 - S_1$ 代表吸收热量之后物理系统的熵之差。

1877 年,波尔兹曼(Boltzman)和吉布斯(Gibbs)首次从统计学的角度给出了熵的定义,提出了著名的波尔兹曼定律,采用对数的形式建立了熵的另一种表达式:

$$S = K \log W \tag{1-7}$$

其中,K 为波尔兹曼常数,W 取系统的微观状态几率,表示系统所能够呈现的状态数。此时的熵是关于一个物理系统分子运动状态的物理量,代表了分子运动的混乱程度。熵值越大,系统越混乱;熵值越小,系统越有序。波尔兹曼也曾说过,式(1-7)揭示了熵增的微观实质,并可变换成为先前克劳修斯的定义(式(1-5)),在本质上,仍然承袭了热力学第二定理的结论。

2. 一般系统的熵

上述熵的理论,证实了系统永远是从有序自动"退化"到无序。然而,它们无法解释诸如生物进化和新的平衡形式的出现等现象,尤其是那些与开放系统有关的现象。这些开放系统与其环境进行能量、物质、信息等交换,是系统状态的新形式。普里高津(Prigogine)在 1969 年提出了耗散结构理论,认为秩序或组织,可以现实地通过"自组织"过程"即时地"从非秩序和混乱中产生。为了继续承袭物理系统中传统的熵理论,采用了系统的总熵增的概念,即

$$\Delta S = \Delta S_e + \Delta S_i \tag{1-8}$$

因而,系统的熵增 ΔS 由两部分组成:一个是系统与外部交换能量和物质时引起的熵变 ΔS_e,另一个则是系统本身不可逆过程造成的熵变 ΔS_i。只有在外部熵变 ΔS_e 是一个负数,就可以使总熵增 ΔS 成为负值,系统的熵表现为递减,系统趋于有序。此时此刻,熵已经脱离了原来的只增不减的性质。

1.5.2 狭义信息论中的"信息"

从上面的讨论,可以看出信息论中的"信息"实际上是信息量,但信息论的创始人香农的贡献就在于使信息作为科学概念被确定了下来。哈特利是提出使用对数单位度量信息的第一人,使得信息的数学定义具有更加简洁的形式,变形为线性方程,香农在前人的理论基础上,提出了三大定理。

根据香农的理论,自信息 $I(x_i)$ 是选择消息符号 x_i 的不确定性,而收信人在收到消息

---

① 因为这个物理量是用"热量"除以绝对温度所得之商来表示,而它又是热力学中的概念,"火"就代表着"热",从而就有了"熵"的中文名词。

符号后已经消除的不确定性就是接收者获得的信息量，又称为互信息 $I(x_i; y_j)$。互信息用数学公式表示，即

$$I(x_i, y_j) = \log \frac{1}{p(x_i)} - \log \frac{1}{p(x_i \mid y_j)} \tag{1-9}$$

现在考察一个信源，其发出 m 个消息符号，各消息符号具有不同的概率 p_1，p_2，…，p_m，信源产生 n 个符号的序列。当 n 非常大时，根据大数定律，在这些序列中，消息源的任一符号 $x_i(i=1, 2, …, m)$ 将出现 np_i 次。总信息量为

$$I = n \sum_1^m p_i \log \frac{1}{p_i} = -n \sum_1^m p_i \log p_i \tag{1-10}$$

因此，每个符号序列的平均信息量为

$$H = \frac{-n \sum_1^m p_i \log p_i}{n} = -\sum_1^m p_i \log p_i \tag{1-11}$$

当对数的底取值为 2 时，平均信息量的单位就是比特，式(1-11)可写成

$$H = -\sum_1^m p_i \, \mathrm{lb} \, p_i \tag{1-12}$$

香农认为信息是消除或减少收信人的某种不确定性。这一定义只适用于信息是被机器而不是被人类处理机构从消息符号中提取的通信模型。若要考虑收信人的主观因素，信息的定义就会变得非常复杂，每种定义涉及许许多多不同的领域，都能找到自己的侧重点。

(1) 在计算机、通信等领域，这是信息的一个最重要应用领域，被当作机器处理的对象。如信息论研究信息的传输、符号的意义，信息传输中的信息量、编码和解码等。

(2) 在经济学、政治、军事等领域，信息是管理和决策的重要依据，是一种新的重要资源，如会计工作中的各种财务报表。

(3) 在哲学领域，最著名的是波普尔所提出的物质、精神、信息等"三个世界"的理论，把信息当作不同于物质和精神的第三种存在。

(4) 在新闻学领域，信息是物与物，物与人，人与人之间的特征传输。

(5) 在心理学领域，强调信息不是知识，而是存在于人们意识之外的东西。心理学等社会科学曾经是信息加工理论的基础，但现在它们更多地吸收了信息论中的技术性概念，其中包括：信号、消息、比特、信源、测量、编码等。心理学家从大脑的思维方式出发研究人类信息加工，认为人的认知活动可以分为一系列阶段，每个阶段对输入信息分别进行某些特定的操作。其最终产物就是反应，可以用心理学韦伯定律(Weber's Law)加以表示，即

$$\frac{\Delta I_i}{I_i} = K \tag{1-13}$$

式中：K 是韦伯小数，一般为一常数；I_i 是相应阶段基准信息刺激的强度；ΔI_i 是刺激的增量。

引入信息论的技术性概念后，心理学理论有了新的研究领域：① 人在做出判断或传递信息时能处理多少信息量？② 一个刺激的信息与人的反应之间的关系是什么？③ 对实验结果进行分析观察、对心理现象建立模型有没有新的方法？

虽然，香农给"信息"下的定义没有解释清楚其内容对人类的作用的问题，但在 1949 年香农和韦弗(Weaver)曾经提出了三级信息问题，即任何信息都包含三个方面：统计信息、

意义信息和有效信息。在有些文献中，意义信息又称之为语义信息，有效信息称为语用信息。香农当初只是把消息的共同特征抽取出来，仅仅分析了信息的量的特征，从通信的技术角度建立了统计信息的求解方法和理论。没有考虑具体内容对人类带来的反应，如意义信息、有效信息等问题。对于符号和大小，以及它们出现的概率相同的信号，用信息论的公式计算结果是一样的，但由于它们的内容、意义不一样，人类对它的反应却是不同的，例如有些是事故警戒的信号，有的则是一般信号。如果信息的量值是用其对人类的作用大小来测算，显然这两种信号的数值是不能等同的。

1.5.3 信息与熵之间的联系

香农创造性地对"信息"作了定量和定性描述，如式(1-10)、(1-11)和(1-12)，即信源的平均自信息量就是自信息的数学期望。香农还证明了当式(1-11)或式(1-12)满足公理"等概信源的熵函数 $H_n\left(\dfrac{1}{n}, \dfrac{1}{n}, \cdots, \dfrac{1}{n}\right)$ 是其事件个数 n 的单调递增函数"的条件时，公式具有惟一性。这些表达信源的平均自信息量的公式与统计物理学中熵的表达式非常相似，所以就把式(1-11)或式(1-12)所定义的量也称为熵。吉因斯(Jaynes)等人还证明了热力学计算熵的方法在数学公式上与统计学熵的最大熵推理是相同的。不仅如此，普里高津之前的熵都是一种能够测试的物理量，开放系统熵的理论如果只考虑系统与外界的能量、物质方面的交换，负熵也可以具有物理性质。如果交换的是信息，那么普里高津的理论实际已经把熵引到了非物理量上面，使得另一种熵——信息熵的概念浮出水面。

本节对信息和熵的概念分别进行了讨论，目的就是不想把信息与熵在最开始的时候就联系在一起。其实信息和熵这两个概念本来就是不同的。熵的基本概念则不同，它的提出和意义在它最初诞生之日就非常明确了，就是热当量与温度的比值，即克劳修斯建立的式(1-5)所表示的意义。因而，热力学第二定律即有了第二个表述：孤立系统的熵总是趋向增大，直至一个最大值，即温度完全均衡。之后，熵的概念经过发展演变，被用来解释更加广泛的自然物理现象，甚至不断应用于物理学以外的其他学科领域。波尔兹曼的一句话"熵是一个系统失去信息的量度"表明了波尔兹曼和吉布斯是最早将信息与熵联系在一起的人，但是，最彻底的当属冯·诺伊曼(Neumann)。当香农建立了信源的平均信息输出量的物理量 H 时，即式(1-12)或式(1-13)，想到给 H 起一个名字，就求助于冯·诺伊曼。冯·诺伊曼建议采用物理学中的熵，用它来描述信源的平均信息量。美国统计学家费希尔(Fisher)从建立一个标准来估计实验数据内的信息入手，在古典统计理论的帮助下，也提出了单位信息量的概念。维纳曾经说过："信息量的概念非常自然的从属于统计学的一个古典概念——熵"。

费希尔、香农、维纳等分别从统计学、通信理论、控制论等三个不同的角度，全都得出了信息是熵，是一种负熵的重要结论。法国的物理学家布里渊(L. Brillouin)从热力学和生命科学等多个方面深入探讨了信息的概念，经过严格推导，也把热力学熵与信息量直接建立了联系。他还进一步计算出了热力学熵与信息在数量上的等价关系：假定一个系统只有两个状态而且是等概率的，则获得 1 比特的信息，系统相应地要减少 $K \ln 2$ 的熵，式中 K 为波尔兹曼常数，$K = 1.38 \times 10^{-23}$ J/K。这一理论阐明了一个混乱的系统需要获得信息以达到减少熵的目的，从而提高系统的有序程度。布里渊还认为，香农的信息量的表达式与热力学熵的是一致的，但中间差一个负号，即"信息是负熵"。信息作为科学概念被确定下来，主要应该是信息论的创始人香农的贡献。

小　结

对一个国家、一个地区或者一个组织，信息化的含义是非常重要的，因为在信息时代越来越多的人从事与信息化有关的工作。信息的定义非常之多，本书给出了一些，其中包括美国数学家维纳给出的关于信息的科学定义："信息是人们在适应外部世界，并使这种适应反作用于外部世界的过程中，同外部世界进行互相交换的内容和名称。""信息"一词既有数学上的、技术上的定义，也有人文社会科学方面的解释。从信息的外延来理解这一概念是另一种学习方法。

信息具有一些其他资源所不具有的特征：可复制性、消费的不排他性、不可逆性。信息离不开物质载体，它的表现形式是物质，这是信息的依附性所决定的。信息是由若干要素构成的：语义要素、差异要素、传递要素、载体要素。从存储的信息内容来划分，可分为数值信息、事实性信息和文献性信息三类。

当今计算机技术已经发展得非常先进了，各种各样信息系统日趋成熟，对信息管理的基本理论，甚至是传统的管理方法如信息分类的基本方法，还不能丢弃，必须掌握。文献分类法已经非常成熟并被归纳总结成为了规范、标准，为其他信息的分类、著录提供了借鉴。由计算机技术的发展所带来的全新的编目组织模式——共享编目模式，就是由若干文献信息资源机构利用计算机和因特网共建共享的联机书目数据库，美国的 OCLC（www.oclc.org）和中国的 CALIS（www.calis.edu.cn）即是最好的例证。现在流行的搜索引擎如谷歌（Google）、百度（Baidu）也是分类方法与检索技术结合的产物。

信息的收集对于企业来讲非常重要，根据实际需要可以将信息分为企业内部信息、技术信息、市场信息、政策法规信息、公众舆论信息和企业竞争信息等六大类。竞争信息的含义说起来简单，要获取它却非常困难。所以，企业建立竞争情报系统非常有必要。通过竞争情报系统，企业能够详细研究同行企业的情况，但必须避免信息过载，不要使"信息超出了人们所能够承受的数量"的现象。

系统的一般性定义与工程视野下的定义是有所不同的。系统的一般性定义可以用于广泛的领域，如社会系统。而系统的结构则使得系统的含义有了可视化的形状。利用系统的边界、环境可以从外部把系统确定出来。当系统较复杂时，系统还可以分解成子系统，各子系统之间有三种连接方式。系统的整体结构就是各个部件与这三种基本连接方式的有机组合。效率是衡量系统的产出除以消耗的指标，是一个用来比较系统的相对概念，不同系统之间往往用这一指标来进行比较。有效性则是衡量系统实现其目标程度的指标，可以用实际实现的目标值除以总的预定目标值来计算。系统的有些部分可以直接由管理人员来控制，而有些则不能。建立系统的数学模型，就是用数学语言来描述系统的所有状态之间的联系以及系统同外部的联系，本书选取一个较为简化的建模实例作为社会现状，根据过去某个时间的统计数字求出方程的解，以便计算预测对某项政策在该地区执行的前景。系统模型是用数学的方法进行的观测、分析和综合的方法。

我们常常看到在系统科学与工程的许多涉及信息概念的实际问题中采用计算熵的各种方法的现象。例如，对中文信息熵的研究。这项工作始于 20 世纪 70 年代，到目前已经初步推算出了在不同汉字容量下信息熵的数值，求得了汉字的容量极限值。其结果成为后来互联网上一场关于中文汉字与英文哪个更适合信息数据管理的大讨论的主要论据。我们通过对信息和熵的基本含义和起源分别进行探讨，不仅建立起来这两个概念之间的联系，同时，也可以帮助我们更好地理解系统、控制以及信息论的基本理论。信息作为科学概念被确定下来，信息论的创始人香农作出了很大的贡献。

习 题

1-1 如何看待信息的定义。

1-2 信息的特征有哪些？

1-3 列出信息的四大要素。

1-4 请阐述企业的信息管理的内容和目的。

1-5 什么是信息资源管理？

1-6 信息分类的主要方法有哪些？

1-7 企业竞争情报的定义是什么？

1-8 什么是系统？

1-9 系统有哪些特征？

1-10 深入分析系统的组成。

1-11 用矩阵形式展开式(1-4)，并说明该方程的含义。

1-12 根据熵的理论，讨论信息量与信息两者在概念上究竟有何不同。

第2章　组织中信息系统的层次

"信息系统"这一术语应用于许多领域。对于具体应用在管理中的信息系统被称之为管理信息系统(或广义的管理信息系统)。用系统的观点来分析,管理信息系统的类型呈现出多样化。站在管理的角度上面给组织中信息系统下一个定义,就是指以组织管理为对象,以人为主导,以计算机网络通信、自动控制等信息技术为基础的系统。本章以组织管理活动为基础,介绍组织中信息系统的定义、层次结构,各种信息系统的功能、特性。

2.1　组织、管理与决策

信息系统对管理职能的支持,归根结底是对决策的支持。管理信息系统不是只为企业的最高领导服务的系统(这样的领导往往只有一个),而是面向整个组织的一个信息系统。它不仅包含对最高决策的支持,还应该适应各层管理与决策的需求。所以,组织的概念、管理与决策的性质是理解组织中信息系统的基本知识。

2.1.1　组织的定义

组织既可以有生理解剖学上的含义,又可以指人或动物组成的集体或物质的结构形式。从行为科学的意义上来分析,组织是权力、特权、义务、责任的集合,通过冲突和冲突的消解,使它们在一段时期内处于微妙的平衡状态。巴纳德(Chester Barnard)认为,组织的基本要素有三:共同的目的、协作的愿望和信息。然而,还有一种观点认为组织是由人及其相互关系组成的,它包括以下四个要素:

(1) 是社会实体。

(2) 有确定的目标。

(3) 有精心设计的结构和协调的活动系统。

(4) 与外部环境相联系。

无论是哪种类型的企业,都将整个组织分为自上而下的若干层次,扁平型的组织只比金字塔型的组织少了几个中间层。最常用的分层应该是战略管理、战术管理和业务处理。各管理层有不同的工作内容,如表2-1所示。

表 2-1　管 理 的 层 次

层　　次	工 作 内 容
战略管理	(1) 制定企业的目标、政策和总方针 (2) 规定企业的组织层次 (3) 决定企业的任务

续表

层　　　次	工　作　内　容
战术管理(管理控制)	(1) 资源的获得与组织 (2) 人员的招聘与训练 (3) 资金的监控
业务(事务)处理 (运行、操作控制)	有效地利用现有设备和资源,在预算的限制内开展活动

2.1.2　管理与决策

1. 决策的概念

决策是指为实现某一目标,从若干可以相互替代的可行方案中选择一个合理方案并采取行动的分析判断过程。决策理论有下面四种:

(1) 期望效用理论是通过建立效用函数并以期望效用值作为指标度量方案的优先次序。

(2) 决策分析理论则是应用贝叶斯统计决策理论进行决策。

(3) 理性决策理论的主要观点是决策者拥有完整的信息,能遍历搜索比较所有可行方案,了解所有评价标准。

(4) 行为决策理论则认为由于认知能力有限,人的理性只能是有限理性,决策者一般都厌恶风险,只能追求满意。

当今企业的管理者,面对变化着的环境,常常需要在极短的时间内做出十分重要的决策。这些决策的质量往往受到数据有效性、信息来源和决策者所具有的知识的影响。在金字塔型的组织中,处在最顶峰的是具有绝对权威的人,他将组织的总任务分解为若干块,并分配给他的下一级负责;这些下一级负责人又将自己的任务进一步细分后分配给他的下一级。就这样自上而下沿着一根连续的链条一直延伸到每一名雇员。在这样一个系统中,由最具权威的人输入指示,经过庞大的中层管理人员队伍,输出给最低层的员工去执行。反之,自员工向上流动的有关工作态度、期望和有关生产问题的信息,也要经过中层的过滤,传到最顶峰。决策过程对信息产生了需求,决策的前提条件要掌握大量的信息。从最高层领导到一般工作人员,都要进行决策。与管理的职能相类似,决策也可分为三个层次,即战略性决策、战术性决策和日常业务性决策。它们的主要职责见表 2-2。

表 2-2　决　策　的　层　次

层　　　次	主　要　职　责
战略性决策	其任务是面向产品和市场机会来分配所有的资源
战术性决策	将组织内部资源向企业外调配和在企业内开发
日常业务性决策	对按预算并分配的资源进行计划监督和统一控制

2. 决策过程

美国的西蒙(H. A. Simon)教授是决策科学的先驱,他曾写过一本著名的决策过程模型论著，其中提出了以决策者为主体的管理决策过程的"三个阶段"理论，这三个阶段分别是：

（1）情报阶段——收集从系统到子系统的信息。

（2）设计阶段——制定行动方案，分析系统部件。

（3）选择阶段——从可行方案中选择一个特定的方案并付储实施。

上述每个阶段本身又是一个复杂的决策问题，从而形成了一个环套环。随后，西蒙又对上面的模型进行了改进，把选择阶段中的方案实施独立设为一个阶段，并增加了评价活动，但仍强调前三个阶段是决策过程的主要内容。所以，现在的决策过程分为四个阶段：

（1）情报活动阶段——收集从系统到子系统的信息。

（2）设计活动阶段——分析系统部件，提出方案，评价方案。

（3）选择活动阶段——选择最好的方案。

（4）实施活动阶段——实现结果并进行评价。

3．决策问题的类型

西蒙教授提出了决策的三种类型：

（1）结构化决策——所解决的问题相对比较简单、直接，其决策过程和决策方法有一定的规律可以遵循；能用明确的语言和模型加以描述，并可依据一定的通用模型和决策规则来实现决策过程的基本自动化，可以程序化；所需的信息以内部为主，主要用于管理信息系统的业务（事务）处理层。

（2）非结构化决策——所解决的问题相对较为复杂，其决策过程和决策方法没有固定的规律可以遵循，没有通用模型和推理机制能直接加以应用，主要是战略性决策。

（3）半结构化决策——介于结构化和非结构化决策之间的决策。

2.1.3　管理变革

管理的功能是由决策、计划、组织、领导和控制组成，本质上管理具有二重性，即技术性（自然属性）和社会性（社会属性）。环境对管理者具有选择作用。环境是对组织绩效起潜在影响的外部机构、内部组织或力量，在宏观环境方面，有经济（资本、人力），技术，文化，政治（税收政策），法律（公司法、专利法、合同法、证券法、投资法等），伦理（版权法）。在微观环境方面，有工作环境，如竞争者、顾客、供应者、政府机构和利益集团。在不同的环境中，管理的职能也在不断地变化着。在工业革命时代，资金匮乏而劳动力丰富，这时的管理就是提供思路和发布命令，监控劳动力。后来，出现了专业化分工，工人分配到细分为最小部件的工作任务，各项任务都由专门人员去完成。

当今，组织的结构更加扁平化，企业规模更加小型化，灵活化，需要更多的团队工作与劳动授权。在这种组织中，一线人员担负着更重要的责任，要有更高的素质和多种技能与知识。工作人员与管理人员之间的区别慢慢变得模糊不清，管理者更像是辅导员或者教练，而不是传统的领导者。普通职员对他们自己的行为负有更大的责任，同时也拥有相应的权利。值得注意的是，这种新的工作流程还得由组织中按传统划分的各部门之间的合作来维持。

由于信息管理对组织也提出了新的要求，于是管理学界提出要在组织管理的方方面面进行创新。从组织、组织所在的内部环境等全方位来看，供应链管理、企业资源规划、客户关系管理，将供应商、企业和客户结合在一起，构成了所谓的 B－B 和 B－C 价值链。无论管理的职能发生何种变化，信息对企业的生存和发展都具有重要的意义，因为企业管理的过程实际上是信息沟通的过程。

1. 企业价值链

企业通过一系列的价值活动来实现价值增值，企业内部的所有价值活动连接在一起就形成了价值链。价值链是指任何一个企业均可看做是由一系列相互关联的行为所构成的，这些行为对应于物料从供应商到顾客的流动过程，而这一过程就是物料在企业的各个部门不断增加价值的过程。现在企业在建立和完善内部价值链的同时，更加致力于将内部的价值链与其他企业的价值链相连，这种企业间的价值链的结合被称做价值系统。

2. 供应链管理

供应链管理(Suppiy Chain Management，SCM)是由价值链理论发展而来的。早期的供应链概念是指制造企业中的一个内部过程，后来供应链概念开始扩展到关联企业。作为一种新的管理思想，它把供应链上的各个企业作为一个不可分割的整体，使供应链上各企业成为一个协调发展的有机体。SCM 是一种跨企业的协作，覆盖了从原材料到最终产品的全部过程。企业的视野已不仅仅局限于企业内部，而延伸到供应商和客户。

3. 企业流程重组

企业流程重组(Business Process Reengineering，BPR)是最初于 1990 年由美国的迈克尔·哈默在《Reengineering Work：Don't Automate，But Obliterate》一文中提出的。BPR 以企业流程为对象，从顾客的需求出发，对企业再思考和彻底性的再设计。它以信息技术的应用和人员组织的调整为手段，以求达到企业关键性能指标和业绩的大幅度提高和改善，从而保证企业战略目标的实现。重组的一个特点是着眼于"流程"，一切"重组"工作全部是围绕业务流程展开的。重组的实质是根据企业的目标根本性地改变企业的运作方式，其任务是寻找改进企业性能的创新性方法。BPR 实现的手段是两个使能器：一个是信息技术，一个是组织。没有深入地应用信息技术，没有显著地改变组织结构，严格地说不能算是实现了 BPR。

在组织依流程进行重构之后，管理也相应要贯彻整个流程，"横向管理"应运而生。横向管理有时被称为"一个经理制"，即由单个经理独立负责一项业务从订单到交货的全过程，或者一项产品从研制开发到市场销售的所有环节。组织内部的单一管理职能已经开始向多样化方向发展。

4. 企业资源规划

企业资源规划(Enterprise Resourses Planning，ERP)是基于计算机技术和管理理论的最新进展，从理论和实践两个方面提供的企业整体经营解决方案。ERP 是一个发展中的概念，它是在制造资源规划(Manufacturing Resourses Planning，MRP－2)的基础上并综合了其他类型的企业管理信息系统发展起来的，在功能上实现了一个企业具有的各类资源的系统与综合管理，是企业信息化的一个新里程碑。ERP 的最大价值是利用现代管理方法与信息技术，改革企业的管理模式与管理手段，以提高企业在市场的竞争能力。所以，ERP 是实现 BPR 最有效的技术手段。

5. 客户关系管理

客户关系管理(Customer Relationship Management，CRM)是一种旨在改善企业与客户之间关系的新型管理机制。CRM 既是一种概念，也是一套管理技术。利用它，企业能搜集、跟踪和分析每一个客户的信息，从而知道什么样的客户需要什么东西，真正地做到了一对一营销。在当今面对电子商务的发展，较之以前更加注重和意识到客户的重要性，纷纷由原来的"产品导向性"企业实现向"客户导向性"企业的转变。在这一变化过程中，客户关系管理的作用就显得尤为突出了。

SCM 定位于企业外部资源特别是原材料和零部件等资源与企业生产制造过程的集成管理，ERP 定位于企业内部从原材料到产成品交付整个过程的各种资源计划与控制，而CRM 则定位于产成品的整个营销过程的管理。三者共同构成了电子商务时代企业运作和管理的基础平台。

2.2　信息系统的概念

2.2.1　定义

1. 信息系统还是管理信息系统

事实上，国内外对信息系统与管理信息系统之间的异同是有不同看法和观点的。一种观点认为管理信息系统是信息系统的一个组成部分，信息系统是整个组织的各种系统的总称，管理信息系统是为管理人员和决策者提供日常信息的那一类系统。另一种看法是组织中的所有信息系统都是管理信息系统，或者信息系统与管理信息系统的含义相同，只是为了避免与其他领域(如电子技术专业)中的信息系统相互混淆，选择了在"管理信息系统"教材中不使用"信息系统"一词。国际上用信息系统来概括了所有利用信息技术为组织各层服务的各种信息系统，而管理信息系统成为信息系统的同义词，除非专门给出注释或定义。

2. 广义的管理信息系统与狭义的管理信息系统

由于管理信息系统在理解上出现了歧义，就有了广义的管理信息系统与狭义的管理信息系统之分。与信息系统取相同意思的管理信息系统为广义的管理信息系统，而仅代表为中层管理服务的信息系统的管理信息系统称之为狭义的管理信息系统。

本教材除了像国内的教材这样在不同的章节分别讨论、使用"信息系统"与"管理信息系统"的定义之外，还采取了在容易产生混淆时专门加以解释的处理办法。当介绍信息系统的功能类型时，"管理信息系统"是仅指管理层的信息系统，是信息系统的一种，是狭义的管理信息系统；而其他"管理信息系统"则是指国际上的信息系统概念，即广义的管理信息系统，除非专门说明了管理信息系统只是在组织内管理层的信息系统，即狭义的管理信息系统。

3. 定义

除了上述广义、狭义的管理信息系统之分以外，管理信息系统本身具有多种定义。"管理信息系统"(Management Information System，MIS)一词是在 20 世纪 60 年代提出的，首先出现在国外。1970 年，瓦尔特·肯尼万（Walter T. Kennevan）给"MIS"下的定义是：以书面的或口头的形式，在合适的时间向经理、职员以及外界人员提供过去的、现在的、预测未来的有关企业内部及其环境的信息，以帮助他们进行决策。到了 20 世纪 80 年代中期，管理信息系统的构成、作用曾一度受到争议。高登·戴维斯（Gordon B. Davis）适时地提出，管理信息系统是一个利用计算机硬件和软件、手工作业、分析、计划、控制和决策模型以及数据库的用户—机器系统，它能提供信息，支持企业或组织的运行、管理和决策功能。随着信息技术的高速发展和广泛应用，管理信息系统已经不可能独自涵盖计算机在组织管理中的所有应用领域，信息系统的概念浮出了水面。

　　【案例 2 - 1】　一个客运公司开发了预订票系统。这是一种数据更新系统，它是支持企业运行层日常操作的主要系统，如记录、汇总、综合、分类等；将它和数据型数据库连接，可以对数据进行排序；而与事实型数据库连接，则能够回答类似于"销售量完成的最大的员工是谁"这样的问题。预订票系统分航空公司的信息系统和长途汽车的信息系统两种，相比较之下，长途汽车预订票系统要比飞机预订票系统更加复杂：旅客在一次飞行中只要转一次或二次，而长途汽车旅客可能要停 10 次或者更多。美国灰狗公司（Greyhound）开发的 Trips 系统，动用了 40 位开发人员，总预算 600 万美元；尽管后来发现当 Trips 系统的终端数增加到 50 万个，计算机系统会停止运行，但公司的再造工程（Reengineering）获得了成功，为此，该系统曾受到证券分析家们的赞誉。

　　信息系统从某种意义上来讲，可以看做是管理信息系统概念的发展，或者是信息技术的发展促使了信息系统概念的形成并普遍被认同和被接受。斯代尔（Stair）把信息系统定义为"一系列相互关联的，可以收集（输入）、操作和存储（处理）、传播（输出）数据和信息，并提供反馈机制以实现其目标的元素或组成部分的集合。"信息系统可以是手工的，也可以是计算机化的。信息系统并不是具体的某一类系统，而是指所有利用信息技术、对各种信息流进行处理汇总、为组织各层服务的系统。为了避免将信息系统与计算机等同起来，在事务处理系统、管理信息系统（狭义的管理信息系统）、决策支持系统等定义中，数据库还专门界定为事实和信息的有组织的集合。在斯代尔的概念体系里，管理信息系统只是一个将人员、工程、数据库及设备组合而成的集合体，为管理者与决策者提供信息支持。劳登（Laudon）也认为信息系统在技术上可以定义为支持组织中决策和控制的进行信息收集、处理、存储和分配的相互关联部件的一个集合。事务处理系统、管理信息系统、决策支持系统实质上是信息系统对应于组织中不同的管理决策层面或类型所表现出来的不同形式，表2 - 3 显示了三者之间在概念上的逻辑关系。

表 2 - 3　三种信息系统的关系表

事务处理系统	支持组织中管理的最基层
管理信息系统	概念出现两极分化：广义的和狭义的
决策支持系统	信息系统的较高发展阶段

2.2.2　知识工作系统

　　知识工作系统（Knowledge Work System，KWS）和办公自动化系统（Office Automated System，OA）都是另一种类型的信息系统，它们更多的是用来创造信息而不是管理信息。

知识工作是由知识工作者完成的，不仅产生新的信息而且还要保持新的知识和技术能够应用于组织的各项业务的创造性工作中。所以，对知识工作系统的使用者的素质提出了更高的要求。首先，要成为知识工作者他（她）必须是正规的高等学校毕业，其次，所从事的主要工作是创造并不断应用新的信息和知识。办公自动化系统与知识工作系统不同，它支持比较低层次的脑力劳动，其主要目的不是生成信息而是处理数据，包括存储、传递、检索、输入与输出等。

办公自动化是知识工作者创造和生产知识的好助手，知识工作系统输出的各种报告，必须依靠办公自动化系统来完成撰写、编辑、修改、打印等工作。从两者的典型软件可以看出它们的不同点。

计算机辅助设计系统（Computer Aided Design，CAD）是一种知识工作系统，它能够处理复杂图形并自动进行工程设计或修改工程设计。采用 CAD 系统，建筑师、工程技术人员能做出更好、更新的设计，还可以节省产品性能模拟试验等费用，提高设计工作的效率。另一种知识工作系统是财务管理软件，尤其是那些具有理财功能的信息系统。它们面向中小企业及组织的财务管理，提供企业投资融资决策，帮助企业全面实现理财精算化管理。这种软件允许企业中各部门，如市场部、财务部和生产部的工作人员，协同工作，共同产生一份策划报告或计划报告；通过对多维的历史数据进行综合分析，对公司在短期内的销售进行预测；通过跟踪资金来模拟不同的决策效果；通过预算达到控制公司的经营活动。

办公自动化系统的典型软件是著名的 Microsoft Office 套件。其中的文字处理系统如 Word，可用来编辑、修改、打印、输出、存储有用的文字材料；电子表格系统 Excel，可以完成数据的统计、汇总，制作分析报表等。其他办公自动化系统如群件软件 Lotus Notes/Domino，可以完成不同群体之间的协同工作，安排工作日程表，发送、接收电子邮件或者召开电子会议等。

2.2.3　信息系统的发展

自计算机问世以来，信息系统的发展就从来没有停止过。从 20 世纪 50 年代中期开始，自动数据处理（Automatic Data Processing，ADP）和综合数据处理（Integrated Data Processing，IDP）走向市场。ADP 是将手工作业的业务进行计算机处理，IDP 则是将若干分散的单个的计算机数据处理用联机方式进行综合处理；ADP 和 IDP 两者可以连接在一起综合运用，以产生更加明显的效果。IBM 在 20 世纪 70 年代开发了面向通信的产品和信息控制系统（Communication Oriented Production and Information Control System，COPICS），这种应用的实例，实际上是一个生产状态信息报告系统。MIS 是在 20 世纪 70 年代发展到较为成熟的水平，不过发展热潮并没有持久下去，因为许多人感到 MIS 只是一种理想化的信息系统；20 世纪 70 年代后半期，出现了决策支持系统（Decision-making Support System，DSS）和 OA 并行发展的局面，用户将 DSS 当作是管理信息系统的一个重要组成部分，利用对话形式，采用试探方法，运用在决策现场。在 DSS 中，专用于支持管理决策层的系统称为主管信息系统，简称 EIS（Executive Information Systems）。OA 系统的发展不局限于软件，硬件技术更加迅猛向前发展，其运行模式开始从独立操作的微机转向网络化。

信息系统的新发展是战略信息系统（Strategic Information Systems，SIS），这是一种用来支持企业竞争或形成竞争战略的系统。另一种新系统 BPR 遵循企业管理变革的理论，从信息系统的角度，利用信息技术，对企业内或企业之间的工作流和业务过程进行分析和再设计，主要是对生产价值的过程进行改编或削减。在生产制造型企业，应用最多的是 MRP、ERP 等系统，图 2-1 显示了信息系统的主要演变历程。

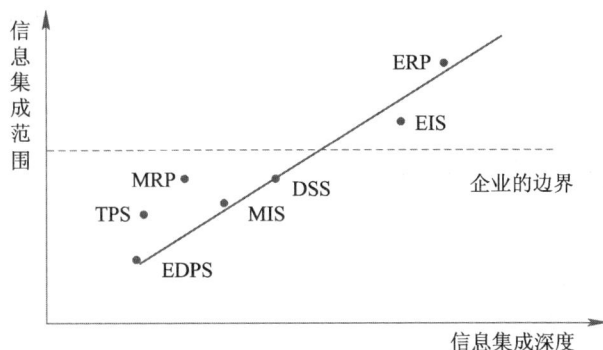

图 2-1   信息系统坐标进化图

2.3   信息系统的分类

2.3.1   管理活动的分类

前面已经阐明，管理被划分成战略规划层（战略管理）、管理控制层（战术管理）、运行操作控制层（业务处理）等三个层面（或三种类型）。无论组织规模大小，这三个层面或类型都会存在，图 2-2 中归纳了组织中各级管理层的特性。由于管理职能的不同以及管理者所处层次的不同，为管理者服务的信息系统的类型也不同。

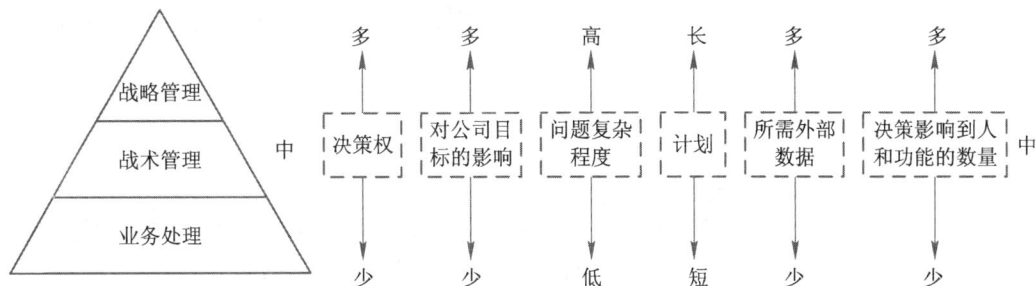

图 2-2   组织与决策特性的关系

1. 战略规划

战略规划的任务是明确组织的目标，确定达到这些目标所需要的资源，以及掌控获得这些资源，主要侧重于建立组织的政策和目标。战略规划要对组织今后的发展进行预测，该活动中做出的决定对组织显得尤为重要。如华南集团就是否投标"国际生态园区"的决策，由于涉及资金上亿元，直接关系该组织的生死存亡。在这一管理层面，组织与其环境之间的关系是其关心的核心问题，所以，所需要的信息大量来自于组织外部环境。

2. 管理控制

管理控制是管理人员确信获得资源，并为完成组织的目标有效而又充分地利用这些资源的过程。该活动主要是在战略规划过程中所建立的政策和目标的范围内进行的，其首要目标是保障有效而又充分地利用组织资源，提高组织的效益。管理控制需要将上一个层面做出的决定分解为工作任务，再分派给下一个层面去执行，并监督工作完成的情况，分析总结评价任务完成的质量。所以，管理控制层的信息管理任务最为繁重，如生产管理、财务管理等等。

3. 运行操作控制

运行操作控制就是保证组织具体业务活动高效率地开展的过程，目标是提高工作效率。如一个物流公司的运货员日常要思考用哪辆车运送货物，采用何种装货方式。运行操作控制主要是执行管理控制层下派的任务，其完成的情况成为管理控制层最重要的信息源。

管理控制和运行操作控制的基本区别在于运行操作控制是关心效率，侧重于对具体的业务的控制，如运送货物所需的车辆、装卸工具等，而管理控制则关心效益，如分派给某个运货员的任务是否保质保量的完成，原因动机如何，等等。管理控制更侧重于人员的控制以提高业务工作效率。

管理活动的理论可以在专门的《管理学》书中找到详细的内容，本节只能是提纲携领地作一概述，并将其特征与组织中信息系统联系在一起。按照信息利用的三个阶段的理论，上述三类管理活动对信息系统中信息的需求自底而上分别对应于：提高效率阶段、转化价值阶段、寻求机会阶段。

2.3.2 信息系统的类型

1. 划分原则

信息系统的分类可以按照各种分类原则、方法去划分。例如，信息系统按管理层次或类型分，可以有以下三种：

（1）决策支持系统。

（2）管理信息系统。

（3）业务信息系统。

如果将信息系统按系统的功能和服务对象来划分，还可以有很多种，比较常见的有：

（1）国家经济信息系统。

（2）企业管理信息系统。

（3）事务型管理信息系统。

（4）行政机关办公型管理信息系统。

（5）专业型管理信息系统。

通常，从管理职能划分组织信息系统的方法，是一种纵向划分的方法。例如在企业中，信息系统有销售市场子系统、生产子系统、财务子系统、会计子系统及人力资源子系统等；另外一种是按照管理活动和决策过程的不同来划分，即横向划分。这种方法描绘出了组织中不同的管理层次，或者管理类型，是比较重要、普遍采用和最基础的一种方法。所有企事业组织及组织内各职能子系统都有基层业务操作管理、中层管理和高层的战略规划，虽然在不同的职能间有不同的功能，但各管理层具有一致的目标。本书将着重从横向来介绍信息系统的分类。

2. 三种常见信息系统

与管理活动的三个层面(战略规划、管理控制及操作控制)相对应，信息系统可分为三种类型，即为战略规划服务的 DSS、为管理控制服务的中层 MIS 及为运行控制服务的事务处理系统(Transaction Processing System，TPS)。这三种类型不存在层次上的上下逻辑关系，但都属于信息系统的范畴。斯代尔在给出信息系统定义的同时，还为 TPS、MIS 和 DSS 所完成的任务、目标分别做了描述。不同之处：MIS 是为中层管理人员解决半结构化问题，TPS 是对企业的正常运作必需的常规事务所发生的信息进行处理，DSS 是解决非结构化问题，具有高度灵活、人机交互的特征。

如图 2-3 所示，TPS 处于信息系统的最下层，因此它的作用范围是组织中管理赖以存在的基础，它的功能主要是输入/输出各种数据；而 MIS(狭义管理信息系统)处在中段部位，各种功能都是中规中距；而 DSS 的输入和输出都少而精，交互性强，计算、分析的量非常大。TPS、DSS 和 MIS 在解决问题的类型、提供给用户的支持决策的重点和方法，以及所用系统的类型、速度、输入及开发等方面均有所不同，但三种系统可以是交错重叠的。在某些组织中，它们通过公共数据库结合为一体。例如，财务子系统中的结账 TPS 把每月账单寄给顾客，MIS(狭义管理信息系统)则把过期未付的账单每周汇总并生成报告交给管理者，而 DSS 层则通过执行"what-if"分析来决定迟付的账单对现金流量、总收入、整体利润水平等指标的影响。各系统可从同一数据库中获取数据。这些不同的系统采用同一数据库可能对硬件和软件有较高的要求，因为，DSS 的频繁使用会减慢 TPS 的运行速度。

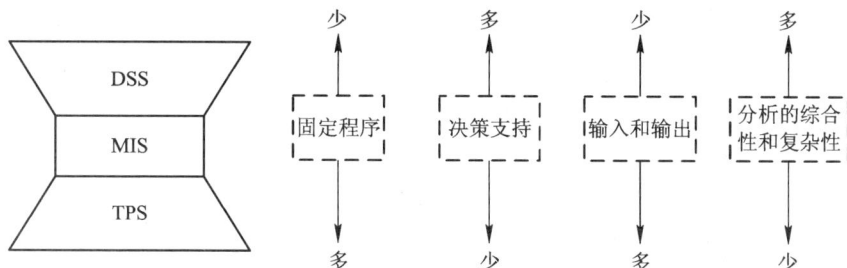

图 2-3　TPS、MIS、DSS 的功能比较简图

2.4　事务处理系统(TPS)

2.4.1　TPS 的概念

P&G 公司的区域和业务经理迪克·博尔格(Dick Bolger)曾说过，订单输入处理系统是 P&G 公司的血液，而订单处理系统正是 TPS 其中的一种。众所周知，越来越多的企业

正在或将要利用信息系统来提高效率，增强企业竞争力。而当前采用的信息系统中最普遍的就是 TPS。事务处理也是计算机最基本、最擅长的业务之一，通过 TPS 为 MIS(狭义管理信息系统)、DSS、AI/ES(人工智能/专家系统)提供所需数据。

1. TPS 的定义

一个组织只要存在，就有事务处理，处理方法或是手工的，或是自动化的。所谓事务，是指组织的基本业务活动，如顾客订单、购货订单、收据、时间卡、工资支票处理等。TPS 指处理组织的日常业务时，记录、更新有关详细数据，将物流转换成信息流，以反映组织的当前情况。比如订单录入、存货控制、工资单、应付账款、应收账款和总分类账处理等。在引入计算机技术之前，企业就有 TPS 了。因而，TPS 存在两种形式：人工 TPS 和计算机 TPS。

2. TPS 的种类

计算机 TPS 又可称为电子数据处理(Electronic Data Processing，EDP)，它面向企业底层的管理活动，对企业每日正常运作必须的常规业务所发生的信息进行处理。计算机 TPS 是信息集成的最初级阶段，也是伴随着计算机的诞生而出现的最早的信息系统。其特点是所处理的问题高度结构化，即能完全按照事先制定好的规则或程序进行，为企业运行提供实时信息且功能单一，设计范围小，如订单处理系统、订票系统、工资发放系统、仓库管理系统等。

实施 TPS 的目的大多是为了提高作业管理人员的工作效率。我们可以看到，计算机 TPS 甚至可以完成取代作业层的手工操作，如商业实时零售(Point Of Sales，POS)终端系统、全球贸易的电子数据交换(Electronic Data Interchange，EDI)系统等。TPS 通常处于企业系统的边界，即它能将企业和它的外部环境联系起来，同时也是其他层次信息系统的信息来源。

3. 计算机 TPS 的特征

组织中选择事务处理的方法要适合公司不同的应用，计算机 TPS 主要有以下特征：
(1) 能迅速、有效地处理大量数据的输入/输出。
(2) 能进行严格的数据编辑，确保记录数据的正确性和时效性。
(3) 可通过审计确保输入的数据、处理、程序及输出是完整、准确和有效的。
(4) 提供有关安全问题的防护能力。
(5) 支持多用户处理，系统的故障对组织有严重、致命的影响。

2.4.2　TPS 的运行过程

虽然不同组织的 TPS 处理的具体活动不同，但所有的 TPS 的目标都是为了获取和处理反映企业基本业务的数据，完成一系列共同的基本数据处理活动。这些数据用来更新数据库并提供给组织内部人员和外部人员使用，如起草报告。这一系列共同的基本数据处理构成了计算机 TPS 的处理过程，包括数据收集、数据编辑、数据修改提示、数据操作、数据存储和文档生成等六个数据处理环节。

1. 数据收集

获取和收集完成事务处理所需数据的过程称为数据收集。数据收集在有些情况下可以由操作员手工完成，有些情况下可以通过扫描仪、POS 设备和终端等设备自动采集。

数据应从源头获得，并及时、准确地记录。如果手工收集数据，应减少录入工作量。数据通过某种录入设备能直接送入计算机而不要以某种文档形式键入，这种方式称为源数据自动化。数据收集应该尽量采用源数据自动化，以保证数据的准确性及高效性。

【案例 2-2】　百货店结账处用扫描仪自动读取通用产品代码(Uniform Product Code, UPC)便是源数据自动录入，读取 UPC 要比收银员人工输入代码快且准确。扫描仪读取每件商品的条形码并在数据库中查询其价格，POS 事务处理系统根据价格数据制作顾客账单。许多百货店将 POS 扫描仪和发票打印机结合起来。每次某个产品(如一箱谷类食品)通过结账处扫描时，系统就能打印出相应发票。购买数量、日期、时间和价格等信息也用于更新库存数据库和详细的销售数据库。库存数据库产生报告，通知仓库经理哪一项存货量已低于再订货数量下限，详细的销售数据库可被仓库(或销售市场研究公司、厂商)用于销售的详细分析。TPS 通过提高销售量和增加其他业务收入来提高百货店的利润。

其他数据收集的例子还有许多。在工业生产上有一些源数据自动化设备，如考勤机。员工在开始或结束工作时要求员工刷 ID 磁卡，以便向工资 TPS 系统提供出勤的数据。这些设备不仅提供重要的员工注册信息，而且帮助组织决定每件工作或项目需要多少劳力，以此进行劳动力的调整或更好地计划将来的项目。

2. 数据编辑

处理事务数据的一个重要环节是数据编辑，以检查数据的有效性和完整性。例如，数量和成本必须是数字型的数据，且以字母命名，录入的数值必须在有效的数值范围内，否则数据无效。通常，与个别事务有关的代码对照数据库中的有效代码进行编辑。如果输入的代码不在数据库中，那么它将被拒绝，这些在 TPS 中都是自动完成的。

3. 数据修改提示

在数据收集、录入时，不可避免地有无效数据，系统应提供错误信息，以便提示用户启用数据编辑功能。这些错误信息应指出出现了什么问题，哪些数据要进行修改。数据修改包括重新输入那些错误键入或错误扫描的数据。扫描的 UPC 必须在有效的 UPC 主表中，假如代码被误读或不在表中，结账处员工应得到指示要求重新扫描或手工键入数据。在商场购物结账我们都遇到过这样的经历。

4. 数据操作

TPS 另一个主要活动是数据操作，即执行计算和其他与企业事务相关的数据转换过程。数据操作包括数据分类、数据排序、计算、汇总结果和存储数据，以做进一步的处理。例如，在工资 TPS 中，数据操作包括将员工工作时间和每小时工资相乘，也包括超时工作、为政府代扣所得税和扣减额的计算。

5. 数据存储

数据存储是指用新事务的数据来更新数据库，最后产生备份——事务数据库。一旦完成更新存储，事务数据库可被其他系统进一步处理和使用，如用于管理决策。因此，事务数据库又可被认为是事务处理的副产品，它们几乎对组织的所有其他信息系统和决策支持过程都会产生显著影响。

6. 文档生成

TPS 生成重要的商业文档。文档生成包括生成输出记录和报告，它们可以是硬拷贝的纸文档或显示在计算机屏幕上的软拷贝。例如，工资支付支票是工资 TPS 生成的硬拷贝文档，而显示发票平衡报表是应收账款 TPS 的软拷贝。TPS 的输出记录和报告常作为其他系统的输入，用来更新库存数据库，其结果是生成新的低于再订购下限的库存报告。大多数 TPS 还产生其他有用信息，如帮助员工完成各种操作的报告，当前库存报告、定购的商品清单文档、用于到货时接收人员清点实物及有关财务结算文档等。

2.4.3　TPS 的运行方法

1. 批处理方法

批处理是指将一段时间内的一批事务一次性处理。这段时间的长度要根据用户的需要来确定。例如，应收账款系统应按日处理发票和顾客的支付款，工资单系统接受时间卡并按双周处理以生成支票、更新员工工资记录和分配劳动成本。

批处理系统的重要特征是在事件的发生和更新记录的最终事务处理之间有延迟。所以相对于实时处理，批处理有时也称为脱机处理。

2. 联机处理方法

联机事务处理(On-line Transaction Processing，OLTP)又称为实时处理。OLTP 对每个事务及时进行处理，而不累积成批。事务数据输入后，计算机程序即刻完成必要的处理，并更新这一事务涉及到的数据。因此，联机系统的所有数据在任一时刻都能反映当前最新状态，如航空订票系统就可以即时处理事务、更新座位和应收账款数据库。这种处理对诸如航空公司、订票代理处、股票投资公司等需要迅速获取数据和更新数据的业务是必需的。许多公司用 OLTP 提供更快和更有效的服务，这样就提高了它们在顾客心中的价值。

3. 处理延迟的联机录入方法

处理延迟的联机录入是批处理和联机处理两种方法的折中。在这种方法中，数据在发生事务或订单时就送入系统，但并不立刻处理。

并非所有的信息系统都使用具有运行联机处理功能的 TPS 技术，对大多数软件，批处理可能是更适合并有较高性价比的。工资单事务和账单处理就采用批处理方法。

2.4.4　TPS 的设计目标

由于事务处理的重要性，因此理想的计算机 TPS 需达到如下目标：

1. 处理由事务产生的及与事务相关的数据

TPS 的基本目标是获取、处理和存储事务，反映企业基本事务以及产生企业例行活动相关的不同文档。这些活动直接或间接地与销售或顾客服务有关。处理订单、购买材料、控制存货、为顾客开账单、向员工和供应商付款都属于这类活动。

2. 保持高准确度

在引入计算机技术之前企业就有事务处理系统了。在原来这些人工系统中，员工检查所有由 TPS 产生的文档和报告。由于人工难免犯错，因此常发生不准确的数据，从而要消耗时间、劳力和资源来加以修正。通过 TPS 的源数据自动化技术，达到输入和处理无序数据的目标。

3. 保证数据和信息的完整性

TPS 的另一个目标是保证所有存储在计算机数据库中的数据和信息是准确、即时和适合的。确认和编辑过程也常被用于在数据存储前检查其准确性和即时性。例如，编辑程序能判断输入数据应是"40 小时"，而不是由于录入错误而造成的"400 小时"或"4000 小时"。

当要处理和存储的数据量增大时，个人和机器就难以检查所有被输入的数据。然而，这项工作又是非常关键的，因为 TPS 产生的数据和信息常被组织的其他系统使用，所以计算机 TPS 要保证数据的完整性和准确性。

4. 及时生成文档和报告

与计算机 TPS 相比，人工 TPS 要花更多的时间才能生成文档。而且，计算机 TPS 极大地降低了响应时间。信息技术的提高，特别是硬件和通信技术的进步，使得事务能在几秒钟内完成。及时处理能力对组织的创利是很重要的。例如，票据(发票)若早几天发给顾客，那么款项就能早日收回。

对于像订单处理、开发票、应收账款、库存控制和应付账款这样的应用软件，时效性也很关键。由于记录信息和销售信息的传送均已电子化，因此事务处理能在几秒钟内完成，从而改善了公司的现金流动。顾客能在当月账单上看到他们账单期限中最后一天的信用卡最新收支状态。

5. 提高劳动效率

以前人工处理需要许多员工和设备。如今计算机 TPS 能充分降低人力需求。与公司现金记录器相连的小型机能取代员工、打字机、文件柜完成工作，节省了劳力也节省了成本。

【案例 2-3】　银行机构成功的关键在于提高对顾客的服务和劳动效率，保持高准确度，保证数据和信息的完整性。这些机构通过在百货店、街道拐角、工厂和仓库内部等方便的地方放置被称做 ATM 的自动银行柜员机来满足顾客需求。为配合使用 ATM，银行开发了许多特殊的计算机程序以处理各种业务，如自动取款、存款、信用卡预付款、账户间的转账、查询余额等。

6. 有助于改善服务

在面向服务的经济中，包括家用电器、汽车等大型制造公司也认识到对顾客服务的重要性。帮助组织提高服务水平是 TPS 的一个目标。例如，一些使用 EDI 系统的公司，其顾客由于会使用电子订单，从而避免了缓慢且易出错的手写或口头通信。

【案例 2-4】　经纪公司使用 TPS 处理订单、提供顾客报表和管理报告，并开发实施了让顾客联机监控其账户的软件。这些系统显示所有买卖订单和相关佣金、证券名称，购买价、当前市场价、每期的红利或利息、每年的红利、每张证券的预期收益和每位顾客证券组合的预期收益。其目的是改善对顾客服务和及时输出报告。显然保持数据的高准确性和完整性也很重要。折扣经纪公司甚至使用让顾客自己输入买卖需求而不先和经纪人交谈的软件，这不但提高了劳动效率，而且带来了更高的佣金。

7. 有助于建立和维持顾客信心

计算机 TPS 是与顾客通信的常用工具，系统的服务效率及数据准确性能让顾客满意并再次光临,对企业保持竞争优势十分重要。

【案例 2 - 5】 Federal Express 和 UPS 这些日夜服务的传递公司希望实施 TPS 以提高对顾客的服务。这些系统在整个传递过程中可随时跟踪顾客包裹的地点,以便及时产生信息并满足顾客的需求和查询。

以上目标的相对重要程度取决于组织的特征和目标。达到以上目标的计算机 TPS 有助于实现降低成本,提高生产率、质量和顾客满意度,更有效地完成公司的目标。

2.4.5　订单处理系统

订单处理系统是一个典型的计算机 TPS 实例,它包括订单录入、销售组合、运货计划、运货执行、库存控制、开发票、顾客反馈、路线和调度等子系统。这些处理对公司的运营是如此的重要,以致于有人把订单处理系统称作“公司的血液”。图 2 - 4 显示了订单处理系统中不同的子系统和相互之间的信息流。图中方框表示系统或子系统,有向线表示信息流,圆形表示系统外的实体。它们还可以分别独立实施,在企业的单个领域中发挥作用。

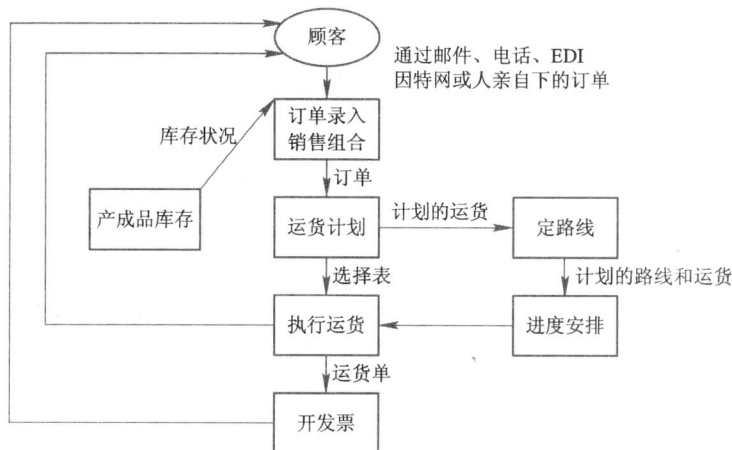

图 2 - 4　TPS 中各系统间的信息流

1. 订单录入

订单录入系统主要获取、处理顾客订单所需的基本数据。销售人员通过邮件、传真或电话等订购系统,或直接通过 EDI 从广域网上顾客的计算机传来的订单或顾客通过因特网上订购等方式收集订单。一旦订单输入并被接受,就成为有效订单,从而产生销售分类账(包括顾客信息、所订的产品、数量折扣和价格等数据)。

电子数据交换(EDI)是 TPS 的重要部分。顾客或客户组织能直接将订单从购物 TPS 送入另一组织的订单处理 TPS。或者,供货公司的订单处理 TPS 和顾客的购物 TPS 通过第三方清算机构间接连接。无论如何,这种计算机网络有助于高效地处理销售订单,并通过改进服务帮助公司吸引顾客、战胜竞争者。在 EDI 上面,无论白天或夜晚,任何时刻都可传送订单,并立刻接收订单通知和处理订单。

一个较新的订单处理 TPS 应包括试验性的 ATM 类机器,称为电子订票机(ETM)。这些机器允许旅客在旅店大厅、办公室、飞机场和其他地方订机票。ETM 能节省旅客的时间从而让航空公司因更容易地售出机票而创收。

2. 销售组合

订单处理的另一重要方面是销售组合。销售组合子系统保证提供的产品和服务充分满足顾客的需要并能很好地互相搭配协调。例如，使用销售组合程序，销售代表就知道计算机打印机配上某种电缆线 LAN 卡后就可以与 LAN 连接。否则，销售代表可能会卖给顾客错误的电缆线或忘了配售 LAN 卡。

销售组合程序还能推荐可选设备。例如，如果顾客买掌上型电脑，销售组合程序会推荐 AC 适配器、备份软件和电缆线、连接因特网所需的网卡（MODEM）。假如一个公司要买波音 747 飞机，销售组合程序会帮助销售代表与该公司一起决定所需的座位数、要安装的适合的航空系统、所需的着陆装置和其他许多可以为 747 配置的选择。

销售组合软件也能解决顾客问题及回答顾客询问。例如，销售组合程序能判断一家制造厂生产的机器人是否能被另一家制造厂开发的计算机系统控制。销售组合程序能消除错误、降低成本及提高收入。

3. 运货计划

刚接受的订单和还未完成运货的有效订单从订单录入子系统流向运货计划子系统。运货计划系统决定填哪张订单和从哪里装货。对于有很多存货，只有一个装货地点，且在一个小地理范围内有顾客的小公司来讲，这是一件琐碎的任务。但对于库存有限（不是所有项目都可填），装货地点多变（工厂、仓库、合约制造商等）和顾客分散的全球性大公司来讲，这是一个极端复杂的任务。运货计划子系统可以在满足顾客交货期限的前提下降低运输和库存成本。

该子系统的输出是一张日程表，指明每张订单应从哪填，并包括一张规定了日期和运货工具的精确运货时间表。系统也准备了一张选择清单，让仓库业务员从仓库中选择被订商品。这些输出可以是纸张格式也可以是电子文件。

4. 运货执行和电子分发

（1）运货执行子系统。运货执行子系统调整组织的产品和商品流出，以保证向顾客及时交付合格产品。运货部门负责包装并向顾客和供应商送货。送货形式包括邮寄、车运和铁路运输服务等。系统从运货计划系统接收选货清单。

从顾客服务的角度来讲，尽管不希望，但有时仍出现无法满足订单的情况。出现这种情况的一个原因是缺货，即仓库没有足够的库存以及由于生产原因不能生产出预期产成品时就会出现这种情况。此时应采取的对策可以是不运送订单上的项目；也可将该项目的现有数量运出，其余做退单处理；还可用其他项目替代不能满足的项。因此当选择并装运了货物时，仓库人员应输入装运的每张订单的项目和数量的准确数据。当运货执行系统处理周期完成时，订单装运的业务就过渡到开票系统。订单装运业务所标明的装运项目、数量和运货目的地等数据被用于产生顾客发票。运货执行系统产生的包装文档和货物装在一起，标明所运项目、退回项目、订单上其他项目的确切状态。更为先进的是它还能产生如运货通知和货运跟踪系统提供的软拷贝数据。

（2）电子分发。因特网也能传送产品和服务（主要是软件和书面材料），从因特网获取软件和书面材料常称为电子分发，其速度快，而且成本比正规订单、运货低得多。客户能直接通过因特网获得产品与服务，如软件、证券市场报告、各公司信息、各种书面报告和文档等可在网络上面下载的东西。电子分发为制造商解决了存货问题，供应商不再需要准备成百或成千份软件报告和文档的复制品，而只需要一份就能下载到顾客的计算机里。随着因特网用户的增加，产品和服务的电子分发会成为软件和出版公司的主要收入来源。

5．库存控制

大多数公司都要严格控制库存。目的是使工厂的库存量刚好满足生产所需，从而使库存金额最小。库存控制有软件、自动控制系统、监控等各种软硬件设施，被众多企业所青睐。

（1）软件。对于运货执行处理中的每一选择项，提供库存编号和数量的事务由库存控制系统来执行。数字化库存记录被更新，以反映现有存货的精确数量。这样，在订单处理系统中，订单接收者检查库存时，就能得到当前信息。

一旦产品从仓库中被运出，库存控制软件就产生一些文档和报告。库存状况报告归纳了一段时间内所有要运送项目的库存情况，它包括库存编号、说明、现有数量、订购数量、缺货数量、平均成本及相关信息，用于决定何时可订更多产品、订多少产品，从而降低缺货和退单损失。来自这个报告的数据被用作其他信息系统的输入，以帮助生产和业务经理分析生产过程。

（2）自动控制系统。为获得竞争优势，许多制造业组织开始转向实时库存控制系统，这种系统以终端产品上的条形码为基础，使用安装在升降机上的扫描仪和无线显示终端、无线 LAN 通信跟踪仓库中移动的货物。这样做的一个优点是能为负责订单录入、生产计划、运货计划处理的员工提供准确和即时的库存数据。另外，由于只需向升降机传动器发送指令，因而降低了仓库工作人员的劳动量。

（3）监控。库存控制中的监控不仅对汽车、家电等厂家有用，对服务行业也很有必要。提供这些服务的主要组织有旅馆、航空公司、出租车代理处和大学，他们使用库存软件监控房间、飞机座位、出租车、教室的有效利用。航空公司也存在着特别困难的"库存问题"，即飞机起飞后空座（库存）将没有任何价值，然而，在没有监测的情况下，超预订的座位同样会造成一架飞机预售出过多座位。因此复杂的预订系统（如 Sabre）用于航空预售业务，这些系统能迅速更新座位分配。

6．开发票

运货执行 TPS 的输出记录可生成顾客发票。这个软件有助于推进销售活动、提高利润、改善顾客服务。大多数开票程序能自动计算折扣、合适的税款和其他各项费用。该开票应用程序还能够完成其他处理，如寻找顾客的全名和地址，判断该顾客是否有足够的信用等级，并自动计算折扣、税收和其他费用，准备发票和邮寄信封。

服务组织的开票处理比制造业和零售业更为复杂。其解决的对策是让该开票系统与提供给某顾客的所有服务进行匹配，并在账单的计算中包括合适的比率、费用。

7．顾客交互

赢得新顾客和老顾客的满意是成功的关键。当顾客对一个公司满意时，他们会告诉其他一两个人，但当他们不满意时则会告诉 10～20 人。为使现有顾客满意，一些公司使用顾客交互系统监控、跟踪每位顾客的交互活动，以培养顾客对本公司的信任度。这有点像

CRM。每当顾客和公司签约时，系统就会获取数据。起初的合同总是向潜在的顾客征询有关产品信息的建议或需求，此时能收集到潜在顾客的有用信息，每次销售时也能获得额外数据。售后，顾客可能会向公司要求服务或提出对其他信息的建议、需求，有时顾客可能会对公司产生不满或给产品提出改进的建议。利用顾客交互系统可以使公司从交互中获取有价值的数据并将数据传送给公司中使用这些数据的人。对顾客反馈的分析有助于市场研究、产品开发、质量控制。负责销售和市场开拓的员工通过分析顾客对其产品和使用的反应，能更深入地了解顾客的需求。了解顾客反馈的信息还有助于让顾客满意、指导将来的销售和开发新产品、改进老产品。

【案例 2-6】 P&G 消费品公司深知培养和保持顾客的忠诚很重要。他们认识到得到一个新顾客所需的成本是留住一个老顾客的 10 倍，因此，凡是对他们的任一产品想了解使用信息的、提意见的和给新产品建议的顾客，他们一律免费提供产品。服务人员使用联机顾客交互系统(有点类似于 CRM)获取有关访问和顾客本身的数据。顾客下一次访问时，服务人员就知道该顾客是一个重新访问者，就能查询他以前的访问信息。顾客对产品的意见提供给产品开发和生产部门，对贸易和促销的评论将提供给广告部门。

8. 路线和调度

路线和调度管理系统是许多计算机制造商和软件公司为销售行业的公司所开发的特殊 TPS。一些销售软件用于分销业务，另一些用于零售及其最佳路线、调度等具体应用，例如卡车运输公司、饮料销售商、电子销售商、石油和天然气销售公司等，尤其是像航空这样的分销公司还必须充分利用他们的资源。

【案例 2-7】 某个运货公司下一周可能有 100 项货运，包括从海南运往西安和从昆明运往大连。路线系统就是要决定运货的最佳路线。公司为管理系统安装了终端，帮助收集卡车选择路径。在卡车出发后传感器能得到路径变化的通知。对该运货公司来讲，选择路线就是要找到将货品从源地运到目的地的最快、最便宜的运输道路。调度系统决定运货和服务的最佳时间。另外，在回程中装载一些有利可图的货物，并使运输总距离最小，从而降低燃料费用、运输费用及卡车维修成本。考虑上述原因，运货公司设计 TPS 用来帮助决定哪条路径能有效提供服务，使卡车和运货工具具有成本效益。公司的路线和调度软件与公司的订单和库存事务处理软件相连。

2.5 管理信息系统(MIS)

如前所述，MIS 有两种解释，即广义的 MIS 和狭义的 MIS。遵照本书对"MIS"的处理原则，本节中提到的 MIS 都是指中层的管理信息系统，即狭义的 MIS。

2.5.1 MIS 的概念

TPS 提供了组织内部产生事务活动的详细数据，但这对战术层和战略层来说信息集成、加工的深度不够，不能满足管理与决策的需要。MIS 提供了战术层和战略层所需要的关于组织内部的综合数据以及外部组织的一般范围和大范围内的数据，如图 2-5 所示。

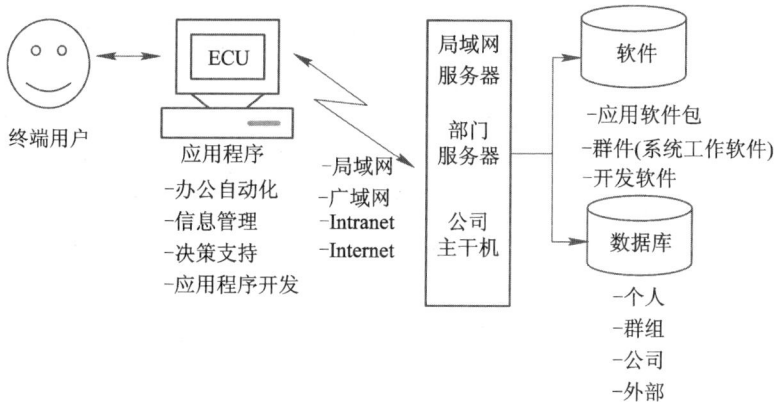

图 2-5　MIS 结构示意图

　　斯代尔将 TPS、MIS 等都定义为人员、过程、数据库和设备的有组织的集合,两者的主要区别在于所完成的任务、目标在描述上不一样。TPS 是对企业的正常运作必需的常规事务所发生的信息进行处理的系统,而 MIS 则是为中层管理人员解决半结构化问题提供日常信息的信息系统。通过不同的汇总分析报表,MIS 完成了报表的筛选、分析事务处理数据库中高度细化的数据,然后用一种恰当的方式将结果呈现在中层管理者面前。MIS 实质上是先输入与管理有关的信息,再输出管理人员所需的信息的信息处理系统,其目的在于实现信息的价值。如果说 TPS 是面向数据,以数据处理为核心,那么 MIS 则是面向信息,以生成有用信息为核心。TPS 只是针对某一种职能,而 MIS 则涉及各个职能部门,涉及综合职能。在西方经济发达国家,各组织机构纷纷建立各种 MIS,用于人事、营销、生产、财务等领域。然而在实际运营中,MIS 并未实现其预期效果。影响 MIS 在实际应用中未能奏效的因素有许多,但关键的问题还在于 MIS 本身存在一些根本性的缺陷——只重视技术因素,而忽视人文因素。

2.5.2　MIS 的运行过程

　　MIS 的运行由输入、处理子系统及输出三部分来分别完成。

1. 输入

　　输入数据源来自内外两方面,包括组织的战略计划、TPS 数据、其他职能 MIS 的数据和外部数据源(客户、供应商、竞争对手及 TPS 尚未采集数据的股东等)。其中最清楚的内部数据源便是组织内的各种 TPS。如前所述,TPS 的主要任务之一就是在不断运行的业务活动中收集和存储相关数据。随着每一业务活动的展开,不同的 TPS 应用程序不断对组织的数据库进行更新。例如,账单应用程序协助实时更新应收账款数据库,以便管理者了解究竟是谁欠公司的钱。这些实时更新数据库正是管理信息系统主要的内部数据源。

2. 处理

　　管理信息系统运用获取的数据,并对它们加以处理,以供管理者使用。举个例子,与仅仅简单获得过去一周的销售状况表相比,一位国内销售部经理利用 MIS 提供的周销售表格,其格式可让他看出不同地区、不同销售代表、不同产品的销售活动,甚至进而可比较去年的销售状况。

3. 输出

大多数管理信息系统的输出是分发给管理者以协助他们决策的大量的各式报表。这些报表可分为进度报表、需求报表、异常报表和常规报表。

(1) 进度表. 进度表又称周期表,是按周期或按日程生成,如每日、每周、每月的报表。例如生产部经理可利用列出了总工资成本的周汇总表,对劳工成本加以监管控制。用于控制新产品制造的每日生产表也是一种计划进度表。其他计划表还可协助管理者了解库存、客户信誉、销售代表业绩等。关键指标报表是一种特殊类型的进度表,汇总前一日的关键活动,通常在每一工作日开始时可以利用。这类报表可描述库存状况、生产活动、销售量等诸如此类的数据。通常,关键指标报表与公司关键的成功要素密切相关,因而管理者与执行人员可利用它们对重要的业务问题做出快速正确的反应。

(2) 需求报表。需求报表是按管理者的要求提供相应信息的报表。比如一名执行人员想要知道某一特定货品的库存状况,则系统将根据需求产生一份相应的报表。其他例子还包括:执行人员要求查询某一员工的工作时间、当年某一产品的销售形势等。

(3) 异常报表。异常报表是指当情况出现异常,或需管理者加以注意时,由系统自动生成的报表。比如,管理者可设定参数(如所有库存少于 50 件的货品)让系统输出报表。由该参数生成的报表也就仅仅包括库存数目少于 50 件的货品。如同关键指标报表一样,异常报表所监管的对象也常与公司的成败休戚相关。总而言之,每当异常报表产生时,管理者就会采取相应行动。设定异常报表的参数或"触发点"应经过周密的考虑,如触发点设定过低,其结果自然就是异常报表数量过多;如触发点过高,则可能意味着需加注意的问题却未引起重视。比如说,一位经理需要一份报告,其中包括预算超过 100 元的项目计划,那么他会发现几乎公司所有计划的预算都会超过这一数值。100 元的触发点此时看来就过低,而将触发点定在 5000 元或许更为合适。

(4) 常规报表。常规报表是指某一情况为管理者提供更为详尽的信息。

(5) 汇总对比报表。汇总对比报表是指对不同情况提供更详细的信息。

管理信息系统的报表由信息系统人员开发实现,具有固定和标准的格式,生成硬拷贝(打印在纸上)和软拷贝(计算机屏幕显示)。

2.5.3　MIS 的设计目标

与 TPS 不同的是,MIS 是专为中层管理人员提供日常信息的信息系统。它通过不同的汇总分析报表,无论是常规性报表还是非常规性报表,筛选、分析 TPS 数据库中高度细化的数据,解决在中层管理中出现的半结构化问题。

【案例 2-8】　可口可乐公司的管理者利用 MIS 检查日常的运作时,能够准确地找到在遍及全球任何一家超市里所卖的 500 毫升的可口可乐是哪家瓶装厂生产的,是通过哪个销售渠道销售的。如卖出去的可口可乐(500 毫升)饮料出现消费者投诉,中层管理者马上可以联系到生产工厂,了解可能发生的管理上的漏洞。

MIS 应该帮助中层管理者实现公司目标。它向中层管理者提供信息及其反馈,使他们能够深入洞察公司的日常运转状况。MIS 使中层管理者能将现有结果与预定目标做比较,确定问题所在,寻求改善的途径和机会。借助中层管理者个人更为深入的了解与体会,使公司的管理、规划与决策更为科学有效。因而优秀的 MIS 带给公司的是竞争优势和长期战略领先地位。

但是，开发新的 MIS 或对现有系统进行修改，结果并不总是给本组织带来竞争上的优势。大多数情况下，只有那些明确地知道何时以何种形式获取何种数据并将它提交给正确部门的公司才能最大限度地发挥 MIS 的作用，由此产生的优势自然也会对公司的成本、利润、客户服务、产品创新诸方面产生积极影响。所以，提高 MIS 的利用率才会真正帮助公司取得所需要的竞争优势。

2.6　决策支持系统(DSS)

MIS 实现了管理信息的系统性、综合性处理，可以为各级管理决策者准确、及时地提供所需的各种信息。然而，对于许多复杂多变的决策问题，MIS 往往无法给予人们所期望的帮助和支持。针对这种情况，美国麻省理工学院的高瑞(Gorry)和莫顿(Morton)于 1971 年提出了决策支持系统(Decesion Support System，DSS)的概念。到 20 世纪 80 年代，决策支持系统发展十分迅速。

2.6.1　DSS 的概念

1. 定义

DSS 一直有两种定义。第一种定义认为任何对决策制定有贡献的信息系统都是决策支持系统，而不论其支持手段、决策方法如何，这是广义的 DSS 解释。而狭义的 DSS，也是比较广泛被接受的 DSS 则指能利用数据和模型帮助决策者解决非结构化问题的高度灵活、交互式的计算机信息系统。本节所提到的 DSS 都指狭义的 DSS。

【讨论 2-1】　DSS 的其他定义：决策支持系统是在半结构化和非结构化决策活动过程中，通过人—机对话，向决策者提供信息，协助决策者发现和分析问题，探索决策方案，评价、预测和选择方案，以提高决策有效性的一种以计算机为手段的信息系统。

在本课程中，像 DDS 这样具有多个定义的概念还有许多。学习这样的概念的方法应该是，选择其中的一个定义，将这个定义记忆牢固，再比较它与其他定义有何异同。在 DSS 概念的问题上，主要的意思基本一样，如非结构化问题、决策者、信息系统等，但可以看出第一种定义更加面向学术，如它用了一些数据、模型、交互式等语言。第二种定义面宽了一些，增加了半结构化、有效性等。

DSS 是一个由人力、过程、软件、数据库和设备组成的有组织的集合，它能从 MIS 中获得信息，帮助高层管理者制定好的决策。DSS 是一个分析型信息系统，它把分析模型和人的推测结合在一起，用以解决半结构化和非结构化问题。应该注意的是，DSS 虽然帮助高层管理者解决了半结构化和非结构化问题，支持决策的制定，但绝不可能替代决策者制定决策。相对于人来说，信息系统永远只是一个配角。

2. 主管信息系统

在组织的三种管理层次或类型中都会遇到半结构化问题，需要利用 DSS 进行决策。因而，又将专用于支持决策层的 DSS 系统称为主管信息系统（Executive Information Systems，EIS）。

　　主管信息系统是集中于满足经理战略信息需求的系统，这种战略信息是关于企业的关键成功因素的信息。其满足的方式在于易取和及时。经理的口头通信以会议为主，包括面谈，占了其口头通信的大部分时间。而文件通信以阅读为主，文件编写和检索均少于专家。经理的这种工作方式决定了经理信息系统和一般信息系统有完全不同的要求。

3. DSS 与传统 MIS 的关系

　　由于出现了"有了 DSS，是否还需要 MIS?"的疑问，学术界颇为关注 DSS 与 MIS 的关系问题。DSS 与传统 MIS 的异同主要表现在以下几方面：

　　（1）DSS 与 MIS 虽然功能目标不同，但它们都是以不同的方式，为解决性质不同的管理问题提供信息服务。

　　（2）MIS 收集、存储及提供的大量基础信息是 DSS 工作的基础，而 DSS 能使 MIS 提供的信息在深层次上发挥更大的作用。

　　（3）MIS 需要担负起收集、反馈信息的作用，支持 DSS 执行结果的验证和分析。

　　（4）DSS 经过反复使用，逐步明确起来的新的数据模式与问题模式，将逐步实现结构化，并纳入 MIS 的工作范围。

　　（5）DSS 是 MIS 的发展，是管理信息系统向纵深发展的一个阶段。

2.6.2　DSS 的特征

1. 面向决策者

　　DSS 主要面向高层管理人员。高层管理人员往往不太精通计算机，而且面临的问题又是结构化不高、说明不充分的难题。基于计算机的 DSS 应易于使用，特别适合非计算机专业人员的交互使用，达到解决或缓解这种矛盾的目的。

2. 分析能力强

　　DSS 把模型、分析技术与传统的数据处理技术相结合，具有较强分析数据的能力，处理不同来源的大批量数据。先进的数据库管理系统和数据仓库技术能够允许决策者，使用一个 DSS 搜寻数据库寻找信息，甚至一些储存于不同的计算机系统或网络中的不同数据库中的信息，提供灵活的报告和展示。

　　开发 DSS 的一个原因就是 TPS 和 MIS 不够灵活，难以满足决策者的各种问题和信息需求。其他的信息系统主要是输出固定格式的报告，而 DSS 能提供更加多样化的格式。高层管理者能得到他们所需的信息，并以一种适合他们需求的格式展示出来。DSS 能够提供高层管理者所喜欢的任何格式，无论是生成文本、表格、直线图、饼型图、趋势线以及更多的格式；DSS 支持对数据资料深入的分析，使高层管理者可以得到更多的细节。如果需要，管理者可以看到整个项目的成本，或者进一步看到项目的每一阶段、每一个活动和每一个任务的成本；；DSS 使用先进的软件包，完成错综复杂的分析和比较。例如，DSS 的分析程序具有多种形式分析营销调查的功能。许多与 DSS 一起使用的分析程序实际上是独立的程序，DSS 提供了把它们结合在一起的手段。

3. 支持启发式的方法

对于较小的问题，DSS 有能力找到最优化的解决方案。对较复杂的问题，DSS 可以应用满意性或启发式方法帮助决定一个最优解决方案。通过支持各种各样的决策方法，DSS 给决策者提供大量的灵活性，在计算机支持下进行决策活动。

4. 知识管理

决策过程和决策模型是动态的，是根据决策的不同层次、周围环境、用户要求以及现阶段人们对于决策问题的理解和已获得的知识等动态因素确定的。DSS 除存储与活动有关的各种数据外，还建立了与决策问题有关的各种专门知识和经验的知识库，以及各种以一定的组织形式存储于模型库中的数学模型和经济管理模型与方法，以备灵活调用。由数据库、模型库、方法库和知识库组成的知识系统是 DSS 的基础。

5. 强调 DSS 的支持作用

结构化的问题可以在无人干预下解决，而 DSS 面临的是非结构化问题，只能为人提供决策支持，最后还必须由人作出有效的决定。人是决策的主体，DSS 力求为决策者扩展作出决策的能力，而不是能取而代之。因此，类似于 MIS 所遇到的问题，决策过程中过分强调计算机的作用是不适宜的。

6. 系统模拟和目标求解

模拟是指 DSS 能像真实系统一样行动，具有仿真真实系统的功能。what-if 分析是对决策变量作假设性的改变，以观察对目标变量结果影响的分析过程。DSS 具有这种在大多数包含着可能性或不确定性的事务里进行系统模拟和目标求解能力。

【讨论 2-2】 考虑一存货控制应用问题。给定产品的需求，例如汽车，计算机就能决定必要的部件和组成元件，包括引擎、传动装置、车窗等。运用 what-if 分析，管理者可以改变决策变量（汽车下个月的需求量），立刻就能得知其对部件和组成元件（引擎、车窗等）需求的影响。

企业财务管理总监需要考虑具有月固定净收入的投资，并且，高层管理者还预期从投资上获得 9% 的收益回报。财务管理总监或高层管理者可以运用目标求解分析确定要获得 9% 的收益回报（目标变量），需要多少的月净收入（决策变量）。DSS 要用到运筹学的知识建立模型，对于不太复杂的店面，运用一些简单的电子表格系统也可以进行目标求解分析。

【案例 2-9】 餐厅的经营。晚上到餐厅就餐的人数可能是变化的。有的晚上，餐厅每小时可能会有 10 个顾客，而有的晚上可能只有 5 个。使用计算机可以模拟出半年每晚的顾客到达率，以决定职员和不同岗位最佳的人数（服务员、厨师等）来提供良好服务，而不至于有闲置的职员。大多数只需几分钟，甚至更少的时间，系统便可模拟出半年的顾客量。目标求解分析是对于一个给定的结果决定出所需决策变量的处理。

2.6.3 DSS 的组成

如今的 DSS，根据目标和功能需求的不同，系统结构的形式各异，一般可以分为二库、三库、四库、五库的 DSS 结构。二库结构是由斯普莱奎尔（R. H. Sprague）在 1980 年提出的，包括数据库、模型库和一个用户接口；三库结构在二库系统基础上增加方法库；四库在三库基础上增加知识库；五库是在四库基础上增加文本库。

本节主要介绍三库结构的 DSS。它由数据库、模型库、方法库等三个子系统和人机交互子系统组成，具有信息服务、科学计算、决策处理等三大功能，如图 2-6 所示。

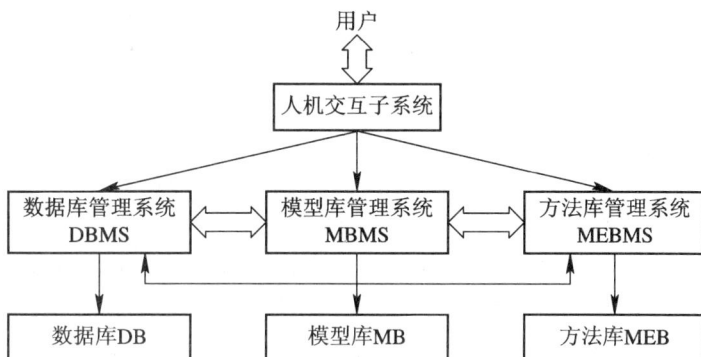

图 2-6　DSS 的三库结构

1. 数据库子系统

数据库子系统是 DSS 不可缺少的重要组成部分。这个数据库应能够适应管理者的宽广的业务范围，不仅能够提供企业内部数据，而且能够提供企业外部数据，其数据类型涵盖数字、字符、图表、图像和语音等。

数据库子系统包括数据库（Data Base，DB）和数据库管理系统（Data Base Management，DBMS），其主要功能有：

（1）能快速从多个内部数据源抽取 DSS 所需的数据，并有获得外部数据且将其转化为 DSS 要求的各种内部数据的能力。

（2）能快速、方便地对数据进行存储、检索、处理和维护。

（3）数据库灵活易改，在修改和扩充数据时，不会造成数据丢失。

2. 模型库子系统

数据表示的是过去已经发生了的事实，因此数据必然是面向历史的。现在的 DSS 都是既要面向数据，又要面向模型的。模型的作用，是把面向过去的数据变换成面向现在或将来的更有新意的信息。在 DSS 中，决策支持模型体现了高层管理者解决问题的路径，所以随着高层管理者对问题认识程度的深化，他们所使用的模型也必然跟着产生相应的变化。模型库子系统应能够灵活地完成模型的存储和管理功能。

模型库子系统包括模型库（Model Base，MB）和模型库管理系统（Model Base Management System，MBMS），它是 DSS 的核心，是最重要的也是比较难实现的部分。MB 主要存放相关的数学模型，这些模型是在运筹学、控制论、决策论、统计学、系统论及系统动力学等理论基础上推导建立起来的。MBMS 管理的模型有两类：一类是标准模型（如规划模型、网络模型等），这些模型按照某些常用的程序设计语言编程，并存储在模型库中；另一类是由用户应用建模语言而建立的模型。MBMS 支持决策问题的定义和概念模型化并维护模型，包括连接、修改、增删。其主要作用为：

（1）具有多种方法以形成求解方案，并连接生成新模型的能力。

（2）与人机交互子系统交互作用，使用户可控制模型的操作、处置和使用。

（3）与数据库子系统交互作用，以提供各种模型所需的数据，实现模型输入、输出和中间结果存取自动化。

（4）与方法库子系统交互作用，可实现目标搜索、灵敏度分析和仿真运行自动化。

（5）具有对模型库进行操作管理的能力，通过人机交互语言，使决策者能方便地利用模型库中的各种模型支持决策，引导决策者应用建模语言建立、修改和运行模型。

3. 方法库子系统

方法库子系统包括方法库（Method Base，MEB）和方法库管理系统（Method Base Management System，MEBMS）。在 DSS 中，通常是把决策过程中的常用方法（如优化方法、预测方法、矩阵方程求根法等）作为子程序存入 MEB 中。MEB 中的方法既可以很简单，如在制订销售计划前，打印出一份历年来分地区、分行业的销售情况报表；也可能很复杂，如组合 MB 的统计分析模型、优化模型等。MEB 被认为是一个企业、一个行业在决策过程中所采用的认识、分析问题的方法的积累。

MEBMS 对 MEB 中的方法进行维护和调用。

4. 人机交互子系统

人机交互子系统是 DSS 的人机接口，它所提供的主要功能为：

（1）接收和检验用户的请求。

（2）协调数据库系统、模型库系统和方法库系统之间的通信。

（3）为决策者提供信息收集、问题识别以及模型构造、使用、分析和计算等功能。

人机交互子系统通过人机对话，使决策者能够依据个人经验，主动地利用 DSS 的各种支持功能，反复学习、分析、再学习，以便选择一个最优决策方案。由于决策者大多数非计算机专业人员，他们要求系统使用方便，灵活性好，因此人机交互子系统硬件和软件的开发和配置往往是 DSS 成败的关键。

2.6.4 DSS 的发展

决策支持系统的发展现正向智能化决策、群体决策和行为导向决策发展。

1. 智能化 DSS（Intelligent DSS，IDSS）

20 世纪 80 年代知识工程（Knowledge Engineering，KE）、人工智能（Artificial Intelligence，AI）和专家系统（Expert System，ES）的兴起，为处理不确定性领域的问题提供了技术保证，使 DSS 朝着智能化方向前进了一步，形成了今天的 IDSS 结构，确定了 DSS 在技术上要研究的问题。

2. 群体 DSS（Group DSS，GDSS）

现代社会的复杂化导致个人难以完成一个复杂问题的决策，许多决策往往在群体中产生。GDSS 是一个基于计算机网络和决策者的共同工作来解决半、非结构化问题的交互式信息系统。GDSS 改变了会议的定义，其不记名输入方法鼓励人们更加开放平等地参与群体决策，其不记名通信系统还减少了某个成员控制辩论、独断专行的可能性，使交流更加民主。

GDSS 技术的利用能够提高决策的水平，鼓励公开自由输入观念，评价不同方案，基于各个方案的优缺点而不仅仅是折衷地选择某一个单独方案，参与者也许会感受到一种更加民主的环境。但是由于群体成员之间存在价值观念等方面的差异，也带来了一些新的问题。不管怎样，GDSS 使决策质量得到了提高。

3. 行为导向 DSS（Behavior Orinted DSS，BEODSS）

前面几种 DSS，其宗旨都是千方百计地利用各种信息处理技术迎合决策者的需求，扩大他们的决策能力，属于业务导向（Business Orinted，BUO）型的 DSS。

所谓行为导向的 DSS，是从一个全新的角度，即行为科学角度来研究对决策者的支持的。其主要研究对象是人，而不是以计算机为基础的信息系统。BEODSS 主要利用对决策行为的引导来支持决策，而不仅仅用信息支持决策，这将会为人类最终解决决策问题开辟一条新的道路。

2.6.5　DSS 技术基础

DSS 的核心是模型，模型中的核心以及最具竞争优势的技术应是由用户运用建模语言所建立的、总结归纳了自己经验的模型，所以，建模语言是建立 DSS 的基本工具。

1. 建模语言

计算机建模语言就是试图用数学方法描述原本用自然语言描述的计算机系统需求的一种人工语言，有形式化建模语言、对象建模语言（Object Modeling Technique，OMT）或图形化建模语言、元建模语言等种类。建模语言至今尚无标准定义，拉姆博（Rumbaugh）等人提出，建模语言是用于规格说明、形象化和构造软件系统的语言，它能够提供适当的设施来描述问题空间和软件空间的概念和结构。

从形式化的角度来看，地球上所有语言可以分为四类：短语语言、上下文有关语言、上下文无关语言、正则语言。数学语言具有高度的抽象性、精确性和规范化描述的特点。DSS 软件工程师需要一种抽象能力强、接近人类思维的分析和设计语言。因此，数学语言通常作为建模语言的基础。人类语言属于短语语言，各种程序设计语言如 FORTRAN、COBAL、PASCAL 等，都是计算机语言，绝大多数则属于上下文无关语言。建模语言就是那些突出强调其建立模型能力的计算机语言。

从语言分类角度看，形式化建模语言是一种中间性质的数学语言。它往往采用结构化或形式化的框架描述，同时也允许在细节问题上采用非形式化的自然语言解释性描述。形式化建模语言并没有被大多数软件开发者所接受，因为没有技术工具提供支持。在 20 世纪 80 年代，建模语言主要基于结构化分析和设计，如数据流图、E-R 图等。从人类语言到计算机语言的转化很困难，人们试图通过一个结构化或形式化模型构造从需求到程序的映射关系。20 世纪 90 年代，视窗技术成为主流。面向对象技术（OO）很适合开发事件驱动机制的软件系统，由此也就涌现出了许多 OMT。

当前大多数 OMT 采用可视化、图形化技术，通过直观的表述各种数学标记和建模的内容，因此又被称为图形化（可视化）对象建模语言。除了 OMT，目前流行的对象建模语言有统一建模语言（UML）、面向对象软件工程（Object-Oriented Software Engineering，OOSE）等。

随着计算机技术的发展，信息处理逐步从集中式走向分布式、从孤立系统走向集成系统，支持企业决策的信息处理开始向深度加工的方向拓展，并逐渐发展成为以数据仓库为基础、以联机分析处理和数据挖掘工具为手段的高级信息处理技术。把这三种技术结合起来，就可以使它们的能力更充分地发挥出来，形成一种新的 DSS 框架，即数据仓库＋联机处理分析＋数据挖掘(Data Warehouse＋On Line Analysis Processing＋Data Mining，即 DW＋OLAP＋DM)。

2．数据仓库(Data Warehouse，DW)

DW 是支持管理决策编程的、面向主题的、集成的、与时间相关的、持久的数据集合。DW 解决了传统 DSS 中数据不统一的问题，当它自底层数据库收集大量事务级数据时，便对数据进行集成、转换和综合，从而形成面向全局的数据视图，构成整个系统的数据基础。

3．联机分析处理(On Line Analysis Processing，OLAP)

OLAP 从数据仓库中的集成数据出发，构建面向分析的多维数据模型。利用这个带有普遍性的数据分析模型，用户可以使用不同的方法，从不同的角度对数据进行分析，实现了分析方法和数据结构的分离。

4．数据挖掘(Data Mining，DM)

DM 以数据仓库和多维数据库中的大量数据为基础，自动地发现数据中的潜在模式，并以这些模式为基础自动做出预测。DM 反过来又可以为 OLAP 提供分析的模式。

综上所述，DW 主要用于数据的存储和组织，OLAP 侧重于数据的分析，DM 致力于知识的自动发现，建模语言则是实现技术的工具。

2.7　人工智能和专家系统

科幻小说及流行电影中常有机器人统治世界的情景，虽然这些都是虚幻的，但我们确实看到了许多采用人工智能概念的计算机系统的实际应用。这些系统可帮助进行医疗诊断，勘探自然资源，找出机械设备中的故障所在，还可辅助设计及开发其他的计算机系统。人工智能和专家系统融入 DSS，可以改进、提高决策制定的质量，本节将介绍人工智能和专家系统的基本概念及其应用。

2.7.1　人工智能(AI)

人工智能(AI)是指使计算机系统具有人类智能特点的领域。人工智能主要由机器人学、可视系统、自然语言处理系统、学习系统、神经网络和专家系统等子领域组成。

用传统方法解决问题是将全部知识以各种模型表达在固定程序中，问题的求解完全在程序指导下按着预先安排好的步骤一步一步(逐条)执行。解决问题的思路与冯·诺依曼式计算机结构相吻合。当前大型数据库法、数学模型法、统计方法等都是严格结构化的方法。对于 AI 技术要解决的问题，往往无法把全部知识都体现在固定的程序中。通常需要建立一个知识库(包含事实和推理规则)，程序根据环境和所给的输入信息以及所要解决的问题来决定自己的行动，所以它是在环境模式指导下的推理过程，通常采用启发式、试探法策略来解决问题。

1. 机器人学（**Robotics**）

在 Robotics 领域内，由机器来负责完成复杂的、日常的或危险的工作，例如焊接汽车外壳，安装计算机系统和部件，高精度的外科手术，海底探险等。

2. 可视系统

可视系统可以使机器人和其他设备具有"视力"，并能存储和处理可视图像。

3. 自然语言处理系统

自然语言处理系统使计算机有能力理解人类的自然语言，并按语言或书面命令来执行相应的动作，这些语言可以是中文、英文、西班牙文或其他自然语言。

4. 学习系统

学习系统使计算机能从过去的错误或经历中学习知识，修改程序，改善系统性能。

5. 神经网络

神经网络可以用计算机来识别和做出不同的模式或发展趋势。一些成功的股票、期权、期货交易员利用神经网络来分析未来走向，使投资收益性更高。

6. 专家系统

专家系统是人工智能的一个特殊分支，一个专家系统可以实现某一领域内专家的智能。用户可以使用专家系统中的知识和推理机制对决策问题进行推理，得到有关的结论。

7. 人工智能语言

对应于上述人工智能和知识工程领域所需的符号处理和逻辑推理能力，需要特殊的计算机程序设计语言——人工智能（AI）语言来实现。人工智能（AI）语言能够用来编写程序求解非数值计算、知识处理、推理、规划、决策等具有智能的各种复杂问题。典型的人工智能语言主要有 LISP、Prolog、Smaltalk、C++等。人工智能语言一般具备以下特点：

（1）具有符号处理能力（即非数值处理能力）。

（2）适合于结构化程序设计，编程容易。

（3）具有递归功能和回溯功能。

（4）具有人机交互能力。

（5）适合于推理。

（6）既有把过程与说明式数据结构混合起来的能力，又有辨别数据、确定控制的模式匹配机制。

2.7.2　专家系统（**ES**）

1. ES 的概念

ES 是由类似于人类专家的能储存知识及进行推理的硬件和软件组成的，可以像某个特定领域的人类专家一样行动的信息系统。ES 到现在还没有一个规范化的、公认的定义。本书把专家系统定义为：一种智能计算机程序，它用一定的知识和推理进程去解决通常需要人的知识和经验才能解决的复杂问题。它包含三层含义：第一，ES 是软件，但又具有智能而不同于一般其他软件；第二，它的智能来源于专家的经验、知识及解决问题的诀窍；

第三，它要解决的问题本来是由称为"专家"的人来解决的。

ES 的特有价值是可以让组织获取和利用专家及专门人员的智慧。因此，某人多年的经验和技能不会由于这个人的死亡、退休或转向其他工作而丢失。人们已开发出了计算机化的专家系统来诊断问题、预测将来的事件及解决紧急问题。同时它们也被用来辅助设计新产品或新系统、决定资源的最佳使用以及提高多种服务领域的质量。

与人类专家一样，计算机化的 ES 也利用启发学或经验规则以得出结论或提出建议。在过去 20 年内，AI 领域中所进行的各项研究都引入了 ES，它能探索新业务的可能性、提高赢利性、降低成本、为客户和顾客提供更好的服务。

2. ES 的组成

一个专家系统最少应由知识库、推理机制、知识获取功能和用户界面等四个部分组成，如图 2 - 7 所示。

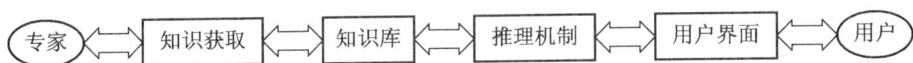

专家 ⟺ 知识获取 ⟺ 知识库 ⟺ 推理机制 ⟺ 用户界面 ⟺ 用户

图 2 - 7　专家系统构成示意图

(1) 知识库。拥有知识是 ES 的最主要特征，知识库是 ES 的核心部分。知识库中包括与该 ES 所面对的问题相关的事实和启发式知识(经验和诀窍)。ES 开发中最重要的任务是十分细致认真地对专家的知识进行分析。专家拥有经验性的、判断性的知识，这些知识是直觉和诀窍性的知识。

(2) 知识获取。在问题求解过程中的启发性知识是最难获取的，因为专家们很少意识到自己是如何使用这些知识去解决问题的，甚至没有意识到自己解决问题时究竟使用了多少这样的知识，这些知识又恰恰是知识库中的核心部分。

知识工程师(知识工作者)可以根据计算机是如何表达这些知识、使用这些知识的要求，从专家大脑中将这些知识转化为知识库的一个个组成部分。知识获取功能是由 ES 提供的一种辅助功能，它帮助知识工程师(在许多应用环境中就是用户)获取相关专家的知识，使之结构化为知识库和推理机适用的知识。

(3) 推理机制。推理机制包括两个主要部分：知识库管理系统和推理机。知识库管理系统自动地控制、扩展更新知识库中的知识，它根据推理过程的需求去搜索适用的知识，能对知识库中的知识作正确的解释。推理机在问题求解过程中生成并控制推理的进程，使用知识库中的知识。推理机应包括推理知识、控制策略(元知识)和解释生成器。由于现实世界中的知识常常是不精确的、数据是不完全的，因此某些 ES 的推理功能包括一定程度的不确定性问题的求解。推理机和知识库一起工作，求解问题，是 ES 的一大特点。

(4) 用户界面。用户界面是 ES 的另一个关键组成部分。用户界面应尽可能地拟人化，使用尽可能接近自然语言的语言，能够理解和处理图像，它的反应速度要考虑到人的期待值，它的窗口系统应符合人的思维和问题求解过程。

3. ES 和 DSS 的比较

从 ES 的组成不难看出，DSS 与 ES 有很多类似之处。其实，它们两个具有密切关系。管理人员建立 DSS 来获得他们所需要的数据以解决半结构化、非结构化问题。许多系统利用数据库查询建模工具产生报表，直接执行数据分析工作。ES 工具和技术可以融入 DSS

以改进制定决策过程的质量。改进这个过程的一个方式是在 DSS 中加入启发式建模技术，通过复制专家的推理过程，使系统更有效地解决半结构化问题。

反过来，DSS 控制决策者获取和评价信息以及制定最后的决策。这可以利用 ES 在特殊领域运用智能解决问题。表 2-4 显示了 ES 与 DSS 的一些区别。

表 2-4　DSS 和 ES 的区别

	DSS	ES
目标	辅助人	提供"专家"查询
谁做决策	人	系统
询问类型	人向机器提问	机器向人提问
问题域	复杂、广泛	狭窄的领域
数据库	包括事实性的知识	包括过程和数据
发展演化	适应于变化的环境	支持固定的问题域

ES 工具可以加到决策支持系统中来以扩展其能力，完成正规的 DSS 不能完成的功能。ES 还可以建立知识库来帮助决策者理解问题和备选方案。

【案例 2-10】　美国快递公司雇用了信贷专家来分析信用卡交易，以此判断典型信贷形式的外部费用是否可能被支付，以及他们是否被真正的持卡者承担。利用专业的信贷审批知识开发信贷审批 ES，这种系统的目的是把不正当批准而带来的信贷损失降至最小。美国快递已经能够利用这个系统制定更正确的信贷决策。

ES 用在飞机设计中，需要建立生产过程中细节的计划，设计上千个零件。如果发生设计错误，那么延迟生产、工具重新启动以及零件的刮削等，这样将导致大量的人力和资金的耗费。Northrop 工程师设计了一个 ES 把零件的说明变成生产计划。这些生产计划留作将来参考，以免将来的设计者做重复的工作。ES 也被用在金融服务业中，例如，保险业利用 ES 进行索赔估计、信贷分析、包销证券等。在每项应用中，都能获得专业知识，而且这些专业知识被用来开发由规则和数据组成的知识库。其他的 ES 应用包括金融评述分析、税收建议、利润冲突处理以及库存管理等。

小　结

信息系统对管理职能的支持，归根到底是对决策的支持。组织指编制的集体或物质的结构形式，从行为科学的意义上来分析，组织是权利、特权、义务、责任的集合，通过冲突和冲突的消解，使它们在一段时期内处于微妙的平衡状态。一个组织中各层机构的管理工作都是非常主要的。组织中凡对别人的工作负有责任的所有人员，都应该把自己看成是领导。决策过程对信息产生了需求，决策的前提条件要掌握大量的信息。决策可分为三个层次：战略性决策、战术性决策和日常业务性决策，其类型有结构化决策、非结构化决策和半结构化决策等三种。现在的决策过程分为四个阶段：情报活动阶段、设计活动阶段、选择活动阶段、实施活动阶段。

　　管理信息系统的概念是在 20 世纪 60 年代提出的，瓦尔特·肯尼万（Walter T. Kenne-van）下的定义是：以书面的或口头的形式，在合适的时间向经理、职员以及外界人员提供过去的、现在的、预测未来的有关企业内部及其环境的信息，以帮助他们进行决策。《中国企业管理百科全书》将管理信息系统定义为"一个由人、计算机等组成的能进行信息的收集、传递、储存、加工、维护和使用的系统"，明确了管理信息系统的作用是"能实测企业的各种运行情况；利用过去的数据预测未来；从企业的全局出发辅助企业进行决策；利用信息控制企业的行为；帮助企业实现其规划目标。"由于信息管理对组织也提出了新的要求，于是管理学界提出要在组织管理的方方面面进行创新。从组织、组织所在的内部、外部环境等全方位地来看，供应链管理、企业资源规划、客户关系管理将供应商、企业和客户连在一起，构成了所谓的 B−B 和 B−C 价值链。

　　信息系统从某种意义上来讲，可以看做是管理信息系统概念的发展，或者是信息技术的发展促使信息系统的概念变得更加具体明确。事实上，国内国外，对信息系统与管理信息系统之间的异同是有不同看法和观点的。关键一点，是要分清广义的管理信息系统与狭义的管理信息系统。

　　知识工作系统和办公自动化系统是信息系统的另一种类型。按照管理的不同层次，组织内使用的信息系统可分为事务处理系统 TPS、中层管理信息系统 MIS、决策支持系统 DSS 和人工智能专家系统。信息系统按系统的功能和服务对象来划分有国家经济信息系统、企业管理信息系统、事务型管理信息系统、行政机关办公型管理信息系统、专业型管理信息系统。

　　信息系统在当今社会组织特别是企业中发挥着越来越重要的作用，了解组织中各种信息系统的本质是学好管理信息系统原理的基础。管理信息系统大都是从 TPS 的开发入手。TPS 有许多表现形式，如订单处理系统、EDP 等等。它处理组织中每天发生的大量的基础业务，其运行过程一般包括数据收集、数据编辑、数据修改、数据操作、数据存储和文档生成等六项基本任务。

　　狭义的管理信息系统是信息系统中为中层管理服务的系统，它利用事务处理系统产生的信息生成对管理决策有用的信息。管理信息系统生成许多报表，其中定期报表包括预先确定范围的信息，是以固定的间隔定期生成。需求报表只是在用户需要时才生成，例外报告包括那些与事先缺点的条件不符的一系列事务的列表。

　　决策支持系统是一些用于支持非结构化问题决策的人员、过程、数据库和设备的集合。决策支持系统在为用户提供的支持、决策的重点、开发方法、系统组成、速度和输出等方面与管理信息系统有所不同。

　　人工智能是使计算机系统具有人类智能特点的领域。它包括机器人学、可视系统、自然语言处理系统、学习系统、神经网络和专家系统。专家系统是由类似于人类专家的能储存知识及进行推理的硬件和软件组成，可像某个特定领域的人类专家一样行动。它是一种智能计算机程序，用一定的知识和推理机制去解决通常需要人的知识和经验才能解决的复杂问题。计算机建模语言、人工智能语言试图用某种人工语言描述原本用自然语言描述问题空间和软件空间的概念和结构，求解非数值计算、知识处理、推理、规划、决策等具有智能的各种复杂问题，是实现人工智能、专家系统的关键技术。

习　题

2-1　请从行为科学的意义上来分析组织的概念。

2-2　如何认识组织的三大要素。

2-3　决策可分为哪三个层次,决策过程分为哪四个阶段,决策问题的类型有哪三种?

2-4　信息管理给管理带来哪些变革?

2-5　讨论管理信息系统的概念。

2-6　分析信息系统的定义。

2-7　各举出两个典型软件为例,说明知识工作和办公自动化系统的作用。

2-8　简述信息系统的主要分类原则

2-9　描述事务处理系统的基本活动。

2-10　事务处理系统怎样用于提高企业竞争优势?

2-11　什么是脱机处理、联机处理及联机延迟处理?请举例说明。

2-12　事务处理系统与中层管理信息系统的联系与区别是什么?后者的主要任务是什么?

2-13　讨论进度报表、需求报表、异常报表和汇总报表的区别。

2-14　描述决策支持系统的定义,并指出其组成部分。

2-15　在群体环境下与在个体环境下的决策有何区别?以群体来决策有什么优缺点?

2-16　指出人工智能的六个子领域,并各举一个应用实例。

2-17　描述专家系统的含义及其组成部分。

2-18　从语言的角度说明建模语言的类型。

第3章 计算机技术基础

    管理信息系统是基于计算机的系统，它是人、管理制度、计算机软/硬件、数据库和网络的集合。计算机系统是一个由硬件和软件有机结合的整体，它通常包括计算机的主机设备、输入/输出设备、系统软件和应用软件。在本章中，我们将学习有关计算机的基础知识，使大家能从管理信息系统实际应用的角度出发，理解管理信息系统的输入、信息处理和信息输出的工作原理，并在未来的管理信息系统开发与管理的过程中，能运用这些知识去充分发挥、利用计算机系统的功能和特性。

3.1 计算机中的信息表示

    自 1946 年诞生第一台电子数字计算机——爱尼亚克(Electronic Numerical Integrator and Computer，ENIAC)以来，在短短的 60 多年中计算机已经历了 4 个发展阶段，其组成器件从体积大、耗电多的电子管发展到了体积微小、节电、超大规模的集成电路芯片。至今，不管计算机的更新程度有多大，计算机软件/硬件技术发展得有多么快，但有一点却是相同的，即现代计算机仍都是建立在二进制运算基础上的，工作原理基本上还是按照数学家冯·诺依曼(Von Neumann)提出的程序存储和程序控制的理论。

3.1.1 数与码在计算机中的表示

    计算机处理的对象是各种数据。计算机中数据均采用二进制形式表示，采用二进制的优势是它只有两个数码："0"和"1"，可以方便地利用电子元器件的"饱和"、"截止"两个稳定的物理状态(即电子元器件的低电平和高电平)来分别表示，如三极管的导通状态和截止状态。并且它的运算规则十分简单，在技术上很容易可靠地实现。但用二进制表述一个比较大的数据时位数比较多，所以，就出现了使用十六进制或八进制书写数据的方法，十六进制或八进制的长度与十进制相当，而且转换成二进制也很容易。

    在实际应用中，计算机中的数据一般分为两大类：数和码。

1. 计算机中的数

    数——直接用来代表量的大小和多少，可进行各种数学运算(机器中加法运算最多)。

    码——代表现实生产、生活中的各种有用信息以及计算机内部控制、存储等操作信息。前者常用来描述事物的属性、特征等，而计算机中对码的操作主要有存储、分类、检索、排序、转换、分析判断、输出等。

    在计算机内部处理时，数和码是等价的，都是用二进制表示的，只是使用场合不同。一般地，码用在与输入、输出和传输、储存相关的操作中。总之，计算机中所有的信息都可以用数和码的组合来表示。二进制数据的最小单位是位(bit)，八位二进制数据就构成一个字节(byte)。

2．计算机中的码

码(Code)也称代码或编码，如大写 A 的 ASCII 码是 41H(十六进制，后面相同的不再注解)，小写 a 的 ASCII 码是 61H。它的基本理念是用一种符号集合去表示另一种符号(或信息)集合，两个符号集合之间有一种约定的映射关系。ASCII 码是美国标准信息交换码，已采纳为国际标准，具体内容如表 3 - 1 所示。

表 3 - 1　7 位标准 ASCII 码表

值	符　　号	值	符　　号	值	符　　号
0	空字符	44	,	91	[
32	空格	45	—	92	\
33	!	46	.	93	]
34	"	47	/	94	^
35	#	48~57	0~9	95	_
36	$	58	:	96	、
37	%	59	;	97~122	a~z
38	&	60	<	123	{
39	'	61	=	124	|
40	(	62	>	125	}
41	)	63	?	126	~
42	*	64	@	127	Del(Delete 键)
43	+	65—90	A~ Z		

标准 ASCII 码长度是 7 位，用以表述 34 个外部设备控制符号和 94 个打印英文字符，计有 $2^7 = 128$ 个编码。8 位 ASCII 码称为扩充的 ASCII 码，它有 $2^8 = 256$ 个编码，可以代表更多的信息。计算机中的汉字编码原理与 ASCII 码的一样，也是用数字编码集实现。常用的有汉字信息交换码(GB 2312—80，简称汉字国标码)、汉字机内码、汉字区位码、汉字输入码和汉字字形码。

国标码采用双字节编码的方法，即一个汉字用连在一起的两个字节的二进制数据来表述。汉字机内码是将每个汉字国标码两个字节的最高位均置 1，如"啊"的机内码是 B0A1H。在存储器中存放时，7 位的 ASCII 码要增加一个最高位并置"0"，也成为八位，这样就将汉字与 ASCII 码区分开来了。但在实际使用时，汉字机内码会与 ASCII 码发生冲突，一些英文制表符会以无序汉字显示出来。

汉字区位码是汉字国标码的前身，又称国标区位码，是众多汉字输入方法中的一种。

汉字输入码又称外码，常用的编码方法有五笔字型、区位码、智能拼音输入法、微软拼音输入法等，其中微软拼音输入法是面向整句输入的汉字输入方法。电脑操作人员可以连续不间断地输入一整句汉语语句的拼音，以标点符号为界，系统会自动选出拼音所对应的最可能的汉字，不必再逐字逐词选择同音字。

汉字字形码是描述汉字字形的编码数据，主要用于显示、打印、绘图等输出场合。它有两种字形描述方案：点阵描述和矢量描述。前者缩放效果很差，而后者可进行无级缩放。将众多汉字字形数据储存起来就组成了汉字库，软字库存放在文件中，硬字库存放在芯片中，在汉字输出时才调用它们。

3.1.2　音频和视频信息在计算机中的表示

音频信号和视频信号都是时间连续的信号，而计算机只能处理离散的数据，那么计算机又是如何存储和处理音频、视频信号的呢？我们把计算机屏幕分成纵横交错的网格，每个网格称为一个像素(图形元素)，任何图像都可以分解成可进行处理的独立单元。像素就是可以用来度量图像数据的最小单位。例如黑白显示器的图像可用一个字节表示一个像素的灰度等级，彩色图像的每个像素由红、绿、蓝(RGB)三色组成，要用三个字节分别表示红、绿、蓝的灰度等级，从而解决活动图像信息的数字化。声音也需要转换为离散信号，如声音通过麦克风，转换成一连串的电压变化的信号，再经模拟量/数字量转换器(A/D)转换成"0"、"1"信号，而后进入中央处理器(CPU)处理。由于计算机的CPU只能处理这类离散数据信号，因此音频、视频信息在进入CPU处理之前，要先对这些信号进行采样、量化、模/数转换为二进制数据，并且能对这些数据进行压缩、存储及解压缩、回放。无论是声音、图像的输入/输出，还是信息的转换，都需要通过音频设备(如收录机、CD、合成器、MP3等)、视频设备(如摄像机、数码相机、影碟机、电视等)的接口与各种功能卡处理完成。

3.2　计算机硬件基础

计算机的种类很多，一般按其体积大小可分为微机、工作站、小型机、中型机、大型机等，其运算速度和价格相差很大。但无论是什么类型的计算机系统，其工作原理都是相同的。可以把计算机系统视为管理信息系统的一个特殊子系统，它包括硬件系统和软件系统，是管理信息系统的运行平台。

计算机硬件是指组成计算机实体的各种物理装置。它们是由电子的、机械的、磁性的等实实在在的元器件构成的。这些硬件的协同工作构成了计算机软件的运行平台。一个计算机硬件系统如何配置，要服从于信息系统的规模和任务需要，同时要考虑到将来信息系统的发展和升级需求空间，能使计算机硬件系统不断升级或扩展，既能更好地服务于管理信息系统，又可节省硬件投资成本。

下面我们来学习计算机硬件系统各个组成部分的工作原理。

3.2.1　硬件系统组成

计算机硬件系统的五大组成部分如图3-1所示，各部分是由总线连接在一起的。

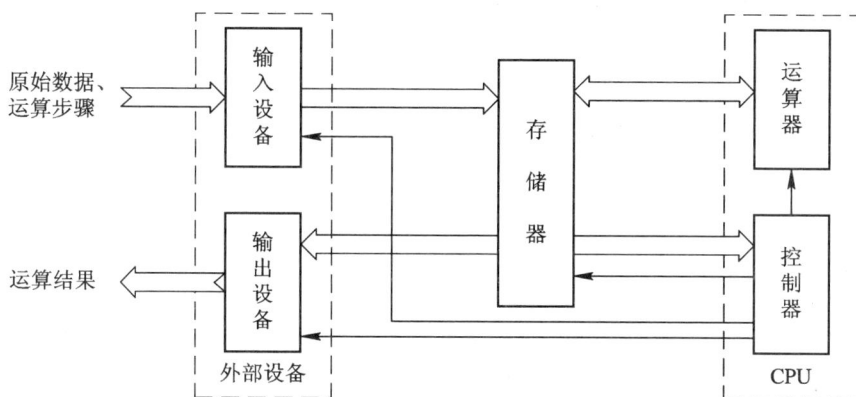

图 3-1　计算机硬件系统组成及工作流示意图

1. 输入设备

输入设备的作用是将程序、原始数据、文字、字符、控制命令或现场采集的数据等信息输入到计算机，是计算机将外部信息读入存储器的部件。其工作原理是要将外界的物理量转化为离散的二进制数据。常见的输入设备有键盘、鼠标、扫描仪、数码相机、光笔、触摸屏等，其内部一般都有模数转换器 A/D。输入设备与输出设备合称为外部设备，或 I/O 设备，简称外设。

2. 存储器

存储器的功能是存储程序、数据和各种信号、命令等数据信息，并在需要时提供这些数据信息。存储器的类型有很多种。例如，只读存储器（Read Only Memory，ROM）安装在主板上用来存放操作系统启动程序和基本的输入/输出管理程序等，可读写存储器（Random Access Memory，RAM）用来存放当前运行程序的数据等。它们一般用半导体材料做成。

3. 中央处理器

CPU 由运算器和控制器组成。运算器的功能是对数据进行各种算术运算和逻辑运算，即对数据进行加工处理，主要部件是算术逻辑单元（Arithmetic and Logic Unit，ALU）。控制器是整个计算机的中枢神经，其功能是对程序规定的控制信息进行解释，根据其要求进行控制，调度程序、数据、地址，协调计算机各部分工作节拍及内存与外设的访问控制，总线控制等。

4. 输出设备

输出设备的作用是把计算机的中间结果或最后结果、机内的各种数据符号及文字或各种控制信号等信息输出给用户。常用的输出设备有显示器、音箱（也称软拷贝，无法保存）、打印机、激光印字机、绘图仪（也称硬拷贝，便于保存）等。输出设备要把计算机中的离散的二进制数据转换为人类习惯使用的连续物理量，所以，常常会在输出设备中设置数/模转换器 D/A。计算机通过输入、输出设备与外界交换信息。

一般来说，计算机硬件系统在结构上有如下特征：

（1）采用二进制表示数据和指令；所有的信息在计算机中都是以二进制存储和加工的；

（2）将程序和数据事先存入计算机存储器中，使计算机在工作时能够自动、高速、有序地从存储器中取出指令和数据加以执行、处理；硬件设计依照程序存储、程序控制的原理进行；

（3）由运算器、存储器、控制器、输入设备、输出设备五大部件组成的计算机硬件系统，是由数据总线、地址总线和控制总线将它们连接在一起的，其工作流程如图 3-1 所示。

【案例 3-1】 列出计算机计算"14H-3H×6H"（数字以十六进制表示）的工作过程。

（1）将事先编写的计算程序（算式、命令等）和原始数据由输入设备（比如键盘）输入到存储器。

（2）按计算步骤由控制器指挥、控制运算器、存储器等有关部件完成规定的操作：

• 先进行乘法运算，从存储器中取出数据 3H 和 6H 送到运算器，进行乘法运算，得到乘积数为 12H。

• 把中间结果 12H 存放到存储器中。

• 再进行减法运算，从存储器中取出被减数 14H 和减数 12H 送到运算器，进行减法运算，得到结果 2H。

• 把运算器中的结果 2H 送到存储器。

（3）把存储器中的最后结果送到输出设备（如显示器或打印机）上，显示或打印出答案。

5. 标准接口

计算机系统内外有各种各样的接口，用以连接设备和电缆线，其中 USB 是运用最多的一种。USB 的全称是 Universal Serial Bus，最多可连接 127 台外设。它支持热插拔，已经成为计算机的标准接口。USB 目前有两个版本，USB1.1 的最高数据传输率为 12 Mb/s，USB 2.0 则提高到 480 Mb/s。两者的物理结构完全一致，数据传输率上的差别完全由 PC 的 USB host 控制器以及 USB 设备决定。USB 可以通过连接线为设备提供最高 5 V，500 mA 的电力。另外，一些注为 USB 2.0 Full Speed 的 USB 其实就是 USB 1.1，而标注为 USB 2.0 High Speed 的才是真正的 USB 2.0。

USB 2.0 规范是由 USB 1.1 规范演变而来的，"增强主机控制器接口"（EHCI）保证了用 USB 2.0 的驱动程序来驱动 USB 1.1 设备。所以，所有支持 USB 1.1 的设备都可以直接在 USB 2.0 的接口上使用而不必担心兼容性问题。

USB 接口有 3 种类型：

（1）Type A 一般用于 PC，如图 3-2 所示。

（2）Type B 一般用于 USB 设备，如图 3-3 所示。

图 3-2　USB 的 Type A 接口　　　　图 3-3　USB 的 Type B 接口

（3）Mini-USB 一般用于数码相机、数码摄像机、测量仪器以及移动硬盘等，如图 3-4 所示。

图 3-4　数码相机上的 Mini-USB 接口

计算机接口还有 EPP、SCSI 等，是计算机总线的一个组成部分或一种类型的总线。总线的问题本书后面还将讨论。EPP 的最大特点是方便，并且现在的加强 EPP 口和 USB、SCSI 的速度已经很接近，同时 EPP 口对电脑要求低，486 以上任何机型都可以用。

3.2.2　CPU

CPU 是计算机的核心部件，是计算机系统的"大脑"。它由运算器、控制器两部分组成，承担信息加工处理的工作。如果中央处理器制作在一块集成电路芯片上，则称其为微处理器，微机或个人电脑 PC 的核心也是微处理器。例如人们常说的 80486、80586、Pentium Ⅲ、Pentium Ⅳ 等都是美国 Intel 公司生产的微处理器芯片。CPU 的处理速度由机器周期、时钟速度、字长、总线宽度和物理特性等指标决定，是衡量 CPU 的主要技术指标。CPU 字长是计算机 CPU 一次并行处理的二进制的位数，最早有八位的 CPU，后来集成性越来越高，就出现了十六位、三十二位、六十四位等等。一般来讲，计算机 CPU 的字长越大，计算机处理数据的能力就越强。

1. ALU

ALU 主要由寄存器、加法器和控制电路组成，用来实现算术与逻辑运算，对数据信息进行加工和处理。其中算术运算包括加、减、乘、除；逻辑运算包括"与"、"或"、"非"等。在计算机中，任何复杂的运算都是化简为基本的算术与逻辑运算进行处理的。其中运算器一次所能并行处理的二进制位数称为 CPU 字长，在不同类型的计算机中有不同的字长，比如 80486 字长 32 位，Pentium 微处理器字长 64 位。目前比较流行 64 位字长的处理器。

2. 控制器

在计算机中，指示计算机进行某一操作的命令称为指令。控制器是计算机的控制中心，主要由程序计数器、指令寄存器、指令译码器、机器周期、工作节拍、脉冲及启停控制线路、时序控制信号与地址形成部件和中断控制逻辑组成。控制器并不实际处理数据或保存数据，它的任务是从内存中取出指令，确定指令的类型，对指令进行译码，并按译码结果按时间顺序向有关部件发出控制信号，控制相应部件进行工作，以及控制完成指令所指示的操作，即执行指令。就这样不断地取指令、执行指令，再取指令、再执行指令……直至一个程序执行完毕。

（1）程序计数器。程序计数器（Programming Counter，PC）又称指令计数器，用来存放正在执行的指令的地址或将要执行的下一条指令的地址。对于顺序执行的情况，每执行一条指令，PC 的值自动加 1，以控制指令的顺序执行。这种加 1 的功能，有的机器是程序计数器本身具有的，也有些机器是借助运算器来实现的。在遇到需要改变程序执行顺序的情况时，一般由转移类指令将转移目标地址送往程序计数器，即可实现程序的转移。

（2）指令寄存器。指令寄存器（Instruction Register，IR）用来存放从存储器中取出的待执行的指令。当指令从主存储器中取出暂存在指令寄存器之后，在执行该指令的过程中，指令寄存器的内容不允许发生变化，以保证执行指令的正确完成，避免出错。

（3）指令译码器。指令译码器（Instruction Decoder，ID）又称操作码译码器或指令功能分析解释器。暂存在指令寄存器中的指令只有在其操作码部分经译码后才能识别出是一条什么样的指令。译码器经过对指令进行分析和解释，产生相应的控制信号并提供给时序控制信号形成部件。

（4）机器周期、工作节拍、脉冲及启停控制线路。由脉冲源产生一定频率的脉冲信号作为整个机器的时钟脉冲（一般由晶振产生），并作为机器周期和工作节拍的基准信号，在机器加电的瞬间，还应产生一个总清零信号和复位（Reset）信号。启停线路保证可靠地送出或封锁时钟脉冲，控制时序信号的发生或停止，从而启动机器工作或使之停机。

（5）时序控制信号形成部件。一条指令的取出和执行可以分解成多个最基本的操作，这种最基本的不可再分割的操作称为微操作。时序控制信号形成部件又称微操作信号发生器，真正控制各部件工作的微操作信号是由指令部件提供的操作信号、时序部件提供的时序信号、被控制功能部件所反馈的状态及条件综合形成的。不同的指令具有不同的微操作序列。

（6）地址形成部件。根据指令的不同寻址方式，用来形成操作数的有效地址，在微、小型机中，一般不设专门的地址形成部件，而是利用运算器来进行有效地址的计算。

（7）中断控制逻辑。中断控制逻辑是用来控制中断处理的硬件逻辑部件。中断技术是计算机系统中"聪明"的一种工作方式，是对计算机 CPU 功能的有效扩展，有外部和内部中断两种。利用外部中断，系统可以实时响应外部设备数据传送的请求，中断当下正在处理的事务而转去及时地处理外部意外或紧急事件，如系统掉电，内存出错等。而内部中断可为用户提供发现、调试并解决程序执行异常情况的有效途径，如执行了除以微小数操作、系统溢出等。

3.2.3　存储系统

存储系统是计算机中用来存储程序和数据的部件，它在控制器的控制下按照指定的地址存入（称为写）和取出（称为读）信息。存储系统被由许多存储单元组成，每个单元有一个编号，称为地址。为了便于数据传送和管理，常把位数多的数据分成若干段，每段八位，称为一个字节。在计算机的存储器中，地址是按字节编制的，每个地址单元放八个二进制位 bit（读做比特）。因此存储器中每个单元也称为字节单元，即有八位二进制数。所有字节单元的总和称为存储器容量，存储器容量的单位是 KB、MB、GB 与 TB 等。1 KB=1024 字节，1 MB（兆字节）=1024 KB，1 GB（吉字节）=1024 MB，1 TB（太拉字节）=1024 G，依此类推。但硬盘生产厂家的计算方法是：1 KB=1000 B，1 MB=1000 KB，……

存储系统也是计算机的主要组成部件，是计算机的记忆部件，它与中央处理器合称为主机。存储器根据读/写速度不同和在主机中的作用不同，分为主存、高速缓冲存储器Cache、辅助存储器和海量存储器等。

1. 主存

设置在计算机内部可由 CPU 直接存取的存储器称为内部存储器或者主存储器（简称内存或主存），主要存放当前运行的程序或处理的数据，其容量是衡量计算机数据处理能力的重要标志。其特点是密度大，重量轻，体积小，存取速度快。目前许多微机上安装的内存储器都是采用超大规模集成电路制成的半导体存储器，目前主流容量配置为 1 GB。

主存储器又分为两类：RAM 和 ROM。

（1）RAM。RAM 是一种用户既能读出又能写入的存储器，用来存放运算数据、程序和中间结果。但存储的内容是暂时的和易消失的，当断电时，RAM 中的信息会立刻消失，再上电也无法读出。所以，RAM 也称做易失性存储器或可读写存储器。

（2）ROM。ROM 是一种用户只能读出而不能写入的存储器。ROM 具有非易失性，即使断电，ROM 中原有内容也保持不变。因此，ROM 适合存放那些固定的程序或信息，如自检程序、字库、操作系统的引导程序 boot 等。衡量内存的技术指标主要有内存容量、存取速度、可靠性、性能价格比等四项。

2. 辅助存储器

辅助存储器又称为外部存储器，简称外存，是主机的特殊外部设备，是主存储器的后备和补充。其特点是具有非易失性，容量大，速度慢，价格低，一般用来存放大量暂时不参加运算或处理的数据和程序，在计算机需要外存上的程序或数据时，首先要从外存调入内存程序才能运行，数据读写才能有效。常用的辅助存储器有：软磁盘存储器、硬磁盘存储器、冗余磁盘阵列技术和光盘存储器。

3. 新型外部存储器

（1）闪存类存储器。闪存类存储器是由半导体材料为存储介质制作的，与其他移动存储器相比具有体积小、使用寿命长、可靠性高等优点，如数码相机的存储系统就是采用闪存(Flash)技术的存储器。目前非常普及的是通用串行接口 USB 闪存盘，简称 U 盘(优盘)。它与微机通信非常方便，不需要专门驱动器，而且数据传输速度快、体积微小、重量轻、携带方便。现在 USB 闪存盘价格也为大众接受，容量也达到了 1 GB 或几 GB，还带有音频、视频播放功能，如 SONY 公司的记忆棒(Memory Stick)，DIAMOND 公司的 RIO(MP3 播放器)，MP4 等。

（2）移动硬盘。移动硬盘按不同的连接方式分为两大类。一类是机架内置式活移动硬盘，可内置于机箱的 5 英寸机架上，运转电力由机箱电源提供。硬盘安放在一个可抽取的硬盘盒中，可抽出并随意移动。此类硬盘盒一般内置普通硬盘，连接方式也与普通硬盘无异，因此对系统没有特殊要求，传输速度在所有移动存储方案中是最快的。机架内置式移动硬盘盒售价较为低廉，一次性购买多个配备于有数据交换要求的计算机上，也不失为一种性价比较高的解决方案。还有一点需要注意的是：机架内置式移动硬盘采用的是普通硬盘，因此在移动中抗振性比较差，不适合担当重要关键数据的转移工作。

另一类为外置式移动硬盘，外置于机箱之外，由外接 DC 电源供电，通过 USB 或

IEEE 1394 火线接口与计算机连接。此类硬盘盒一般作为笔记本或普通电脑硬盘，以笔记本电脑硬盘居多，因为体积小。在性能上外置式移动硬盘比普通硬盘稍差，但抗振性较高，同时每单位存储空间的成本也高。现在，每台计算机都配备有 USB 接口，因此采用 USB 接口的外置式移动硬盘在数据的转移上非常方便。但由于 USB 接口的传输速率不如其他接口高，如 IEEE 1394 接口。IEEE 1394 高达 400 Mb/s 的传输速率使外置硬盘的性能得到了充分的发挥。但是，目前 IEEE 1394 并不普及，在没有该接口的主板上，用户如想使用此类设备，必须购买一块 IEEE 1394 接口卡。但比起 SCSI 接口卡来说，IEEE 1394 接口卡价格较低。随着 IEEE 1394 的普及，此类外置式移动硬盘将成为数据移动存储的主流。

移动硬盘的使用需要驱动程序，以 Windows 操作系统为例，Windows 98 以下的计算机如果使用移动存储设备需要另外安装驱动程序，否则计算机无法访问到存储器，移动存储器上的数据也无法读出来。管理信息系统在存储体系设计时，除考虑容量、存取速度、数据安全外，还要考虑成本和系统的可扩展性和可更新性。

3.2.4　输入设备

输入设备的功能是把诸如程序、数据、字符、图形、图像和声音输入到计算机中去，所以输入设备是人与计算机通信的一个接口。常用的输入设备有键盘、鼠标、扫描仪、数码相机、光笔、触摸屏等。

1. 键盘

键盘是大家最为熟悉的一个人机对话工具。它主要输入由字符和数字组成的数据和程序。计算机上使用的键盘都是标准化的，有 83/84 键和 101/102 键，目前常用的是 101/102 键的键盘。无线通信技术的发展，使得无线键盘目前也比较受欢迎。

2. 鼠标

在管理信息系统中大多采用人机交互的图形界面，鼠标作为输入设备成了微机必备的标准工具。鼠标上有两个按键或三个按键，移动鼠标，就把移动的距离和方向信息传给计算机，计算机将其转换成鼠标光标的坐标位置，只要单击它，这时单击所在位置的信号传给计算机，让计算机执行相应的操作。常用的鼠标有机械式和光电式两种。机械式鼠标底部有一橡胶球，在光滑的桌面上移动，橡胶球滚动，使用时方便灵活。光电式鼠标没有小球，它在一个刻有水平和垂直线条的光反射板上移动，灵敏度精确度都很高，使用寿命也长。同样，无线鼠标也被用户所喜爱而越来越普及。

3. 扫描仪

扫描仪是把人们要处理的图文信号输入到计算机，图文信号通过光电转换为电信号，并转换为计算机能识别的数字信号的一种设备。目前，流行的数字化扫描仪品种很多，不同的扫描仪之间，因其功能、档次的不同，价格的差距也很大。其种类主要有鼓形扫描仪、平板扫描仪以及条形码扫描仪。

扫描仪的主要技术指标有：

（1）光学分辨率——表示扫描仪对图像细节的表达能力，它用每英寸点数 DPI 表示。如被扫描图像单位长度上的像素点 DPI 越多，则对原图像细节的表达能力越强。光学分辨率又分为水平分辨率和垂直分辨率两种方式。水平分辨率由光源系统的真实分辨率及相应的硬件电路设计所决定；垂直分辨率由扫描仪传动机构的精密程度所决定。水平分辨率较垂直分辨率显得更为重要。常见的扫描仪水平分辨率有 300 DPI、600 DPI、1200 DPI 和 2400 DPI。最大分辨率又称插值分辨率，它是利用数学中插值的概念设计的软件，用软件技术在硬件产生的像点之间插入另外的像点，由此可获得较高的分辨率。软件插值技术在一定程度上使扫描图像质量得到提高。

（2）灰度级——表示扫描图像由暗到亮的层次范围，灰度级位数越多的扫描仪，扫描的图像层次就越丰富，效果就越好。常见的扫描仪灰度级为 256 级（8 位）、1024 级（10 位）和 4096 级（12 位）。

（3）色彩（深度）——表示彩色扫描仪所能产生的颜色范围。通常用表示每个像素点上颜色的数据位数（bit）表示。比如 24 位真彩色图像是指每个像素点的颜色用 24 位二进制数表示，红、绿、蓝（RGB）三色 8 位共 $256\times256\times256=16.8$ M 种颜色，通常称这种扫描仪为 24 位真彩色扫描仪。色彩数越多越能真实反映原扫描图像上的色彩。常见的扫描仪色彩为 24 位、30 位和 36 位。

4. 数码相机

数码相机是一种新型图像捕捉设备。它与传统相机的最大区别在于图像的感光与保存介质不同。众所周知，传统相机使用胶卷感光成像，其原理是基于胶卷上的化合物的光化学反应。一卷胶卷拍完之后，通常要将其送到冲洗部进行冲扩处理之后，才能看到图像。如果想利用计算机进行图像的再处理，必须利用扫描仪将图像转化为计算机可以识别的数字信号。数码相机使用电荷耦合组件（Charged Coupled Device，CCD）代替胶卷感光成像，其原理是 CCD 元件的光电效应，因此有人又将这种元件称为"电子胶卷"。CCD 元件感受到镜头成像之后投射到其上的光线的光强（亮度）与频率（色彩），将光信号转化为电信号，记录到数码相机的内存中，形成计算机可以处理的数字信号。不需经过冲扩及像片的扫描过程，数码相机内存中记录的图像信息可直接下载到计算机中进行显示或图像加工。这为计算机图像处理提供了方便。数码相机对于光学成像部分的原理和装置与传统相机没有什么本质区别。

数码相机的主要性能指标有：

（1）分辨率。分辨率是数码相机的最重要的性能指标。数码相机的分辨率标准与显示器类似，使用图像的绝对像素数加以衡量。这是由于数码照片大多是在显示器上观察的。数码相机拍摄的图像的绝对像素数取决于相机内 CCD 芯片上光敏元件的数量，数量越多则分辨率越高，所拍图像的质量也就越高，当然相机的价格也会成正比地增加。

（2）颜色深度。这一指标描述数码相机对色彩的分辨能力，它取决于"电子胶卷"的光电转换精度。目前几乎所有的数码相机的颜色深度都达到了 24 位，可以生成真彩色的图像。某些高档数码相机甚至达到了 36 位。

（3）存储能力和存储介质。数码相机内存的存储容量及扩充能力为重要指标，它决定了在未下载信息之前相机可拍摄照片的数目。当然同样的存储容量，所能拍摄照片的数目还与分辨率有关，分辨率越高则存储的照片数目越少。使用何种分辨率拍摄，要在图像质量与拍摄数量间进行折衷考虑。

5. 光笔

光笔是一种手执的、形似钢笔状的光信号检测输入装置，它是用来在显示屏上直接书写、作图的输入设备。光笔由笔体、透镜组、光导纤维、触摸开关、光电变换元件以及整形电路组成。操作时，光笔对准荧光屏上要干预的图形对象，当电子束扫描该图形位置时，光笔检测到荧光屏上的光信号（称为光笔"击中"信号），经过透镜聚焦和光导纤维的传输，到达光电变换元件而变为电信号，再经过整形、放大后，形成光笔击中的电信号，向计算机发出中断请求。计算机响应中断后启动服务程序，去查找光笔所击中的对象，从而完成干预作用。触摸开关是防止人的误操作而设置的，只有当触摸开关被接通时，光笔所感应的光信号才有效。

光笔有两种基本的工作方式，即指点方式和跟踪方式。指点方式是把光笔对准所要干预的显示内容，当光笔产生击中信号时，也正是该显示内容被扫描的时刻，于是计算机便可知道光笔所击中的对象（图形）在显示档案中的位置，从而完成指点功能。跟踪方式是指预先在显示屏上产生一个光标，操作时用光笔对准光标，并以适当的速度沿屏幕移动，控制电路不断测量光标中心与光笔视界中心的误差，并相应地修改光标中心的坐标数据，于是光标便被"拖动"了。光笔操作方便灵活，但难以实现高精度的定位。

6. 触摸屏

触摸屏既是一种输入设备，也是输出设备。触摸屏系统由触摸传感器和触摸控制器组成。触摸屏传感器一般有电阻式、电容式、声波式、红外式等，它是安装在监视器前端来检测要触摸的位置。用户用手去触摸显示屏上的某个位置时，触摸位置被触摸屏检测器检测到，然后反馈给触摸屏控制器，这时触摸屏控制器将其转换为坐标信号，传送给计算机，计算机就能执行相关命令的操作。触摸屏形象直观，特别是对不懂计算机的人员来说，人机界面好，稍加说明人人都会使用。在很多大型公共场所，如商场、宾馆、图书馆、繁华闹市区指路地图、旅游景区导游和医院导医处等都设置了触摸屏。

7. 语音识别设备

语音识别设备能识别人的发音，是人机交互的新技术成果。用麦克风和专用软件可以将人的声音直接转换为数字信号输入到计算机中。如现场新闻采访，可以直接在电视中打出字幕；家用电器、生产设备的声控开关，安全系统的授权进入也可以用事先录制的声音信号进行控制，等等。

3.2.5　输出设备

在计算机中，常用的输出设备主要有显示器、打印机、绘图仪以及音响设备等。

1. 显示器

显示器主要用来显示运算结果、程序清单、文字、图形图像或其他用户需要的信息，是软拷贝设备。其外形尺寸是以对角线的长度来衡量的。17 英寸的显示器在 PC 机中很常见。

（1）显示器的类型。显示器的类型很多，按显示器工作原理分可分为阴极射线管式CRT、液晶显示器 LCD、等离子显示器等。目前液晶显示、等离子显示等超薄型设备逐渐占领市场。按显示内容可分为字符显示器、图形显示器和图像显示器；按颜色可分为单色显示器和彩色显示器；按分辨率可分为高、中、低三档。

（2）分辨率。分辨率是显示器的一项重要指标，反映了显示器的清晰度。在显示器上字符和图像是由一个个像素组成的，像素之间距离越小，清晰度越高。各种显示器的分辨率由像素的数目表示：

低分辨率：300×200 左右；

中分辨率：640×350 左右；

高分辨率：640×480，1024×768，1280×1024 等。

（3）显示适配器。显示适配器也称为显示卡或显卡，是显示器与主机板连接的接口电路板，可直接插入主机板上的插槽中。不同类型的显示器应配置不同类型的显示卡，常用的类型有 VGA、Super VGA、TVGA、AGP 等，可支持各种高分辨率的彩色显示，显示色彩在 256/1024 种以上。当显示色彩在 1024 种以上时，称为真彩显示。其中 VGA 表示视频图形阵列显示卡，是一种高性能彩色显示卡，支持高分辨率图形彩色显示，字符点阵为 9×16，文本方式下分辨率为 720×400，图形方式下分辨率为 640×480，可显示 16 种颜色。TVGA 表示真视频图形显示卡，除支持 VGA 的全部功能外，还增加了许多非标准显示模式，字符点阵仍为 9×16，分辨率为 1024×768 或 1280×768，可显示 256 种颜色。Super-VGA 是一种超级 VGA 显示卡，分辨率为 800×600、1024×768 和 1280×1024。AGP 是一种图形加速显示卡。

2. 打印机

打印机也是计算机的重要输出设备，用来打印计算机的处理结果、程序清单、屏幕显示内容以及其他用户所需要的信息。打印后的资料可以长期保存，因此也称为硬拷贝。打印机的种类很多，在微型计算机中常用的有点阵式打印机、激光印字机和喷墨印字机等。

（1）点阵式打印机。点阵式打印机是用点阵构成字符。如图 3-5 所示。常用的有 7 针、9 针、18 针和 24 针等，目前多使用 24 针打印机。打印机通过打印机适配器（亦称为打印卡）与主机板连接，另配有打印驱动程序，在驱动程序的控制下打印字符或图形。打印时随着打印头在纸上的平移，针头撞击纸面而产生小点，由小点组成字符或图形，如图 3-5 所示。常用的打印机有 LQ1600K、LQ1800K、LQ1900K、Star CR3240 以及 MicroLine8340C 等。

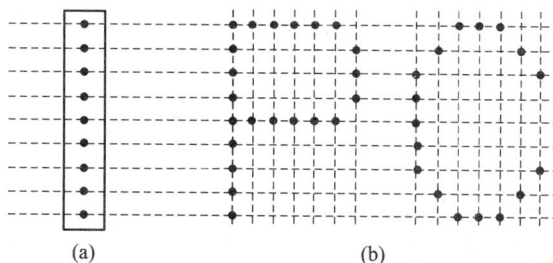

图 3-5 点阵式打印字符示意图

(a) 打印头；(b) 点阵字符

（2）激光印字机。激光印字机是一种非击打式打印机。它通过激光感光原理印字，速度快，每分钟可打 4~20 页；分辨率高，每英寸 300~1200 点；质量好，无击打噪声。常用的有佳能 LBP-KT，惠普 HP-5L，HP-4LC 等。

（3）喷墨打字机。喷墨打字机是将墨水通过精细的喷头喷射到纸上产生字符或图形。它也是一种非击打式打印机，印字速度快，分辨率高，质量好，无击打噪声，而且成本低。常用的有 Canon BJC－4300、HP Ddek Jet 1120C 等。

打印机一般使用标准接口与主机连接，可分为两种：一种通过并行接口与主机连接；另一种通过串行接口，如 USB 与主机连接。

3．绘图仪

绘图仪是一种用于绘制图形的输出设备，在相应绘图软件的支持下可绘制出复杂、精确、漂亮的图形，主要用于工程设计（CAD）、印刷和广告制作。目前比较流行的有笔式和喷墨式两种，按其色彩可分为单色和彩色两大类型。彩色静电绘图机也逐渐推广应用，绘图仪的性能主要技术指标有绘图笔数、图纸尺寸、分辨率、灰度、色度以及接口形式等。彩色绘图仪由四种基本颜色组成，即红、蓝、黄、黑。通过自动调和，可形成不同的色彩。一般而言，分辨率越高，绘制出的灰度越均匀、色调越柔和。

3.2.6　MIS 中的输入／输出设备

管理信息系统中常用的输入/输出设备主要有磁卡、IC 卡和条形码扫描器、微缩胶片等。还有一些输入/输出是多媒体形式，详情参见后续章节。

1．磁卡

磁卡是靠表面上的磁条来存储信息的，与过去的凸字卡等标识卡相比较，磁卡使用的灵活性、保密性、信息量都要大一些。磁卡的制作、开发及相关设备比较齐全、技术规范也比较成熟。但磁卡上的磁条在遇到磁场、静电、扭弯、刮伤等情况下，存储在里面的信息容易丢失。有时候，两张磁卡叠放在一起就会消弱磁卡上的磁性。因而在抗破坏性和耐用性以及防伪性、信息保存期、信息存储量、保密性等方面都比现在人们常用的 IC 卡要差，因此，磁卡已逐渐被 IC 卡取代。

2．IC 卡

IC 卡是法国人罗兰·莫林欧（Roland Moreno）于 1974 年发明的。它是指将集成电路芯片固封在塑料基片中的卡片，在集成电路中具有 CPU 和存储器，如同微小电脑一样。基片是由聚氯乙烯硬质塑料制成的，内装集成电路芯片。IC 卡的外形和尺寸同普通名片差不多，一般厚度为 0.76～1.2 mm。根据卡中所嵌入集成电路的方式不同，IC 卡可分为接触式和非接触式两类。

（1）接触式 IC 卡。接触式 IC 卡具有标准形状的铜皮触点，通过和卡座的触点相连后实现与外部设备的信息交换，实际使用中以这类卡应用最多。

（2）非接触式 IC 卡。非接触式 IC 卡为封闭包装，通过射频和外部设备传送信息，如人们现在使用的公交自动售票、考勤、门禁、电子钱包等。日本正在研制的非接触式 IC 卡和 RFID 电子标签，已用于高速公路上的不停车收费。高速驶过收费站的司机，只要身上装有这种卡，此时就可以把自己卡上的费用自动划拨到收费站的账上，其原理是用光波和电波通过微电脑自动结算。

（3）IC 卡与磁卡的比较。IC 卡与磁卡相比较具有防磁、防静电等抗破坏性，极难伪造和保密性高；信息存储量大及对网络环境要求低，信息保存期在 10 年以上，续写次数在 10

万次以上。而磁卡的信息保存期在 2 年以下，续写次数在数千次。

IC 卡使用灵活，带有智能性，虽然 IC 卡较磁卡在成本上高一些，但就性能价格比来考虑，特别是随着超大规模集成电路技术、计算机技术和网络通信技术的发展，IC 卡的成本会越来越低，性价比越来越高。正因为 IC 卡具备诸多无可比拟的优点，现在已广泛应用于金融财务、社会保险、交通旅游、医疗卫生、政府行政、商品零售、休闲娱乐、学校管理等领域。

3. 条形码读入器

条形码读入器是一种将光电信号转换为电信号的输入设备。条形码是由一组粗细不同，按照一定规则安排间距的平行线条图形，常见的条形码是由反射率相差很大的黑条（简称条）和白条（简称空）组成的。这里的条、空按规定的编码规则组合起来，表示一些数据和符号，传递一组信息。现在的问题是，怎样把这些条、空图形转换为计算机可以自动采集的数据？条形码读入器是解决这一问题的重要设备。

条形码读入器由扫描仪和译码器组成，扫描器将来自条形码的反射光转换为模拟信号，经放大、量化后送译码器处理，译码器存储再将上述信号转化为计算机可识别的二进制编码，最后输入计算机。

条形码技术现已发展成为较成熟的技术，在商品流通、图书管理、仓储、邮电管理、银行系统等许多领域得到了广泛的应用。

【案例 3－2】 边防检查站应用的条形码检查系统，它将出入境人员的有关资料生成科技含量较高的条形码，贴在通行证中，出入境时，旅客只需将贴有条形码的出入境证件插入条形码读入器，计算机可自动完成识别、检查等工作。

4. 计算机输出微缩胶卷设备（Computer Assistant Micrographic Film Equipment，COM）

报刊出版单位常用 COM 设备将计算机输出的数据直接存入微缩胶卷中，以备将来查阅。这样省去了摄影手续，而且微缩胶卷阅读器也能方便地读取这些数据。

除了上述几种常用输入/输出设备之外，还有专用的输入/输出设备，如零售业用的 POS 机，银行用的 ATM 自动取款机等。对于多媒体计算机还可配置摄像机、录像机、录音机、电视机、音响设备等。在计算机控制与数据采集系统中可使用 A/D 转换器，把模拟信号转换成数字信号，输入给计算机；也可通过 D/A 转换器把数字信号转换成模拟信号输出。在计算机通信中，可使用调制解调器、网卡作为输入/输出设备。另外，相对于主机而言，外存储器磁盘、光盘、磁带也可以视为输入/输出设备。

当前，人机交互技术发展很快。它的最新进展是多媒体信息处理技术，它可接收、存储、显示、处理综合语音、图形、图像和字母、数字、数据等。目前，已可将用户照片、文字、数据信息及视频信息同时显示在屏幕上，通过人机交互技术、人的感知习惯与计算机 I/O 设备以图形形式进行显示、传输与处理，人与计算机的交流可以和人与人的交流类似。

20 世纪 90 年代以后，语音输入与输出已成为人机交互技术中一门成熟的技术。在语言学习功能已较为发达的基础上，将逐渐实现连续语音的输入与输出。当这项技术完全成熟时，将会有许多具有特殊用途的系统不再完全依赖键盘与鼠标这些交互设备。

3.2.7 总线

1. 总线的定义

在计算机工作时，内部流动着三种信息：一种是数据，它把一些数据由输入设备送至运算器或存于存储器中。当运算或处理数据时，再把数据从存储器读入运算器中运算，有些中间数据放入存储器备用，最后结果由输出设备输出或存于存储器中；另一种是地址信息，是 CPU 存取数据的地址或外设端口的地址；而第三种是控制信息，由控制器经译码后生成各种控制信号，一步步地控制着运算器的运算和处理、控制着存储器的读写，控制输出设备输出结果。总线是连接计算机内部各个单元部件的一组物理信号线，也是计算机内信息交流的公用通道。

2. 总线的类型

根据传递的信息不同，计算机的总线有地址总线（Address Bus）、控制总线（Control Bus）和数据总线（Data Bus）三种总线。地址总线 AB、控制总线 CB 和数据总线 DB 统称为系统总线。数据总线 DB 的宽度一般应与 CPU 字长一致，它反映了 CPU 访问数据的能力和系统数据交换的能力。地址总线 AB 的根数反映可以访问主存的空间的大小，如地址总线是 16 根，则其访问的主存容量可以是 64 KB（2^{16}），如 Pentium 微处理器的地址总线为 32 位，则主存容量可达 $2^{32}=4$ GB。控制总线 CB 用来传送各种控制命令和外设状态信号，如系统时钟、复位、总线请求、读信号，写信号及中断请求等。微型计算机为了系统扩充方便，采用如图 3-6 所示的单总线结构。

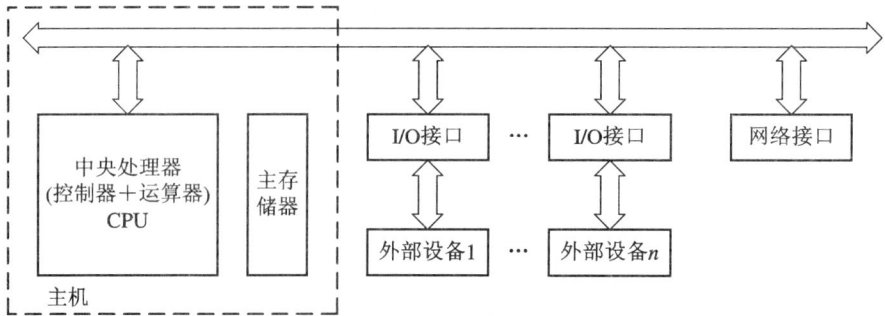

图 3-6　计算机的单总线结构图

总线又可以分为局部总线和扩展总线。局部总线是指 CPU 内部或与存储器之间交换信息的总线；扩展总线则指的是 CPU、存储器与各类 I/O 设备之间互相连接交换信息的总线，也称系统总线或 I/O 总线。有了这条公用通道，计算机中的数据可以共享，但多个数据不能同时占用一组总线。为了解决这个问题，计算机中采用了分时作业的方式，即当某个设备占用总线发送数据时，其他设备不能再向该总线发送数据，但同一时刻可以有一个或多个设备接收总线上的数据。在计算机系统中，通过内部总线和扩展总线的连接作用，使计算机系统中各个部件，如 CPU、Cache（高速缓存）、内存、外存、I/O 设备等协调地执行 CPU 发出的指令。

3. 总线标准

除系统总线外,总线有多种标准,如 ISA,EISA,USB,SCSI,PCI,AGP 等标准。

(1) 工业标准结构总线(Industrial Standard Architecture,ISA)是 IBM 公司为 286/AT 计算机制定的总线标准,也称 AT 标准。早期微机像 80286、80386、80486 普通采用,它的数据总线宽度为 16 位,地址总线宽度为 24 位,最大传输宽度为 16 MB/s。

(2) EISA 总线是扩展的工业标准结构,对 ISA 总线增加字长和扩展寻址范围,其数据总线和地址总线都是 32 位,但引线与 ISA 总线兼容。

(3) 通用串行总线(Universal Serial Bus,USB)是一种四芯的串行通信设备接口,主要用于计算机与外设之间的连接,通信速率最高可达 480 MB/s,比传统的串行通信接口速度高得多。USB 总线可以把键盘、鼠标、打印机、扫描仪、调制解调器、网络集线器(HUB)等设备按统一的标准接口连接起来,使设备的连接更加简单。

USB 的最大特点是速度较快,安装方便,可以带电插拔。但它对主板质量要求高,首先必须是支持 USB,如前面已经提到的驱动程序的问题,Windows 98 及以下系统需安装驱动程序。而 Windows 2000 及以上的系统虽支持热插拔,但需要在拔出前进行删除操作。另外据测试表明如果主板对 USB 设备供电不足,就有可能导致死机。

(4) SCSI 总线(Small Computer System Interface)是计算机和外设之间的系统总线标准,它是小型计算机系统一个通用接口。SCSI 总线上连接的主机适配器和 SCSI 外设控制器总数不超过 8 个,可以连接磁盘、磁带、CD-ROM、可重写光盘、打印机、扫描仪、通信设备等。SCSI 的优点是速度快,运行稳定且占用系统资源少。缺点是成本较高,且安装麻烦,现在除高档专业设备外,用得越来越少了。

(5) 外围部件互连总线(Peripheral Component Interconnect,PCI)是一种与 CPU 独立的总线结构,通过称为 PCI 桥(Bridge)的模块在 CPU 总线的基础上生成 PCI 总线。并能与 CPU 同时工作,支持突发读/写操作,共定义了 64 位数据总线,最大传输带宽为 1066 Mb/s。目前奔腾机普遍采用的局部总线是 PCI 总线,其数据总线宽度为 64 位,带宽进一步提高到 2.1 GB/s 和 4.2 GB/s,大大提高了系统的数据处理能力和系统的负载能力。

(6) 加速图形端口总线(Accelerated Graphics Port,AGP)是使外围设备高速存取内存的技术标准,主要功能是大幅度提高主流 PC 的图形,尤其是 3D 图形的显示能力,比如游戏软件的显示速度明显加快。具体地说,AGP 总线把显卡与内存直接相连,3D 图形芯片可以将主存作为帧缓冲器,实现高速存取。严格地说,AGP 是由 PCI 总线扩充而成,其数据宽度为 32 位,工作频率为 66.6 MHz,有 AGP 1x、4x、8x 等带宽的接口形式,传输速率分别达到 266、1066、2133 MB/s。

3.3　计算机软件基础

3.3.1　软件概念

计算机硬件系统构成了机器本身工作和用户作业流程的物理基础,没有计算机软件支持的硬件系统称为裸机,是不能工作的。计算机软件指能指挥计算机硬件工作的程序、命令与程序运行时所需要的数据集合，以及与这些程序和数据有关的文字说明和图表资料，其中文字说明和图表资料又称为文档。在信息系统中，计算机通过软件接收输入的数据并处理，再转换成用户所需要的信息输出给用户。软件利用计算机系统本身提供的逻辑功能，合理地组织计算机的作业，在组织管理计算机资源、语言编译及支持用户使用计算机等方面，都发挥了越来越大的作用。特别是对于信息系统来说，有些软件价格占了总价的75%以上，尤其在将来，预计软件价格在整个信息系统中所占的比例还会更大。计算机软件主要分为两大类，一类是用来管理计算机系统，协调其内部工作的程序，称为系统软件；另一类是为解决某些应用问题，方便用户使用，或根据用户的需要而设计的程序或者建立数据库及其应用的程序，称为应用软件。

依据系统软件和应用软件的功能类型，进一步把它们划分为如图 3-7 所示的类型。

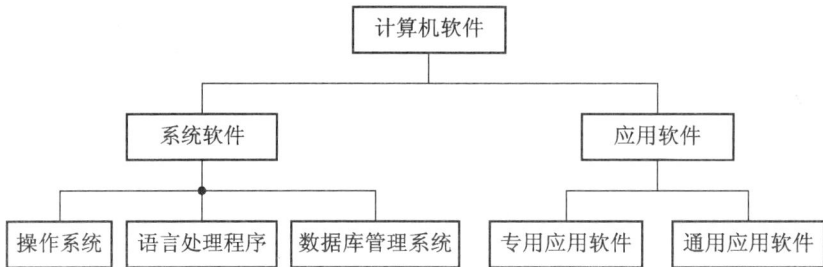

图 3-7　计算机软件分类示意图

计算机系统中的硬件和软件各部分之间可以看做为层次结构关系。我们知道，软件是对硬件性能的扩展和完善，但是在软件之间，一部分软件的运行又要依赖另一部分软件的运行，而新增加的软件又可以作为原有软件的扩展和完善，它们之间的关系如图 3-8 所示。

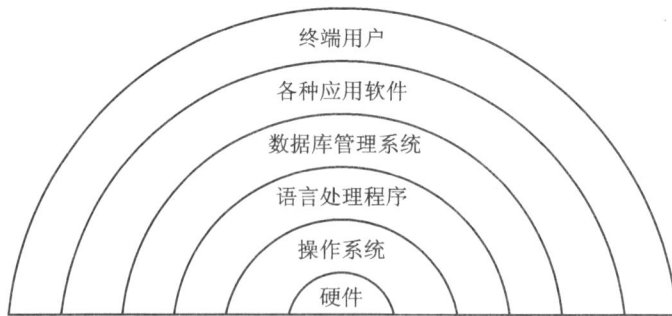

图 3-8　计算机软件的层次结构示意图

3.3.2　操作系统

操作系统是计算机软件的核心，用来管理计算机中的硬件和软件资源，为用户提供一个功能强大、使用灵活方便的操作环境的程序。它是用户与计算机之间的一种特殊接口，使之最大限度地发挥作用；它为用户提供一个友好的界面，使用户不必知道计算机的内部结构与信息流向，仅利用操作系统提供的各种命令和交互功能，即可掌握计算机的使用方法；它合理地组织计算机系统的工作流程，以增强系统的处理能力。操作系统包括五个方面的功能，即 CPU 管理、作业管理、内存管理、设备管理和文件管理。如今操作系统的类型很多，规模有大有小，很难用统一的标准进行分类。常见的分类方式有以下几种：

（1）按使用环境分类，可分为批处理操作系统、分时操作系统和实时操作系统。

（2）按使用的用户数目分类，可分为单用户操作系统、多用户操作系统、单机操作系统和多机操作系统。

（3）按硬件结构分类，可分为网络操作系统、分布式操作系统和多媒体操作系统。

下面仅对常用的几类操作系统作一简单介绍。

1. 单用户操作系统

单用户操作系统又称为单用户交互式操作系统，它仅在一个用户与计算机之间提供联机通信和交互环境。例如过去普遍使用的 MS - DOS 或 PC - DOS 就是这类操作系统。单用户操作系统管理简单，但是其资源每次只能由一个用户独占使用。

2. 批处理操作系统

批处理操作系统是将多个用户作业按一定的顺序排列，统一交给计算机系统，由计算机自动顺序处理各个作业，处理完后将结果提供给用户。使用批处理操作系统，用户可在脱离主机的情况下（即用其他设备）准备自己的作业（包括程序和数据），并存入磁盘，然后在适当的时间，将若干个用户的作业一次性提交给计算机系统，由操作系统为各个作业动态地分配 CPU、内存空间及其他资源，直到作业完成。批处理操作系统有两个特点：一是"成批"，二是"多道"。所谓"成批"，就是作业提交给计算机系统后，用户不能再行"干预"，直到该批作业完成为止。所谓"多道"，是指系统内可同时容纳多个用户的作业，组成作业队列，处理时，再按一定的调度原则从队列中取一个或多个作业送入内存执行。在执行过程中，若某一作业因某种原因不能继续执行时，系统则将其挂起，转去执行另一作业；被挂起的作业条件具备后，可再申请，再由操作系统重新分配 CPU 及其他资源，继续执行。显然，采取这种方式可提高计算机的效率，因此这种操作系统亦称为"多道"批处理操作系统。如果只能逐个顺序执行多个作业，那么称为"单道"批处理操作系统。批处理操作系统追求的目标是高资源利用率、大作业吞吐量和作业流程的自动化。

3. 实时操作系统

所谓"实时"，是指"立即"或者"马上"。而实时操作系统则是指计算机对特定输入作出反应所具有的速度足以控制发出实时信号的那个设备。或者说，实时操作系统能使计算机及时响应外部事件的请求，在规定的时限内完成对该事件的处理。例如用于飞机票预订或银行专用业务的计算机系统，要能够接收来自远地终端的服务请求，并在很短的时间内对客户做出正确回答。实时操作系统的性能主要体现在对外部请求的响应时间上，常以 s（秒）、ms（毫秒）甚至 ns（纳秒）为单位。例如在工业过程控制系统中，要求对被控对象的温度变化做出迅速的反应并及时给出控制信息；在票证管理系统中，要求计算机对票证的出售情况能及时修改并能准确地进行检索。

4. 开源软件（Open Source Software，OSS）

现在所使用的个人计算机大都是 PC 机，尤其是在中国，所运行的操作系统也都是 Windows 系统。所以，微软公司推出新版本的操作系统之时，便是人们开始更换新的设备、安装新的系统之日。由于微软产品代码是受知识产权保护的，收受高额的费用用户没有其他选择，只有默默承受。关键的问题还在于，信息的安全控制没有完全掌握在自己手里。

"Open Source"表示"您可以看到源代码"，如 Linux 操作系统，它是 OSS 的代表。因为有了 Linux，一些组织终于彻底抛弃了微软。令他们感到幸运的是，他们不但省下了大笔的软件费用和得到一个稳定的系统，而且更让他们在信息技术知识上获得了前所未有的学习与提高的机会。封闭软件产品环境只是让用户被动地接受其产品的设定使用方法，就像傻瓜照相机，表面上看来使用方便，但它并不能给用户带来最好的使用效果。更为严重的是，从信息安全的角度考虑，它真正能把用户永远保持在"傻瓜"状态。

OSS 能够给用户提供一个自由、开放、合作与互助的环境。更重要的是，在教育领域 Linux 等开源软件使学生与教师有机会学习，甚至参与研发先进的、实用的管理信息系统，保持在稳定性、适应性、可控性等方面领先的，并且每天都可以不断学习日益向前发展的操作系统和信息处理软件的核心技术。从多方面的观点来看，最近几年人们对 OSS 已经给予了足够的关注，尤其是工程教育研究者，已经尝试去解释 OSS 的现象。

现在 OSS 的前景呈现出一幅很有意思的画卷，尽管 OSS 的思想可追溯到 1960 年。1980 年是 Unix 形成的时代，但官方对 OSS 这个术语的正式定义是在 1998 年。自此以后，OSS 运动以更快的步伐发展。成功的 OSS 项目案例有：操作系统方面有 Linux，FreeBSD，OpenBSD 和 NetBSD，Web 浏览器已经有了 Firefox 以及 Konqueror，图形化的环境像 KDE，Gnome 等等，应用软件也有了像 OpenOffice 的软件，编程语言和框架有 Apache，MySQL 等，开发工具方面有 GNU toolchain，Eclipse，等等。不过，大量的 OSS 主要还是集中在教育领域。

3.3.3　程序设计语言与开发工具

1. 定义

语言分为四种，各种程序设计语言如 FORTRAN、COBAL、PASCAL 等计算机语言，大多数属于上下文无关语言。程序设计语言是人在和计算机交流过程中全部指令的集合，它只能够被计算机接受和理解。程序设计语言种类很多，到目前为止，世界上公布的程序设计语言已超过千种，不同的语言涉及不同的领域和目的，只有少数的一部分得到了广泛应用。总的说来，程序设计语言可以分为机器语言、汇编语言和高级语言三大类。程序设计人员用高级语言编写出来的程序称为源程序，计算机是不能直接执行的，因为计算机只能处理"0"和"1"，所以必须有一套编译系统将源程序翻译成目标程序或可执行程序，其运行过程如图 3-9 所示。

图 3-9　计算机的程序编译与运行过程

2. 计算机的解题过程

下面通过计算机的解题过程，来说明程序设计语言在这一过程中的作用。

前面我们讲过，无论多么复杂的应用问题，深入到计算机硬件一级时，就只有加法和传递两种算术运算(其效果相当于加、减、乘、除)和与、或、非等逻辑运算了。因此，在此之前，需要做大量的工作。从拿到一个任务到最后得出正确的结果，要经过以下几个阶段：

(1) 建立数学模型。对于一个实际问题的解决，首先要将其数学化。即把一个具体现状或工作过程用数学形式表示出来，如经济问题计算等。非数值计算问题如图书资料管理，也要有相应的描述方法。这部分工作常常由该领域的研究人员来完成。

(2) 确定计算方法。有了数学模型，并不等于计算机就可以计算了，因为有些数学模型很复杂，如微分、积分方程等，并不适合计算机中的加、减、乘、除运算以及与、或、非逻辑运算。因此，必须将数学模型进一步处理将其表示成只包含加、减、乘、除的算术运算和与、或、非逻辑运算的近似公式。例如，对于求 $\sin(x)$ 来说只能采用近似计算的方法，一般来说计算机是按照下列公式(幂级数展开)来实现对 $\sin(x)$ 的求值的：

$$\sin(x) = x - \frac{x^3}{3!} + \frac{x^5}{5!} - \frac{x^7}{7!} + \frac{x^9}{9!} - \cdots \qquad (3-2)$$

(3) 编制解题程序。所谓程序就是用计算机程序，设计语言写出的具体的解题步骤。它告诉计算机做什么以及怎样做。

作为一般的计算机用户，工作做到程序一级便可送入计算机去执行，并等待运算结果。但是应该指出，程序本身并不是机器所能识别的形式(或称指令)，程序只是用一些由英文助记符规定的语句按一定的语法规则所描述的算法，机器只能识别机器指令。因此在执行程序之前，还必须经过一个叫编译的过程，编译的功能可以比喻为人和机器之间的翻译，它把程序翻译成机器所能读懂的机器指令。

这种将源程序转换成可执行程序(或目标程序)的方式有两种，即编译方式和解释方式。编译方式是将高级语言的源程序全部翻译成机器语言的可执行程序后，再将可执行程序交给计算机执行，得出计算结果；解释方式并不是一次将源程序全部翻译成可执行程序之后再执行，而是边翻译边执行，最后得到计算结果。

3. 机器语言

机器语言是计算机 CPU 提供的指令集，是最早产生和使用的计算机语言。其每条指令都是由 0、1 组成的序列，并且每一条指令代表了机器可执行的一个基本操作。虽然使用机器语言描述的算法，机器能直接认识和执行，执行的速度快、效率高，但是机器语言程序难读、难理解、难修改，因为不同的 CPU 有不同的指令集，因此也不具有移植性。即在某一类计算机上能正常运行的机器语言程序，在另一类计算机上可能无法运行。机器语言属于第一代语言，只有熟悉的计算机专业人员才能掌握。

4. 汇编语言

汇编语言又称符号化的机器语言，它产生于 20 世纪 50 年代。与机器语言相比，它主要是为了提高程序的可读性，它的指令采用了英文缩写的标识符，容易识别和记忆。汇编语言源程序必须用汇编程序将每一条指令翻译成一条相应的机器语言指令，才能被计算机执行。

　　机器语言和汇编语言都是面向机器的低级语言。低级语言直接面向 CPU，所以汇编语言所能完成的操作不是一般高级语言所能实现的，源程序经汇编生成的可执行文件不仅比较小，而且执行的速度也很快。直到今天，汇编语言仍是计算机系统软件（如操作系统、编译系统）及实时控制系统的开发工具。但是，汇编语言程序一般比较冗长、复杂，容易出错，不具有移植性，因而使用汇编语言也需要更多的计算机专业知识。汇编语言比机器语言进了一步，属于第二代语言。

5. 高级语言

　　由于机器语言和汇编语言都是面向机器的低级语言，而人们希望能用接近于自然语言和公式语言的工具来表示算法，这样就出现了高级语言。高级语言起始于 20 世纪 50 年代中期，又称"算法语言"或"程序设计语言"。和机器语言、汇编语言相比，高级语言比较容易掌握和理解，并且具备可移植性，可以在多种机器上运行，便于维护，极大地提高了程序设计的效率和可靠性。同汇编语言一样，用高级语言编写的程序也不能在计算机上直接执行，需要翻译成机器语言指令才能执行，但高级语言的命令语句，已经不是汇编指令与机器指令的一一对应关系，一个语句可能编译产生几条甚至几十条机器指令。通常它的翻译方式有两种，即"编译方式"与"解释方式"。常用的高级语言有 BASIC、FORTRAN、COBOL、PASCAL、C 等，当前流行的高级语言有 VB、VC++、VFP、DELPHI 等。高级语言属于第三代语言。

　　高级语言从应用的角度可分为基础语言、结构化程序设计语言和专用程序设计语言三类。

　　（1）基础语言。基础语言又称通用语言，它的应用广泛，有大量的软件库，如 FOR-TRAN、BASIC、COBOL 和 ALGOL 等。基础语言在社会经济领域得到了大量的应用，促进了计算机的快速发展，但却存在着结构不紧凑、条理性差等缺乏结构化设计思想的缺点，导致复杂程序可读性差，调试、维护困难。

　　（2）结构化程序设计语言。20 世纪 70 年代，结构化程序设计的思想产生了两种最主要的结构化程序，一种是 PASCAL 语言，另一种是 C 语言。它们的共同特点是直接提供顺序、分支、循环三种控制结构，每种结构只具有单入口单出口，具有很强的过程能力和数据结构能力。PASCAL 语言强调的是语言的可读性，以及广泛的数据结构处理能力，是人们学习算法和数据结构等软件基础知识的较好的教学语言。DELPHI 语言虽然与传统的PASCAL 语言有了较大的差别，但实际上是 PASCAL 语言的另一版本。

　　C 语言强调的是语言的简洁性和高效性，以及用于系统软件开发替代低级语言的处理能力，因此，C 语言已经成为当今普遍使用的教学语言。

　　（3）专用程序设计语言。专用程序设计语言是专门为某种特定应用而设计的语言。如为数组和向量运算而设计的 APL 语言，人工智能语言 LISP，逻辑推理语言 PROLOG，为开发编译程序和操作系统而设计的 BLISS 语言等。这类语言一般应用范围较窄，移植性较差，但它们都有特殊的语法形式。从事相应领域的人使用它，则比较方便。

　　高级语言从描述客观系统的角度，它可以分为面向过程语言和面向对象语言。

　　（1）面向过程的程序设计语言。一般把以"数据结构＋算法＝程序"这一程序设计范式的程序设计语言称为面向过程的语言。以上介绍的程序设计语言多为面向过程的语言。20世纪 60 年代末以来的一段时间，这种语言几乎成为软件开发的唯一选择。但由于客观世界是由大大小小的对象构成，而软件开发的主要目的是描述和反映客观世界，因而面向对象的抽象方法就出现了，这就是面向对象的程序设计语言诞生的背景。

（2）面向对象的程序设计语言。以"对象＝数据结构＋算法，程序＝对象·消息＋对象·消息……"的程序设计范式构成的语言称为面向对象的语言。目前常用的面向对象的语言有 Delphi、Visual Basic、Java、C＋＋等，面向对象程序设计语言可以认为人类对客观世界认识的计算机模拟，可大大提高软件开发效率，它已经成为 20 世纪 90 年代以来软件开发和管理信息系统开发的主流。面向对象的语言不仅提供可视化开发环境，而且采用"面向对象"和"事件驱动"的新机制，为软件开发者展现了一种全新的程序设计方法。这里最突出的是 C＋＋，它既继承了 C 语言的所有优点，同时引入了面向对象的思想，如类、封装、继承、多态等特性。目前，C＋＋具有不同的版本，如 MS C/C＋＋、Borland C＋＋、Builder、Visual C＋＋、C♯等。

6. 第四代语言与第五代语言

第四代语言是相比前三代语言来说的，它强调的是程序设计的非过程化和人机对话。把高级语言与可视化的界面编程技术、面向对象思想、数据库技术相结合，编写的程序是非过程化的。第四代语言是为降低程序开发工作难度和提高程序开发效率而设计的通用语言，如一些数据库系统的查询语言等，它的特点是易学易用、开发速度快以及便于维护。

程序设计语言的进一步发展是自然语言，程序员可直接写或口述程序功能说明书，而与程序设计的结构和语法无关。目前研究人员正在致力于开发自然语言，这种使用人工智能技术实现用户需求的语言被称为未来的语言，即第五代语言。

7. 开发工具

随着整个社会信息化的推进，使得信息的获取、处理、交流和决策越来越需要大量高质量的计算机软件。为了满足这种需求，开发出新的软件开发工具去帮助软件工作人员是各个软件厂商不断追求的目标。软件开发工具是软件技术进一步发展的产物，它的目的是在开发软件过程中给予人们一定程度的帮助。

目前，市场上流行的满足不同开发要求的软件开发工具主要有 VFP、Power Builder、VC＋＋、Visual Basic、Visual Basic for Application、Delphi、Visual interDev。此外，还有一些专用开发工具，如网页制作工具 Frontpage、Homepage、Dream weaver；多媒体制作工具 Flash、Authorware；基于 Web 的网页开发工具 ASP（Active Server Pages）、JSP（Java Server Pages）等。

8. 数据库管理系统

数据库管理系统是 MIS 中很重要的部分。站在计算机的角度来看，MIS 就是以计算机为工具，数据库系统为基础的以管理为对象的人机系统。数据库管理系统是专门对数据记录进行综合管理的软件，现今的数据库系统能够实现数据共享，应用程序与数据相互独立，并且提供了对数据的安全性、完整性、保密性的统一。有关数据库管理系统的详细内容，本书将在第 6 章专门讲述。

3.3.4　应用软件

应用软件是除了管理计算机硬件和软件的系统程序之外的程序，其中包括为用户提供的各种文字表格处理程序、软件开发程序以及用户根据自己的需要而设计的各种程序。

1. 通用应用软件

（1）文字表格处理程序。文字表格处理程序是用来进行文字录入、表格处理及编辑加工的程序。常用的有 WPS、Word、Excel、LOTUS、Adobe 等。

（2）开发程序。软件开发程序是为用户进行各种应用程序的设计而提供的程序或软件包。常用的有 AutoCAD、Photoshop 等。另外，上述汇编语言、高级语言及其相应的语言处理程序都是为用户提供的程序设计语言，用户可以用来进行某一应用程序的设计，因此也可以视为软件开发程序。不过，此时的软件程序已经可以列为专用应用软件之列。

2. 专用应用软件

用户应用程序是指用户根据某一具体任务，使用上述各种语言、软件开发程序或者数据库管理程序专门设计的软件程序。从严格意义上来讲，MIS 就是一种专用应用软件。像高阶微分方程求解程序、工程设计程序、语音识别程序、工业控制程序、计算机辅助教学软件、电子游戏程序以及数字通信程序等更不用说都属于这一类软件。

3.4　多媒体技术及其应用

3.4.1　多媒体技术概述

1. 多媒体的定义

信息是对人和事物的一种表述，媒体则是表示和传播信息的载体。例如人们日常所用的文字、语音、图形、图像等都是表示和传播信息的媒体，这些媒体的组合称为多媒体。

2. 多媒体技术的特点

多媒体技术是利用计算机技术把文字、声音、图形、图像等多种媒体信息综合为一体，使之建立起一定的逻辑关系，并进行加工处理的技术。即对多种媒体信息进行录入、压缩/解压、存储、编辑、输出播放等。输出的形式可以是文字、图形、语言、乐曲以及动画图像等。所谓压缩，是因为计算机要处理的图形、图像、声音的数字化信息量非常大，为了便于存储和传送，需要压缩。在输出播放时需要恢复，即解压。多媒体技术的主要特点体现在信息表示形式的多样性，各种媒体信息的集成性、交互性、实时性以及数字化可处理性等方面。多媒体的特点概括为以下五点。

（1）信息表示形式的多样性。这一点正是多媒体技术的内涵所在，它把声音、动画、图形、图像引入计算机，使人们可以通过文字、声音、图像等多种方式与计算机交流。

（2）集成性。集成性是将多种媒体有机地组织在一起，共同表达一个完整的事物，做到图、文、声、像一体化。例如从一个 CAI 课件的光盘中可以看到一门课程完整的内容，有文字叙述、图示、语音甚至还可配以悦耳动听的音乐。

（3）交互性。交互性是多媒体技术的重要特点，它除了制作播放之外，还可通过与计算机的"对话"进行人工干预。例如 CAI 课件播放时，可以由教师或者学生根据需要选择内容、字体、颜色、讲述速度；可以自行设置"书签"，以便前播后找；可以快进、重播和任意停止等；也可以要求计算机提供帮助或者以问答方式进行学习。

（4）实时性。对于需要实时处理的信息，多媒体计算机能及时处理。比如新闻报导、视频会议等，可通过多媒体计算机网络及时采集、处理和传送。

（5）数字化可处理性。所有媒体信息都是以数字形式送入计算机，因此可按数据进行存储、处理和加工。

综上所述，多媒体技术是一种基于计算机的综合技术，是一门新兴的跨学科的综合性高新技术。它包括计算机技术、数字化信号处理技术、音频和视频技术、人工智能与模式识别技术、通信技术、图像处理技术等。

3.4.2　多媒体计算机的组成与应用

多媒体计算机（Multimedia Personal Computer，MPC）是指能够处理上述多种媒体信息的计算机系统。具体说来，是将电话、传真、电视、音响、录像机、镭射机等消费类电子产品与普通计算机融为一体而形成的多功能个人计算机，它是把数值计算、文字、图形、图像、声音等有机结合起来，成为综合、集成、交互的系统。

MPC 的标准一般可用下面的简单式子表示：

$$MPC = 普通微机 + 光盘驱动器 + 立体声音效卡 \qquad (3-3)$$

1. MPC 系统的组成

与一般计算机系统类似，多媒体计算机系统的组成也包括两个部分：硬件系统和软件系统。

（1）多媒体计算机硬件系统。多媒体计算机硬件系统主要包括主机、输入/输出设备、外存储器、操纵控制设备以及多功能卡等。其中主机可使用高档微型计算机或者工作站（是一种高性能的台式计算机，而不是指计算机网络中的工作站）；输入/输出设备有摄像机、话筒、录像机、录音机、扫描仪、CD - ROM、电视机、打印机、绘图仪、显示器以及各种音响设备等；外存储器有磁盘、光盘、录音录像带等；操纵控制设备有键盘、鼠标、操纵杆、触摸屏以及遥控器等。

为了支持这些设备的连接使用，除了常用接口之外，还要有相应的多媒体接口卡，比如声卡、视频卡等。在构成多媒体计算机网络时，还应当有通信设备等。

声卡又称为声效卡或声霸卡，使用时一般插入主机板上的 PCI 插槽中。在声卡上设有多个插口，用于连接话筒、CD 唱机、MIDI 控制器、CD - ROM 驱动器、游戏机、音频播放机以及喇叭等输入/输出设备，在其软件的支持下实现语音的输入/输出和乐曲的播放。信号输入时，它把模拟音频信号转换成数字信号，以数据文件的形式送入计算机；信号输出时，把计算机内部的语音数据文件转换成相应的音频信号输出给播放设备。语音信号输入/输出时，均实现音量自动控制、语音自动合成与分解。由于语音信号的信息量一般都很大，因此在语音数据存储时自动实现压缩与解压。目前声卡的类型比较多，具有代表性的有 Creative 公司推出的 Sound Blaster，可在 DOS 和 Windows 两种环境下使用。

随着语音处理技术的发展，由声卡和相应软件构成的语音处理系统已经初步具备语音识别功能，使计算机实现口语输入。

视频卡是用来连接视频设备的电路板，实现视频信号到数字信号之间的转换，可接收来自摄像机、录像机、电视机和各种激光视盘的视频信号。目前视频卡的类型比较多，其中有视频转换卡，能将 VGA 信号转换成 PAL/NTSC/SECAN 制式，通过电视机录像或者播放。视频捕获卡，用于捕获图像，并以数据文件的形式送入计算机，以备编辑和处理；视频叠加卡，用来将标准视频信号与 VGA 信号叠加，并在屏幕上显示。动态视频捕获/播放卡，同时捕获动态视频、音频信号，并进行压缩、存储和回放；视频 JPEG/MPEG 压缩卡，实现 JPEG/MPEG 标准信号的压缩与解压。目前，视频卡中有代表性的有 Creative Labs 推出的 Video Blaster，这是一种高性能的视频接口卡。在其相应软件的支持下，能在可移动、可改变尺寸的屏幕窗口内显示全活动的数字化图像；可播放、定格/解定格、窗口剪辑，存储来自 VCD 光盘机、录像机、摄像机、电视机等设备的图像信号；可在图像画面上叠加文字和图像；可调节图形色调、饱和度、亮度和对比度；内含数字化立体声调节器，实现音量、音调的自动控制与调节。

(2) 多媒体计算机软件系统。对于多媒体计算机的每一种硬件设备都有相应的支持程序，这些程序统称为多媒体计算机的软件系统，包括多媒体操作系统、多媒体数据库、多媒体压缩解压程序、声像同步处理程序、通信程序以及多媒体开发制作工具等。例如多媒体开发软件包，其中包括图形、色彩、声音、动画、图像以及各种媒体文件的转换、编辑程序，比如三维动画制作程序等。

2. 多媒体计算机的应用

(1) 科研领域。由于多媒体计算机能够处理语音、图形图像、视频、文字等多种媒体的信息，因此是科研的有力工具。如医学图像、生物学、地质、大气、空间科学研究等等。因为在这些研究中有很多资料、信息不是文字所能表达的，而往往是一些图片、波形或者曲线，对于这种类型的信息资料处理就需要使用多媒体计算机来进行分析和研究。

(2) 邮电通信。由于多媒体计算机可实现图、文、声等多种媒体信息的传送与处理，因此很适合于邮电通信。由多媒体计算机控制的多媒体电话可使千里之外的亲友"面对面"地交谈，通过多媒体计算机网络还可实时地传送信函、图片、新闻、动画等。

(3) 办公自动化。通过多媒体计算机网络可方便地传送公文、信函、报告、报表，查阅文件资料，召开视频会议，讨论重大问题，实现网上办公。

(4) 教育与培训。计算机辅助教学是计算机应用的一个重要方面，多媒体技术使计算机辅助教学如虎添翼。它把课文、图表、声音、动画组合在一起，形象地表达教学内容，有利于因材施教，学习结束时还可自动考评学员成绩。通过计算机联网，可实现立体化教学，克服地域限制。另外在军事、体育、医学、驾驶员培训等方面均可实现模拟教学或训练。

(5) 文档管理。文史资料、档案管理无疑对人类社会生活有着重要意义，但是各种文献资料的整理、保存、查阅一直是人们大伤脑筋的难题。在使用计算机管理后，方便了检索查询，但是若要看其内容，还得翻阅原始资料，一则麻烦，二则不利于原始资料的保存。在使用多媒体技术和多媒体计算机之后，文档内容可以整体存入计算机的存储器中，再附以各种图片与文字说明，方便了检索查询和阅读，需要时还可以打印出来。

(6) 视频点播与电子商务。使用多媒体计算机可方便地进行节目编排、片头以及各种商业广告的制作。通过 Internet 可实现网上销售、购物及结算等商务活动和网络会议。

(7) 信息服务。通过多媒体计算机网络可实现远距离的信息查询、资料检索。利用 CD-ROM 的巨大存储空间，结合多媒体技术的声像功能制作科学百科全书、电子地图、旅游指南、文物古籍等电子书籍或数字图书馆，供用户在线浏览使用。

（8）文化娱乐。可制作各种动画片，进行电影、电视、游戏的存储与播放，为人们提供文化娱乐服务。

（9）安全保卫。通过摄像头记录现场实况，通过联网跟踪目标，可用于机场、车站、码头、门卫以及公安等部门，还可以进行密码、指纹、相貌鉴别以及夜间值守，巡查异常情况，及时报警或采取应急措施等。

*3.4.3 高档微机的新技术

随着微电子集成电路技术和计算机技术的发展，现代高档微机为了适应各种广泛应用领域对计算机处理速度和容量的要求，越来越多地融入了原来中小型计算机甚至大型计算机采用的技术，使微机的体系结构发生了很大的变化，性能得到很大的提高。

1. 主要新技术简述

（1）微程序控制技术。计算机 CPU 控制器的结构主要有两种类型：组合逻辑控制器和微程序控制器。

组合逻辑控制器的每条指令执行，从取指令到指令寄存器，指令译码产生各种操作控制信号以及操作数执行，指令的执行过程全是由硬件逻辑实现的。

微程序控制器将原来由硬件电路控制的指令操作步骤改用微程序控制。一条指令的完成对应一个微程序的执行过程，一个微程序是存储在 ROM 中的一个微指令系列，每条微指令存储在 ROM 中。这样一条指令的执行过程，就是依次从 ROM 中取出微指令，并译码生成各种微操作命令实现。

微程序控制技术容易改变和扩充机器的功能，只要改写 ROM 的内容，即可改变微程序。

（2）流水线技术。将每条指令的执行过程分解为若干步，每一步占用各自的部件，让多条指令的不同步骤在时间上重叠，实现了在同一个节拍内，让各个部件同时工作，这就是并行性中的时间重叠。80486 设计为 6 级流水线（即取指令、指令译码、地址生成、取操作数、执行指令、存储），这样很容易分析达到稳态（即每一条指令经过 6 拍时钟周期）以后，每个节拍（1 个时钟周期）都有 1 条指令流出流水线，亦即完成 1 条指令的执行。

可见，流水线级数越多，每级所花的时间越短。时钟周期设计得越短，指令完成的速度就越高。当流水深度（流水线级数）达到 5 级或 6 级以上时就称为超级流水线。

在 Pentium 和 Pentium pro 等高性能微机中，微处理器内部集成了 2 条或更多条流水线，实现平均一个周期可以执行 2 条或是更多条指令，使得一些指令的执行，例如整数运算指令可以并行执行部分指令，这种技术称为超标量流水线。同时进入并行流水线的两条指令，必须符合指令配对规则。如配对的两条指令必须是规定的"简单"指令；两条指令之间不得存在"写后续"或"写后写"这样的寄存器相关性。所谓"写后续"相关是指后一条指令的源操作数是前一条指令的目的操作数；"写后写"相关是指两条指令的目的操作数要写入同一个寄存器。出现这种相关，将会使指令不能正确执行。要说明的是流水线是在一段时间内多条指令"并发"执行，是时间上多条指令不同操作的重叠。原则上不增加硬件，只是把硬件划分为不同的多个执行部分。

（3）高性能的浮点运算单元。浮点运算单元采用超流水线技术，划分为 8 个独立执行部件（流水深度为 8 级），且对浮点加、乘、除三种最常用的功能，使用专门的硬件电路，以提高处理速度。

（4）独立的指令Cache（高速缓存）和数据Cache。支持多处理器系统Pentium处理器中的高速缓存Cache是分离式的。两个分离的、独立的Cache将指令和数据分别进行存储。当执行部件对存储器进行访问时，由两个独立的Cache分别提供指令和数据。为了提高流水速度，Pentium又采用了动态转移预测判断技术。

（5）转移预测判断。由于流水线方式是"同时"解释多条指令，当进入流水线的指令是转移指令时，只有指令执行到最后，当条件码建立时，才能确定是否转移。但此时后续指令也已经进入流水线，开始分析或执行。若转移成功，则顺序进入流水线的后续指令将"白费"工作，但若这时让后续指令等待，就将造成"断流"。经统计分析，条件转移指令在程序中约占20%，其中转移成功的概率占60%，由于断流将造成流水性能下降。为了进行预测判断，尽量减小流水线的损失，若两个分支的概率相近，则宜选转移不成功，因为转移不成功时，流水线继续自然流动，不受影响；若两个分支概率不等，则应选概率大的分支，并提前进入指令予取缓冲寄存器，尽可能使程序不"断流"。

（6）具有保护内部数据安全性的功能。为保证数据的完整性和安全性，Pentium引入了两项只有大型机才有的先进功能：内部数据检测和功能冗余校验。

内部数据检测是指指令Cache、数据Cache引入奇偶校验或在微指令、分支目标缓存器处进行奇偶校验。功能冗余校验使用两片Pentium同时运行。

（7）灵活的存储器页面管理。Pentium微处理器保留了386/486 4 KB尺寸的存储器页面，同时又具有一种新的更大的4 MB存储器页面。两种存储器页面不影响应用软件的运行，但4 MB存储器页面管理可以使大的图形数据和结构数据的存储更为方便。

（8）增强的总线结构。总线中普遍采用64位数据总线及32位地址总线。

2. Pentium Pro及以上微处理器的性能

Pentium pro及以上高性能奔腾也称为高能奔腾，其主要性能如下：

（1）64位数据总线，32位地址线。

（2）不仅集成16 KB的一级Cache（高速缓存），还把256 KB的二级Cache集成到CPU同一块芯片上，使CPU速度更高于Pentium和80846。

（3）具有两条64位的数据总线，这两条总线可以独立工作，以提高速度。

（4）采用了超标量流水线设计技术，使Pentium pro在同一个时钟周期内可以处理3条指令。

（5）支持乱序执行技术。"乱序执行"本质上就是数据流驱动计算机，它的工作原理与传统的冯·诺依曼计算机不同。冯·诺依曼计算机是控制流驱动计算机，它的指令是在中央控制下顺序执行的。数据流计算机是在数据的可用性控制下并行执行，即当且仅当指令所需要的数据可用时，该指令即可执行；任何操作都是纯函数操作。数据流驱动计算机只要数据准备好即可执行指令，而无须受指令顺序控制（乱序执行），所以更适合并行计算（函数）。当然，多微处理器系统是一个单指令流多数据流计算机，也是可以支持并行计算的，但它是程序控制顺序执行，即只有一个控制器，指令顺序执行，但有多个处理单元，并行从（多体）存储器取回数据，并行计算。

（6）超线程（Hyperthreading Technology，HT）。HT技术就是利用特殊的硬件指令，把两个逻辑内核模拟成两个物理芯片，让单个微处理器都能使用线程级并行计算，从而兼容多线程操作系统和软件并提高微处理器的性能。操作系统或者应用软件的多线程可以同时运行于一个微处理器上，两个逻辑处理器共享一组微处理器执行单元，并行完成加、乘、负载等操作。在同一时间里，应用程序可以使用芯片的不同部分。虽然单线程芯片每秒钟能够处理成千上万条指令，但是在任一时刻只能够对一条指令进行操作。而"HT"技术可以使芯片同时进行多线程处理。当在支持多微处理器的 Windows XP 或 Linux 等操作系统之下运行时，同时运行多个不同的软件程序也同样可以获得更高的运行效率。这两种方式都可使计算机用户获得更优异的性能和更短的等待时间，但还有一种硬件技术可用来改善计算机的性能，这就是安装使用双核心设备。

3. 双核心设备

2005 年之前，在 Intel 和 AMD 的竞争和推动下，CPU 主频曾一次次被刷新。之后发现，在现有技术条件下，单纯的主频提升已经无法为系统整体性能的提高带来显著变化。伴随着高主频也带来了微处理器巨大的发热量，最重要的是 Intel 和 AMD 两家在微处理器主频提升上已经有些力不从心了。两家厂商都不约而同地投向了多核心 CPU，在不用进行大规模开发的情况下将现有产品发展成为理论上性能更为强大的多核心微处理器系统。

多核心也叫多微处理器核心，是将两个或更多的独立微处理器封装在一个集成电路中。双核心设备只有两个独立的微处理器。一般说来，多核心微处理器允许一个计算设备在必要时执行某些形式的线程级并行处理（Thread-Level Parallelism，TLP），这种形式的TLP 通常被认为是芯片级别的多处理（Chip-level Multi-Processing，CMP）。在游戏中，一般需要使用驱动程序来利用第二颗核心。

"多核心"或"双核心"的定义在字面使用中有一定差距。它们可以指特殊的 CPU，但是某些时候也被应用到 DSP 中。另外，某些情况只用在同一个集成电路中的多核心微处理器。实质上，双核心微处理器就是基于单个半导体的一个微处理器上拥有两个一样功能的微处理器核心，即将两个物理微处理器核心整合入一个内核中。双核架构并不是什么最新推出的技术，在此之前双核心微处理器一直是服务器的专利，现在已经逐步面向普通个人电脑。

总的来说，虽然双核心微处理器的性能较单核心微处理器有所提升，但考虑到目前大部分的应用程序，比如 Office 办公软件、游戏、视频播放等应用都是单线程的，因此对于大多数用户来说选择单核心微处理器仍是最佳方案。而对于需要大量进行视频、3D 动画和2D 图像处理的专业用户来说，可以考虑购买一台双核心的计算机。

小 结

管理信息系统的对象是管理信息，而计算机系统是其主要技术支撑平台和重要组成部分。计算机系统由硬件和软件两部分组成。计算机硬件是指组成一台计算机的各种物理装置，它们是由各种物理器件、微电子芯片所组成。直观地看，计算机硬件是一大堆设备，它是计算机进行工作的物质基础。计算机硬件主要由 CPU、存储器、输入设备和输出设备组成。CPU（由运算器和控制器组成）是计算机系统中不可缺少的"大脑"，中央处理器和内存储器合在一起就是一台计算机的主机。存储器分为内存储器与外存储器，又称主存和辅助存储器。主存储器又分为两类：随机存取存储器 RAM 和只读存储器 ROM。常用的辅助存储器有软磁盘存储器、硬磁盘存储器和光盘存储器三种。计算机的输入/输出设备和外存储器简称计算机的外部设备，常用的输入/输出设备有键盘、鼠标、扫描仪、显示器、打印机、数码相机、光笔、触摸屏、绘图仪等；另外，还介绍了管理信息系统中的几种输入设备，如磁卡、IC 卡、条形码读入器等。总线是计算机系统中多个部件交换信息的公共通路，采用总线结构有很多优点，如节省连线、节省设备、容易扩充等。目前系统总线由数据总线 DB、地址总线 AB 和控制总线 CB 三部分组成。系统总线的结构有多种标准，如 ISA、EISA、PCI、AGP 等标准，它们都是为提高机器内部信息交换的速度而发展起来的。

计算机软件是计算机系统的灵魂，相对于计算机硬件而言，软件是计算机的无形部分，但它是不可或缺的组成部分。所谓软件，是指能指挥计算机工作的程序与程序运行时所需要的数据，以及与这些程序和数据有关的文档。微型机的软件系统可以分为系统软件和应用软件两大类。系统软件是指管理、监控和维护计算机资源（包括硬件和软件）的软件。目前常用的系统软件有操作系统、各种语言处理程序、数据库管理系统以及各种工具软件等。应用软件是指除了系统软件以外的所有软件，它是用户利用计算机及其提供的系统软件为解决各种实际问题而特制的计算机程序。由于计算机已渗透到了各个领域，因此，应用软件是五花八门多种多样的。目前，常见的应用软件有：各种用于科学计算的程序包，各种字处理软件，计算机辅助设计、辅助制造、辅助教学等软件，各种游戏、娱乐等软件。

计算机程序设计语言的发展经历了从第一代机器语言到汇编语言、高级语言、非过程化语言以及正在开发的第五代智能化语言。高级语言从应用的角度可分为基础语言、结构化语言和专用语言三类，从描述客观系统的角度可分为面向过程的程序设计语言和面向对象的程序设计语言。高级语言的处理方式有编译方式和翻译方式。

随着整个社会信息化技术的发展，市场上出现了大量的软件开发工具，主要有 VFP、Power Builder、Visual Basic、Visual Basic for Application、Delphi、Visual interDev 等。此外，还有一些专用开发工具，如网页制作工具 Frontpage、Homepage、Dream weaver；多媒体制作工具 Flash、Authorware；基于 Web 的网页开发工具 ASP（Active Server Pages）、JSP（Java Server Pages）等。

最后介绍了多媒体计算机的组成和在教育、科研等领域的诸多应用，以及现代高档微机的新技术和 Pentium Pro 及以上级别的微处理器性能。

习　题

3-1　计算机硬件系统组成的理论根据是什么？画出它的结构框图。

3-2　中央处理器（CPU）由运算器与控制器组成，控制器一般由哪几部分组成？

3-3　RAM 与 ROM 的区别是什么？说说各自在机器中的作用。

3-4　什么是条形码读入器？简述它的工作原理和使用场合。

3-5　简述系统总线的发展过程。常用的系统总线标准有哪几个？

3-6　操作系统的作用是什么？列出几种常用的操作系统。

3-7　什么是系统软件？它由哪几部分组成？

3-8　什么是面向过程的程序设计语言？什么是面向对象的程序设计语言？试分别写出几种程序设计语言的名称。

3-9　什么是多媒体？多媒体技术的主要特点体现在哪些方面？

3-10　多媒体计算机系统是如何组成的？举出几个多媒体计算机的应用领域。

3-11　简述 MPC 的定义及标准。

3-12　高档微机的新技术有哪些？

3-13　什么是多核心微处理器？安装了"双核心"的个人电脑性能有哪些提高？

3-14　将十进制数 85.25 转换为二进制数。

3-15　存储容量 1 MB、1 GB 各是多少字节？

3-16　将原码 10011001 换算成十进制符号数、八进制数和十六进制数。

第4章　数据通信基础

数字通信是使用数字信号作为载体传输信息的通信方式，而模拟通信则是用模拟信号作为信息载体的通信方式。实际通信系统往往是两种通信方式的混合，在它们的衔接处进行数/模转换，这样的通信方式称为混合通信方式。混合通信方式一般以数字信号为主，局部采用模拟信号。一般认为，如果信源产生的是模拟信号且以模拟信道传输，则称为模拟通信；如果信源产生的是模拟信号且以数字信号的形式进行传输，称这种通信方式为数字通信；而数据通信则专指信源和信息中数据形式都是数字的，在信道传输时可以根据需要采用模拟传输方式或数字传输方式。实际工作中往往不加严格区分。

4.1　数字通信系统的基本组成

4.1.1　基本数字通信系统

通信的基本功能是传递信息，即将由信源（发送者）产生的信息，通过一定的媒介（即信道）传输，最后被信宿（收信者）接收。一个数字通信系统的基本任务就是把信源产生的信息变换成一定格式的数字信号，通过信道传输，到达接收端后，再变换为适宜于信宿接受的信息形式送至信宿。图4-1是实现这个过程的数字通信系统的基本框图，主要组成部分如下。

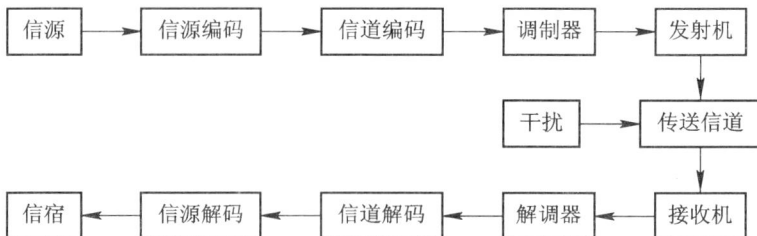

图4-1　数字通信系统的基本框图

1. 信源/信宿

信源产生信息，信宿最后接受信息。它们可能是人直接使用的设备，如电话端机、电传打字机、键盘显示器等，或者其他机器，如检测器、存储器、电视摄像机、其他输入/输出设备等。信源和信宿可以是分开的设备，也可能是装在一起，便于像电话那样进行双向通信的复合装置。根据通信对象和任务的不同，信源产生的信息的形式也不同，总的说来可分为连续的和离散的两种,与此对应地分别有连续信源和离散信源。前者产生幅度随时间连续变化的信号(如话筒产生的话音信号);后者产生各种离散的符号或数据。

2. 信源编码/解码器

各种信源产生的信息要在数字通信系统中传输,必须变换成统一格式的数字信号,这个过程称为信源编码。对连续信息要进行模/数(A/D)变换,用一定的数字脉冲组合来表示信号的一定幅度;对离散信息则用数字脉冲组合来一一表示符号、字母等。用一组数字脉冲信号来表示信息的过程称为编码,这组数字脉冲就称为代码、码组或码字,其中每个数字脉冲就称为码元。

信源编码往往还有一个重要的作用,就是提高数字信号的有效性,即在保证一定传输质量的情况下,用尽可能少的数字脉冲来表示信源产生的信息。这种编码称频带压缩或数据压缩编码。

在接收端的信源解码是发端信源编码的逆过程,它把数字信号还原为信宿可接受的信息形式。

3. 信道与干扰

信源与信宿总是隔开的,而且往往距离很远,其间必须有某种媒介进行电的连接以传输信号,这种媒介就是信道。用于模拟通信的各种有线和无线信道都可用作数字通信。目前在大容量干线通信中,有线通信主要使用同轴电缆;无线通信使用的主要是微波视距中继;数字卫星通信和光纤通信的进展也很快。各种信道由于物理上的原因,具有种种不完善的特性,会使在其中传输的数字信号产生衰减和畸变。另外,信号还受到各种不需要的和无法预知的其他信号的干扰。因此,在数字通信系统中就要设置各种设备,采取专门措施来克服这些不利因素。通信系统设计的主要目标之一就是尽可能地抑制干扰的破坏作用,保证数字信号可靠而有效地传输。

干扰可以是信号在传输过程中造成信号畸变的所有因素。总的来说,干扰可分为加性干扰和乘性干扰两个部分。加性干扰是叠加到有用信号上的种种不需要的电磁信号,主要包括随机噪声、脉冲干扰和正弦干扰三种。随机噪声主要有热噪声、宇宙噪声和电子器件内部噪声等;脉冲干扰主要有大气干扰和工业干扰等;正弦干扰主要有邻台干扰、邻信道串扰和人为电子干扰等。乘性干扰是由于信道特性的种种不完善所引起的信号畸变,这些畸变不能简单看做叠加到信号上而相当于使信号乘上某些畸变因子。引起乘性干扰的主要因素是信道引起的衰变、幅度和相位的畸变、频率漂移和相位的抖动以及非线性失真等。所有这些干扰在信道中是散布在各环节的。

4. 调制/解调器

各种信道都有一定的频带限制,二进制脉冲序列往往不能直接在信道上传输。调制器的作用就是把二进制脉冲变换成适宜于在通信信道上传输的波形。数字调制过程就是使一定频率的高频正弦振荡(称为载波)的振幅、频率、相位或它们的组合随着所要传输的数字脉冲而有规律地改变。

调制是信息传输过程中一个重要的措施,它还有减小信道中干扰的作用,改变信道的频谱特性匹配以减小由传输引起的畸变,提供很多用户合用一个信道(多路复用)的能力等。

解调是调制的逆过程。但对一种已调波形进行解调以恢复原数字信号的方法可以有好几种,具体选用哪一种取决于所要求的解调精度和所允许的设备复杂性。

在数字通信系统中,调制器和解调器常装在一起,称为调制解调器(MODEM)。

5. 信道编码/解码器

选择好的调制解调方法可以有效地消除干扰的影响,但这也有一定的局限性。有时候虽然仔细设计了调制解调器,但系统仍不能充分抑制干扰的影响,达不到传输的可靠性指标。为此,在数字通信中可采用信道编码解码的办法来进一步提高可靠性。

在数字通信中,信道干扰的有害影响表现为产生错码。信道编码/解码的作用,就是减少错码,以达到指标的要求。

信道编码是一种代码变换,其方法是有规律地在信源编码后的脉冲序列中插入一些附加的脉冲,成为监督码元。这些码元不代表所传输的信息,但它们插入的位置和值与信息脉冲(码元)之间有固定的关系,称为监督关系,用监督方程表示。这个监督关系接收端是知道的。如果传输中出了差错,就破坏了这个监督关系,接收端就可通过验证监督方程来检查到错误。有的编码还可纠正某些错误。接收端检测或者纠正错误的过程就是信道解码。

6. 发射/接收机

信号在媒介中传播会被衰减,所以在发、收两端进行适当的放大是必不可少的。其次,还要进行滤波,限制频带宽度;还需要有耦合装置,将能量发送到媒介中或从其中接收下来等。这种设备(例如发射机和接收机)并不对信号进行改变特性的处理,仅起提供通路的作用,故常视作信道的一部分。

一个实际的数字通信系统除具有图4-1所示的基本功能单元外,还包含其他一些重要的单元,如:

定时同步系统——数字信号是一个个码元依次按节拍传输的,因此必须有定时电路来保证正确的时序关系,必须由同步电路来保证接收端的工作与发送端步调一致。定时同步系统控制着数字信号的可靠传输。定时同步系统失效,轻则错误增多,重则通信中断。

均衡器——用来补偿不理想的信道特性,使信号能正确无误地接收。

再生中继器——我们知道,在长途电话传输过程中,为弥补线路的损耗,沿途要设置若干增音器。在数字通信中与此相应的是再生中继器,用来修正脉冲波形,消除干扰和畸变。

加密/解密设备——在军事、国家机密以及其他机要通信中,保密是非常重要的。数字信号的特点是它比模拟信号易于加密并获得极好的性能。加密器放在信源编码后,解密器则放在信源解码器之前。

数字交换设备——图4-1是点对点通信系统的基本框图。在要为很多分散的用户服务的数字通信网中,必须有数字交换设备进行通路的转接,它起接线员的作用,实现多对用户之间的并发通信。

数字复接设备——在通信网中,很多用户或不同速率级别的数字信号流需要合用一条信号通路,或几个低一级速率的数字信号流要合并成高一级速率的数字信号流,这时需要用数字复接设备。

4.1.2 模拟通信系统和数据通信系统

从世界各国发展通信的历史来看,模拟通信系统发展在先,数据通信发展在后。模拟传输系统主要是为传输模拟信号,尤其是话音信号而设计的,其特征是具有线性的传输特性。在线路距离较长时,线路中间设置若干个必要的线性增音机。所谓"线性",是指经过处理之后不产生新的频率,也不减少原来信号所含的频率成分。模拟传输系统传输多路信号时,一般采用频分复用(FDM)的原则。频分复用是若干话路的频带合成宽频带,以宽频带的信号在信道上传输。尽管传送信号路数增多,它的设备中所包含的器件和部件也增多,但在电的性能上,它在较宽的频率范围内,仍应该能实现线性传输。所以,模拟传输系统的容量,除了以多少路数表示外,也可以用最高使用频率来表示。

数据通信系统主要是为了传输数字信号而设计的。其特征是信号传输一定距离后能够借助于再生作用,继续传输,而不要求其有严格的线性。因此,在较长距离的线路上,要在线路中间设置若干必需的再生中继机。数据传输系统传输多路信号时,一般采用时分复用的原则。数字传输系统的容量,通常由传输数码(或符号)信息的速率来表示。时分多路复用是把若干低速率数据序列合成为高速率的数据序列,同时在信道中传输。随着传输速率和容量的提高与增大,数据传输系统中所包含的设备与器件应该相应的有较快的开关速率,能够更快地传输数字脉冲。未来数据通信的进展,在很大程度上取决于其设备和元件的开关速率。

由于模拟通信系统发展较久,过去和现在实际使用的国内和国际通信系统,均以模拟通信系统居多。有些国家目前使用的主要还是模拟通信系统,例如在我国,目前部分市内电话中继电缆上以及部分微波中继信道上,已经设置和正在改为时分多路的数字通信系统,在少数同轴电缆及光纤电缆上,也已经设置了数字通信系统。但所有明线和电缆载波通信系统,大量的微波接力通信系统、卫星通信系统、短波和散射通信系统等,目前都属于模拟通信系统。改造后,是把数字信号当作模拟信号在模拟信道上传输,但信道仍然是模拟的,自然还不算数字通信系统。

4.2 数据通信系统

数据通信系统是把计算机技术与通信技术结合起来应用于各种管理业务的综合性系统。从通信技术的观点出发,由于它是使人们能够利用计算机的数据处理能力的通信,信源信息是数据,因此称为数据通信系统,它是继电报、电话通信之后的一种新型通信系统。

4.2.1 基本概念

1. 数据通信方式

数据通信有单工、半双工、全双工三种通信方式,分别如图 4-2(a)、(b)、(c)所示。其中,单工通信方式只允许单方向发送数据,即数据从甲方发送到乙方,而乙方到甲方只传送联络信号,前者称正向信道,后者称反向信道,一般反向信道的传输率比较低。这种方式适用于数据收集系统,如气象数据的收集、电话费集中计算等。半双工通信方式允许两个方向交替而不能同时传输数据,适用于问讯、检索、科学计算等系统。电话通信就是采用此方式,甲方讲话完毕后,乙方开始讲话,不能同时讲话。全双工通信方式允许两个方向同时传输数据,适用于计算机—计算机的高速数据传输,反向信道可按需要选用。公共电报通信采用此种方式,甲方在发报的同时可以接收乙方发出的报文。

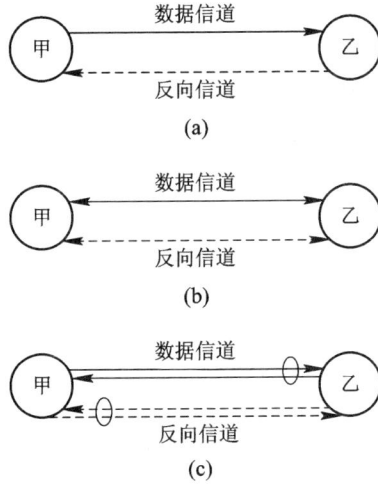

图 4-2　数据通信的三种方式

(a) 单工通信方式;(b) 半双工通信方式;(c) 全双工通信方式

2. 数据传输电路

数据传输有二线和四线两种电路,分别如图 4-3 和图 4-4 所示。

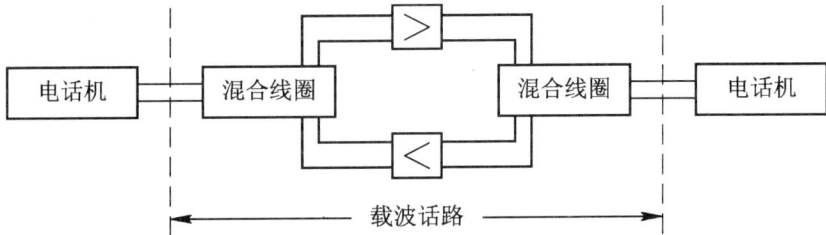

图 4-3　二线电路

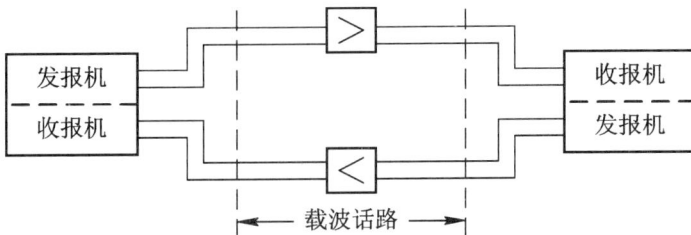

图 4-4　四线电路

二线电路的典型例子就是日常所用的电话线路。两地用户可通过一对电话线进行通话或数据通信，它运用于单工和半双工通信方式。要进行全双工通信，两个方向的传输应当用不同的频带，构成等效的四线电路。四线电路的典型例子是电报通信线路。它相当于两对二线电路，用一对线发送信息，用另一对线接收信息。四线电路适用于上述三种通信方式。

3. 专用电路与交换电路

凡固定接通的电路称为专用电路，而通过交换机的选线作用接通的称为交换电路。在专用电路中，加上均衡措施后，可以减少误码率，提高数据传输速率，适用于实时性要求很高的场合。但专用电路只允许某一用户专用，电路利用率多数不高。为了提高线路利用率，可采用图 4-5 所示的分支线路和环状线路方式，它们都是在一对线路上连接多个数据用户。一般采用探询和选择方式工作，即由计算机中心来控制每个用户的发送与接收，适用于若干用户相距较近，而每个用户的数据量不大的情况。

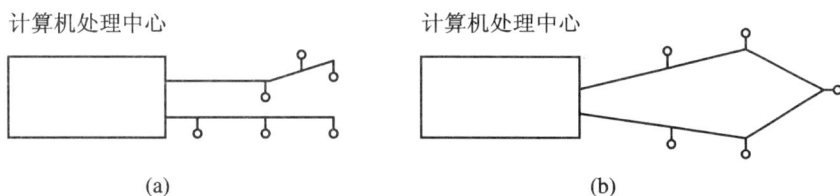

图 4-5　多线电路
（a）支线路；（b）环状线路

交换电路也称公用电路。这种电路除用户至电话局间的线路段以外，其他线路段均为公用，故电路利用率较高。其缺点是接通线路时间长，不适用于高速传输。

4. 数据电路和数据链路

如图 4-6 所示，数据电路一般由模拟信道和调制解调器组成。这里的模拟信道就是指大量采用的载波话路，它可以是交换电路或专用电路。数据电路为两地进行数据传输提供了物理媒介。数据链路是由数据电路加上传输控制器或通信控制器组成，它具备数据传输功能。所以，只有在形成数据链路后才可真正进行数据传输，而数据链路的建立则以有数据传输电路为条件。数据链路大致有点对点链路结构和多点链路结构。在多点链路中有星形多点链路、环状多点链路数种，如图 4-7 所示。其中星形多点链路需要昂贵的通信线路费用，环状多点链路结构的通信线路费用最省，但系统可靠性差。

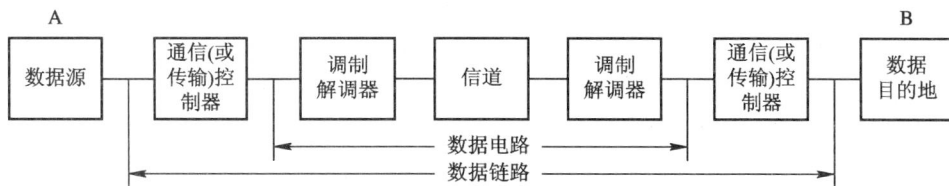

图 4-6　由 A 到 B 的数据传输

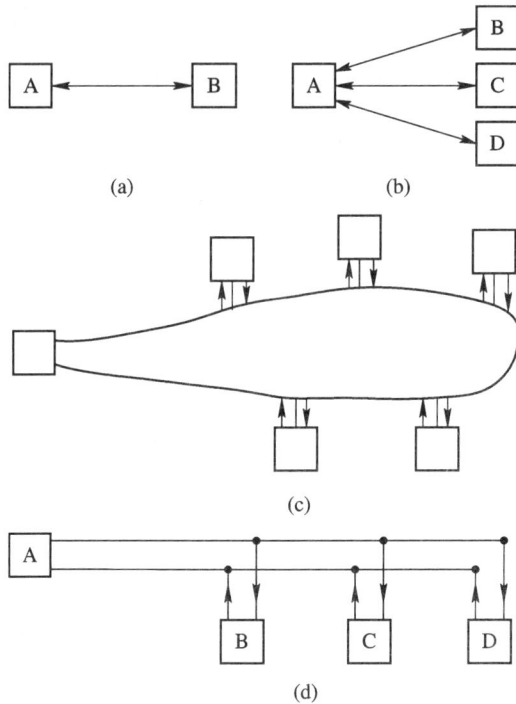

图 4 - 7　数据链路
（a）点对点链路；（b）星形多点链路；（c）环状链路；（d）多点链路

5. 异步传输和同步传输

数据在传输线进行传输时，为保证发送端发送的信息能够被接收端正确接收，要求发送端和接收端必须保持严格的对应关系，即发送端以某一种速率在起止时间内发送数据，接收端也必须以同一种速率在相同的起止时间内接收数据。不然，收发端间微小的误差，会造成失步，使传输数据出错。为避免收发端的失步，使系统有效正确地工作，收发端必须采取收发统一的动作，这种措施称为同步技术。可见同步技术将直接影响通信质量，同步不好，严重时会使系统不能正常工作。

常见的同步方式有两种：异步传输和同步传输。

（1）异步传输。发送方和接收方独立地产生时钟，但定期地进行同步，以保证信息位的对应关系，这种方式称为异步传输。以串行异步传输为例，该方式规定在传送字符的首末分别设置 1 位起始位和 1 位（或 1.5 位、2 位）停止位，它们分别表示字符的开始和结束。起始位是低电平（数字"0"状态），停止位为高电平（数字"1"状态）。字符可以是 5 位或 8 位。一般 5 位字符的停止位是 1.5 位，8 位字符的停止位是 2 位。8 位字符中包括 1 位校验位（奇校验或偶校验）。图 4 - 8(a)、(b)分别给出了 5 位字符和 8 位字符的串行异步传输方式。

平时，不传字符时，传输线一直处于停止位状态，即高电平，一旦接收端检测到传输线状态的变化——从高电平变为低电平，这意味着发送端已开始发送字符接收端立即利用这个电平的变化启动定时机构，按发送的速率顺序接收字符。待发送字符结束，发送端又使传输线处于高电平状态，直至发送下一个字符为止。

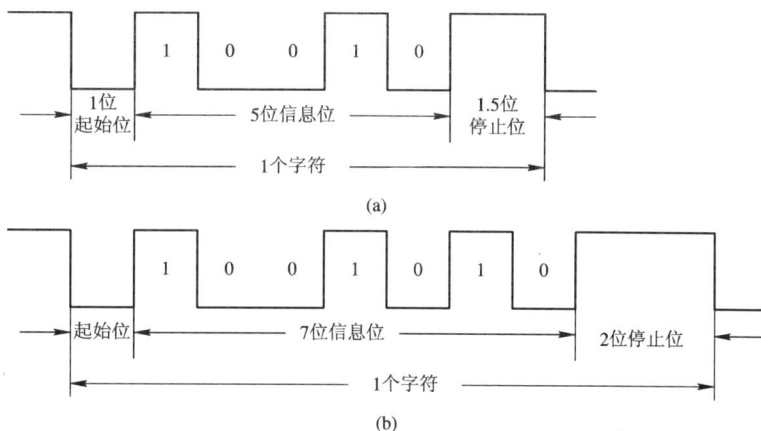

图 4-8 异步方式字符结构

从图 4-8 不难看出，在异步方式中，每个字符所含比特数相同。传送每个字符所用的时间由字符的起始位和终止位之间的时间间隔决定，为一固定值。起始位起了一个字符内的各比特同步的作用。各字符之间的间隔没有规定，可以任意长短。

异步方式实现简单，但传输速率低，因为每个字符都需补加专用的同步信息，即加起始位和停止位（以定时进行同步控制），传输字符的辅助开销多。异步方式适用于低速（每秒 10～1500 个字符）的终端设备。

（2）同步传输。同步传输是接收端时钟完全由发送端时钟控制，发送端和接收端时钟严格同步。同步传输方式是传送一组字符之前加入 1 个（8 bit）或 2 个（16 bit）同步字符 SYN。同步字符之后可以连续发送任意多个字符，每个字符不需要任何附加位。因此，同步字符表示组成字符传送的开始，如图 4-9 所示。发送前发送端和接收端应先约定同步字符的个数及每个同步字符的代码，以便实现发送与接收的同步。同步的过程是：接收端检测发送端发送同步字符的模式，一旦检测到 SYN，说明接收端已找到了字符的边界，接收端向发送端发确认信号，表示准备接收字符，发送端就开始逐个发送字符，直到控制字符指出一组字符传送结束。

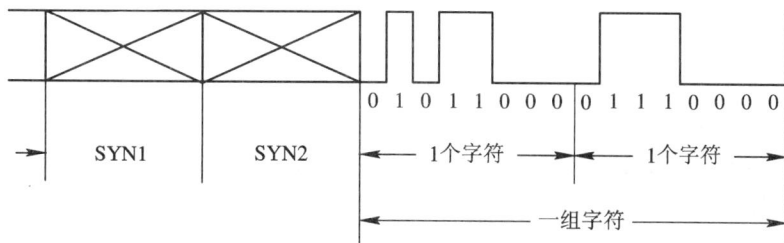

图 4-9 同步传输方式

4.2.2 硬件构成

一个数据通信系统的基本构成如图 4-10 所示。

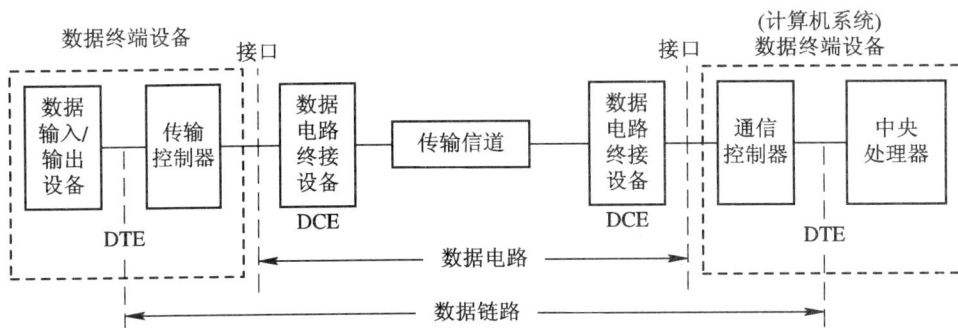

图 4-10　数据通信系统的基本构成

若信道是模拟信道，则传输数据信号必须经过调制和解调器，信道上传输的是连续模拟信号；若信道是数字信道，则信道与数据终端设备相连时，必须经过电平匹配，线路特性的均衡，时钟同步以及控制连接的建立、保持和拆除。这样的接口设备（信道与数据终端之间）称为数据电路终接设备（Data Circuit-terminating Equipment，DCE）。

图中数据终端设备（Data Terminal Equipment，DTE）可以是产生数据的数据源，也可以是接收数据的数据宿，或者是两者的集合，如数据输入/输出设备、终端设备或计算机等终端装置。数据电路终接设备 DCE 可以是调制解调器，自动呼叫应答设备，交换机或其他中间装置的集合。

可见，一个数据通信系统应由以下几部分组成：

1. 数据终端设备（DTE）

数据终端设备是用户与数据通信系统进行对话所必须采用的接口设备，它把用户送来的信息变换为数据信号送入通信网络，或者接收计算中心所发送过来的数据信号，并变换为用户所能理解的形式（显示或打印出文字等）。它包含输入设备和输出设备：输入就是向计算中心输入数据；输出就是接收由计算中心发来的数据，向用户显示或打印出字符。

2. 通信线路

在数据通信系统中，通信线路一般包含数据电路终接设备（简称 DCE）、通信信道设施和交换机。

数据电路终接设备是数据终端设备进入通信网络的媒介。因为电话通信最广泛，所以一般模拟信号传输网络多是为电话通信而设计的。当利用电话通信网进行数据通信时，一般需要附加一些设备，这些设备统称为"数据电路终接设备"。当利用模拟电话网（它是利用载波调制技术作为多路传输的手段）向计算中心传送数据时，必须通过调制解调器，把数据终端设备输出的二进制数字信号变换为适合模拟电话网传输的模拟信号后，才能进入电话网；又须通过调制解调器，把由电话网传送来的模拟信号变换为二进制数字信号，才能送入计算中心。因此，这种调制解调器就是模拟电话网内的 DCE。如果利用数字电话网（它是利用脉冲编码调制技术实现多路传输的媒质）传输数据，由于每路数字电话的传输速率为 64 kbit/s，而数据终端的传输速率一般为（200～4800）bit/s，所以要用时分复用器把各路的低速数据汇集成传输速率为 64 kbit/s 的数据，送入数字电话网。反之，也要从由数字电话网收到的 64 kbit/s 的数据中分出各路低速数据，传送至相应的数据终端设备。因此时分复用器也是一种 DCE。除此以外，为数据通信所需要而与通信网交界的设备也属 DCE。例如，自动呼叫应答机，它是数据终端设备与交换机之间的接口设备。我们知道在电话通信中，电话机上的拨号盘和振铃器属人工呼叫应答器。在数据通信系统中，计算机同时要与多个数据终端设备通数据，人工呼叫应答器已不能适应，故采用自动呼叫应答器。它接收计算机以二进制数字形式输出对方终端的号码，把此号码变换为电话交换机能识别的信号形式，起拨号盘的作用。当它收到来自交换机的振铃声时，自动地把调制解调器接上线路，并发出载频信号应答。这种自动呼叫应答器也称"网络控制器"。

通信信道的设施包括"线路"和多路通信设备。在有线通信方式中，"线路"有架空明线、同轴电缆、对称电缆等。在无线通信方式中，"线路"的意义是沿着一定方向传输的电波(微波、短波等)。为了提高传输线路的利用率，在一对线路中或一束电波中同时传输尽量多的电话话路所增设的设备，称多路通信设备，例如多路载波机等。

3. 计算机及其外围设备

在数据通信系统中，计算中心实现大容量的数据存储和快速的数据处理功能。计算中心是由中央处理器(简称 CPU)、主存储器、输入/输出(简称 I/O)通道及外围设备组成的计算机系统。

4. 通信控制设备

通信控制设备是通信子网的结点，是介于通信线路与计算机之间的中间设备，也是控制数据终端设备与计算机的应用程序之间实现通信功能的一种设备。计算机通过通信控制设备控制对信息的接收或发送，并通过它与通信线路相连接，然后又通过通信线路与远距离数据终端设备相连接，从而把计算机与分散在各处的数据终端设备或其他计算机连接起来，构成数据通信系统。所以，通信控制设备是为了减轻计算机通信处理负担而设置的一个外围设备。它的处理能力视系统要求而定，一般能够同时接收来自几个甚至几百个数据终端设备发出的数据，将收到的数据向主机传送，并从主机取回处理结果，转送到相应的数据终端设备或其他计算机。

通信控制设备所具有的主要功能有：

(1) 接收线路信息。接收以同步传输方式或异步传输方式由通信线路传来的信息，并向通信线路发送相应的信息。

(2) 通信接口线路的控制。数据终端设备与调制解调器之间，或者通信设备与调制解调器之间的通信接口电路，一般称为物理接口电路。根据不同的通信方式和通信速率，其接口电路将有不同的工作顺序，所以通信控制设备要按照已规定的通信方式，正确地控制通信接口电路的动作顺序。

(3) 传输差错控制。传输信道中的各种干扰和失真，会使其所传输的信息出现差错，如"1"错为"0"，或"0"错为"1"。为了提高传输可靠性，在数据终端设备和通信控制设备中增设了差错控制设备，它能使接收端确定所接收的信息组是否有错。如果有错，请对方重发该信息组；如果无错，则把此信息转送计算机或数据终端设备的存储部分。由于各种数据终端设备可能使用不同的传输信道、不同的传输速率等原因，它们的差错控制方式也不一样，因此通信控制设备要适应该数据通信系统所采用的各种差错控制方式，并由传输控制规程判别其方式。

（4）传输控制规程的执行。国际标准化组织 ISO 规定了两种传输控制规程：基本型传输控制规程和高级链路控制规程。不同的数据终端设备或计算机厂家，为了维护本厂利益往往使用与 ISO 规定不同的规程，如国际商业机器公司（IBM 公司），使用二进制同步通信规程（简称 BSC 规程）和同步数据链路控制规程（简称 SDLC 规程）。为了使计算中心能与不同厂家的数据终端设备或其他计算机设备通信，通信控制设备应配备相应的通信控制规程，否则不能通信。

（5）字符的组装与分配。通常为了提高计算机的处理效率，在计算机系统内部，以并行形式传送和处理电文。如果所处理的信息以字符为单位，则以字符形式进行并行组合，即一字符中的 8 位比特将由 8 条线进行传送和处理。但是为了提高线路利用率，在线路上不会用 8 条线并行传输一字符，而是以串联的比特形式在一对通信线路上传输电文。因此，通信控制设备就要把从通信线路中收到的连续串行比特流组装成以字符为单位的并行比特组，以便在计算机内进行处理，即需进行串变并的变换。当计算机向终端设备发送信息时，通信控制设备需要把计算机输出的并行比特组变为串行的比特流，由通信线路进行传送，即需进行并变串的变换。

（6）电码交换。计算机在进行信息处理时，考虑到信息处理的各种需要，它的电码一般用能够表示 256 种字符的八单位电码，例如 EBCDIC 码等。在数据传输过程中，考虑到数据终端设备与计算机进行通信的需要，基本型传输控制规程规定采用 128 个字符的七单位电码，其中有 10 个传输控制字符。在低速数据传输系统中，一般采用与电报通信相同的五单位国际二号电码、六单位电码在线路上进行传输。所以通信控制设备要把从通信线路中传输的五单位、六单位、七单位等电码的信息转换为计算机内部采用的八单位 EBCDIC 码信息。同理，它要把计算机输出的 EBCDIC 码信息转换为通信线路上传输所要求的五单位、六单位、七单位等电码信息。

（7）电文编辑。在数据传输中，电文一般是以信息组的形式传送，并由传输控制规程规定电文的信息格式。为了提高传输的可靠性，在传输电文的同时，还要传输必要的传输控制信息。在基本型规程中，利用传输控制字符作为数据传输的控制信息。在高级数据链路控制规程（HDLC）中，利用标志段、地址段、控制段等信息作为数据传输的控制信息。而在数据处理过程中，只需要其中的电文。所以通信控制设备在向计算机转送电文以前，必须除去与数据无关的传输控制信息。当从计算机中取出处理结果时，又必须按传输控制规程要求的信息格式，在电文中插入必要的传输控制信息后，才能在通信线路中传输。

并不是所有的通信控制设备都需要具备上述功能，某些功能也可在主机实现，视系统规模的大小而定。

5. 集中器

集中器是处于计算机和距计算机较远的终端群之间的设备。在终端密集的地区，先用集中器把各终端集结，然后再经过高速通信线路将集中器与计算机一侧的通信控制处理机连接。可见，集中器的使用也有信息多路复用的作用，使高速线路成为多个终端共享的线路，提高线路的利用率。

集中器的帧结构中，为区分一帧中的各路信息，在每个信息的开始设有该信息的地址信息，以作为分接标识。

4.2.3　软件构成

一个完整的数据通信系统应由硬件和软件构成。软件是以硬件为基础，为实现各种业务功能而编制的一整套程序。主机和数据终端设备根据程序的命令进行工作，从而使整个系统按程序指令实现某种业务功能。

数据通信系统的软件由计算中心的软件、通信网络的软件及数据终端设备的软件组合而成。

计算中心的软件主要承担数据处理的任务，是以实现某种业务所需的应用程序为中心而建立的一套软件。

通信网络的软件包括传输控制软件和网络控制软件。当数据终端设备与计算中心、智能终端设备与智能终端设备或计算中心之间进行通信时，各端点要共同遵守一个通信规程，根据此规程实现通信处理的程序称为传输控制程序。如前所述，比较典型的通信规程有：基本型传输控制规程和高级数据链路控制规程（HDLC）。

在基本型传输控制规程中，通过传输控制代码设定通信的开始、通信的结束以及信息的交换处理，又通过设备控制代码控制数据终端设备的状态及书写格式。

HDLC 规程以帧为传输单位，在每帧的开始和结束均设定标志信息段，通过设定一些命令来控制通信的开始和结束。除标志段以外的数据信息，其电码形式不受限制。

网络控制软件所需要的网络控制功能包括：网络状态管理，即管理线路状态以及实现路由迂回的路由管理功能；网络负载管理，即控制网络各端点及中继点（转送信息的结点）的信息流量，以均衡网络各点的信息量；网络的运行管理，即管理网络的统计信息、网络内软件的维护以及其他管理功能。

终端设备的软件一般是指智能终端上的软件，它主要有以下几种：

（1）计算中心分担数据处理的软件。智能终端设备可分担一部分计算中心的数据处理软件，以减轻计算中心的负担。具体来说，例如输出电文的标题印刷及框线等的格式控制处理、图像处理中的图形坐标变换处理等，可由智能终端分担。

（2）独立于计算中心的运行软件。当计算中心暂停工作时，智能终端软件可以独立地进行数据收集处理，当计算中心开始运行时，终端设备可以用批量方式传送数据，即所谓的"采集处理"。当终端操作员不在时，智能终端也能自动接收从计算中心传来的信息，实现所谓"配信处理"。

（3）网络接口的软件。智能终端具有一定的处理能力，人们可以按照统一的网络接口标准编制出网络接口程序置于智能终端内，使之直接与数据通信网相连接，起到传输控制器的作用。

因此，具有"智能"的数据终端软件类似于计算中心软件，它备有数据处理软件和通信处理软件。前者具有分担应用程序的功能，后者用来控制接入终端设备的各种输入/输出装置、线路以及智能终端的 CPU 与内存等。由此可见，终端的软件也是由操作系统与应用程序所构成。它与计算中心的软件组合起来构成数据通信系统的软件。

4.2.4　主要性能指标

各种通信系统有各自的技术性能指标，互有差别。但有效性和可靠性是对任何通信过程的基本要求，所以反映这两项要求的指标是各种通信系统的主要性能指标。

1. 有效性指标

衡量数字通信系统有效性的主要性能指标是传输速率。通常有以下三种速率指标：

（1）信号速率 R_B，即在单位时间（秒）内所传的码元数目，单位是波特。每秒传输 1 码元为 1 波特。信号速率也称调制速率、码元速率或数码率。这里传输的码元可能是二进制的，也可能是多进制的。

（2）信息速率 R_b，即在单位时间内所传输的信息量，单位是比特每秒（bit/s）。信息量是对所传输信息多少的一种度量。信息论中对信息量的定义是：设信源 X 是事件 $a_i(i = 1 \sim n)$ 的集合，即 $X = \{a_1, a_2, \cdots, a_n\}$，若事件 a_i 发生的概率为 $P(a_i)$，则事件 a_i 的信息量为 $I(a_i) = -\mathrm{lb}P(a_i)$，单位为比特（bit）。因为各种信息通过信源编码最终都可用二进制数字脉冲表示，所以实用中以二进制码作为数字信息度量的单位，一个二进制码就是 1 比特。因此信息速率就是单位时间内传输的二进制码元数，也称比特率。

信息速率与码元速率不同，但有一定关系。这取决于码元的进制。对 M 进制码元，每码元的信息量为 $\mathrm{lb}M$，即一个 M 进制码元可用 $\mathrm{lb}M$ 个二进制脉冲来表示。因此有下述关系：

$$R_b = R_B \, \mathrm{lb}M(\mathrm{bit/s})$$

对二进制码元，$R_b = R_B$。可见，采用多进制码传输，可提高信息传输速率。

（3）消息速率 R_M，即在单位时间内所传输的消息数目。如所传消息单位为字符，则 R_M 的单位就是字符／秒。在各种通信系统中，构成一个消息单位（如字符）的码元数目不同，所以当两个系统的信号速率和信息速率相同时，消息速率不一定相同。

以上三种速率指标中，一般以信息速率作为衡量标准。

2. 可靠性指标

衡量数据通信系统可靠性的主要指标是错误率。通常也有以下三种可靠性指标：

（1）误码率 P_e，即在所传码元总数中发生错误的码元所占的比例，即 $P_e =$ 错误码元数 $\div$ 总码元数。这个指标常指其统计平均数，即多次传输的平均错码率。

（2）误比特率 P_b，即在传输的总波特数中错误比特所占的比例。这也是一个统计平均数。对二进制码，$P_b = P_e$；对多进制码则不等。

（3）误字率 P_W，即在传输的总码字中错误码字所占的比例。若一个码字由 k 个码元组成，则错字率 $P_W = 1 - (1 - P_e)^k$。

4.3　通　信　信　道

4.3.1　传输介质（物理信道）

通信系统或计算机网络中使用各种传输介质来组成物理信道。这些物理信道的特性不同，因而使用的通信技术不同，应用的场合也不同。下面简要介绍各种常用的传输介质的特点。

1. 双绞线

双绞线由粗约 1 mm 的互相绝缘的一对铜导线扭在一起组成。对称均匀的绞扭可以减少线对之间的电磁干扰。这种双绞线大量使用在传统的电话系统中，适用于短距离传输，超过几公里，就要加入中继器。在局域网中可以使用双绞线作为传输介质，如果选用高质量的芯线，采用适当的驱动和接收技术，安装时避开噪声源，在几百米之内数据传输速率可达几兆比特每秒。

双绞线既能用于传输模拟信号，也能用于传输数字信号。由于双绞线价格便宜，安装容易，因此得到了广泛的应用。通常在局域网中的无屏蔽双绞线的传送速率是 10 Mb/s。随着制造技术的发展，100 Mb/s 的双绞线已经出现。

2. 同轴电缆

同轴电缆的芯线为铜质导线，外包一层绝缘材料，再外面是由细铜丝组成的网状导体，最外面加一层塑料保护膜，如图 4-11 所示。由于芯线与网状导体同轴，故名同轴电缆。同轴电缆的这种结构，使它具有高带宽和极好的噪声抑制特性。

图 4-11　同轴电缆

在局域网中常用的同轴电缆有两种：

一种是特性阻抗为 50 Ω 的同轴电缆，用于传输数字信号。通常把表述数字信号的方波所固有的频带称为基带，所以这种电缆也叫基带同轴电缆，直接传输方波信号称为基带传输。由于计算机产生的数字数据不一定适合于长距离传输，因此在信号进入信道前要经过编码器进行编码，变成适合于传输的电磁代码。经过编码的数字信号到达接收器端再经译码器译码恢复为原来的二进制数字数据。基带系统的优点是安装简单而且价格便宜。但因为在传输过程中基带信号容易发生畸变和衰减，所以传输距离不能很长，一般在 1 km 以内，典型的数据速率是 10 Mb/s。

另一种同轴电缆是特性阻抗为 75 Ω 的 CATV 电缆，用于传输模拟信号。这种电缆也叫宽带同轴电缆。所谓宽带，在电话行业中是指比 4 kHz 更宽的频带，这里泛指模拟传输的电缆网络。要把计算机产生的比特流变成模拟信号在 CATV 电缆上传输，在发送端和接收端要分别加入调制器和解调器。这样，对于带宽为 400 MHz 的 CATV 电缆，典型的数据速率为 100~150 Mb/s。也可以采用频分多路技术(FDM)，把整个带宽划分为多个独立的信道，分别传输数字、声音和视频信号，实现多种电信业务。这种传输方式称为综合传输，特别适合于在办公自动化环境中应用。

宽带系统与基带系统的主要不同点是模拟信号经过放大器后只能单向传输。为了实现网络结点间的相互连接，有时要把整个 400 MHz 的带宽划分两个频段，分别在两个方向上传送信号，这叫分离配置。有时干脆用两根电缆，这叫双缆配置。虽然两根电缆比单根电缆价格要贵一些(大约 15%)，但信道容量却提高一倍多。无论是分离配置还是双缆配置都要使用一个叫端头的设备。该设备安装在网络的一端，它从一个频率(或一根电缆)接收所有站发出的信号，然后用另一个频率(或电缆)发送出去。

宽带系统的优点是传输距离远，可达几十千米，而且可同时提供多个信道。然而和基带系统相比，它的技术更复杂，要求专门的射频技术人员安装和维护，宽带系统的接口设

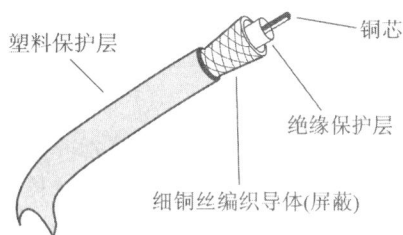

备也更昂贵。

3. 光缆

光缆由能传送光波的超细玻璃纤维制成，外包一
层比玻璃折射率低的材料。进入光纤的光波在两种材
料的介面上形成全反射，从而不断地向前传播，如图
4-12所示。

光纤信道中的光源可以是发光二极管（LED）或
注入式激光二极管（ILD）。这两种器件在有电流通过
时都能发出光脉冲，光脉冲通过光导纤维传播到达接

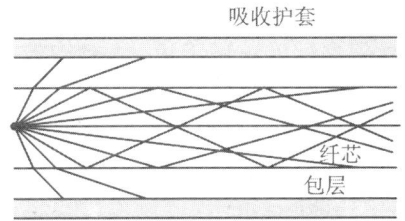

图 4-12　光纤的传输原理

收端。接收端有一个光检测器——光电二极管，它遇光时产生相应的电信号，这样就形成
了一个单向的光传输系统，类似于单向传输模拟信号的宽带系统。

光波在光导纤维中以多种模式传播，不同的传播模式有不同的电磁场分布和不同的传
播路径，这样的光纤叫多模光纤。光波在光纤中以什么模式传播，这与芯线和包层的相对
折射率、芯线的直径以及工作波长 λ 有关。如果芯线的直径小到光波波长大小，则光纤就
成为波导，光在其中无反射地沿直线传播，这种光纤叫单模光纤。单模光纤比多模光纤更
难制造，因而价格更贵。光导纤维作为传输介质，其优点是很多的。首先是它具有很高的
数据速率、极宽的频带、低误码率和低延迟。典型数据传输速率是 10 Mb/s，甚至可达
1000 Mb/s。而误码率比同轴电缆可低两个数量级，只有 10^{-9}。其次是光传输不受电磁干
扰，不可能被偷听，因而安全和保密性能好。最后，光纤重量轻，体积小，铺设容易。然而
光纤通信毕竟是比较新的技术领域，而且网络接口和光缆价格还比较贵，安装和配置技术
都比较复杂。随着技术的发展，光纤通信在计算机网络中将会获得更广泛的应用。

4. 无线信道

前面提到的由双绞线、同轴电缆和光纤等传输介质组成的信道可称为有线信道，这里
要讲到的信道都是通过空间传播信号，我们称之为无线信道。无线信道包括微波、激光、
红外和短波信道。

1）微波信道

微波通信系统可分为地面微波系统和卫星微波系统，两者的功能相似，但通信能力有
很大差别。地面微波系统由视野范围内的两个互相对准方向的抛物面天线组成，长距离通
信则需要多个中继站组成微波中继链路。在计算机网络中使用地面微波系统可以扩展有线
信道的连通范围，例如在大楼的顶上安装微波天线，使得两个大楼中的局域网互相连通，
这可能比挖地沟埋电缆花费更少。

通信卫星可看做是悬在天空中的微波中继站。卫星上的转发器把它的波束对准地球上
的一定区域，在此区域中的卫星地面站之间就可相互通信。地面站以一定的频率段向卫星
发送信息（这个称为上行频段）。卫星上的转发器将接收到的信号放大并变换到另一个频段
（下行频段），发回地面上的接收站。这样的卫星通信系统可以在一定的区域内组成广播式
通信网络，特别适合于海上、空中、矿山、油田等经常移动的工作环境。

微波通信的频率段为吉兆赫兹段的低端，一般是 1～11 GHz，因而它具有带宽高、容
量大的特点。由于使用了高频率，因此可使用小型天线，便于安装和移动。不过微波信号

容易受到电磁干扰,地面微波通信也会造成相互之间的干扰;大气层中的雨雪会大量吸收微波信号,当长距离传输时会使得信号衰减至无法接受;另外通信卫星为了保持与地球自转的同步,一般停在 36 000 km 的高空。这样长的距离会造成大约 240～280 ms 的时延,在利用卫星信道组网时这样长的时延是必须考虑的重要因素。

2) 激光信道

在空间传播的激光束可以调制成光脉冲以传输数据。和地面微波一样,可以在视野范围内安装两个彼此相对的激光发射器和接收器进行通信(如图 4-13 所示)。由于激光的频率比微波更高,因而可获得更高的带宽。激光束的方向性比微波束更好,也不受电磁干扰的影响,不怕偷听。但激光穿越大气时会衰减,特别当空气污染、下雨下雾、能见度很差的情况下,可能会使通信中断。一般来说,激光束的传播距离不会很远,因此只能在短距离通信中使用,距离太长时,只好用光缆代替了。

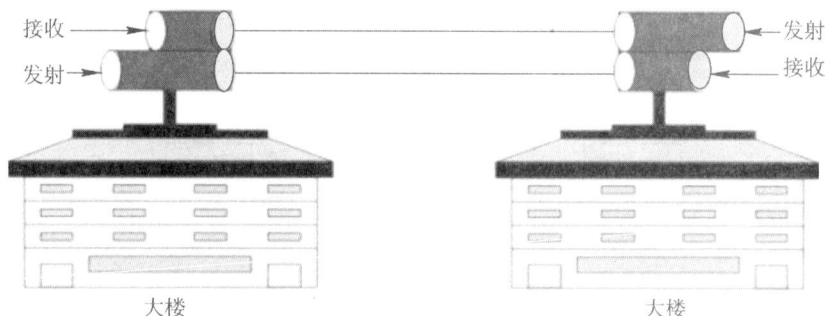

图 4-13　激光传输

3) 红外信道

最新采用的无线传输介质是红外线。红外传输系统利用墙壁或屋顶反射红外线从而形成整个房间内的广播通信系统。这种系统所用的红外光发射器和接收器与光纤通信中使用的类似,也常见于电视机的遥控装置中。红外通信的设备相对便宜,可获得高的带宽,这是这种通信方式的优点。其缺点是传输距离有限,而且易受室内空气状态(例如有烟雾等)的影响。

4) 短波信道

无线电短波通信早已用在计算机网络中。已经建成的无线通信局域网使用了甚高频 VHF(30～300 MHz)和超高频(300～3000 MHz)的电视广播频段,这个频段的电磁波是以直线方式在视距范围内传播的,所以用作局部地区的通信是很适宜的。早期的无线电局域网(例如 ALOHA 系统)是星形结构——有一个类似于通信卫星那样的中心站,每一个结点机都把天线对准中心站,并以频率 f_1 向中心站发送信息,这就是所谓上行线路。中心站向各结点机发送信息时采用另外一个频率 f_2 进行广播,这叫下行线路。采用这种网络通信方式要解决好上行线路中由于两个以上的站同时发送信息而产生冲突的问题。后来的无线电局域网采用分布式结构——没有中心站,结点机的天线是没有方向的,每个结点机都可以发送或接收信息。这种通信方式适合于由微机工作站组成的资源分布系统,在不便于建设有线通信线路的地方可以快速建成计算机网络。短波通信设备比较便宜,便于移动,没有像地面微波那样的方向性,加上中继站可以传送很远的距离,但是也容易受到电磁干扰和地形地貌的影响，而且通信带宽比更高频率的微波通信要小。

4.3.2　多路复用

由于单路信道所需的传输速率或传输频带只是传输介质(物理信道)的一部分。例如电话信号的有效传输频带一般规定为 300～3400 Hz，带宽为 3100 Hz。可上述各种传输介质的传输频带远比一个话路的频带宽得多，因此在同一传输介质上，可以同时传输多个话路信号，即所谓多路复用。在通信网上采用的复用方式主要有三种，即频分复用(Frequency-division Multiplexing，FDM)、时分复用(Time-division Multiplexing，TDM)和码分复用(Code-division Multiplexing，CDM)。

1. 频分复用

频分复用是利用频率分隔方式来实现多路复用的，其原理是利用频率搬移(调制)方法。例如将原始的 0.3～3.4 kHz 话音频带信号搬移到传输媒体的不同传输频率范围内。搬移的方法通常采用单边带调制，其原理如图 4-14 所示。

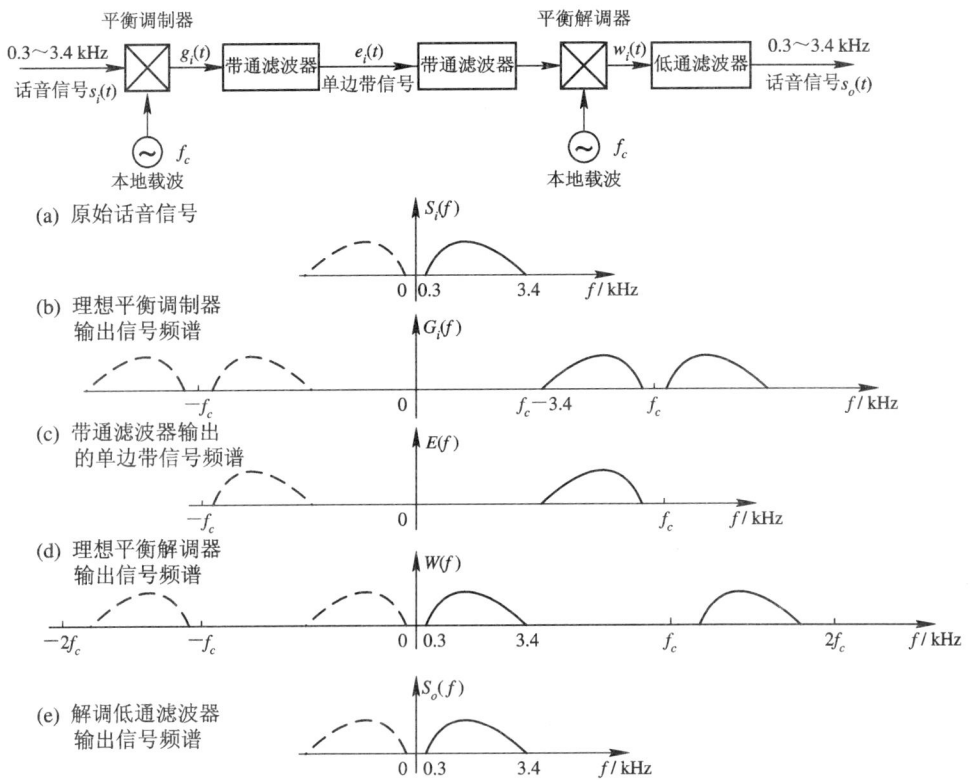

图 4-14　单边带调制解调中的频谱搬移过程

图中平衡调制器的作用是将输入的话音信号 $s_i(t)$ 与本地载波信号 $\cos 2\pi f_c t$ 相乘，输出为 $g(t) = s_i(t)\cos 2\pi f_c t$。由频谱分析可知，这一乘积信号的频谱为

$$G(f) = \frac{1}{2}\big[s_i(f - f_c) + s_i(f + f_c)\big]$$

其中，$s_i(f)$ 为话音信号 $s_i(t)$ 的频谱。由此可见，经过平衡调制后在 f_c 的上下形成两个边

带信号,再经过带通滤波器,将其中的一个边带成分滤去,就可以得到需要的单边带信号。

利用频率搬移原理,将多路信号的频谱分别调制到不同的传输频带内排列起来,形成一个多路频分复用信号,从而实现同一传输介质(共享)同时传输多路信号的目的。为了能够从多路复用信号的频谱中区分出每一路的频谱,要求在相邻路的频谱之间留有一定的频率间隔。例如话路信号在构成多路复用系统时,每一话路所分配宽度一般规定为 4 kHz。接收过程是与发送过程相反的频率搬移过程(解调)。经分路带通滤波器分出的各路单边带信号,通过一个与发送时所用的平衡调制器一样的解调器,实现与本地载波信号相乘,解调器的载波频率 f_c 与发送时的载波频率相同。相乘输出得到一个基带(0.3~3.4 kHz)的话音信号成分和一个围绕 $2f_c$ 的边带信号成分。后者由一个低通滤波器滤除,从而可以完全恢复出发送的话音信号。这一过程称为解调或反调制。

多路频分复用系统又称多路载波系统。实际系统的构成必须遵从相应的标准。

2. 时分复用

时分复用是利用时间分割方式来实现多路复用。它的基本原理是将各路模拟信号(例如话音信号)采样转换成二进制数字信号,然后按照一定格式将各路数字信号按顺序集合在一起,构成复用帧,传输时以帧为单位顺序进行。由于每一帧都顺序包含了各路信号的二进制位,因此实现了多路复用。接收时首先从接到的二进制数字信号序列中区分出帧,然后从每一帧中依次分离出各路数字信号。

时分多路复用主要包含两个步骤:一是将模拟信号转换成二进制数字信号;二是构成复用帧。

由模拟话音信号转换成二进制数字信号序列的方法很多,使用最普遍的一种方法是脉码调制(PCM)。其实现原理如图 4-15 所示。

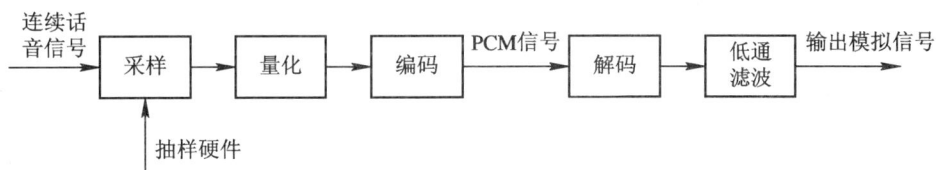

图 4-15　PCM 实现原理

首先,将连续的话音信号在时间上离散化,也就是对连续信号进行采样。采样频率应满足采样定理要求:$f_s \geqslant 2f_M$,f_M 是连续信号频谱的上限频率。这样,可以由离散序列不失真地恢复出原始连续信号。在一般的 PCM 系统中,$f_s = 8$ kHz,这与频分多路载波系统中每一话路占有 4 kHz 的频率范围是对应的。每一个采样序列的值用 8 位二进制数编码。经过数字化形成的各路数字话音信号序列按照一定的格式排列起来,构成一次群复用帧。目前国际上有两种 PCM 一次群的制式标准:一种是 30/32 路系统,传输速率为 2048 kb/s;一种是 24 路系统,传输速率为 1544 kb/s。我国及欧洲国家大多采用前一种制式,日本及美国采用后一种制式。

为了使信号幅度改变,在比较大的范围内都能得到较小的量化噪声(误差),采取了不均匀量化的方法。即小信号范围内量化单位取比较小的量化单位;在大信号时,取较大的量化单位。具体的分级和编码方式,目前国际上有两种标准,分别称为 A 律编码和 μ 律编码。前者主要用于 30/32 路一次群系统中,后者用于 24 路一次群系统中。

构成大容量的时分复用多路数字传输系统时,也可以采取分级复用方式,即以一次群为基础,逐级构成二、三、四次群,以至更高次群。如采用 30/32 路系统作一次群时,二、三、四次群分别定为 120、480、1920 路,相应的传输速率为 8.448、34.368 及 139.264 Mb/s。

3. 码分复用

码分复用(码分多址)在无线通信网中被广泛应用。它建立在伪随机序列(m 序列)应用的基础上。下面简要说明它的工作原理。

(1) m 序列的产生。设一个 n 位线性反馈移位寄存器如图 4 - 16 所示。其中:a_{n-1},a_{n-2},$\cdots$,a_1,a_0 为寄存器某一状态;c_i 为反馈线的连接状态;$c_i = 0$ 表示该位反馈线断开,$c_i = 1$ 表示该位反馈线接通,而 $c_n = c_0 \equiv 1$。

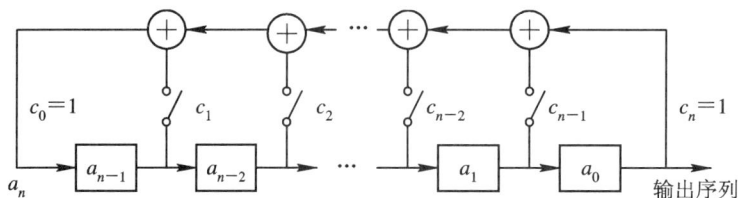

图 4 - 16　线性反馈移位寄存器

由图可知,移位寄存器准备下一节拍移入的最高位状态为

$$a_n = c_1 a_{n-1} \oplus c_2 a_{n-2} \oplus \cdots \oplus c_{n-1} a_1 \oplus c_n a_0 = \sum_{j=1}^{n} c_j a_{n-j} \qquad (\text{mod } 2)$$

所以,对任一移位次数后,准备移入最高位的状态为

$$a_k = \sum_{j=1}^{n} c_j a_{k-j} \qquad (k \geqslant n \qquad \text{mod } 2)$$

其中:a_j 是各位状态;c_j 是各位反馈连接权。上式称为递推方程(或递推多项式)。

另外,c_j 的数值决定了反馈移位寄存器的连接和输出序列。c_j 可以用一个特征多项式(特征方程)表示:

$$f(x) = c_0 \oplus c_1 x \oplus \cdots \oplus c_n x^n = \sum_{j=1}^{n} c_j x^j \quad (c_0 = c_n \equiv 1)$$

其中:x^j 只是表示它的系数 c_j 在多项(系数序列)中的位置;c_j 的值指出了对应位的反馈线如何连接(接通或断开)。

同样,线性移位反馈寄存器的状态和序列也可用多项式表示:

$$G(x) = a_0 \oplus a_1 x \oplus a_2 x^2 \oplus \cdots \oplus a_{n-1} x^{n-1} \oplus \cdots = \sum_{k=0}^{\infty} a_k x^k$$

其中前 n 项($k = 0,1,2,3,\cdots n-1$)则为寄存器的某一状态,称为母函数,而 $G(x)$ 应是周期为一定长度(最长为 $m = 2^n - 1$)的无穷周期序列。

可以证明,一个线性反馈移位寄存器能够产生周期最长的二进制数字序列(m 序列)的充要条件是它的特征多项式 $f(x)$ 为本原多项式。也就是说 $f(x)$ 满足下列条件:

① $f(x)$ 为既约的。

② $f(x)$ 可整除 $x^m + 1$,$m = 2^n - 1$,(n 为寄存器位数)。

③ $f(x)$ 除不尽 x^q+1，$q<m$。

若 $f(x)$ 为 n 次本原多项式，则由它构成的线性移位反馈寄存器的输出序列，就是周期为 2^n-1 的 m 序列。

由于 m 序列的均匀性、游程分布、自相关函数、功率谱密度等统计特性与白噪声随机序列很类似，因此称 m 序列为伪噪声序列或伪随机序列（PN 码）。m 序列仅是伪随机序列的一种，但也是最常用的一种。

（2）m 序列的应用——码分多址（复用）。码分多址通信是对不同通道数码信号在发送端加进不同的 m 序列进行干扰，接收端对相应的加扰码进行解调，从而分离出各个信道发送的信息码。

设该发送端的信息序列为 $\{a_k\}$，与一组特定的数据流（加扰码）$\{b_k\}$ 相加作为发送序列 $\{c_k\}$，即

$$c_k = a_k \oplus b_k$$

在接收端，将 $\{c_k\}$ 与机内产生的另一组序列 $\{d_k\}$ 相加，得到 $\{e_k\}$。若 $d_k=b_k$，则

$$e_k = c_k \oplus d_k = a_k \oplus b_k \oplus d_k = a_k$$

可见，只要接收端的加扰序列 $\{d_k\}$ 与发送端的加扰序列 $\{b_k\}$ 一致，就可以从发送的序列中恢复出原始的信息序列。

加扰码的设计和产生通过选择满足要求的 m 序列就可以实现。如果以不同的 m 序列（改变该 n 位线性反馈移位寄存器的初始状态）去加扰，接收端以同样的 m 序列作为地址，则可以实现码分多址通信。

（3）m 序列的应用——扩频通信。由于 m 序列是频谱很宽的数字序列（谱密度函数近乎噪声随机序列），若用它作为扩展码去调制一个由基带信号（传输信息）调制的载波信号，接收端以同样的 m 序列从扩展频谱中分离出本站信号，这就是扩频通信。直接扩频系统原理如图 4-17 所示。

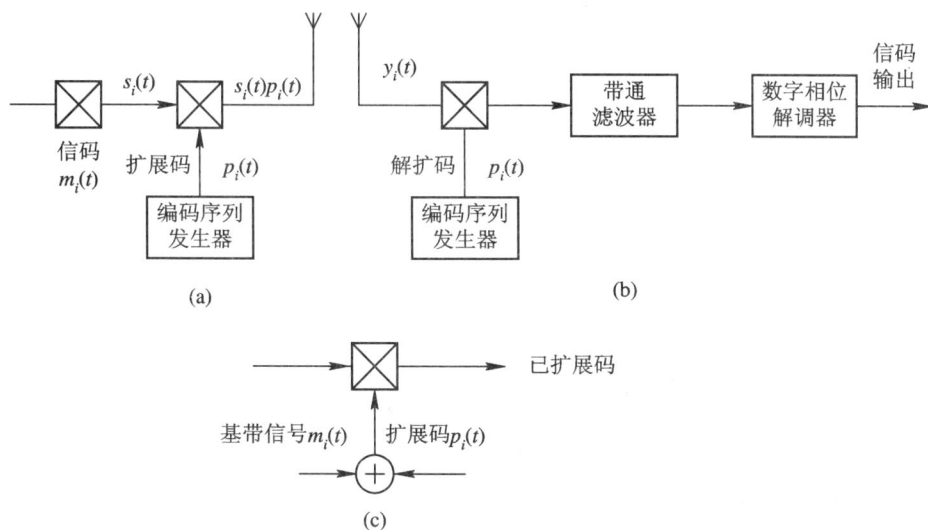

图 4-17　直接扩频系统工作原理
（a）发送端；（b）接收端；（c）发送端等效电路

发送端：基带信号 $m_i(t)$ 对载波信号 $A\cos\omega_c t$ 进行相位调制，由扩展码 $p_1(t)$ 再次进行相位调制，形成扩展频谱相位调制信号。其等效电路如图 4-17(c) 所示。在码分多址方式中，以不同的扩展码去对多路已调制基带信号进行调制，然后送往信道，在信道上组合成多路信号。若有 M 个发射机，则组合信号为

$$\sum_{i=1}^{M} s_i(t) p_i(t)$$

接收端：

$$y(t) = \sum_{i=1}^{M} s_i(t) p_i(t) \bigoplus l(t) \bigoplus n(t)$$

其中，$l(t)$ 是干扰信号，$n(t)$ 是噪声。

在接收机上，各路用户使用各自的与扩展函数相同的解扩函数 $p_i(t)$ 解扩，经过带通滤波器滤除噪声和干扰，由传统的相位解调器得到信息输出。而对不是本站的信号（$p_i(t)$ 不同）则不被相关，表现为噪声，由于频谱的又一次扩展，使噪声幅度减小，从而抑制了噪声。这样不仅提高了信噪比，而且特别有利于保密通信。

4.4 数据传输方式

通常，把由消息直接转换成的、未经频率变换的二进制数据波形称为基带波形，它们的频谱一般是从零频开始的。相应地，与基带信号的频谱相适应的信道称为基带信道。不经任何处理，直接传输基带信号称为基带传输。基带传输主要应用在一些采用实线电路作为传输信道的本地网络中，传输距离一般不超过 2.5 km。大多数的数据传输系统，在进行与信道匹配以前，也都有一个处理基带波形的过程。要实现远距离传输，必须将基带信号调制到载波频率上，占用信道的一段频带，这就是频带传输。本节简要介绍这两种传输方式。

4.4.1 数据信号的基本形式

由终端设备产生的原始数据信息通常是由"1"和"0"组成的随机序列。这样的序列可以用多种形式的电信号（数字信号）来表达，从而构成不同形式的数据信号。从波形特征出发，可以把数据信号分为如下几种基本形式。

1. 单极性和双极性信号

单极性信号是指用两个不同数值但极性相同的电位信号表示"1"和"0"；双极性信号使用不同极性的电位信号表示"1"和"0"。单极性信号包含比较大的直流成分，且判决的可靠性也不如双极性信号。但大多数电子器件是在单极性下工作，在具体的信号处理中主要还是使用单极性信号。

2. 归零信号和不归零信号

根据每一个数字信号是否占满整个符号间隔，可以把数据信号分为归零信号和不归零信号。不归零信号也称为电位脉冲。

3. 二电平信号和多电平信号

二电平信号是最简单的数字信号，它只有两种电平状态，所以称二元码或二进码。多电平信号的幅度可以取大于 2 的有限个离散值（取 2^n 个值，n 为正整数）。因此，一个多电平信号所含的信息量比二元信号要大。

按信息量的定义，设一个信号发生的概率为 p，则信号的信息量

$$R_b = \mathrm{lb}\,\frac{1}{p}$$

所以，二元信号的信息量

$$R_b = -\mathrm{lb}\,\frac{1}{2} = 1（比特）$$

多元 (2^n) 信号的信息量

$$R_B = -\mathrm{lb}\,\frac{1}{2^n} = n（比特）$$

可见，多电平信号的信息量比二元信号的信息量大。多电平信号主要用于高速率数据传输系统。

一个二进制数据序列往信道上发送，首先要进行数据编码，也就是将二进制数据表示为信道上的基波信号。较常用的数据编码方法有见"1"翻不归零码（NRZ1）、曼彻斯特码和差分曼彻斯特码，如图 4-18 所示。

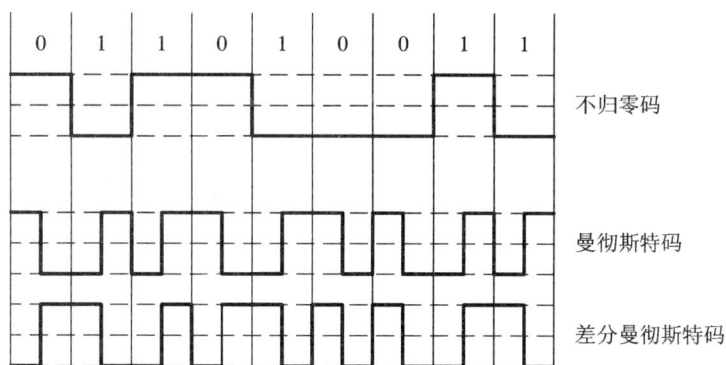

图 4-18 常用数据编码波形

（1）见"1"翻不归零码（NRZ1）。图 4-18 中所示的不归零码（Non-Return to Zero，NRZ）的规律是当 1 出现时电平翻转，当 0 出现时电平不翻转。因而数 1 和 0 的区别不是高低电平，而是电平是否转换。这种代码也叫差分码，用在终端到调制解调器的接口中。这种编码的特点是实现起来简单而且费用低，但不是自定时的，无自同步能力。

（2）曼彻斯特码。曼彻斯特码是一种双相码。如图 4-18 所示，在码元中间用高电平到低电平的转换边负跳变表示 0，而用低电平到高电平的转换边正跳变表示 1。位中间的电平转换边即表示了数据代码，也作为定时信号使用。曼彻斯特码用在以太网中。

（3）差分曼彻斯特码。这种编码也是一种双相码，和曼彻斯特编码不同的是，这种编码的码元中间的电平转换边只作为定时信号，而不表示数据。数据的表示提前在每一位的开始处：有电平转换表示 0，无电平转换表示 1。差分曼彻斯特编码用在令牌环网中。

由曼彻斯特码和差分曼彻斯特码的图形中可以看出，这两种双相码的每一个码元都要调制为两个不同的电平，因而调制速率是码元速率的二倍。这无疑对信道的带宽提出了更高的要求，所以实现起来更困难也更昂贵。但由于其良好的抗噪声特性和自定时(自同步)能力，在局域网中仍被广泛地使用。

在数据通信中，选择什么样的信道编码要根据传输的速率、信道的带宽、线路的质量、实现的价格等因素综合考虑。

4.4.2　信道对基带信号传输的影响

基带信号是一个一定宽度和一定高度的矩形脉冲序列。它有一定的频谱。信道可以看做传输系统，它对输入信号的各种频率成分的响应是不一样的。也就是说，信道带宽将限制信道上的数据传输速率。

1. 数字信号的频谱

设矩形脉冲的宽度为 τ，如图 4-19(a)所示，则矩形脉冲的频谱如图 4-19(b)所示。

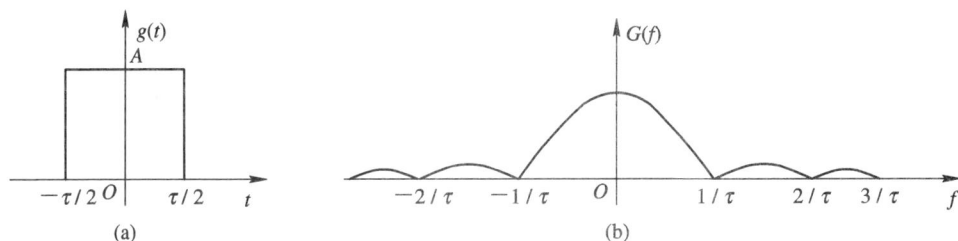

图 4-19　矩形脉冲及其频谱

对于矩形脉冲，有

$$g(t) = \begin{cases} A & |t| < \dfrac{\tau}{2} \\ 0 & |t| > \dfrac{\tau}{2} \end{cases}$$

它的傅里叶变换(频谱)为

$$G(f) = \int_{-\frac{\tau}{2}}^{\frac{\tau}{2}} A e^{-j2\pi ft} dt = A\tau \frac{\sin\pi\tau f}{\pi\tau f}$$

它是一个 $\mathrm{Sa}(x)$ 函数。它的零点为

$$\pi\tau f = n\pi, \ f = n\frac{1}{\tau} \qquad n = 1, 2, 3, \cdots$$

由 $G(f)$ 波形可见：矩形脉冲的频谱分布主要集中在第一个零点 $f=1/\tau$ 以内，且矩形脉冲宽度 τ 越小，则它的频谱宽度越大。若忽略高频成分，则规定第一个零点 $f=1/\tau=f_M$，为矩形脉冲的频谱宽度。

若是周期性矩形脉冲，则它的频谱是离散的，但频谱的包络线仍是一个 $\mathrm{Sa}(x)$ 函数，它的频率分量仍然集中在 $\mathrm{Sa}(x)$ 函数的第一个零点之内。所以定义周期性矩形脉冲信号的带宽为

$$B = f_M = \frac{1}{\tau}$$

可见，信号带宽与脉冲宽度成反比。相应地，传输的脉冲频率越高，脉冲宽度越窄，要求信道的带宽越大。为了使信号脉冲传输失真小，信道要有足够的带宽。

2. 数字信道的特性

数字信道是一种离散信道，它只能传送取离散值的数字信号。数字信道的通频带（即带宽）决定了信道中能不失真地传输脉冲序列的最高速率，即信道容量。一个数字脉冲称为一个码元，码元携带的信息量由码元取的离散值个数决定。若码元取 0 和 1 两个离散值，则一个码元携带 1 比特（bit）信息。若码元取 4 个离散值，则一个码元携带 2 比特信息。总之一个码元携带的信息量 n（比特）与码元取的离散值个数 N 有如下关系：

$$n = \text{lb}N$$

下面用码元和信息量的概念解释信道的基本特性。

（1）波特率和信道容量。我们用码元速率表示单位时间内信号波形的变换次数，即通过信道传输的码元个数。若信号码元宽度为 T 秒，则码元速率 $B = 1/T$。码元速率的单位叫波特（Baud）。所以码元速率也叫波特率。早在 1924 年，贝尔实验室的研究员亨利·尼奎斯特（Harry Nyquist）就推导出了有限带宽无噪声信道的极限波特率，称为尼奎斯特定理。若信道带宽为 W，则尼奎斯特定理指出最大码元速率为

$$B = 2W \quad \text{(Baud)}$$

尼奎斯特定理指定的信道容量也叫做尼奎斯特极限，这是由信道的物理特性决定的，超过尼奎斯特极限传送脉冲信号是不可能的，所以要进一步提高波特率必须改善信道带宽。单位时间内在信道上传递的信息量（比特数）称为数据速率。在一定的波特率下提高速率的途径是用一个码元表示更多的比特数。如果把两比特编码为一个码元，则数据速率可成倍提高。我们有公式

$$R = B \, \text{lb}N = 2W \, \text{lb}N \quad \text{(b/s)}$$

其中 R 表示数据速率，单位是比特每秒，简写为 b/s。

数据速率和波特率是两个不同的概念。仅当码元取 0 和 1 两个离散值时二者才相等（$R = B$）。对于普通电话线路，带宽为 3000 Hz，最高波特率为 6000 Baud。而最高数据速率可随编码方式的不同而有不同的取值。这些都是在无噪声的理想情况下的极限值。至于有噪声影响的实际信道，则远远达不到这个极限。

（2）误码率。上面说明了无噪声信道的最大数据速率。实际信道会受到各种噪声的干扰，因而远远达不到按尼奎斯特定理计算出的数据传送速率。

香农的研究表明，有噪声信道极限数据速率可由下面的公式计算：

$$C = W \, \text{lb}\left(1 + \frac{S}{N}\right)$$

其中，W 为信道带宽，S 为信号的平均功率，N 为噪声平均功率，$S/N = 1000$ 时，信噪比为 30 dB。这个公式与信号取的离散值个数无关，也就是说无论用什么方式调制，只要给定了信号和噪声的平均功率，则单位时间内最大的信息传输量就确定了。例如，信道带宽为 3000 Hz，信噪比为 30 dB，则最大数据速率为

$$C = 3000 \, \text{lb}(1 + 1000) \approx 3000 \times 9.97 \approx 30\,000 \text{ b/s}$$

这是极限值，只有理论上的意义。实际上在 3000 Hz 带宽的电话线上数据速率能达到 9600 b/s 就很不错了。

在有噪声的信道中(实际信道都是有噪声的),数据速率的增加意味着传输中出现差错的概率增加。我们用误码率来表示传输二进制位时出现差错的概率。误码率可用下式表示:

$$P_c = \frac{N_e(出错的位数)}{N(传送的总位数)}$$

在计算机通信网络中,误码率一般要求低于 10^{-6},即平均每传送 1 兆位才允许错 1 位。在误码率低于一定的数值时,可以用差错控制的方法进行检查和纠正。

(3) 信道延迟。信号在信道中传播,从源端到达宿端需要一定的时间。这个时间与源端和宿端的距离有关,也与具体信道中的信号传播速度有关。我们以后考虑的信号主要是电信号(虽然在某些情况下可能会用到红外或激光),这种信号一般以接近光速的速度(300 m/μs)传播,但随传输介质的不同而略有差别,例如在电缆中的传播速度一般为光速的 77%,即 200 m/μs 左右。

对于一个具体的通信系统或网络,我们经常关心的是相距最远的两个站之间的传播时延,这除了要计算信号传播速度外,还要知道通信线路的最大长度。例如 500 m 同轴电缆的时延大约是 2.5 μs,而卫星信道的时延大约是 270 ms。时延的大小对采用什么样的通信网络技术有很大关系。

4.4.3　数字调制技术

数字数据在传输中不仅可以用方波脉冲表示,也可以用模拟信号表示。用数字数据调制模拟信号叫做数字调制。本节讲述数字调制技术和调制解调器。

1. 数字调制

我们可以调制模拟载波信号的三个参数——幅度、频率和相位来传送数字数据。由电话系统组成的数据通信网络就是传输这种经过调制的模拟载波信号的。三种基本模拟调制方式如图 4-20 所示。

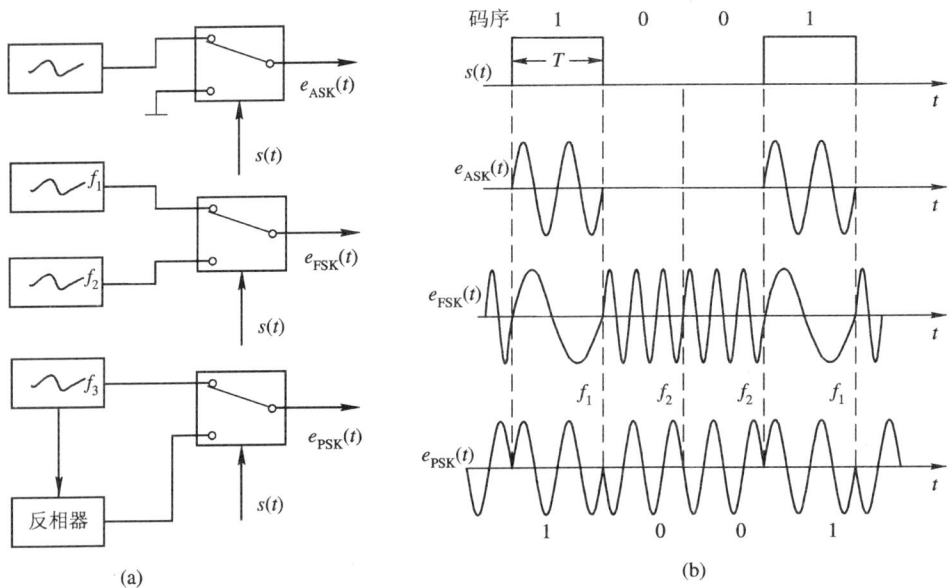

图 4-20　二进制 ASK、FSK、PSK 的实现逻辑图与波形

　　(1) 幅度键控(ASK)。按照这种调制方式,载波的幅度受到数字数据的调制而取不同的值。例如对应二进制 0 载波振幅取 0,对应二进制 1 载波振幅取 1。调幅技术实现起来简单,但抗干扰性能差。

　　(2) 频移键控(FSK)。即按照数字数据的值(0 或 1)调制载波的频率。例如对应二进制 0 的载波频率为 f_1,而对应二进制 1 的载波频率为 f_2。这种调制技术抗干扰性能好,但占用带宽较大。在有些低速的调制解调器中,用这种调制技术把数字数据变成模拟音频信号传送。

　　(3) 相移键控(PSK)。用数字数据的值调制载波的相位,就是相移键控。例如用 180°相移表示 1,用 0°相移表示 0。这种调制方式抗干扰性能最好,而且相位的变化也可以作为定时信息来同步发送机和接收机的时钟。码元只取两个相位值叫 2 相调制,码元可取 4 个相位叫 4 相调制。4 相调制时,一个码元代表两位二进制数(表 4-1)。采用 4 相或更多相的调制能提供较高的数据速率,但实现技术更复杂。

表 4-1　4 相调制方案

位 AB	方案 1	方案 2
00	0°	45°
01	90°	135°
10	180°	225°
11	270°	315°

　　可见,数字调制的结果是模拟信号的某个参量(幅度、频率和相位)取离散值,而这些值与传输的数字数据是对应的。这正是数字调制与传统的模拟调制不同的地方。

　　以上调制技术可以组合起来得到性能更好、更复杂的调制信号。例如 ASK 和 PSK 可结合起来,形成幅度相位复合调制,每一个码元表示 4 位二进制数,如表 4-2 所示。

表 4-2　幅度相位复合调制

二进制数	码元幅度	码元相应	二进制数	码元幅度	码元相应
0000	$\sqrt{2}$	45°	1000	$3\sqrt{2}$	45°
0001	3	0°	1001	5	0°
0010	3	90°	1010	5	90°
0011	$\sqrt{2}$	135°	1011	$3\sqrt{2}$	135°
0100	3	270°	1100	5	270°
0101	$\sqrt{2}$	315°	1101	$3\sqrt{2}$	315°
0110	$\sqrt{2}$	225°	1110	$3\sqrt{2}$	225°
0111	3	180°	1111	5	180°

2. 调制解调器(Modem)

　　数据终端和计算机产生的数字脉冲要在模拟电话线上传输,必须采用调制和解调技术。能把数字信号变换为模拟信号,并把模拟信号变换为数字信号的设备称为调制解调器。Modem 通常由电源、发送电路和接收电路组成。发送电路包括调制器、放大器以及滤波、整形和信号控制电路，它的功能是把终端或计算机产生的数字脉冲转换为已调制的模拟信号，并发送到通信线路上去；接收电路包括解调器以及有关电路，它的作用是进行相反的转换，把模拟信号变成计算机或终端能接收的数字脉冲。

4.5　交　换　方　式

　　数据通信是通信技术和计算机技术相结合而产生的一种新的通信方式。要在两地间传输信息必须有传输信道，根据传输媒体的不同，有有线数据通信与无线数据通信之分。但它们都是通过传输信道将数据终端与计算机联接起来，而使不同地点的数据终端实现软、硬件和信息资源的共享。一个通信网络有许多交换结点互连而成。经过一系列交换结点转发，从一条线路转换到另一条线路，最后才能到达目的地。交换结点转发信息的方式就是所谓交换方式。线路交换、报文交换和分组交换是三种最基本的交换方式，如图 4 - 21 所示。

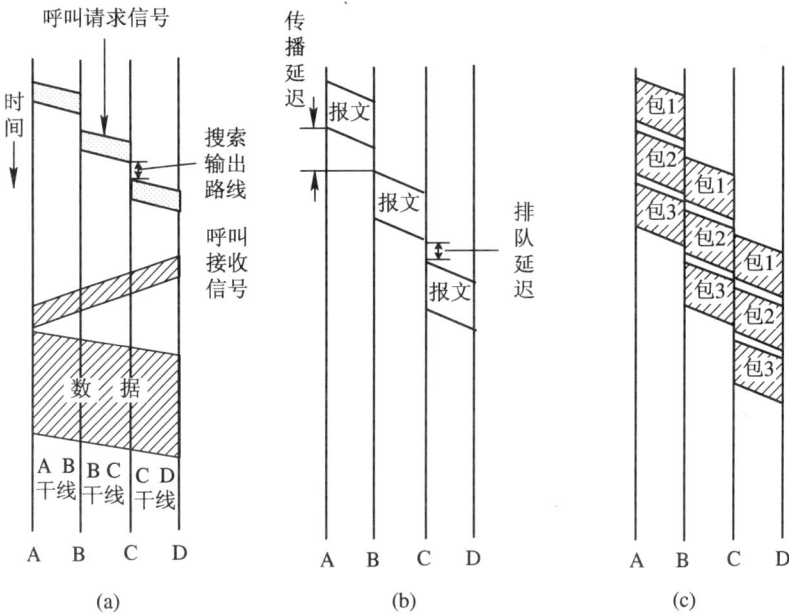

图 4 - 21　交换方式
(a) 线路交换；(b) 报文交换；(c) 分组交换

4.5.1　线路交换

　　线路交换是指两台计算机或终端在相互通信时，使用同一条实际的物理链路，通信中自始至终使用该链路进行信息传输，且不允许其他计算机或终端同时共享该电路。线路交换方式把发送方和接收方用一系列链路直接连通，如图 4 - 22 所示。

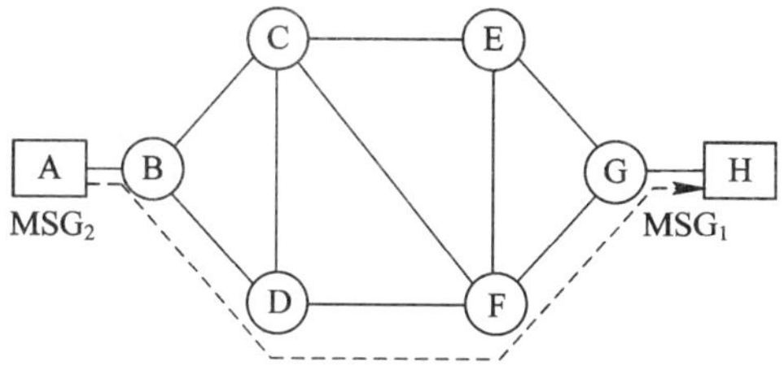

图 4-22　线路交换

（a）线路交换；（b）报文交换；（c）分组交换

采用这种交换方式时，当接收机收到一个呼叫后就在网络中寻找一条临时通路供两端的用户通话。这条临时通路可能要经过若干个交换局的转接，并且一旦建立就成为这一对用户之间的临时专用通路，别的用户不能打断，直到通话结束才拆除连接。

电话交换的特点是建立连接需要等待较长的时间。由于连接建立后通路是专用的，因而不会有别的用户的干扰，不再有传输延迟（见图 4-21(a)）。这种交换方式适合于传输大量的数据，在传输少量信息时效率不高。

4.5.2　报文交换

报文交换是将用户的报文存储在交换机的存储器中（内存或外存），当所需输出电路空闲时，再将该报文发往需接收的交换机或终端。这种存储—转发的方式可以提高中继线和电路的利用率。这种方式不要求在两个通信结点之间建立专用通路。当一个结点发送信息时，它把要发送的信息组织成一个数据包——报文，该数据包中某个约定的位置含有目标结点的地址。完整的报文在网络中一站一站地传送。每一个结点接收整个报文，检查目标结点地址，然后根据网络中的路由情况在适当的时候转发到下一个结点。经过多次的存储—转发，最后到达目标结点，如图 4-23 所示。因而这样的网络叫存储—转发网络。其中的交换结点要有足够大的存储空间（一般是磁盘），用以缓冲收到的长报文。交换结点对各个方向上

图 4-23　报文交换

收到的报文排队，寻找下一个转发结点，然后再转发出去，这些都带来了传输时间的延迟（图 4-21(b)）。报文交换的优点是不建立专用链路，线路利用率较高，这是由通信中的传输时延换来的。电子邮件系统（例如 E-mail）适合于采用报文交换方式（因为传统的邮政本来就是这种交换方式）。

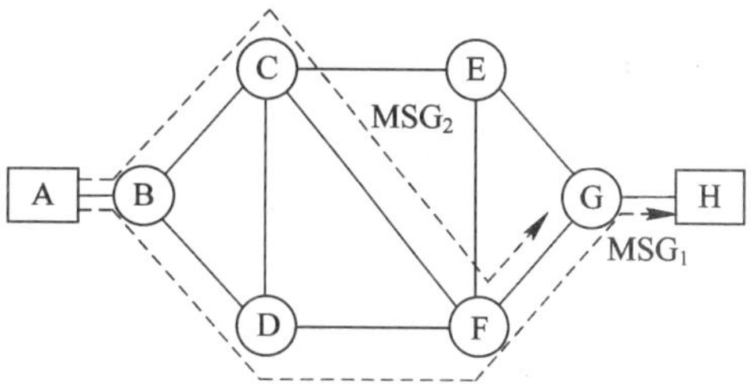

4.5.3　分组交换

分组交换是将用户发来的整份报文分割成若干个定长的数据块（称为分组或打包），将这些分组以存储—转发的方式在网内传输。每一个分组信息都连有接收地址和发送地址的标识。在分组交换网中，不同用户的分组数据均采用动态复用的技术传送，即网络具有路由选择，同一条路由可以有不同用户的分组在传送，所以线路利用率较高。按照这种交换

方式,将报文划分为较小的数据分组,分组有固定的长度。因而交换结点只要在内存中开辟一个小的缓冲区就可以了。进行分组交换时,发送结点先要对传送的信息分组,对各个分组编号,加上源和宿地址以及约定的头和尾信息。这个过程也叫信息的打包。一次通信中的所有分组在网络中传递又有两种方式,一种叫数据报,另一种叫虚电路。

1. 数据报

数据报类似于报文交换,每个分组在网络中的传播路径完全是由网络当时的状况随机决定的,因为每个分组都有完整的地址信息,所以都可以到达目的地(如果不出意外的话)。但是到达目的地的顺序可能和发送的顺序不一致。有些早发的分组可能在中间某段交通拥挤的线路上耽搁了,比后发的分组到得迟(如图4-24),目标主机必须对收到的分组重新排序才能恢复原来的信息。一般来说在发送端要有一个设备对信息进行分组和编号,在接收端也要由一个设备对收到的分组拆去头尾,重排顺序。具有这些功能的设备叫分组拆装设备(Packet Assembly and Disassembly Device,PAD),通信双方各有一个。

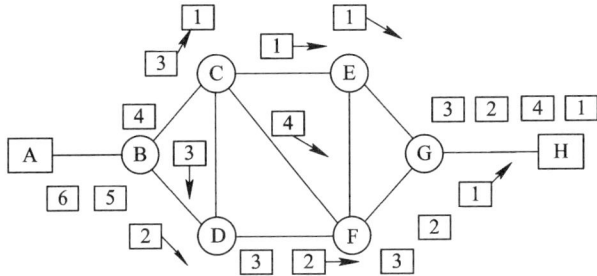

图 4-24　分组交换

2. 虚电路

虚电路类似于电路交换,这种方式要求在发送端和接收端之间建立一条所谓的逻辑连接。在会话开始时,发送端先发送一个要求建立连接的请求信息,这个请求消息在网络中传播,途中的各个交换结点根据当时的路由状况决定取哪条线路来响应这一请求,最后到达目的端。如果目的端给予肯定的回答,则逻辑连接就建立了。以后由发送端发出的一系列分组都走这同一条通路,直到会话结束,拆除连接。和线路交换不同的是,逻辑连接的建立并不意味着别的通信不能使用这条线路,它仍然具有线路共享的优点。

按虚电路方式通信,接收方要对正确收到的分组给于回答确认,通信双方要进行流量控制和差错控制,以保证按顺序正确接收,所以虚电路意味着可靠的通信。当然它涉及更多的技术,需要更大的开销。这就是说它没有数据报方式灵活,效率不如数据报方式高。

虚电路可以是暂时的,即会话开始建立,会话结束拆除,这叫做虚呼叫;也可以是永久的,即通信双方一开机就自动建立,直到一方(或同时)关机才拆除,这叫做永久虚电路。虚电路适合于交互式通信,这是它从线路交换那里继承来的。数据报方式更适合于单向地传送短消息。

采用固定的、短的分组相对于报文交换是一个重要的优点。除了交换结点的存储,缓冲区可以小些外,也带来了传播时延的减小,见图4-21(c)。分组交换也意味着按分组纠错:发现错误只需重发出错的分组,使通信效率提高。广域网络一般都采用分组交换方式,按交换的分组数收费(而不是像电话网那样按通话时间收费),这当然更合理,而且同时提供数据报和虚电路两种服务,用户可根据需要选用。

＊4.6　差错控制技术

在任何一个工程系统中差错总是难免的,要把差错减小到非常小的程度,就要付出昂贵的代价。一般地说,克服差错所付出的代价必须小于允许差错存在所造成的损失。例如,人的视觉一般是在千分之一到万分之一之间,即一千到一万个图像扫描点(或传送一千到一万个点)中错一个点,人的视觉是辨别不出的,在人看来,恢复的图像将仍是基本正确的。所以,把图像处理系统的差错率控制在 $10^{-3} \sim 10^{-4}$ 之间,一般已能满足要求,而将系统的差错率控制在 $10^{-8} \sim 10^{-7}$ 之间所付出的代价实际上是一种浪费。所以,应把差错率控制在多少,与系统的使用要求有关。

为了有效地进行差错控制,需要明确差错分布的情况。一般,差错的出现分为两种不同的情况:一种是各个码元随机地出现差错,且相互间不发生影响,这称做随机性差错;另一种是成群的码元突发性地出现差错,这称为突发性差错。突发性差错的持续时间称突发长度,但在突发区间内不一定每个码元均发生差错。引起这两类不同差错的原因是不同的。例如突发差错多数是由电路中的脉冲干扰、信号衰落、瞬时中断等因素所引起的;而随机差错则一般是信道中存在随机噪声干扰所造成。实际信道的差错分布情况,需要通过大量的测试统计来了解。

本节简要介绍差错控制的原理和方法。

4.6.1　差错控制的基本原理

差错控制通常有两种基本方式:一种是在接收端发现差错,但不知道差错的确切位置,因而只能请求发送端重发这一信息码组,直到接收端认为无错为止,这称做检错反馈重发或自动请求重发(ARQ);另一种方式是在接收端能够准确地判断错码发生的位置,从而可自动地纠正错码,这称做自动纠错或前向纠错(FFC)方式。一般来说,后者需要很复杂的设备,而且在一定的信息组长度内只能纠正有限个差错,但它与前者相比,实时性强,不需要反向通知信道。而前者设备简单,但需要由反向信道通知发方是否重发原信息,同时由于有错时需进行重发,因而造成接收延迟。在现有数据通信系统中,一般采用检错反馈重发方式来控制差错。实现这种差错控制方式的基本思想是:在信息码组中按一定规则附加一定数目的监督位使原来差别不大的任意两个信息码组间的差别加大,而两码组间的差别越大,越不容易出现被误认的情况。在接收时,根据收到的信息码位按照同一规则再来产生相应的监督位。如果这些新产生的监督位与对方送来的监督位不一致,则认为传输有错,便要求对方重发原信息码组及监督位,直至二者一致为止。自动纠错方式的概念不同,它是按照一定的监督算法来判断差错位置,然后将该位置上的接收二进码反向,即把"1"变为"0","0"变为"1",从而纠正了差错。

无论差错或纠错,都要求在加入监督比特后尽可能扩大各传送码组间的差别。作为衡量码组间差别程度的重要尺度,通常采用汉明距离(简称码距)。它是指该码组集合中的任意两个码组间的最小不相同位数。例如，长度 $n=3$ 的信息集合中共有 8 个码组，即 000，001，010，011，100，101，110，111，其码距为 1。如果我们预先约定只发送其中偶数个"1"的码组，即 000，011，101，110，它的码距为 2。如果发送端发送码组 110，由于传输线路的干扰，使第一位码发生差错，接收端输出码组成为 111，它包含奇数个"1"，与原来的约定不同，因而接收端可判定该码组为错误码组。但是如果传输线路的干扰使三位码中有两位出错，例如把码组 110 错为 000，则接收端无法判定它是否有错。如果我们选取码距为 3 的重复码组 111 和 000 作为发送信息码组，则它具有判断两位错码的能力。例如发送码组 111，经干扰后错为 001，这与原先的约定不同，可判断为错误码组。而且它还具有自动纠正单个差错的能力。如果发送信息码组 111，经干扰错为 011、101 或 110 三种情况中的一种，假定传输信道只存在一位差错，则可判断发送的信息码组为 111，而不是 000，因而自动地予以纠正。但须指出，在这一例子中，纠正一位差错与检出两位差错的能力不能同时存在。

由上述例子可以看出，码距为 2 的码组可以检出单个码元的差错，码距为 3 的码组可以检出两个码元的差错，或者可自动纠正单个码元的差错。也就是说，码距越大，发现差错与改正差错的能力也越大。

4.6.2　几种常用的差错控制编码方式

1. 水平一致校验

水平一致检验也称字符检验，即在每一字符的末位附加一位校验位，使表示该字符的码组中"1"的个数成为偶数或奇数。

在发送字符过程中，字符代码在前，校验位在最后。在接收过程中，当收到监督位后，检查该字符中"1"的总数是否符合原来的规定，如不符，则认为有错。ISO 规定：对于异步传输系统，都采用偶校验方式，即加上校验位后，每一字符中"1"的总数为偶数；对于同步传输系统，都采用奇校验方式，即加上校验位后，每一字符中"1"的总数为奇数。

此种检错方式只能检查奇数个差错。如果在一个字符码组中发生偶数个差错，则此种方式检查不出来，会将它也当作无错的字符予以接收，这称为不可检差错。可是，在一般情况下，在低速通信系统中，当一个字符码组中出现差错时，大部分的差错属于单个比特的差错。统计表明，在速率不高于 200 b/s 的系统中，一个字符码组中出现单个比特差错的概率约为 95% 或更大。因此，此种检错方式十分有效。一般在终端设备发出的字符电码中就带有一位校验位。

2. 垂直一致校验

垂直一致校验也称信息组检验。它在一组字符的末尾附加一个校验字符。

这种奇偶校验方式只能发现奇数个错码，若水平方向或垂直方向有偶数个错码，则不能校出。

3. 循环码（CRC）

循环码是一种分组码。在一个长度为 n 的码组中有 k 个信息位和 r 个校验位，校验位的产生只与该组内的信息位有关，通常称这种结构的码为 (n, k) 码，$r=n-k$，比值 k/n 称为这种码的编码效率。

　　(1) 循环码原理。循环码具有这样的特性，即一个合法码字的每次循环移位一定也是另一个合法码字。也就是说，若 C_i 表示码字第 i 位上的码元，其值为 1 或 0，一个码字可以表示为 $\{C_{n-1}, C_{n-2}, \cdots, C_1, C_0\}$，那么 $\{C_{n-2}, C_{n-3}, \cdots, C_0, C_{n-1}\}$，$\{C_{n-3}, C_{n-4}, \cdots, C_{n-1}, C_{n-2}\}$ …也一定是循环码中的码字。

　　循环码的这种特性可把码字表示成 $(n-1)$ 次幂的多项式，即

$$C(x) = C_{n-1}x^{n-1} + C_{n-2}x^{n-2} + \cdots + C_1x^1 + C_0$$

其中，系数 $C_{n-1}, C_{n-2}, \cdots, C_1, C_0$ 就是码组中相应码元的数值(0 或 1)，x^i 只是表示系数(码元值)的对应位置。

　　(2) 循环码的生成。设信息位为 k 位。相应的信息多项式为 $m(x)$，而校验位为 $r = n - k$ 位，并列在信息位的后面，即码字的前 k 位是信息位，后 r 位是校验位，这种码称为系统码。

　　由编码理论，选定生成多项式 $g(x)$ 为

$$g(x) = x^{n-k} + g_{n-k-1}x^{n-k-1} + \cdots + g_2x^2 + g_1x + 1$$

$g_i = 0$ 或 1，$g(x)$ 应是本原多项式，则

$$\frac{x^{n-k} \cdot m(x)}{g(x)} = q(x) + \frac{r(x)}{g(x)}$$

其中 $x^{n-k} \cdot m(x)$ 相当于信息位左移 r 位，后面留出 r 位校验位的位置；$q(x)$ 为幂次小于 k 的商式；$r(x)$ 为幂次小于 $n-k$ 的余式。那么

$$x^{n-k} \cdot m(x) + r(x) = g(x)q(x)$$

上式说明 $x^{n-k} \cdot m(x)$ 相当于 $m(x)$ 左移 r 位，且将余式 $r(x)$ 放在 $m(x)$ 后面，所得到新的码字多项式一定能被 $g(x)$ 整除。

　　编码理论证明，上述方法得到的码是循环码。

　　余式 $r(x)$ 就是校验位对应的余多项式，可以由除法电路得到。除法电路就是一个反馈移位寄存器，生成多项式 $g(x)$ 的系数决定了对应位反馈线的接通与断开，$g_i = 0$ 表示断开，$g_i = 1$ 表示接通。

　　(3) 错误校验。发送端：由上述方法形成的校验位和信息位构成的码字，是可以被 $g(x)$ 所整除的。接收端：接收码字用同样的生成多项式 $g(x)$ 去除，若也能整除，说明传输无错；不能整除，说明有错，进而还可以确定哪一位错并自动进行纠正。

小　　结

　　数据通信是计算机网络通信的基础。本章主要介绍数据通信的一些主要技术问题。数据通信与数字通信是既有联系又有区别的概念，实际工作中又往往不加严格区分。本章首先介绍数字通信系统的基本组成，然后介绍数据通信系统的一些基本概念，如数据通信方式、数据传输电路、交换电路、同步传输与异步传输等，然后简要介绍数据通信的软/硬件结构以及系统的主要特性指标。值得注意的是，信号速率与信息速率是不同的概念。信号速率 R_B 是指单位时间所传输的码元数，单位是波特(Baud/s)，而信息速率 R_b 是指单位时间传输的信息量，单位是 bit/s。这里涉及到信息的量度，即信息量的概念，信息量(比特)

是信息论定义的基本单位。

有了信息的量度，才能定义信息的传输速率。另外，信息量的单位"位"（bit）与二进制中的"位"，是不同的概念，只是二进制中的 1 位信号，所携带的信息量也正好是 1 比特。本章对各种通信信道及其特性作了简要介绍。在数据通信中，经常提到信道的带宽或信道的数据数率。要说明的是这两个性能指标反映的都是信道的传输能力。带宽是从频率特性（频域）的侧面反映信道的传输能力；数据速率是从时间特性（时域）的侧面反映信道的传输能力。

信道复用是本章的重点内容之一。我们介绍了三种复用方式，尤其是频分复用和时分复用。码分多址是现代无线移动通信的基本方式，本章只作了简单的介绍。信道复用是多路通信的基础。

数据信息在信道中的传输形式就是数据编码。几种常用的数据编码形式是见"1"翻不归零码、曼彻斯特码和差分曼彻斯特码，要熟悉它们的编码规则和波形。如果用模拟信道传输数字信号，则必须用数字数据去调制一个模拟信号，使模拟信号携带（载波）数字数据，接收端再恢复数字数据，这就是调制和解调。

本章的另外一个重点内容是交换方式。一个通信网络由许多交换结点互连而成。经过一系列交换结点转发，从一条线路转换到另一条线路，最后到达目的端。交换结点转发信息的方式就是所谓的交换方式。本节介绍了线路交换、报文交换和分组交换。线路交换是物理连接；报文交换和分组交换的长度是不同的。其中分组交换又可分为虚电路交换和数据报交换，它们的分组格式不同，传输的方式也不同，对传输性能的影响也不同。

差错控制技术是提高通信质量的重要技术手段。本章介绍了差错控制的基本原理，重点介绍了 CRC 循环冗余纠错码的概念，如何由给定的生成多项式生成校验码是关键。差错控制是信息传输的主要技术之一。

习　题

4-1　数字通信与数据通信有什么区别？若在数字信道上传输模拟信号或在模拟信道上传输数字数据应如何处理？

4-2　同步传输方式和异步传输方式有什么区别？

4-3　信号速率与信息速率是怎样定义的？它们各自的单位是什么？

4-4　传输信道有哪些主要类型？分别说明它们的主要特性。

4-5　什么是频分复用？什么是时分复用？

4-6　信道的带宽和数据速率各是什么含义？它们怎样表征信道的特性？

4-7　电视频道的带宽为 6 MHz，假定无热噪声，如果传输数字信号取 4 种离散值，那么可获得的最大数据速率是多少？

4-8　设信道带宽为 3 kHz，信噪比为 20 dB，若传送二进制信号，则信道可达到的最大数据速率是多少？

4-9　画出比特法 0010110101 的见"1"翻不归零（NRZ1）编码、曼彻斯特（Manchester）编码和差分曼彻斯特编码的波形图。

4-10　什么是交换方式？有哪些交换方式？各自的特点是什么？

4-11　设两个用户之间的传输线路由 3 段组成（两个转换结点），每段的传输延迟为 10^{-3} s，呼叫延迟时间（线路交换或虚电路）为 0.2 s，在这样的线路上传送 4800 bit 数据，线路的数据速率是 9600 b/s，请分别计算在① 线路交换，② 报文交换，③ 虚电路，④ 数据报交换方式下端到端的延迟时间。

4-12　画出数据序列 101101101 的幅度键控（ASK）、频率键控（FSK）和相移键控（PSK）的调制波形。

4-13　什么是循环冗余纠错编码（CRC）？请说明纠错原理。

4-14　已知 CRC 生成多项式为 $g(x)=x^4+x+1$，要传送的代码为 10110，请计算校验码和传送的字符信息编码。

4-15　设 CRC 校验码的生成多项式对应的代码为 11001，目的结点收到的二进制序列为 110111001，请判断传输过程是否正确。

第5章 计算机网络技术

现代管理信息系统要求，不同地理位置的信息管理系统既能进行本地处理，又能彼此互联，进行数据交换和资源共享。物理上的分散性和逻辑上的统一性，使企业既能"运筹帷幄"，又能"决胜千里"，这就必须使管理信息系统建立在计算机网络平台的基础之上，并实现文本、视频、音频等多媒体信息的交互、处理和传输。本章主要介绍计算机网络的基本概念、功能和主要理论技术。

5.1 计算机网络概述

5.1.1 计算机网络的形成与发展

计算机网络是计算机技术和通信技术不断发展和结合的结果，它们互相渗透，互相融合，促进了计算机网络的发展。

1. 以单计算机为中心的联机网络

20 世纪 60 年代中期以前，计算机主机造价昂贵，而通信线路和通信设备价格相对便宜，为了共享主机资源和实现信息的采集与综合处理，连机终端网络是一种重要的系统结构，如图 5-1 所示。

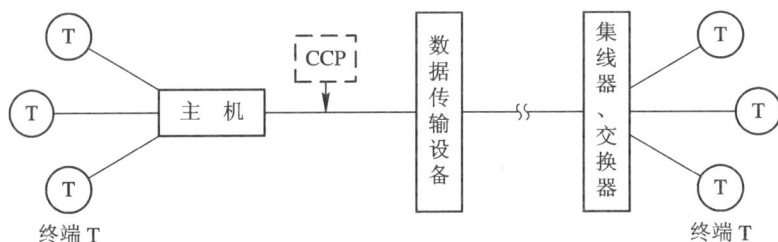

图 5-1 单处理机联机系统结构图

单处理机联机网络是一个分时多用户系统。这种结构的主机负荷较重，既要承担通信工作，又要承担数据处理，主机效率低。另外，通信线路的利用率低，尤其在远距离传输时，如果让多个终端用户都单独占用一条通信线路，造价就很高。所以，在终端集中的地方，采用了远程线路集中器，以尽量减少通信费用。这种结构采用集中控制方式，可靠性较低。

为了减轻主机的负荷，提高主机效率，可以在主机与通信线路之间设置通信控制器（Communication Control Processor，CCP）专门处理与终端的通信。如图 5-1 中虚线所示。

2．计算机—计算机网络

利用通信线路将多个计算机连接起来，为用户提供服务，形成以多处理器为中心的网络。最直接的形式是将多个主计算机通过通信线路连接起来，如图 5-2 所示。这种形式，主机既承担数据处理又承担通信控制。

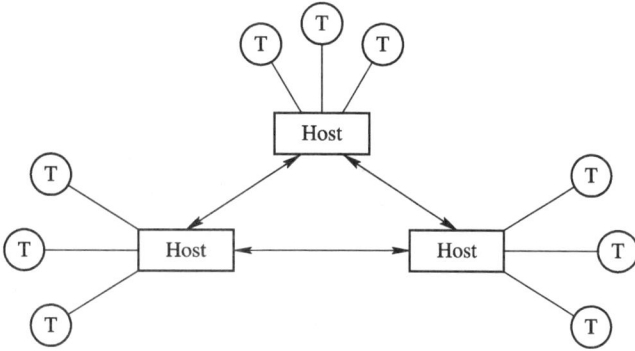

图 5-2　主机直接互联的网络

为了减轻主机的工作，第二种形式是将通信功能从主机分离出来，设置通信控制处理器 CCP，主机间的通信通过 CCP 间接进行。如图 5-3 所示。

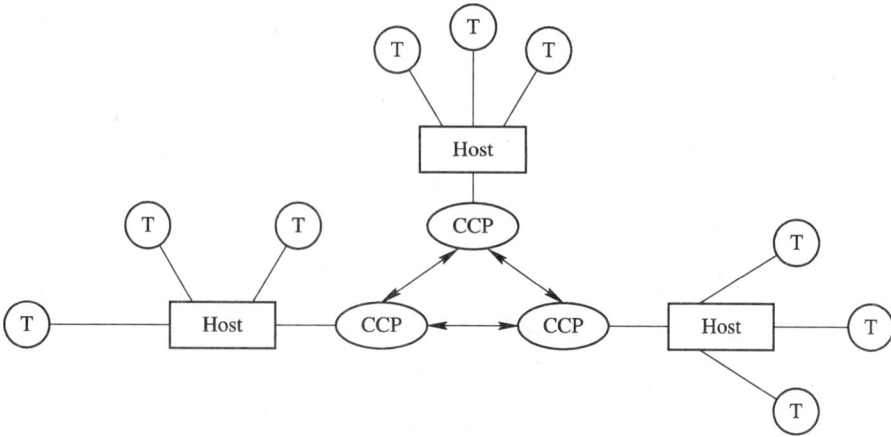

图 5-3　具有通信子网的计算机网络

这种形式的计算机网络，在逻辑上可划分为两部分。通信控制处理机负责网上各主机间的通信控制和通信处理，它们组成的传输网络称为通信子网，是网络的内层；网上主机负责数据处理，是计算机网络软、硬件资源的拥有者，它们组成了网络的资源子网，是网络的外层。资源子网上用户间的通信是建立在通信子网的基础上。通信子网和资源子网的结合，组成了实现数据通信和资源共享的计算机网络。

若将网络通信子网建成公共数据通信网，或利用已有的公共数据网，就成为社会公有的计算机通信网，如图 5-4 所示。广域网，特别是国家级各部门建立的计算机网络大多是这种形式。这种网络允许异种机入网，兼容性好，通信线路效率高，是广域网的基本形式。

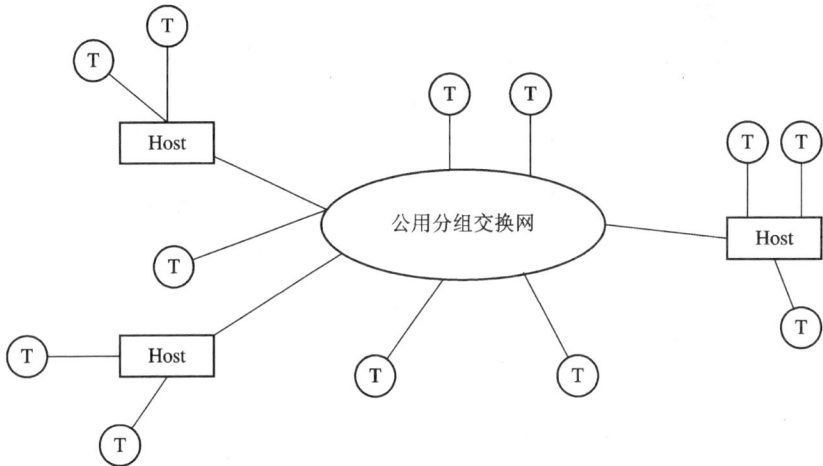

图 5-4 具有公用数据通信网的计算机网络

　　为了实现用户之间的互联，如果在所有用户之间直接进行连接，这对通信线路资源是极大的浪费。用户之间的互联是通过交换机实现的。在通信子网中，每个通信结点（CCP）都有数据存储和处理的功能，通过对数据的存储/转发实现数据的传输（交换）。一个通信网络由许多交换结点互联而成。交换结点转发信息的方式就是交换方式。交换方式可以分为线路交换、报文交换和分组交换。其中线路交换是电话通信网电话交换机的传统工作方式。这种工作方式在通话的全部时间内，通话双方始终占用端到端的固定传输带宽（交换机之间的一个话路）。由于计算机之间通信的突发性，不需要在两个通信结点之间建立专用通路，而是将数据组织成报文或分组，通过计算机通信结点进行存储/转发，极大地提高了通信子网的效率。分组相对报文而言，数据长度较短而且固定。分组交换技术又可分为数据报交换和虚电路交换。

3. 体系结构标准化网络

　　为了方便计算机连网以及网络互联，实现计算机数据通信和资源共享，必须建立标准。随着网络技术的发展，提出了网络体系结构标准化的概念。国际标准化组织 ISO 在研究、吸收各计算机厂家网络体系结构标准化经验的基础上，制定了计算机"开放系统互联参考模型"（Open Systems Interconnection/Reference Moden，OSI/RM）。作为国际标准，OSI 规定了可以互联的计算机系统之间的通信协议，遵循 OSI 协议的网络通信产品都是所谓的开放系统。这种统一的、标准化的产品互相竞争的市场给网络技术的发展带来了更大繁荣。

4. 国际互联网（Internet）

　　从 20 世纪 80 年代末期以来，起源于美国的国际互联网（或称因特网）飞速发展，已成为世界上最大的国际性计算机互联网络。Internet 对世界的冲击，已渗入到人们生活的各个方面。

　　Internet 仍然遵从分层的体系结构思想，称为 TCP/IP 体系结构。现在，计算机网络得到最广泛应用的不是国际标准 OSI，而是 Internet 的 TCP/IP 结构。这样，TCP/IP 常常成为事实上的国际标准。但是，应当承认，OSI 网络体系结构的思想在计算机网络发展过程中的重要贡献。

5.1.2　计算机网络的定义

计算机网络在不同的发展阶段或从不同的观点有着不甚相同的定义。综合起来，比较统一的定义是："地理上分散的多台独立自主的计算机通过软、硬件设备互联，在协议控制下以实现资源共享和信息交换的系统"。这个定义的含义，可以从以下几点理解：

（1）计算机网络中的计算机（工作站）是独立的。它拥有自己的软、硬件资源，完成一定的处理任务。

（2）网络上的计算机，在协议控制下互联，实现数据通信。

（3）网络上的计算机，由于遵循统一的体系结构标准而成为开放系统，从而实现资源共享。

计算机通信网是与计算机网络类似的概念。计算机通信网以传输信息为主要目的，所研究的是通信传输协议、对通信设备的控制和管理、数据传输的高效、可靠。

另一个类似的概念是分布式系统。分布式系统在计算机网络的基础上为用户提供了透明的集成应用环境，是计算机网络在功能上的延伸。分布式系统中的多台计算机除了可以相互通信和共享资源外，还能协同工作，以实现一个既定的功能。

多机系统也是与计算机网络类似的另一种系统。多机系统是指同一机柜中或集中在同一地点的紧密耦合的多处理机系统或并行处理系统。并行处理系统通过互联网络实现多台计算机之间的连接，以适应高速并行计算的需要。而计算机网络中计算机之间的互联是相当有限的，它们是通过各种交换技术实现计算机之间的连接。

可见，计算机网络与并行处理系统，分布式系统以及计算机通信网既是互相联系又是不尽相同的概念。

5.1.3　计算机网络体系结构标准化及其组织

网络上连接的各个计算机系统，要实现资源共享和数据通信，必须使用相同的语言并遵守双方都能接受的规定或约定，以控制数据交换。这些规则或约定的集合称为协议。在计算机网络中，各个主机系统为了实现一定的功能，都划分为不同的功能层次。这些功能层次，在网络体系结构中称为（某一层）实体。也就是说，一个主机系统由不同层次的实体组成，主机向对应层次的通信是虚拟的，它通过调用下层的功能和为上层提供的服务实现。那么，系统如何分层，各层次完成的功能或服务，以及采用的通信协议都应当明确定义，而且应当统一，即标准化，以保证不同厂商设备或系统之间实现互相通信。计算机网络中，这种层次的划分和功能的定义，就是网络的体系结构。世界上一些主要的标准化组织在这方面已做了许多卓有成效的工作，研究和创造了一系列有关数据通信和计算机网络的标准，有的已作为国际标准，极大地推动了计算机网络技术的发展。

计算机网络标准化及其组织主要有：国际标准化组织（ISO）制定的开放系统互联（OSI）参考模型；国际电信联合会（ITU）（原为国际电报电话咨询委员会 CCITT）的 X 系列、V 系列以及 I 系列建议书；美国电气电子工程师学会（IEEE）的 IEEE 802 LAN 局域网标准以及美国电子工业协会（EIA）的 RS 系列标准等。

1. 国际标准化组织 ISO 的 OSI 参考模型

国际标准化组织 ISO 成立于 1947 年，是世界上最大的国际性标准化专门机构，我国是该组织的成员国。

ISO 提出的开放系统互联参考模型,定义了异构计算机网络标准的框架结构。OSI 标准为面向分布式应用的"开放"系统提供了基础。"开放"就是指任何两个系统只要遵守参考模型和有关标准,都能实现互联。ISO/OSI 标准将任一个系统都划分为七层,即物理层、数据链路层、网络层、传输层、会话层、表示层和应用层,作为异构系统互联的体系结构,提供了互联系统通信规则的标准框架。

2. IEEE 802 局域网标准

美国电气与电子工程师协会 1980.2 成立了局域网标准委员会,现已形成了 IEEE 802.1～802.13 各项标准,对规范局域网产品的开发,推动局域网技术的应用起到了极大的促进作用。在 IEEE 802 局域网标准中,只定义了物理层和数据链路层两层,并由于共享信道将数据链路层划分为逻辑链路控制(Logical Link Control,LLC)和介质访问控制(Medium Access Control,MAC)两个子层,加强了数据链路层的功能,把网络层的寻址、排序、流控和差错控制等功能放在 LLC 子层来实现。

3. ITU 建议

国际电信联合会(ITU)是专门制定有关数据通信和公用数据网(广域网)的国际标准化组织。其中 ITU－T 是 ITU 下属的标准化分部。

原国际电报电话咨询委员会(Consultative Committee International Telegraph and Telephone,CCITT)现在已统一为国际电信联合会,它是国际条约组织,主要由各成员国的邮政、电话、电报部门组成。该组织为国际通信用的各种通信设备及规程的标准化分别制定了一系列的建议。在数据通信方面,ITU 有两种系列建议,即 V 系列与 X 系列建议书。V 系列建议是在数据通信发展初期,在电话网和用户电报网上进行数据传输而制定的,每个建议针对一个专题。为了适应用于数据通信的公用数据通信网的发展,20 世纪 70年代初又逐步形成了公用数据交换网的 X 系列建议书。其中 X.21、X.25 和 X.75 同计算机密切相关。在 X.25 建议书中,将一个公共分组交换数据网分成物理层,链路层和分组层等 3 层,与 ISO/OSI 低 3 层对应。

为了适应综合业务数字网(Integrated Services Digital Network,ISDN)的发展,ITU又制定了 ISDN 网的标准,即 I 系列建议。I.100 系列描述了 ISDN 一般概念和基本原则;I.200 系列提供了 ISDN 所支持的电信业务分类和描述方法;I.300 系列说明网络状况;I.400 系列为用户/网络接口;I.500 系列为网络间的接口。

CCITT 与 ISO 密切合作,目前已采纳 OSI 体系结构,并将其制定的已趋成熟的数据通信标准融进 OSI 七层模型中。我国也是 ITU 成员国之一。

4. TCP/IP 协议

有了上述的局域网和广域网协议,并不是说就能构造出一个完整的网络系统,还必须要有高层协议提供更加完善的网络服务。一般来说,网络的低层协议决定了一个网络系统的传输特性,与网络系统的硬件关联。高层协议则提供了与网络硬件结构无关的,更加完善的网络服务和应用环境,通常是由网络操作系统实现的。最通用的高层协议是 TCP/IP协议,它是一个协议集,定义了网络接口层、网际层、传送层和应用层等 4 个层次。其中网络接口层定义了 TCP/IP 与各种物理网络如 Ethernet、Token-Ring、FDDI 及其他网络的网络接口；网际层相当于 OSI 参考模型的网络层；传送层对应传输层；应用层则包含了 OSI 参考模型的会话层、表示层和应用层功能。类似的高层协议还有 SPX／IPX 等。

5. 中国国家标准局

中国国家标准局是我国有关工程和技术标准的法律制定机构，它颁布有关的标准。我国已决定在计算机与通信领域采用相应的国际标准，因此，国家标准局的主要工作是将有关国际标准采纳为国家标准。

5.2 计算机网络的结构

计算机网络的结构，从不同的角度划分为网络的体系结构、拓扑结构、逻辑结构和物理结构。网络的体系结构是网络通信和信息处理功能层次的描述，是概念上的抽象。拓扑结构是从几何的角度对网络结构的抽象，即抽象为结点和连线的集合。网络的逻辑结构是从网络工作原理考虑的逻辑组成，即内层是通信子网，外层是资源子网。网络的物理结构则是网络的物理实现。

5.2.1 体系结构

所谓网络体系结构，就是为了完成计算机间的数据通信和信息处理，把每个计算机的功能划分为定义明确的层次，规定了同层次进程通信的协议以及相邻层之间的接口和服务。将划分的层、同层进程通信的协议以及相邻层接口统称为网络体系结构。体系结构是系统功能层次的划分，是系统功能的抽象。

1. ISO 开放系统互联参考模型的概念

国际标准化组织 ISO 制定了计算机网络标准模型，及开放系统互联参考模型 OSI／RM，它为开放系统互联提供了一种功能结构的框架，作为开发各种网络协议标准的基础。该模型将每个连入网络的开放型计算机按通信和信息处理功能划分为 7 层，如图 5-5 所示。

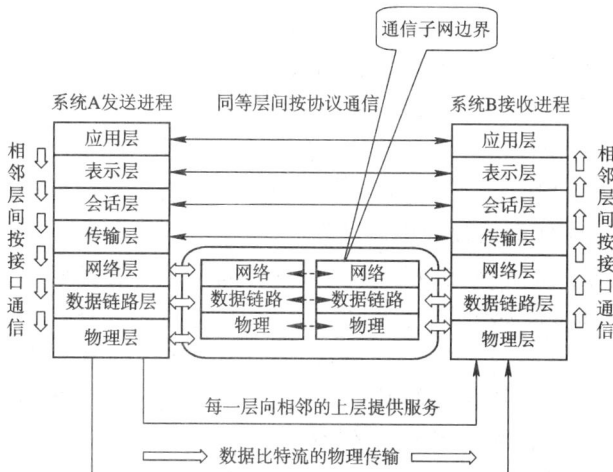

图 5-5 ISO/OSI 七层参考模型、协议和接口

　　该模型中，连入网络的计算机中每一个层次都称之为实体，两个计算机同一层次实体之间的通信，称为对等层协议通信，执行对等层协议规范。同一层次实体之间的通信则通过上下层之间的接口，上一层依次调用下一层的功能和下层依次为上一层提供服务而实现。对等层之间的通信是虚拟的，真正的通信实际是在计算机之间通过物理信道实现的。

2. 七层功能概述

　　（1）应用层。这是 OSI 体系结构的最高层。这一层的协议直接为端用户服务，是开放系统与应用进程的接口，提供分布式信息处理环境。应用层管理开放系统互联，包括系统的启动、维持和终止，并保持应用进程间建立连接所需的数据记录，其他层都是为支持这一层的功能而存在的。

　　应用层协议已经定义的协议主要有：

　　电子邮件协议，提供电子邮件服务功能。

　　文件传输协议，提供各种文件类型（包括远程数据库文件）访问功能。

　　目录服务协议，提供分布式数据库功能。

　　虚拟终端协议，提供不同类型终端兼容功能。

　　公共管理信息协议和公共管理信息服务，提供对网络中的资源、交通和安全管理功能，还有许多其他应用服务协议正处于制定和标准化的过程中。

　　（2）表示层。表示层的功能是解决用户信息的语法表示，它将要交换的数据从适合于某一用户的抽象语法转换为适合 OSI 内部使用的传送语法，即完成信息的格式转换。使得应用实体不必要关心信息在"公共"表示方面的问题，为应用层提供语法的独立性。应用层实体可以使用任何语法，表示层提供这些语法与应用实体通信所需的公共语法之间的转换。

　　各种计算机内部数据表示可能不同，例如整数、浮点数的格式可能不同，字节的顺序（高位字节与低位字节的位置）可能不同，这些方面的差别在网络传输时需要统一。这可以类似于用基本数据类型构造复杂数据结构的方法，用一种抽象语法表示用户的数据，应用层的协议数据单元向下传送到表示层时，表示层用抽象语法表示它的结构，传送到对方的表示层时，也用同样的抽象语法解释它。

　　表示层提供的服务有：统一的数据编码（整数、浮点数的格式，以及字符编码等）、数据压缩格式、加密技术等，后两种是数据传输过程所需要的。

　　（3）会话层。会话层提供两个表示层实体之间交互时组织和同步它们的会话过程，以及为管理它们的数据交换提供必要的手段。它提供的会话服务可分为两类：

　　• 会话管理服务，把两个表示实体结合在一起，或者把它们分开。

　　• 控制两个表示实体间的数据交换过程，即对话服务。例如，分界、同步等。

　　（4）传输层。传输层的功能是在两个端系统之间可靠、透明地传送报文。当会话实体要求建立一条传输连接时，传输层就为其建立一个对应的网络连接。如果要求较高的吞吐率，传输层可能为其建立多个网络连接（分流）。如果要求的传输速率不很高，单独创建和维持一个网络连接不合算，则传输层就可以把几个传输连接多路复用到一个网络连接上。这样的多路复用和分流对传输层以上是透明的。

　　传输层的服务可能是提供一条无差错按顺序的端到端的连接，也可能是提供不保证顺序的独立报文传输，或多目标报文广播，即所谓面向连接的服务和面向无连接的服务。这些服务可由会话实体根据具体情况选用。传输连接在其两端进行流量控制，以免高速主机发送的信息流淹没低速主机。传输层协议是真正的源端到目的端的协议，它由传输连接两端的实体处理。

传输层和下面网络层的界面是用户和通信子网的界面。传输层以下的功能层协议都是通信子网中的协议。

（5）网络层。网络层的功能在通信子网内完成，在源、目的结点之间选择一条最佳路径，将分组正确地传送到目的地，并提供流量控制功能。交换过程中要解决的关键问题是选择路径，路径可以是固定不变的，也可以由网络负载情况动态变化。另一个要解决的是流量控制，防止网络中出现局部的拥挤甚至全面的阻塞。此外，网络层还拥有记账功能，以便根据通信过程中交换的分组数（或字符数、比特数等）计费。

（6）数据链路层。数据链路层的功能是建立、维持和释放网络实体之间的数据链路，保证网络中相邻结点之间数据的有效传输，应表现为一条无差错的信道，传送数据链路服务数据单元（称为帧）。一个数据链路连接建立在一个或多个物理连接上。相邻结点之间的数据链路控制的主要功能有：

- 组织数据帧，以帧为单位进行传输，校验和应答。
- 流量控制，对发送数据的速率进行控制，以免发送过快，接收端来不及处理而丢失数据。
- 差错控制，接收端对收到的数据帧进行校验、发现差错，必须重传。
- 数据链路管理，发送端与接收端之间必须通过某种形式的对话，建立、维护和终止一批数据的传输过程。

数据链路控制功能由数据链路层协议实现，要求数据链路层协议能适应各种数据链路配置，如点对点链路和多点链路、半双工链路和全双工链路等。数据和控制信息在同一线路上传输，因而数据链路协议应能区分数据帧和控制信息帧。

最常用的数据链路协议是高级数据链路控制协议（High Level Data Link Control，HDLC）。

（7）物理层。在 OSI 参考模型中，物理层的功能规定为"在数据链路实体之间提供激活、维持和释放用于传输比特的物理连接的方法，这些方法有机械的、电气的、功能的和过程的特性"。这种物理连接可以是单工或双工的，它可以是串行的或并行的按位传输。

机械特性描述连接器的形状、几何尺寸、引线数、引线排列方式、锁定装置等。电气特性规定信号线的连接方式，驱动器和接收器的电气参数，并给出有关互联电缆等方面的技术指导。功能特性对接口连线的功能给出确切的定义，如数据线、控制线、定时线和地线，有的接口可能需要两个信道，因而接口线又可分为主信道线和辅信道线。过程特性则规定了使用接口线实现数据传输的操作过程。

5.2.2　拓扑结构

拓扑结构是计算机网络的重要特性。所谓拓扑，是一种研究与大小、形状无关的点、线、面（构成图形）特性的方法，由数学上的图论演变而来，图是由线所连接的点的集合。从网络拓扑学的观点看，网络是由一组结点和连接结点的链路组成的。结点可分为两类，一类是转换结点，支持网络线路连续，通过所连接的链路转发信息，如电话交换机、集中器和通信控制器(CCP)等。另一类是访问结点,它除可以连接链路外,还可以存储、处理并作为发送点和接收点,一般处在通信子网的末端,所以访问结点也称为端点。

计算机间或通信子网中通信控制器(CCP)之间的通信信道连接形式有两种:

(1) 点—点信道,通信双方处于信道的两端,以点—点连接形式互连计算机构成的网络,称为链路型网络。

(2) 多点信道,也称为广播信道,即多个计算机连接到一条通信线路的不同分支点上。实际上,广播信道的网络仅有一个通信信道,为网上所有计算机所共享。当广播信道用有线介质实现时,则变为总线结构或多点线路。

1. 点—点信道构成的网络拓扑结构

点—点信道构成的网络拓扑结构如图 5-6 所示。

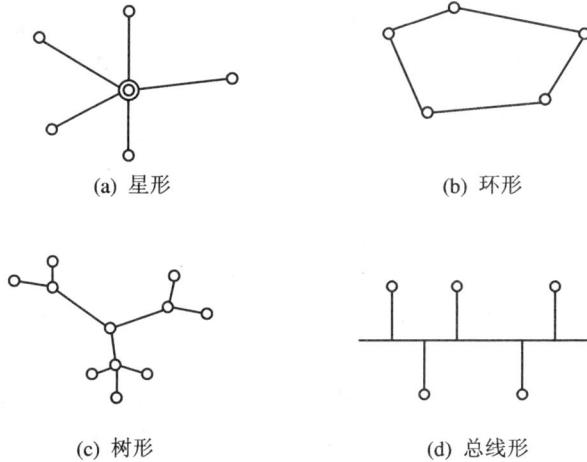

(a) 星形　　　　(b) 环形

(c) 树形　　　　(d) 总线形

图 5-6　链路型网络拓扑结构
(a) 星形；(b) 环形；(c) 树形；(d) 总线形

(1) 星形结构。星形结构由一个功能较强的转接中心 S 以及一些各自连到中心的结点(从结点)组成。这种网络各从结点间不能直接通信,从结点间的通信必须通过中心结点转接。星形结构有两类:一类是转接中心只起使从结点连通的作用。另一类转接中心是一个很强的计算机,从结点一般是计算机或终端,这时转接中心有转接和数据处理的双重功能。强的转接中心也称为各从结点共享的资源,转接中心也可按存储转发方式工作。

星形网络的优点是建网容易,控制相对简单,缺点是集中控制,可靠性低。

(2) 环形结构。环型结构是局域网常用的拓扑结构。它由通信线路将各结点连接成一个闭合的环,数据在环上单向流动,每个结点按位转发所经过的信息,可用令牌(Token)协调控制各结点的信息发送和接受,环上任意两结点都可通信。

(3) 层次结构或树形结构。层次结构是联网的各计算机按树形连接,树的每个结点都为计算机。一般说来,越靠近树根,结点的处理能力就越强。底层计算机的功能和应用有关,一般都有明确定义的和专门化很强的任务,越靠近树根的计算机则有更通用的功能,以便控制协调系统的工作。

层次结构信息的传输在不同级上垂直进行,这些信息可以是程序、数据、命令或以上三者的组合。

　　层次结构适用于相邻层通信较多的情况。典型的应用是底层结点解决不了的问题,请求中层解决,中层计算机解决不了的问题请求顶部的计算机解决。底层的计算机一般处理繁琐的重复性工作,如数据采集和变换,而数据处理、命令执行(控制)、综合处理则由上层处理。如共享的数据库放在顶层而不分散在各个底层结点。

　　层次结构如果只有两级,就成为星形结构。

　　(4) 总线结构。总线结构网络是把联网的计算机分别连接到通信线路的不同分支处,通信线路成为共享总线。总线网也是局域网最常用的拓扑结构。在 IEEE 802 局域网中,总线网有 IEEE 802.3,即争用总线网和 IEEE 802.4 令牌总线网两种。

2. 广播信道构成的网络拓扑结构

　　广播信道网络可以是总线拓扑结构、环形拓扑结构,也可以是无线(如卫星)广播拓扑结构。广播式信道局域网中所有结点都共享同一信道,信道的分配方法可以有多种,如时分多路复用(TDM)、频分多路复用(FDM)适合均匀传输的传统分配方法;也可以由控制中心结点用轮询方式分配信道或动态分配时间片等集中控制方式;也可采用信道上结点争用信道的方法。局域网中,由于共享信道,信道的分配或接入控制,也就成了局域网要解决的关键技术。这就是所谓的媒体(介质)访问控制协议。

5.2.3　逻辑结构(组成)

　　计算机网络的逻辑结构,也就是网络的组成。它是从网络的工作原理考虑的网络结构。网络上互联的计算机,它们各自是一个独立的计算机系统,具有自己的软、硬件资源,可以完成信息处理功能。要实现资源共享和数据通信必须通过网络通信控制器和通信信道。因此,计算机网络在逻辑上可分为资源子网和通信子网,如图 5-7 所示。

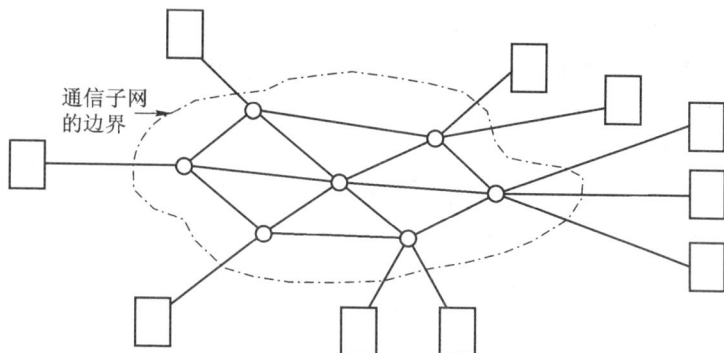

图 5-7　通信子网和资源子网

　　图中,外层是资源子网,内层是通信子网。资源子网中主要包括拥有资源的用户主机和请求资源的用户终端,它们都是端结点,也与通信的源结点和宿结点相连接。拥有资源的用户主机具有信息处理的功能。

　　通信子网的任务是在端结点之间传送由信息组成的报文,它主要由转接结点和通信线路组成。转接结点指网络通信过程中起控制和转发信息作用的结点,例如程控交换机、集中器、接口信息处理机等。通信线路是指传输信息的信道,可以是电话线、同轴电缆、无线电线路、卫星线路、微波中继线路以及光纤缆线等。

广域网中，一个报文从源结点到宿结点，在通信子网中需经过多个转接结点的转发，即先将报文接收存储，然后按通信协议的规定，以一定的方式选择路径转发出去，这就是存储转发。局域网中，转接结点简化为一个微处理芯片，每台主机(或工作站)都设定一个微处理芯片(在网卡中)，以广播方式进行报文信息传送，唯一的信道为网络中所有主机共享。任何主机发出的信息所有主机都能收到。信息包中的地址信息则可指明通信双方的源地址和目标地址，也可使用特定的地址说明该信息包是发送给所有站的。

5.2.4　物理结构

计算机网络的物理结构是指网络的物理实现，包括硬件和软件的物理集成。具体的实现与网络的功能、性能有关。一般说来，可由以下几部分组成：

1. 通信子网

分组交换器，为报文分组选择路由，形成传输的"连接"。

多路转换器，多路到一路或一路到多路的转换，实现信道的共享(信道多路复用)。

分组组装/拆卸设备。

组装，接受终端字符流，组装成网络传输协议规定的报文格式"帧"或"分组"。

拆卸，将网络来的报文分组拆卸为字符流，送至目标地址规定的响应终端。

网络控制中心，管理和检测网络的运行，对网络用户进行注册、登录和记账，对网络故障进行检测。

2. 资源子网

网络上全部计算机硬、软件资源。

硬件：主机(HOST)/外设(终端)。

软件：主要指网络操作系统，它是建立在各主机操作系统之上的一种操作系统，实现不同主机系统之间的用户通信，资源共享以及提供统一的网络用户接口。

网络数据库系统，它是在网络操作系统支持下的一种数据库系统，可以是集中式网络数据库，也可以是分布式网络数据库，向网络用户提供数据服务，实现网络数据共享。

网络应用软件，它是实现网络应用的各种软件的集合，如电子邮件服务软件，文件传输服务软件等等。

网络互联设备，实现网络与网络的互联，实现不同协议层次上的连接，如中继器、网桥、路由器、网关等。

5.3　局域网技术

局域网(Local Area Network，LAN)泛指将小区域范围内的各种数据通信设备互联在一起，以高的数据传输速率互相通信的一种数据通信系统。所谓小区域，可以是一个建筑物、一个校园或者大至几十千米的一个区域。而数据通信设备则是广义的，包括计算机、终端、各种外围设备等。数据通信设备有时也称为站或站点。局域网是一个通信网，若要组成计算机局域网,还要将连接到局域网的数据通信设备加上高层协议和网络软件。然而在实际使用中一般认为局域网就是计算机局域网,并不加以区分。

5.3.1 局域网概述

计算机网络是自主互联的计算机系统的集合,而计算机局域网是局部范围的计算机网络。它是为在一个相对独立的局部范围内大量微机相互通信、共享外部设备、数据信息和应用程序而建立的。

1. 局域网特点

很难给出局域网的严格定义,一般的叙述是:在较小的地域范围内,利用通信线路将众多微机等设备连接起来,实现相互数据传输和资源共享的系统称为计算机局域网络。局域网有以下主要特点:

(1) 传输速率高且误码率低。局域网传输速率一般为 $1\sim1000$ Mb/s;因为传输距离短,误码率很低,一般在 $10^{-8}\sim10^{-11}$ 范围。

(2) 地域覆盖范围小,一般在 10 km 以内,至多不超过 100 km,属于某一单位内部管理。

(3) 以微机为主要建网对象。大部分局域网没有中央主机系统,只有多种微机和外设。可以说,局域网是专为微机而设计的网络系统。

2. 局域网基本技术

局域网是计算机通信网络,其基本技术涉及拓扑结构、传输形式和信道的访问控制方法(介质访问控制或媒体接入控制方法)。

(1) 局域网的拓扑结构。已如前述,网络的拓扑结构是指网络结点及其连线的几何布局,它描述了各结点的逻辑位置。就局域网而言,它的拓扑结构就是连至网络的数据通信设备之间的互联方式。

局域网具有三种典型的拓扑结构:星形、环形、总线或树形。

星形拓扑结构中集中控制方式较少采用,而分布式星形结构在现代局域网中采用较多;环形结构是一种有效的结构形式,也是一种分布式控制,它控制简便,结构对称性好,传输速率高,应用较为广泛;总线拓扑结构可以实行集中控制,但较多的是采用分布式控制。总线拓扑的重要特征是可采用广播式多路访问方法,它的典型代表就是著名的Ether网(以太网)。总线结构是局域网采用最多的结构形式,可靠性高,扩充方便。树形结构在分布式局域网中较流行的是完全二叉树,这种结构的扩充性能好,寻址方便,适用于多点检测的实时控制和管理系统。也可以将星、环、总线等基本拓扑形式组合而构成混合形拓扑结构。

(2) 传输形式。局域网的传输形式有两种:基带传输和宽带传输。基带局域网在传输媒体上传输的是单一传输率的数字信号,而宽带局域网在传输媒体上传输的是经过高频调制的模拟信号,同一个媒体上可传输多个不同的频道。

局域网上常用的传输媒体有双绞线、同轴电缆和光缆。双绞线又区分为无屏蔽双绞线(UTP)和屏蔽双绞线(STP)。对于双绞线,由于局域网的传输率已达到 10 Mb/s 以上,甚至 100 Mb/s,因此,必须选用数据级双绞线。以 UTP 为例,选择 UTP3、UTP4、UTP5,

这三种类型可分别适应以太网的 10 Mb/s、16 Mb/s 环网，光纤分布式数据接口网或快速以太网的 100 Mb/s 三种使用环境。同轴电缆常用于以太网，它的频宽与抗外界电磁场干扰能力均比 UTP 强。在基带或宽带以太网上分别选择 50 Ω 或 75 Ω 的同轴电缆作为传输媒体。光缆作为局域网传输媒体可获得很高的传输率，很强的抗外界干扰能力，极小的电磁辐射及较长的网络段跨距等。由于光缆内的光信号有单向性和不宜分流的特点，因此，以光缆作为传输媒体的局域网其拓扑结构常选择星形、环形或簇形。簇形拓扑是环形和总线形的复合结构。

（3）媒体访问控制方法。在局域网中，由于多个站点往往共享一条传输媒体，因此必须要确定哪个站点能访问这一共享媒体，即允许它往信道上交换报文信息。也就是说，必须要有一种方法或规定对媒体的访问进行控制，以免在媒体上由于并发传输而造成碰撞，这就是媒体访问控制协议。

在基带局域网上，采用时分复用技术的媒体访问控制方法。以太网为 CSMA/CD 方法（参见以太网），令牌环网与光纤分布式接口网络为令牌传递方法（参见令牌环网）。在宽带局域网上，媒体访问控制方法采用频分复用技术，即将媒体的频带划分为若干频道。经过调制的数字信号如果在不同频道上传输，不会发生碰撞；但如果它们在同一频道上传输，仍有可能发生碰撞。因此，在同一频道上往往还要采用基带局域网上常用的媒体访问控制方法。

媒体访问控制方法对网络吞吐率、实时性以及优先访问机制等性能有很大影响。

3. 局域网协议标准

为了使多个主机系统互联成局域网，它的层次结构也应该参考和采用 ISO 组织关于开放系统互联 OSI 参考模型。遵循 OSI 参考模型的层次结构，任何一个层次的设计，只需涉及与其上下两层之间的接口和该层所要完成的协议即可，不再需要考虑与其他层之间的关系。采用层次结构的设计方法，可以提供很大的灵活性。由于局域网的迅速发展，产品的种类和数量急剧增加，为了适应这种发展，必须在传输形式、媒体访问控制方法和数据链路控制等方面制定标准。

IEEE 802 委员会制定的 IEEE 802 标准进展快，而且比较完全，许多已被国际化组织 ISO 采纳作为 ISO 的国际标准。

（1）局域网的协议层次。局域网由于共享信道，它的体系结构只包含 OSI 参考模型的最低两层，即物理层和数据链路层。由于局域网中的媒体访问控制（Medium Access Control，MAC）比较复杂，且在结点间传输数据之前首先要解决由哪些设备可以占用传输媒体，为此，数据链路层要有媒体访问控制功能，并提供多种媒体访问控制方法。为了使数据帧传输独立于所采用的物理媒体和媒体访问控制方法，IEEE 802 标准把数据链路层划分为两个子层次，即逻辑链路控制子层（Logical Link Control，LLC）和媒体访问控制子层（MAC）。LLC 子层为高层提供一个或多个服务功能和逻辑接口，与高层（网络）联系，而与物理媒体及媒体访问控制无关，它具有帧的接收与发送功能。发送时要把发送的数据加上地址和循环冗余校验 CRC 字段等构成 LLC 帧；接收时把帧拆封，执行地址识别和校验功能，并且有帧顺序、差错控制和流量控制等功能。该子层还包括某种网络层的功能，如数据报、虚电路和多路复用等功能。MAC 则根据网络的不同拓扑结构和媒体特性而有不同的媒体访问控制标准。这样，物理媒体和媒体访问控制方法对高层的影响在 MAC 与

LLC 的界面是一致的，或者说，LLC 子层与所用的物理信道、媒体访问控制方法无关，而 MAC 子层却和媒体密切相关，从而形成（制定）各种不同协议标准的局域网。

由于 IEEE 802 局域网拓扑结构简单，网络层的很多功能如路由选择等是没有必要的，而如流量控制、寻址、排序、差错控制等功能可在链路层完成，因此 IEEE 802 标准不单独设立网络层。但考虑到多个 IEEE 802 局域网需要互联，IEEE 802 标准在实现模型中在 LLC 之上设立了网际层，网际层也是网络层的一个子层，有时 LLC 的上层也叫网际层。局域网协议层次与 OSI 参考模型的关系如图 5－8 所示。

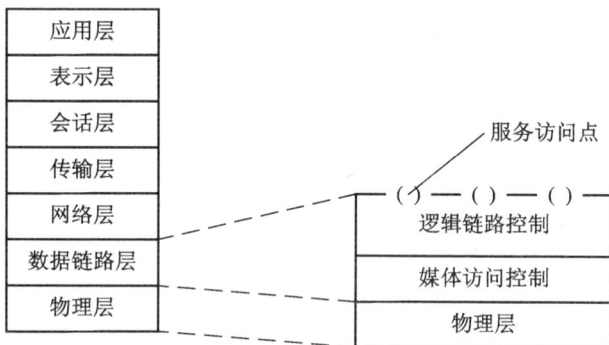

图 5－8　局域网协议层次与 OSI 参考模型的关系

（2）IEEE 802 系列。IEEE 802 委员会及 ISO 制定的局域网系列标准如图 5－9 所示。

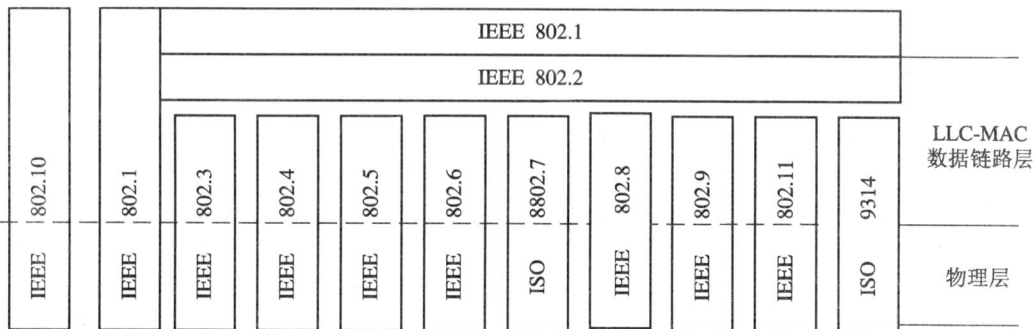

图 5－9　局域网系列标准

（3）IEEE 802 局域网实现模型。将 IEEE 802 标准实现用一个模型形象地表示可如图 5－10 所示。

图中的物理层由四部分组成：物理介质；物理介质连接设备（PMA）；接口电缆；物理收发信号（PLS）。

物理层提供了编码、解码、时钟提取、发送、接收及载波检测等功能，并为数据链路层提供服务。协议中规定了物理链路操作的电气和机械特性参数。

图中的数据链路层包含了两个子层：逻辑链路控制（LLC）子层和介质访问控制（MAC）子层。

介质访问控制子层，它的主要功能是控制对传输介质的访问。不同类型的局域网所使用的介质访问控制方法是不同的，如 CSMA/CD、Token-Bus、Token-Ring、FDDI 等。

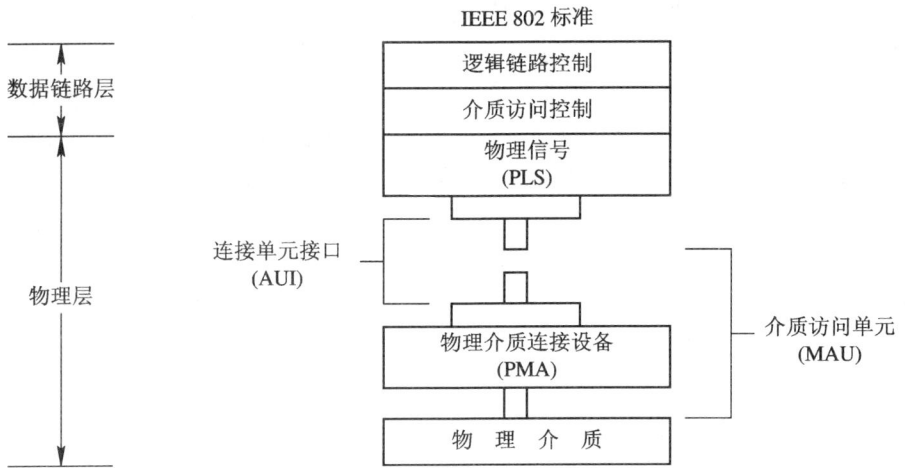

图 5-10　IEEE 802 LAN 实现模型

逻辑链路控制子层，它提供了面向连接的服务和无连接的服务。其中，面向连接的服务能够提供可靠的通信。它提供的主要功能是数据帧的封装和拆卸，为高层提供网络服务的逻辑接口。

5.3.2　IEEE 802.3 标准——总线局域网（以太网 Ethernet）

IEEE 802.3 国际标准是在 Ethernet 标准的基础上制定的，根据不同的物理介质又发展了多种子标准，形成了一个 IEEE 802.3 标准系列，如图 5-11 所示。

图 5-11　IEEE 802.3 标准系列

IEEE 802.3 标准定义了 Ethernet 的技术规范，它由物理层和介质访问控制（MAC）层技术规范组成。

Ethernet 采用的是争用型介质访问控制协议，即 CSMA/CD。它在轻载情况下具有高的网络传输速率。Ethernet 组网非常灵活和简便，既可使用细、粗同轴电缆组成总线形网络，也可使用 3 类无屏蔽双绞线（UTP）电缆组成星形网络（即 10BASE-T 技术），还可以将同轴电缆的总线形网络和 UTP 电缆的星形网络混合起来连接。Ethernet 是目前国内外应用最为广泛的 10 Mb/s 网络。

1. 物理层

1）传输介质

IEEE 802.3 定义的传输介质可以是粗同轴电缆（10BASE5）、细同轴电缆（10BASE2）、UTP 双绞线（10BASE-T）、光纤（10BASE-F）以及宽带同轴电缆（10BROAD3），形成了一个物理层标准系列，参见图 5-11。

　　粗、细同轴电缆是基带同轴电缆，它们的电气特性是相同的，特性阻抗均为 50 Ω。宽带同轴电缆的特性阻抗为 75 Ω。使用同轴电缆可以构成总线形网络，在总线的两端，要分别使用与相应特性阻抗匹配的终端器相接，以吸收总线上的能量，减少电磁波反射的干扰。UTP 双绞线的特性阻抗为 100 Ω，常用点到点的连接方式。光纤一般为多模光纤，也采用点到点的链路连接方式。

　　2) 介质访问单元

　　介质访问单元(Medium Access Unit，MAU)包括介质相关接口(Media Dependent Interface，MDI)和物理介质连接设备(Physical Media Attachment，PMA)两部分。它是连接传输介质的物理接口，具有发送、接收、冲突检测、监控(可选)、载波监听、信号质量检测等功能。

　　MAU 与传输介质相关，不同传输介质的 MAU 规定了不同电气和机械特性。尽管它们的信号收发速率均为 10 Mb/s，但对介质的驱动能力各不相同。习惯上将 MAU 称为收发器。

　　3) 访问单元接口

　　访问单元接口(Access Unit Interface，AUI)是物理收发信号(Physical Signaling，PLS)子层和 MAU 之间的接口。PLS 子层可以通过 AUI 选择 MAU，去驱动相应的传输介质。也就是说，AUI 将使得 PLS、MAC、LLC 等各层均与传输介质无关，可以自由地选择所需要的传输介质。

　　在具体实现上，10BASE2 和 10BASE – T 的 MAU(收发器)集成在网卡的内部(称为内部收发器)，PLS 和 MAU 之间通过网卡内部连线方式的 AUI 来实现连接。10BASE5 和 10BASE – F 的 MAU 则是一个独立于网卡的收发器(称为外部收发器)，PLS 和 MAU 之间则通过一条长达 50 m 的 AUI 电缆实现连接。

　　4) 物理收发信号子层

　　物理收发信号(PLS)子层是物理层和 MAC 子层之间的接口，主要完成复位、识别以及输出、输入、操作方式选择、冲突检测和载波监听等功能。各个功能如下：

　　(1) 复位和识别，在接通电源或接收复位请求时执行，它将复位并启动所有的 PLS 功能，并决定 MAU 连接到 AUI 的能力。

　　(2) 输出，将 MAC 的数据传送给 MAU 发送出去。

　　(3) 输入，将 MAU 接收到的数据传送给 MAC。

　　(4) 操作方式选择提供两种操作方式：正常和监控。监控方式可选，用于隔离故障和操作验证。这时，MAU 发送器在逻辑上与介质隔离，MAU 只是作为一个介质监视器而工作。

　　(5) 冲突检测，将 MAU 检测到的信号质量改变情况的载波状态报告给 MAC 子层。

　　(6) 载波检测，将 MAU 监听到的载波活动变化情况的载波状态报告给 MAC 子层。

　　(7) 数据的编码和解码，采用曼彻斯特编码技术，对输出的数据进行编码；对输入的信号进行解码。

　　2. CSMA/CD 介质访问控制方法

　　IEEE 802.3 的 MAC 子层主要定义了数据帧的封装与拆卸，以及数据帧发送与接收的 CSMA/CD 介质访问控制方法。CSMA/CD (Carrier Sense Multiple Access/Collision

Detect)，即载波监听多路访问/冲突检测方法是一种争用型的介质访问控制协议，它是分布式介质访问控制方法，网中各个站(结点)都能独立地决定数据帧的发送与接收。

IEEE 802.3 的 CSMA/CD 协议中定义了帧的格式，如图 5 - 12 所示。MAC 子层协议在上一层 LLC 子层的协议数据单元 PDU 的外面，加上帧头和帧尾，组装成完整的帧，然后经物理层传送。

字节数

7	1	2/6	2/6		46～1500		4
PA 前导码	SFD 帧定 界符	DA 目的 地址	SA 原地址	FL 帧长度	PDU 数据 单元	PAD 填充	FCS 帧校验 序列

DSAP(目的服务访问点)
SSAP(源服务访问点)
C (控制)
I (信息)

图 5 - 12　CSMA/CD 协议帧格式

5.3.3　高速以太网技术

世界上使用最普遍的网络是以太网和令牌环网。但是，传输速率 10 Mb/s 限制了其应用，多媒体的引入对现有的网络造成了更大的压力，如何使现行网络适应新的要求，这是网络面临的一个难题。为了开发快速的以太网技术，一种方法是沿用常规以太网普遍使用的 CSMA/CD 技术，创导 100Base - T 规范；另一种办法则抛弃传统的 CSMA/CD 技术，采用被称为需求优先级轮询的媒体访问方法，名为 100Base - VG(原 100VG - Any LAN)。IEEE 同时采纳这两种技术，其中 100Base - T 作为以太网 IEEE 802.3 的补充，称为 IEEE 802.3u，而 100Base - VG 被称为 IEEE 802.12 新标准。

这两类以太网的共同点是：基于共享传输媒体的原理，属于 10Base - T 星形总线的扩展，信号速率加快 10 倍，即速率为 100 Mb/s，可使用无屏蔽铜质双绞线 UTP，也可使用多模光纤，采用相同的帧格式。这两种技术可以在 100 Mb/s 网络中仍能保持本地的以太网帧格式。这样，当从 10 Mb/s 以太网到 100 Mb/s 以太网的桥接和路由选择执行帧转换时，不致花费高昂的代价。为了适应多媒体信息的传输，需要带宽更高的局域网，这就是千兆位以太网。

1. 100Base - T

100Base - T 沿用了 10Base - T 的媒体访问方法 CSMA/CD 和帧格式，但把速度提高到了 100 Mb/s。为了适应高速传送采用的措施是：

(1) 减小传输距离，因为发送的数据速率越大，数据传送的有效距离也就越短。反之，发送的数据速率越小，所覆盖的地理范围越广。即对于给定的数据可以维持一定的距离范围。

(2) 增加结点间的连接线，即将 10Base - T 用半双工 1 对 3 类非屏蔽双绞线(UTP)改半双工 4 对 3 类 UTP 线并联使用，每对线速度仅为 25 MHz，用 4 对线缆便解决了用 3 类线也能运行 100 Mb/s 的速率问题，这种标准称为 100Base – T4。若用两对 5 类 UTP，则称为 100Base – TX。目前很少见到用 3 类 UTP 构成的 100Base – T4 产品，使用最多的是 100Base – TX。

（3）为适应高速传送，采用 FDDI 的编码方法，即 4B/5B 编码技术，在技术上与 FDDI 兼容。

由于 100Base – T 与传统的以太网尽可能保持一致，并遵从传统的 CSMA/CD 协议，因此 10Base – T 很容易升级到 100Base – T。

2. 100Base – VG

100Base – VG 为解决冲突型以太网中因竞争总线而产生的"瓶颈"问题，采用"按需优先轮询"方法取代 CSMA/CD 媒体访问方法。这种方法要求使用一个 100 Mb/s 的多端口中继器（或集线器），端站点分别接至中继端口。集线器与智能设备相结合，对每个端口进行决策，决定所连接的站点是否有数据要发送。集线器循环地对每个端口进行轮询，如果这个站点没有激活，则轮询下一个站点。如果某个站点有数据需要发送，则发送数据。若该站点刚好错过了一个发送机会，那么这个站点可以将其需求传送给登记仲裁设施，以便能得到下一次服务而不必等待下一轮询周期信号的到来。另外，还可以为某些特殊的端口分配较高的登记优先级，以保证这些端口得到更频繁的服务，对 100 Mb/s 的带宽享有更大的比例。为了在冲突期间仍保证公平访问，对登记间隔按"需求优先权"进行调整。为实现"需求优先权"，当一个站点向集线器发出请求传送信息的信号时，如果网络空闲，集线器立即认可该请求，站点随即向集线器传送信息包，当信息包到达集线器时，集线器对包中的目的地址解码，并将收到的信息包转换到输出的目的地端口，如果集线器同时收到几个请求，它将按"需求优先权"的原则采用一次轮流仲裁的方法认可每个请求，直到每个请求都得到处理为止。

3. 千兆位以太网

快速以太网具有高可靠性、易扩展性、成本低等特点，并已成为高速局域网的首选技术。但是，在数据仓库、桌面电视会议与高清晰度图像等应用中，还需要带宽更高的局域网。在这一背景下，于是产生了千兆位以太网。

千兆位以太网仍保留着 10Base – T 的帧格式，具有相同的媒体访问控制方法 CSMA/CD 和组网方法，只是把每个比特的发送时间由 100 ns 降低到 1 ns。为了适应高速传输，传输媒体采用光纤或短距离双绞线，并定义了一种千兆位媒体专用接口 GAII，用以将 MAC 子层和物理层分割开，使物理层在实现 1000 Mb/s 速率时所使用的传输媒体和信号编码方式的变化不影响 MAC 子层。千兆位物理层标准支持多种传输媒体，目前 IEEE 802.3 委员会制定了 4 种传输媒体的标准：

（1）1000Base – SX——使用波长为 850 nm 的多模光纤，光纤长度可以达到 300～500 m；

（2）1000Base – LX ——使用波长为 1300 nm 的单模光纤，长度可达 3000 m；

（3）1000Base – CX——使用屏蔽双绞线，长度可达 25 m；

（4）1000Base – T——使用 5 类非屏蔽双绞线，其长度可以达到 100 m。

于是，可以这样使用以太网组建企业网：桌面系统采用 10 Mb/s 以太网，部门系统采用速率为 100 Mb/s 的 100Base-T，企业级采用速率为 1000 Mb/s 的千兆位以太网。由于这 3 种以太网有很多相似之处，并且很多企业已经大量使用了 10Base-T，因而这样升级不会遇到困难。

5.3.4 交换式网络

从结点使用介质传送数据方式来划分，局域网可分为共享式网络和交换式网络两种。

在共享式网络中，所有结点共享传输介质，结点要使用相应的介质访问控制方法来争用介质传送数据。在任一时刻只能有一个结点发送数据，而其他结点只能处于接收状态，并根据地址匹配规则确定是否接收数据。数据以广播方式沿着传输介质传输，必须遍历每个结点。对于随机型介质访问控制方法（如 CSMA/CD），还可能发生冲突，产生很大的网络延迟。前面所介绍的网络，均属于共享式网络。共享式网络主要存在的问题是网络吞吐量低，可用带宽小、网络延迟大等，越来越难以满足不断增长多媒体通信业务对网络性能的需求。

在交换式网络中，结点分成两类：端点和中间结点。端点是用户站点，中间结点是交换机，所有端点都要通过交换机连接起来，交换机为端点提供存储转发和路由选择功能，使端点间能沿着指定的路径传输数据，而不是像共享式网络那样把数据广播到每个结点。这相当于实现一个并行网络系统，多对不同源端点和不同目的端点之间可同时进行通信，不会发生冲突，从而大大提高了网络的可用带宽，减少了网络延迟。

目前，Ethernet、Token Ring、100Base-T、100VG 和 FDDI 等都推出了交换式网络产品。实现交换式网络的关键设备是网络交换机，并向智能化和易管理的方向发展，以满足应用系统，尤其是多媒体通信系统对网络的高带宽、低延迟和可管理等方面的要求。

5.4 广 域 网 技 术

广域网是指覆盖范围广、传输速率相对较低、以数据通信为主要目的的数据通信网。局域网和广域网之间，既有区别又有联系。在技术上，局域网要领先于广域网，但随着 ATM 技术的发展和应用，通过提供统一的网络平台，会使这种技术上的差异越来越小。在应用上，局域网强调的是资源共享，广域网着重的是数据通信。对于局域网，人们更多关注的是如何根据应用需求来规划网络，并进行系统集成。对于广域网，侧重的是网络能提供什么样的数据传输业务，以及用户如何接入网络等。

本节主要介绍几种广域网技术：分组交换网、帧中继网、综合业务数据网（ISDN）和 ATM 网络的基本概念。

5.4.1 分组交换网络

分组交换网是一种能够采用分组交换方式的数据通信网。它所提供的网络功能相当于 ISO/OSI 参考模型的低三层（物理层、数据链路层和网络层）的功能。ITU 的 X.25 建议就是针对分组交换网而制定的国际标准，因此，分组交换网有时也称 X.25 网。

1. X.25 建议

X.25 建议的全称是：在公用数据网上，以分组方式进行操作的 DTE 和 DCE 之间的接口。数据终端设备(Data Terminal Equipment，DTE)是指数据输入/输出设备、终端设备或计算机等终端装置；数据电路端接设备(Data Circuit Terminal Equipment，DCE)是指自动呼叫应答设备、分组交换机以及其他一些中间设备的集合。

X.25 由三层通信协议组成：物理层、链路层和分组层，如图 5-13 所示。

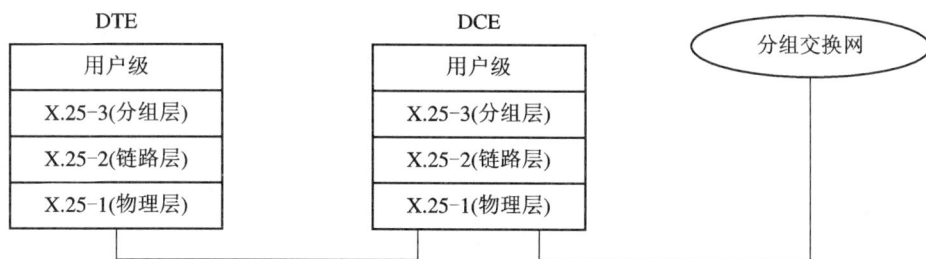

图 5-13　分组交换网络中的层次结构

(1) 物理层。物理层接口协议定义了 DTE 和 DCE 之间的物理接口，为物理接口规定机械特性、电气特性和功能特性以及交换电路的规程特性。这样就保证了各个厂商按统一的物理层接口标准生产的通信设备能够完全兼容。

(2) 链路层。本层对应于 ISO/OSI 参考模型的数据链路层。最常用的数据链路层通信规程是 ISO 的高级数据链路控制(High Level Data Link Control，HDLC)规程，其功能是将不可靠的物理链路提升为可靠的、无差错的逻辑链路。X.25 建议中的链路级采用的是一种 HDLC 规程的变种，称为链路访问规程(Link Access Procedure，LAP)或平衡链路访问规程(Link Access Pocedure Balanced，LAPB)，并以 LAPB 为主要模式。这些通信规程尽管在一些细节上存在着一定的差异，但总的来说是大同小异的。

(3) 分组层。本层对应于 ISO/OSI 参考模型的网络层，它规定了 DTE 和 DCE 之间进行信息交换的分组格式，并规定了采用分组交换的方法，在一条逻辑信道上对分组流量、分组传送差错执行独立的控制。

X.25 将分组层以上的实体统称为用户层，未作具体规定。X.25 建议的着重点是描述了分组层协议，该协议的主要内容有：分组级 DTE/DCE 接口的描述，虚电路规程、数据报规程、分组的格式、用户自选业务的规程与格式，以及分组级 DTE/DCE 接口状态变化等。

2. 分组交换网的组成及用户接入

分组交换网主要由分组交换机、用户接入设备和传输线路组成。

1) 分组交换机

分组交换机是分组交换网的枢纽。根据它在网络中所处的地位，可分为中转交换机和本地交换机。交换机均具有以下主要的功能：

(1) 提供网络的基本业务和可选业务。

(2) 提供路由选择和流量控制。

(3) 实现 X.25、X.75 等多种协议的互联。

（4）完成局部的维护、运行管理、故障报告与诊断、网络记费和统计等功能。

现代的分组交换机大都采用功能分担或负载分担的多处理器模式结构来实现，具有可靠性高、可扩充性强、服务性能好等特点。

2）用户接入设备

分组交换网的用户接入设备主要是用户终端和路由器。用户终端是一种面向个体的用户接入设备，终端分为分组型终端(PDTE)和非分组型终端(NPDTE)两种。非分组型终端要使用分组装拆(PAD)设备接入分组交换网，有些分组交换网还支持非标准的同步终端，如 SDLC 终端等。路由器是一种面向团体的用户接入设备，用于将 LAN 接入分组交换网。分组交换网根据不同的用户接入设备来划分用户业务类别，提供不同速率的数据通信业务。

3）传输线路

传输线路可以说是整个分组交换网的神经系统。目前分组交换网的中继传输线路主要有模拟和数字两种形式。模拟信道利用调制解调器可转换成数字信道，速率为 9600 b/s、48 kb/s 和 64 kb/s；而 PCM 数字信道的速率为 64 kb/s、128 kb/s 和 2 Mb/s。用户线路也有模拟和数字两种形式，模拟信道利用电话线路和调制解调器接入分组交换网，速率为 1200 b/s～64 kb/s。

5.4.2　帧中继网络

帧中继技术实质上是由 X.25 分组交换技术演变而来的，它继承 X.25 的优点，如提供统计复用功能、永久虚电路(PVC)、交换虚电路(SVC)等，但简化了大量的网络功能，将用于保证数据可靠传输的功能(如流量控制、差错处理等)转移给用户终端或本地结点来完成。这样，就可以减少网络时延，降低通信费用。帧中继网络是由用户设备与网络设备组成的。前者负责把数据帧送到帧中继网络，后者负责把这些帧正确地传送到目的用户设备。下面简要介绍帧中继网络的工作原理。

1. 帧中继的基本原理

帧中继(Frame Relay，FR)是一种减少结点处理时间的技术。设帧的传送基本不出错，在这一条件下，一个结点只要一知道帧的目的地址，就立即开始转发该帧。也就是说，一个结点在接收到到帧的首部后，就立即开始转发。这样，一个结点收到一帧时，执行的检错步骤不足原来的1/3，使一个帧的处理时间减少一个数量级，而帧中继网络的吞吐量却要比 X.25 网络的吞吐量提高一个数量级以上。这种传输数据的帧中继方式又称为 X.25 的流水线方式。

由于只有当整个帧被收下后，结点才能够检测到比特差错，在边接收边转发的情况下，当一个结点检测出差错时，很可能该帧的大部分已经转发到了下一个结点。因此，这种方法的一个明显问题是，一旦出现差错应该如何处理？解决的方法是检测到有误的结点立即中止这次传输并向下一个结点发出中止传输的指示，下个结点收到指示后，立即中止该帧的传输，使该帧从网络中消除。即使错误帧到达了目的结点，用这种中止传输的方法也不会造成不可弥补的损失。因为不管属于哪种情况，源站将用高层协议请求重发该帧。显然，帧中继纠正一个比特差错所用的时间要比传统的分组交换网多一些。因此，帧中继技术仅适用于网络误比特率非常低的场合。另外帧中继没有数据链路层的流量控制能力，流量控制也和差错控制相似,由在终端之间进行端到端的操作的高层协议去执行。

　　一个结点当还在接收一帧时就转发此帧,统称为快速分组交换。除帧中继外,DQDB、B-ISDN、ATM、SMDS等均属快速分组交换。快速分组交换是一个总的概念。根据网络中传送的帧长是可变还是固定来划分,快速分组交换可分两大类:当帧长为可变时就是帧中继;当帧长为固定时就是信元中继。帧中继和X.25类似,主要考虑如何接入到一个网络,即考虑网络边界的问题,但信元中继所考虑的问题是如何用一个综合的交换设备对各种不同类型的信息进行交换。即信元中继被使用在网络中间的核心部分。帧中继服务指的是目前提供的永久虚电路PVC,ISDN帧中继服务指的是交换虚电路SVC,信元中继有ATM和802.6 DQDB两个标准,分别提供B-ISDN服务,如图5-14所示。

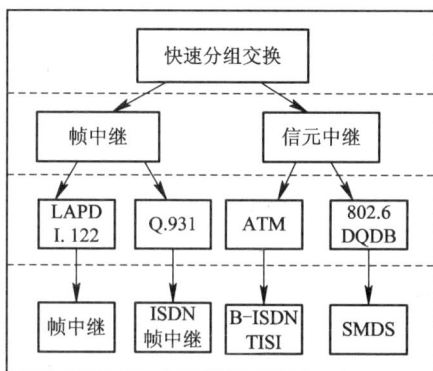

图 5-14　快速分组交换的概念、技术、标准和服务

2. 帧中继网和 X.25 分组交换网的比较

中继是在X.25基础上,简化了差错控制(包括检测、重传和确认),流量控制和路由选择功能,而形成的一种快速分组交换技术,帧中继网和X.25网都是面向连接的分组交换网,而且帧的长度也都是可变的。但是,两者有以下主要区别:

　　(1) 从层次上看,X.25网和帧中继网的端到端传输情况不相同,如图5-15所示。X.25网的各结点有网络层,端到端确认由第四层(运输层)进行,而帧中继不仅各结点没有网络层,并且数据链路层也只有X.25网的一部分功能,端到端确认由第2层(数据链路层)进行。

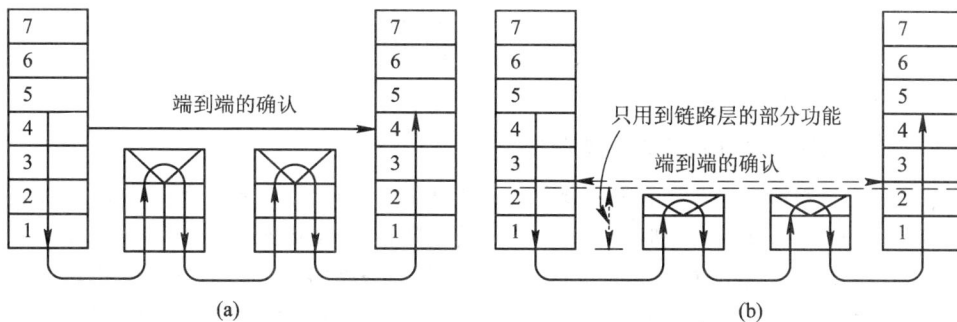

图 5-15　从层次上比较 X.25 网与帧中继网

(a) X.25 网;(b) 帧中继网

（2）从源站到目的站传送一帧信息，在 X.25 网和在帧中继网的各链路上所要传送的信息不一样。对 X.25 网，每个结点在收到一帧后都要发回确认，而且目的站在收到一帧后发回端到端的确认时，也要逐站进行确认，如图 5-16(a)所示（图中忽略结点处理转发时间）。而帧中继由于它的中间结点只转发帧，不发确认帧，即中间结点没有逐段的链路控制能力。所以，只有在目的端收到一帧后，才向源站发回端到端的确认，如图 5-16(b)所示。因此，在帧中继方式下，网络层是不需要的。

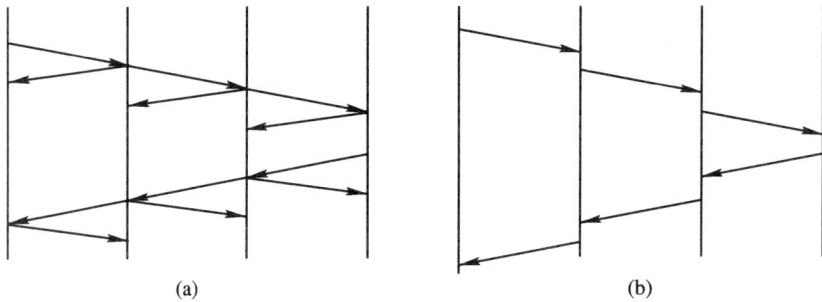

图 5-16　X.25 网同帧中继网所传送的信息对比

(a) X.25 网的存储转发方式；(b) 帧中继方式

（3）X.25 网由网络层提供面向连接的服务，包括永久虚电路和交换（或呼叫）虚电路，而帧中继网由数据链路层提供面向连接的服务，而且只支持永久虚电路。在数据链路层保持网络入口处和出口处所传输的帧的顺序，保证不交付重复帧，且帧的丢失率很小。

（4）在 X.25 网中，各结点都要对用户数据进行检错和纠错（重传），在数据链路层和网络层设置流量控制，而帧中继网差错控制和流量控制主要由高层协议完成。X.25 网在网络层设置路由选择功能，而帧中继则是在数据链路层进行永久虚电路的映射。

（5）分组交换网是在网络层中实现多路复用，而帧中继则是在数据链路层实现多路复用。

（6）分组交换的传输速率为 64 kb/s，而帧中继的传输速率则可达 2.048 Mb/s，其最高速率没有作理论上的限制。目前，这种速率相对于局域网并不算高，但在实际应用的广域网上已经很不容易。

＊5.4.3　综合业务数字网 ISDN 和 ATM 网络简介

随着电子技术的飞速发展，使得多媒体技术的发展不仅对网络传输业务类型增多，而且对网络数据速率也不断提出新的要求。为了适应这些要求，发展了综合业务数字网和ATM（异步传输模式）网络。

1. 综合业务数字网 ISDN 的基本概念

众所周知，通信的两个重要组成部分是传输系统和交换系统。当一种网络的传输系统和交换系统都采用数字系统时，就称为综合数字网（Integrated Digital Network，IDN）。这里的"综合"是指将"数字链路"和"数字结点"合在一个网络中。如果进一步将各种不同的业务信息经数字化后，都在同一个网络中传送，这就是综合业务数字网（Integrated Services Digital Network，ISDN）。这里的"综合"既指"综合业务"也指"综合数字网"。

由于综合业务数字网 ISDN 是在电话综合数字网 IDN 基础上发展起来的，因此

CCITT 对综合业务数字网 ISDN 定义为"ISDN 是由电话 IDN 发展起来的一个网络,它提供端到端的数字连接以支持广泛的服务,包括声音和非声音的,用户的接入是通过有限的多用途用户网络接口标准实现的"。ISDN 定义强调的要点是:

(1) 电话 IDN 为基础发展起来的通信网。

(2) 持各种电话和非电话业务,包括话音业务、数据传输业务、可视图文、智能用户电报遥测和告警业务。

(3) 供开放的标准接口。

(4) 用户通过端到端的共路信令,实现灵活的智能控制。

ISDN 可以分为两代,第一代 ISDN 有时也称为窄带 ISDN 即 N - ISDN,它基于 64 kb/s 通道作为基本交换部件,采用电路交换方式。窄带 ISDN 的最大贡献在于帧中继。而第二代 ISDN 则称为宽带 ISDN,即 B - ISDN。支持高速(每秒几百兆位)的数据传输,采用快速分组(固定长)交换,而 B - ISDN 的最大贡献在于异步传输模式 ATM,也称信元中继。

N - ISDN 对用户只能提供 2 Mb/s 以下的业务,其他性能也很难适应未来的要求。因此,提出了 B - ISDN 的概念。

宽带综合业务数字网 B - ISDN 也是将各种业务(如话音、数据、图像、活动图像等)综合在一个网络中传送,它包括 N - ISDN 的所有业务功能。B - ISDN 的业务可分为两类。

1) 交互业务

(1) 会话型业务。包括宽带可视电话、电视监视、高速不受限数字信息、高速传真、高分辨率图像业务等。这类业务的主要特点是实时性(无存储转发)。信息的流向既可以是双向的,也可以是单向的。利用 B - ISDN 提供的会话型业务可以实现远程教学、远程医疗和远程控制。

(2) 消息型业务。通过存储单元在用户间提供存储转发、电子信箱、报文处理的通信服务。这类业务是非实时性的。X.25 网和局域网都已能提供电子邮件(E-mail)业务。但 B - ISDN 中的 E-mail 服务将是多媒体的,不仅包括有数据信息,还可提供话音、视频信息的传输。

(3) 检索型业务。用户通过 B - ISDN 向网上的其他结点或信息中心检索信息,如产品目录、广告、技术资料,这类信息也可以是多媒体的。可以实现视频点播 VOD。检索型业务有些是实时性的,有些是非实时性的。

2) 分配型业务

实现点到多点的通信,按用户能否个别控制信息分配可分为两类:

(1) 用户可单独演示控制:分配型业务的中心结点将信息周期性地广播,用户利用浏览、选择,并能控制信息的起始。如远程教学、远程广告等。

(2) 用户不能单独演示控制:利用这类服务可以实现电子出版、广播电视服务。

上述众多的业务,其性能如传输速率、突发性以及服务要求等相差很大。

要支持如此众多且特性各异的业务,无疑对 B - ISDN 提出了非常高的要求。因此,B - ISDN 除以光缆作为其传输干线外,在交换方式上必须改革。目前的数字通信网,即便是 N - ISDN 多是针对不同的业务采用不同的交换方式。而 B - ISDN 要做到用统一的交换方式支持不同的业务必须采用一种崭新的技术,这便是异步转移模式(Asynchronous

Transfer Mode，ATM）。

2. 异步传输模式的基本概念

现有的交换方式主要就是传统的电路交换和分组交换。电路交换采用时分复用，周期性地占用重复出现的时隙，信道以它在一帧中的时间位置（时隙）来区分（如图 5 - 17(a)所示）。一个时隙对应一条信道，不同信源的通路是通过周期性的帧内时隙的位置来区分的，每条通路的各个时隙是定期出现的，不需外加信息头来标志信息属于哪条通路，当某个信源无信息传送时，分给它的时隙（信道）就空闲，别的信源无法使用，造成宽带浪费。这种在通信过程中不论是否发送信息，其信道（指分配的时隙）为相应两端独占的传送模式称为同步传送模式 STM，N - ISDN 采用 STM。

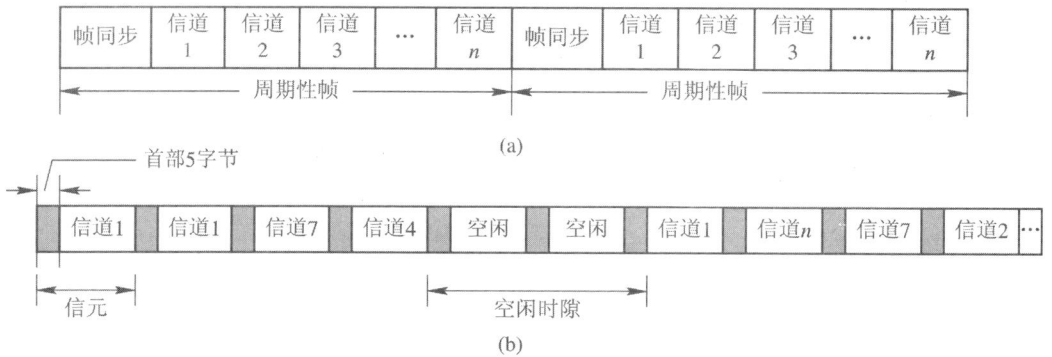

图 5 - 17　STM 和 ATM 传送比特流的区别

(a) STM；(b) ATM

分组交换是指不给发送端分配固定时隙，采用存储转发，只要发送端有数据就可以发送分组，属于统计复用，适应任意传输速率。X.25 网就属于分组交换网。为了提高网络的可靠性，第 2、3 层协议很复杂，分组交换虽然适应突发性业务，但实时性差。

电路交换的实时性好，分组交换的灵活性好，而且信道利用率高，如果能将这两种交换方式结合起来，就可以传送综合业务，这种建立在电路交换和分组交换基础上的传送模式（或交换方式）称为异步转移模式 ATM。B - ISDN 采用了 ATM 交换技术。

ATM 采用的是异步时分复用方式，信道不是通过时隙在帧中的位置来确定，而是通过信息的首部或标头来区分不同的信道。在 ATM 中传送信息的基本单元称为"信元"，信元相当于一个分组，但信元的长度是固定的 53 个字节，其中 5 个字节为标头，可标志不同的信道和优先级等控制信息。因此，一个信元对应一个时隙，每个时隙的长度是固定的，但各个时隙并不一定紧紧相随，它取决于数据是否准备好，只要数据准备好了，不必等待空闲时隙的开始就可以从空闲时隙的中间插入，但仍占用一个时隙的长度。

ATM 不同于同步传送模式 STM，时隙不再固定地分配给某一信源，而是按需分配，只要时隙空闲，任何允许传送的信元都能占用。为此，在交换设备的输入端需要配置缓冲器，将来自各端的数据流形成完整的信元后，按先到先服务的原则存入缓冲器中，以统一的传输速率将信元插入空闲时隙内，这就是统计复用。在这种情况下，信息进网速率不同也没有关系，可以由链路控制器的缓冲区调节，不同类型的数据都可以复用在一起，速率高的信息源占用较多的时隙。因此当系统的带宽一定时，ATM 交换设备允许接入的用户数多于按最大速率分配的用户数，但在建立连接分配带宽时，可达按平均速率分配的用户数。在交换设备的输出端不是靠时隙同步，而是靠信头标志来识别信元的。

ATM 的主要特点如下：

（1）采用固定长度的短信元作为信息传送的单位，使信元像 STM 的时隙一样定时出现，但时隙又不被发送端信源独占，这又与 STM 不同。长度固定的信元，可以只用硬件电路对信元进行处理，减少了结点对信元的处理时间。

（2）ATM 不采用固定时隙，而是按需分配，因而从本质上讲属于分组交换，这一点与X.25 相似，但与 X.25 不同之处是，它传送的是固定长度的短分组（信元），而 X.25 的分组长度可变，因而信息插入信道的位置是任意的，而 ATM 由于采用长度固定的信元，使信元像 STM 的时隙一样定时出现。所以，所有信息在最低层是按面向连接的方式传送的，具有电路交换实时性强的优点。但对用户来讲，ATM 既可工作于确定方式（即承载某种业务的信元基本上周期性地出现），以支持实时性业务，也可以工作于统计方式（信元不规则地出现），以支持突发性业务，从而能支持不同速率的各种业务。

（3）由于光纤信道的误码率非常低，容量很大，在 ATM 网内不在数据链路层进行差错控制和流量控制，而放到高层处理，从而简化了数据链路层协议，可用硬件实现，大大缩短了交换结点的时延，极大地提高了交换结点的通信处理能力，它实现了由链路接链路的传输方式向端到端传输方式的转变。

ATM 技术融合了电路交换和分组交换的优点，是一种高速分组交换技术，它在复用方式中处于位置复用（STM）与统计复用（X.25）之间。

5.5　网络互联技术

网络互联的目的是使各个局域网能够相互连通，使不同网络上的用户能够互相通信和交换信息，在更大的范围内共享网络资源。

由于网络分为局域网（LAN）和广域网（WAN）两大类，因此网络互联形式有：LAN - LAN、LAN - WAN 和 WAN - WAN 等三种，不同的互联形式所采用的互联协议和互联设备是不相同的。

局域网之间互联，主要采用中继器、网桥、路由器以及交换机等技术，它们在互联协议和实现技术上是各不相同的。本节主要介绍中继器和网桥技术，以及基于路由器的网络互联。

5.5.1　中继器

中继器是在物理层上实现局域网网段互联的，用于延长局域网网段的长度。由于中继器只在两个局域网网段间实现电气信号的恢复与整形，因此它仅用于连接同类型的局域网网段。它的优点是安装简便，价格便宜，但每个局域网中接入的中继器的数量将受延时和衰耗的影响，因而必须加以限制。

根据不同的用户需求和用途，市场上的中继器产品有多种类型：双口中继器、多口中继器、集线器（HUB）、多路复用器、模块中继器和缓冲中继器等。其规格有插卡式、独立式和机架式等多种。

双口中继器是最常用的中继器，可用于扩展两个 10BASE5 网段的同轴电缆长度。

多口中继器功能可用于扩展三个或三个以上的 10BASE2 或者 10BASE5 网段的同轴电缆长度。

集线器也是一种多口中继器，主要用于 10BASE‐T 或 100BASE‐T 网络中的双绞线连接。

多路复用器主要用来增加物理介质的利用率。多路复用器有时分多路复用、频分多路复用和统计时分多路复用等工作方式。

5.5.2　网桥

网桥是在数据链路层上实现局域网互联的，它是一种基于数据帧的存储转发设备。从互联网络的结构看，网桥是属于 DCE 级的端到端的连接；从协议的层次看，网桥是在 LLC 层对数据帧进行存储转发。网桥应当有足够的缓冲空间，以满足高峰负载的要求。在 IEEE 802.1B 中，规定了各个局域网互联的基本方法。

通常，网桥必须具备帧格式转换和路由选择的功能。

1. 帧格式转换

在不同局域网之间进行互联时，由于各种局域网的 MAC 子层执行不同的网络协议，它们之间存在着以下的差异：

（1）帧格式不同。从前面所介绍的各种局域网中可以看出，不同的局域网有不同的帧格式。当网桥互联两个不同的局域网时，必须对帧进行转换处理，将输入的帧格式转换成另一种帧格式输出。

（2）帧的最大长度不同。不同的局域网有不同的帧最大长度限制，如 Ethernet 的最大帧长为 1518 字节、Token Ring 的最大帧长为 5000 字节等。在网络互联时，网桥必须能够协调不同局域网的最大帧长。

（3）传输速率不同。不同的局域网的传输速率不同，如 Ethernet 有 10 Mb/s 和 100 Mb/s、Token Ring 是 16 Mb/s 等。这就需要网桥有足够的缓冲空间，以便进行速率匹配，避免拥挤现象。

图 5‐18 为基于网桥的互联模型。对于各种局域网在帧格式、帧长及速率等方面的差异，通常采用封装和翻译的方法进行处理。从这个角度来看，可将网桥分为封装桥和翻译桥。

封装桥主要用于同类的局域网通过一个中间网络进行互联的场合，由封装桥将数据帧封装成一种通用格式通过中间网络，就像经过隧道一样，达到目的网络后再解封成原来的数据帧格式。

翻译桥用于多个相同或不同局域网互联的场合，它具有 MAC 帧格式转换能力，可以将一种 MAC 帧格式转换成另一种 MAC 帧格式。在帧格式转换时，必须实现下列功能：位组的重新排列，以消除不同 MAC 协议编号机制上的差异；帧长限制，使帧长能够被不同 MAC 协议所接受；帧格式转换，重新封装数据帧并生成检验序列；数据帧缓冲，以补偿不同局域网速率上的差异。在局域网互联时，使用最多的是翻译桥。

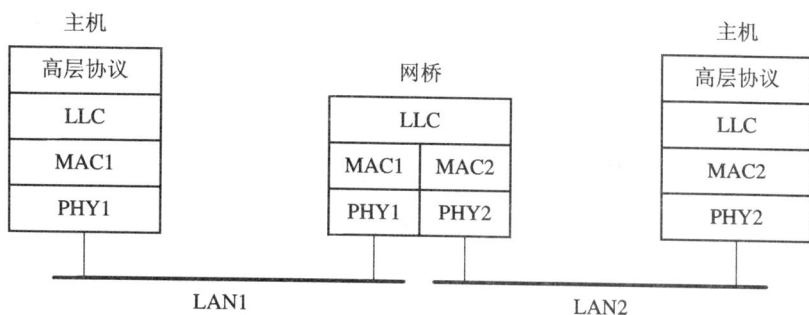

图 5-18　基于网桥的网络互联模型

2. 路由选择

网桥必须具有路由选择功能，当网桥收到一个数据帧后，通过路由选择功能选择相应的路径，将数据帧转发给下一个网络，直至到达目的网络。根据路由选择方法的不同，网桥可分为透明桥和源路由桥。

1）透明桥

透明桥的特点是由网桥根据每个结点在互连网络中的特定地址来确定网络传输路径的，并且采用一种称为基于反向学习的扩散式路由选择算法建立和维护其路由表。所谓反向学习算法，就是网桥要记录每个输入帧的源结点地址和源局域网标识，并以此来建立或更新路由表。在网桥刚启动时，路由表是空的，这时，网桥就按扩散法来转发帧，即向所有非输入端口转发帧。经过一段时间后，利用向后学习算法便可建立起路由表。一旦建立起路由表，以后便通过查询路由表选择适当的路径来转发帧。向后学习只依赖于本地的信息，具有隔离和自适应的性质。

当网桥接收一个帧后，要根据帧的目的地址来决定是否转发该帧，即，

（1）如果目的网络与源网络是同一网络，则丢弃该帧。

（2）如果目的网络与源网络是不同网络，则转发该帧。网桥根据帧的目的地址查找路由表，并根据查找结果分别进行下列处理：

· 如果找到路由，则按指定的端口向前转发该帧。

· 如果找不到路由，则采用扩散发送该帧。

（3）网桥要观察和记录每个输入帧的源结点地址和源局域网标识，并以此来建立或更新路由表。

例如，在图 5-19 所示的互联网络中，初始时，网桥 1 和网桥 2 的路由表均为空。当 LAN1 中的 A 结点发送数据帧给 LAN4 中的 D 结点时，网桥 1 和网桥 2 均采用扩散法发送该帧，网桥 1 在路由表记录了 A 结点地址和端口号（即网络号 LAN1），网桥 2 在路由表记录了 A 结点地址和端口号（LAN2）。以后，如果 LAN3 中的 C 结点发送数据帧给 LAN1 中的 A 结点，网桥 2 可以在路由表中找到达到 A 结点的路由，应当向连接 LAN2 的端口转发该帧；该帧被网桥 1 接收后，也可以在路由表中找到达到 A 结点的路由，应当向连接 LAN1 的端口转发该帧；该帧通过两个网桥的转发，最终被传送到 LAN1 上，由 A 结点接收下来。这样，经过一段时间的反向学习，网桥便可以建立起路由表，以后就可以通过查询路由表选择路径来转发帧。

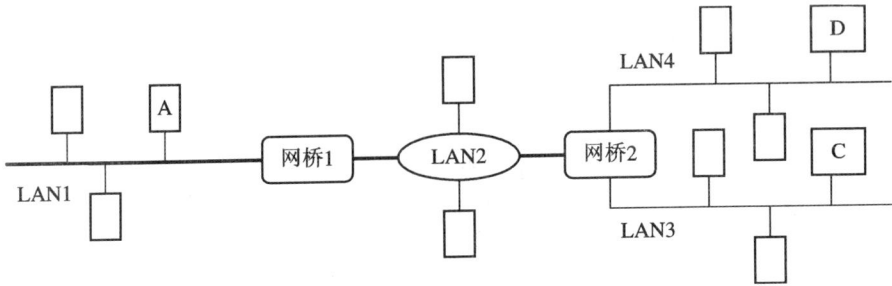

图 5-19　LAN 互联例子

当网桥和站点配置改变或系统重新加电启动时，则需要重新建立路由表。因此，路由表可以动态地建立和周期地更新，并且利用生成树算法来避免路径死循环问题。

透明桥的优点是简单易行，便于安装，既不需要改变现有局域网的软件与硬件，也不需要加载和设置路由表及参数，能够透明地转发帧。缺点是不能最优地利用系统的带宽，只能用于分支结构的互联网络。802 委员会中的 802.3 和 802.4 小组选用的是透明桥。

2）源路由桥

桥的特点是每个结点都要建立和维护各自的路由表，并在发送帧时指出该帧的传送路径，网桥采用源路由选择算法为转发该帧选择适当的路径。

源路由选择算法的原理是：每个发送站都知道所发送的帧是发送给本地网络的还是其他网络的。当发送给其他网络时，则将目的地址的高位设置为 1，并将该帧传送的确切路径包含在该帧的帧头中。

每个局域网和网桥都有唯一的标识号。其中，网络号用 12 位编码，网桥用 4 位编码。确切的路径是网桥号和网络号的序列：〈网桥号，网络号，网桥号，网络号，…〉。

网桥只处理地址高位设置为 1 的帧。对这些帧，网桥根据帧头中所指定的路径来转发该帧。具体地说，网桥首先从输入帧所指定的路径中找到与本网桥相匹配的网桥号，然后按网桥号后随的网络号转发该帧。如果找不到相匹配的网桥号，则不转发该帧。

在这种路由选择算法中，由各个结点来建立和维护路由表。当一个结点不知道目的网络时，可以发送一个广播帧，询问目的网络号。该广播帧通过网桥再广播到每个网络。当目的网络上的目的结点接收到该广播帧后，会发送一个响应帧给源结点，源结点根据响应帧带回的信息来更新路由表，以此来获得确切的路径信息。

这种网桥的优点是可以选择最佳路径；缺点是在互联网络规模较大时，容易因广播帧的激增而产生拥塞现象。802.5 小组选用的是源路由桥。

5.5.3　路由器

路由器工作在 ISO/OSI 参考模型的网络层，在不同的网络之间存储转发数据分组，可用于 LAN 之间和 LAN 与 WAN 之间的互联。在 ISO 的路由器标准中，提出一种路由器框架结构和互联模式，以解决网间互联和路由协议达到标准化问题。ISO 提出了两种网络层互联模式。

1. 面向连接的互联模式

面向连接的互联模式对应于分组交换网的虚电路方式。在这种模式下，子网应具有提供面向连接服务的能力。在同一子网内的两个端系统之间要建立逻辑连接，路由器则用于实现不同子网之间的连接，通过路由器可将各个子网的逻辑连接串接起来。这样，端系统可以跨越多个子网来交换数据。这种互连模式基于 X.25 的面向连接服务，并将 X.25 分组层协议作为统一的网络层协议。不同子网的网络层协议通过路由器进行交换，使网间服务功能逐段协调到这个统一的服务层次上。这种方法也称协议变换法或逐跳法（Hop by Hop）。面向连接的互联模型如图 5 - 20 所示。

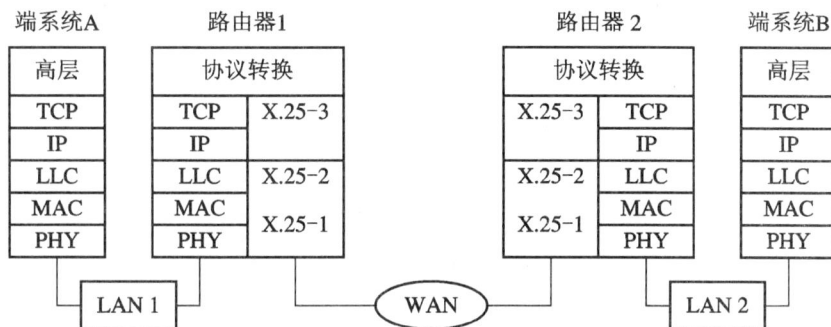

图 5 - 20　面向连接的网络互联模型

2. 无连接的互联模式

无连接的互联模式对应于分组交换网的数据报方式。在这种互联模式中，每个数据分组将通过一系列的路由器从源端系统被传送到目的端系统，并且路由器对每个数据分组单独地选择路由。因此，不同的数据分组可能经历不同的传输路径。

在这种互联模式中，互联子网中的各个端系统与路由器都必须使用相同的网络层协议，即 IP 协议，用以提供统一的、无连接的网络层服务，以支持端到端的数据报传送。由于 IP 协议对子网要求不高，被广泛应用于目前的网络互联系统中，TCP/IP 协议体系就是最典型的例子。基于 IP 协议的互联模型如图 5 - 21 所示。

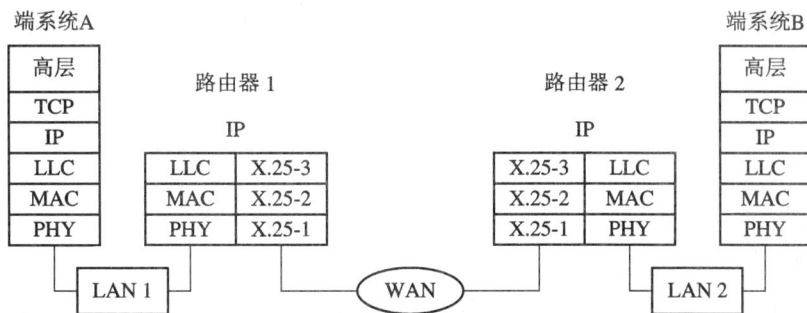

图 5 - 21　基于 IP 协议的网络互联模型

这两种互联模式各有利弊，面向连接的互联模式的优点是可以充分利用各个子网的服务功能和质量保证机制，简化了传送控制，传输质量高；缺点是寻址开销大，路由不灵活。无连接的互联模式的优点是全局寻址，独立路由，实现技术简单；缺点是只能提供无连接方式的传输服务，传输质量必须由端系统传输层来保证，增加了端系统的负担。

*5.6　计算机网络的安全与管理

随着计算机网络广泛应用于政治、军事、经济和科学技术的各个领域，网络中的安全问题也日趋严重。当网络的用户来自社会各个阶层与部门时，大量在网络中存储和传输的数据就需要保护。本节对计算机网络安全问题的基本内容进行初步的讨论。

5.6.1　网络安全概述

1. 计算机网络面临的安全性威胁

计算机网络通信面临以下四种威胁：

(1) 截获，攻击者从网络上窃听他人的通信内容。

(2) 中断，攻击者有意中断他人在网络上的通信。

(3) 篡改，攻击者故意篡改网络上传送的报文。

(4) 伪造，攻击者伪造信息在网络上传送。

上述四种威胁可划分为两大类，即被动攻击和主动攻击。在上述情况中，截获信息的攻击称为被动攻击，而更改信息和拒绝用户使用资源的攻击称为主动攻击。

在被动攻击中，攻击者只是观察通过某一个协议数据单元 PDU 而不干扰信息流。即使这些数据对攻击者来说是不易理解的，他也可通过观察 PDU 的协议控制信息部分，了解正在通信的协议实体的地址和身份，研究 PDU 的长度和传输的频度，以便了解所交换的数据的性质。这种被动攻击又称为通信量分析。

主动攻击是指攻击者对某个连接中通过的 PDU 进行各种处理。如有选择地更改、删除、延迟这些 PDU、记录和复制它们。或在稍后的时间将以前录下的 PDU 插入这个连接（即重放攻击）。甚至还可将合成的或伪造的 PDU 送入一个连接中。所有主动攻击都是上述各种方法的某种组合。

对于主动攻击，可以采取适当措施加以检测。但对于被动攻击，通常却是检测不出来的。根据这些特点，可得出计算机网络通信安全的五个目标如下：

(1) 防止析出报文内容。

(2) 防止信息量分析。

(3) 检测更改报文流。

(4) 检测拒绝报文服务。

(5) 检测伪造初始化连接。

对付被动攻击可采取各种数据加密技术，而对付主动攻击，则需将加密技术与适当的鉴别技术相结合。

还有一种特殊的主动攻击就是恶意程序的攻击。恶意程序种类繁多，对网络安全威胁较大的主要有以下几种：

(1) 计算机病毒，一种会"传染"其他程序的程序，"传染"是通过修改其他程序来把自身或其变种复制进去完成的。

(2) 计算机蠕虫，一种通过网络的通信功能将自身从一个结点发送到另一个结点并启动运行的程序。

（3）特洛伊木马，一种程序，它执行的功能超出所声称正常的功能。如一个编译程序除了执行编译任务以外，还把用户的源程序偷偷地拷贝下来，则这种编译程序就是一种特洛伊木马。计算机病毒有时也以特洛伊木马的形式出现。

（4）逻辑炸弹，一种当运行环境满足某种特定条件时执行其他特殊功能的程序。如一个编辑程序，平时运行得很好，但当系统时间为 13 日又为星期五时，它删去系统中所有的文件，这种程序就是一种逻辑炸弹。

2．计算机网络安全的内容

由上可知，计算机网络安全主要有以下一些内容：

1）保密性

为用户提供安全可靠的保密通信是计算机网络安全最为重要的内容。尽管计算机网络安全不仅仅局限于保密性，但不能提供保密性的网络肯定是不安全的。网络的保密性机制除为用户提供保密通信外，也是其他安全机制的基础。例如，存取控制中登录口令的设计、安全通信协议的设计以及数字签名的设计等，都离不开密码机制。

2）安全协议的设计

人们一直希望能设计出安全的计算机网络。目前在安全协议的设计方面，主要是对具体的攻击（如假冒）设计安全的通信协议，但必须保证所设计的协议是安全的。但一般意义上的协议安全性也是不可判定的，只能针对某种特定类型的攻击来讨论其安全性。

3）存取控制

存取控制也叫访问控制。必须对接入网络的权限加以控制，并规定每个用户的接入权限。由于网络是个非常复杂的系统，其存取控制机制比操作系统的存取控制机制更复杂。

所有上述计算机网络安全的内容都与密码技术紧密相关。如在保密通信中，要用加密算法来对信息进行加密，以对抗可能的窃听。安全协议中的一个重要内容就是要论证协议的安全性取决于加密算法的强度。在存取控制系统的设计中，也要用到加密技术。

3．一般的数据加密模型

一般的数据加密模型如图 5 - 22 所示。明文 X 用加密算法 E 和加密密钥 K 得到密文 $Y = E_K(X)$。在传送过程中可能出现密文截取者。到了收端，利用解密算法 D 和解密密钥 K，解出明文为 $D_K(Y) = D_K(E_K(X)) = X$。截取者又称为攻击者，或入侵者。在这里我们假定加密密钥和解密密钥都是一样的。但实际上它们可以是不一样的（必然有某种相关性）。密钥通常由一个密钥源提供。当密钥需要向远地传送时，一定要通过另一个安全信道。

密码学是由密码编码学和密码分析学两部分组成的。密码编码学研究密码体制的设计，而密码分析学则是在未知密码的情况下从密文推出明文或密钥的技术。

如果不论截取者获得了多少密文，但在密文中都没有足够的信息来唯一地确定出对应的明文，则这一密码体制称为无条件安全的，或称为理论上是不可破的。在无任何限制的条件下，目前几乎所有实用的密码体制都是可破的。因此，人们关心的是要研制出在计算机上而不是在理论上是不可破的密码体制。如果一个密码体制中的密码不能被可以使用的计算资源破译，则这一密码体制称为在计算上是安全的。

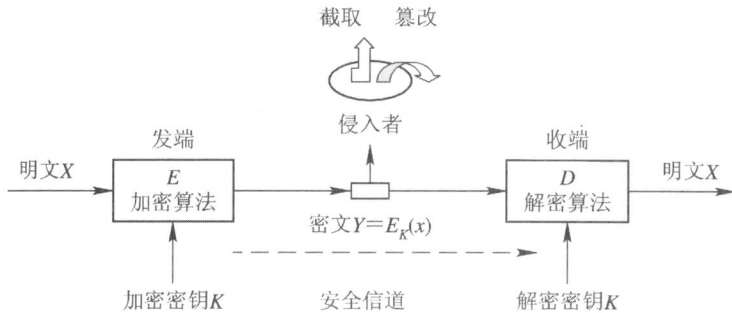

图 5 - 22　一般的数据加密模型

5.6.2　网络管理概述

1．网络管理的功能

由于计算机和通信技术的飞速发展，刺激和促进了网络管理技术的发展。现在，一个有效的和实用的网络一刻也离不开网络管理。网络管理技术已成为重要的前沿技术。

目前还没有对网络管理的精确定义。例如，对公用数据交换网，网络管理往往指实时网络监控，以便在不利的条件下（如过载、故障）使网络的性能仍能达到最佳。又如，狭义的网络管理仅仅是指网络的通信量的管理，而广义的网络管理又是指网络的系统管理。

网络管理的功能可概括为 OAM&P，即网络的运行、处理、维护、服务提供等所需要的各种活动。有时也只考虑前三种，即把网络管理的功能归结为 OAM。

"运行"包括网络的计费和通信量管理。

"处理"则包括从收集和分析设备利用率、通信量以及设备利用率等数据，直到作出相应的控制，以优化网络资源的使用效率等各个方面。

"维护"包括报警和性能监控、测试和故障修复等。

"服务提供"包括向用户提供新业务和通过增加网络设备及设施来提高网络性能。

实际上，网络管理的范围还可以扩大到网络中通信活动与资源的规划和组织。因为如果某个网络不能很好地规划和组织，那就根本谈不上对它的监测、计费和控制。

2．网络管理的五个功能域

ITU - T 在网络管理方面紧密地和 ISO 合作，制定了 X.700 系列建议书。在 OSI 网络管理标准中，将网络管理分为系统管理（管理整个 OSI 系统）、层管理（只管某一个层次）和层操作（只对一个层次中管理通信的一个实例进行管理）。在系统管理中，提出了管理的五个功能域（其中前两个功能是最基本的）：

（1）故障管理对网络中被管对象故障的检测、定位和排除。故障并非一般的差错，而是指网络已无法正常运行或出现了过多的差错。网络中的每个设备都必须有一个预先设定好的故障门限（但此门限必须能够调整），以便确定是否出了故障。

（2）配置管理用来定义、识别、初始化、监控网络中的被管对象，改变被管对象的操作特性，报告被管对象状态的变化。

（3）计费管理记录用户使用网络资源的情况并核收费用，同时也统计网络的利用率。

（4）性能管理以网络性能为准则，保证在使用最少网络资源和具有最小时延的前提下，网络能提供可靠、连续的通信能力。

（5）安全管理保证网络不被非法使用。

这五个管理功能域简称为 FCAPS，基本上覆盖了整个网络管理的范围。但传统电信网的管理功能一般常用 OAM&P 或 OAM 来描述。实际上，这种表述方法和 OSI 的五个管理功能域差不多，只不过考虑的角度不一样而已。

3. 简单网络管理协议 SNMP 概述

若要管理某个对象，就必然会给该对象添加一些软件或硬件，但这种"添加"必须对原有对象的影响尽可能小些。

简单网络管理协议正是按照这样的基本原理来设计的。

OSI 虽然已经制定出许多网络管理标准，但当时却并没有符合 OSI 网管标准的产品，到现在也很少。在这种情况下，因特网在 1990 年制定出网管标准 SNMP，使 SNMP 很快变成了事实上的计算机网络管理标准。

SNMP 最重要的指导思想就是要尽可能简单，以便缩短研制周期。SNMP 的基本功能包括监视网络性能、检测分析网络差错和配置网络设备等。在网络正常工作时，SNMP 可实现统计、配制、测试等功能。当网络出故障时，可实现各种差错检测和恢复功能。虽然 SNMP 是在 TCP/IP 基础上的网络管理协议，但也可扩展到其他类型的网络设备上。

使用 SNMP 时，整个系统必须有一个管理站，即网控中心。在管理站上运行管理进程。在每一个被管对象中一定要有代理进程。管理进程和代理进程利用 SNMP 报文进行通信，而 SNMP 报文又使用 UDP 来传送。

5.6.3　网络操作系统

1. 网络操作系统的基本概念

顾名思义，网络操作系统是指能使网络上每个计算机方便而有效的共享网络资源，为用户提供所需的各种服务的操作系统软件。

网络操作系统除了具备单机操作系统所需的功能外，如内存管理、CPU 管理、输入/输出管理、文件管理等，还应有下列功能：

（1）提供高效可靠的网络通信能力。

（2）提供多项网络服务功能如远程管理、文件传输、电子邮件、远程打印等。

2. 网络操作系统的功能

网络操作系统功能通常包括：处理机管理、存储器管理、设备管理、文件系统管理以及为了方便用户使用操作系统向用户提供的用户接口，网络环境下的通信、网络资源管理、网络应用等特定功能。此外还有：

（1）网络通信。这是网络最基本的功能，其任务是在源主机和目标主机之间，实现无差错的数据传输。

（2）资源管理。对网络中的共享资源（硬件和软件）实施有效的管理、协调诸用户对共享资源的使用，保证数据的安全性和一致性。

（3）网络电子邮件服务。文件传输存取和管理服务，共享硬盘服务，共享打印服务。

（4）网络管理。网络管理最主要的任务是安全管理，一般是通过"存取控制"来确保存取数据的安全性；以及通过"容错技术"来保证系统出故障时数据的安全性。

（5）互操作能力。所谓互操作，在客户/服务器模式的 LAN 环境下，是指连接在服务器上的多种客户机和主机，不仅能与服务器通信，而且还能以透明的方式访问服务器上的文件系统。

3. 网络操作系统的特征

作为网络用户和计算机网络之间的接口，典型的网络操作系统一般具有以下特征。

（1）硬件独立。也就是说，它应当独立于具体的硬件平台，支持多平台，即系统应该可以运行在各种硬件平台之上。例如，可以运行于基于 X86 的 Intel 系统，还可以运行于基于 RISC 精简指令集的系统，诸如 DEC Alpha，MIPS R4000 等。用户作系统迁移时，可以直接将基于 Intel 系统的机器平滑转移到 RISC 系列主机上，不必修改系统。为此 Microsoft 提出了 HAL（硬件抽象层）的概念。HAL 与具体的硬件平台无关，改变具体的硬件平台，无需作别的变动，只要改换其 HAL，系统就可以作平稳转换。

（2）网络特性。具体来说就是管理计算机资源并提供良好的用户界面。它是运行于网络上的，首先需要能管理共享资源，比如 Novell 公司的 NetWare，最著名的就是它的文件服务和打印管理。

（3）可移植性和可集成性。具有良好的可移植性和可集成性也是现在网络操作系统必须具备的特征。

（4）此外还包括多用户、多任务。在多进程系统中，为了避免两个进程并行处理所带来的问题，可以采用多线程的处理方式。线程相对于进程而言需要较少的系统开销，其管理比进程易于进行。抢先式多任务就是操作系统不专门等待某一线程的完成后，再将系统控制交给其他线程，而是主动将系统控制交给首先申请得到系统资源的其他线程，这样就可以使系统具有更好的操作性能。支持 SMP（对称多处理）技术等等都是对现代网络操作系统的基本要求。

4. 典型的局域网网络操作系统

目前局域网中主要存在以下几类网络操作系统：

（1）Windows 类。对于这类操作系统相信用过电脑的人都不会陌生，这是全球最大的软件开发商 Microsoft（微软）公司开发的。微软公司的 Windows 系统不仅在个人操作系统中占有绝对优势，而且它在网络操作系统中也具有非常强劲的力量。这类操作系统配置在整个局域网配置中是最常见的，但由于它对服务器的硬件要求较高，且稳定性能不是很高，因此微软的网络操作系统一般只是用在中低档服务器中，高端服务器通常采用 UNIX、Linux 或 Solairs 等非 Windows 操作系统。在局域网中，微软的网络操作系统主要有：Windows NT 4.0 Serve、Windows 2000 Server/Advance Server，以及最新的 Windows 2003 Server/Advance Server 等，工作站系统可以采用任一 Windows 或非 Windows 操作系统，包括个人操作系统，如 Windows 9x/ME/XP 等。

在整个 Windows 网络操作系统中最为成功的还是要算 Windows NT4.0 这一套系统，它几乎成为中、小型企业局域网的标准操作系统，一则是它继承了 Windows 家族统一的界面，使用户学习、使用起来更加容易。再则它的功能也的确比较强大，基本上能满足所有中、小型企业的各项网络要求。虽然相比 Windows 2000/2003 Server 系统来说在功能上要逊色许多,但它对服务器的硬件配置要求低了许多,可以在更大程度上满足许多中、小企业的 PC 服务器配置需求。

(2) NetWare 类。NetWare 操作系统虽然远不如早几年那么风光,在局域网中早已失去了当年雄霸一方的气势,但是 NetWare 操作系统仍以对网络硬件的要求较低,而受到一些设备比较落后的中、小型企业,特别是学校的青睐。NetWare 服务器对无盘站和游戏的支持较好,常用于教学网和游戏厅。目前这种操作系统在市场占有率呈下降趋势。

(3) UNIX 系统。目前常用的 UNIX 系统版本主要有:UNIX SUR4.0、HP - UX 11.0,SUN 的 Solaris8.0 等。支持网络文件系统服务,提供数据等应用,功能强大,由 AT&T 和 SCO 公司推出。这种网络操作系统稳定和安全性能非常好,但由于它多数是以命令方式进行操作的,不容易掌握,特别是初级用户,因此,小型局域网基本不使用 UNIX 作为网络操作系统。UNIX 一般用于大型的网站或大型的企、事业局域网中。UNIX 网络操作系统历史悠久,其良好的网络管理功能已为广大网络用户所接受,拥有丰富的应用软件支持。目前 UNIX 网络操作系统的版本有:AT&T 和 SCO 的 UNIXSVR3.2、SVR4.0 和 SVR4.2 等。UNIX 本是针对小型机主机环境开发的操作系统,是一种集中式分时多用户体系结构。因其体系结构不够合理,UNIX 的市场占有率呈下降趋势。

(4) Linux 系统。这是一种新型的网络操作系统,是典型的 OSS,可以免费得到许多应用程序。目前也有中文版本的 Linux,如汉化的红帽(REDHAT),国产的红旗(RADFLAG)等。在国内得到了用户充分的肯定,主要体现在它的安全性和稳定性方面,它与 UNIX 有许多类似之处。但目前这类操作系统仍主要应用于中、高档服务器中。

总的来说,对特定计算环境的支持使得每一个操作系统都有适合于自己的工作场合,这就是系统对特定计算环境的支持。例如,Windows 2000 Professional 适用于桌面计算机,Linux 目前较适用于小型的网络,而 Windows 2000 Server 和 UNIX 则适用于大型服务器应用程序。因此,对于不同的网络应用,需要我们有目的选择合适的网络操作系统。

5.7　Internet 概述

Internet 是一个全球性的信息通信网络,是连接全球数百万台计算机的计算机网络的集合。它在全世界范围内连接了不同专业、不同领域的组织机构和人员,成为人们打破时间和空间限制的有力手段。今天,Internet 已经成为信息革命和信息技术发展的代名词。

5.7.1　Internet 的形成与发展

Internet 是通过 TCP/IP 及其相关协议把网络连接起来的全球性网络。它源于 1969 年美国国防部高级研究计划局协助开发的 ARPANET(Advanced Research Project Agency Network)。ARPANET 开始只有四个结点,分别位于美国的四所大学。建立该网络的目的是研究坚固、可靠并独立于各生产厂商的计算机网络所需要的有关技术。到 20 世纪 70 年代,ARPANET 已经成为美国国防部与美国大学之间的重要通信手段,并使用 NCP(Network Control Program)作为主要的通信协议。但是 NCP 不能满足发展的需求,美国国防部高级研究计划局开始资助研究一套更通用的协议,即 TCP/IP 协议。1980 年 TCP/

IP 协议正式投入使用。1983 年 ARPANET 被划分成用于研究的 ARPAnet 和用于军事的 MILnet。

1985 年，美国国家科学基金会（National Science Foundation，NSF）组成了一个支持科研和教育的全国性计算机网络 NSFnet，它是 ARPAnet 的扩展。1987 年，NSFnet 骨干网的传输速度从原来的 64 kb/s 提高到 1.44 Mb/s，并在 1988 年成为 Internet 的主干网，然后逐渐有计划地淘汰了 ARPAnet。

由于 Internet 的成功，对 Internet 商业化的呼声越来越高，到 20 世纪 90 年代 Internet 逐渐进入商用阶段。随后由 IBM 等三家公司合作建立了一个新的广域网 ANSnet，它取代了 NSFnet，其传输速度也从 1.44 Mb/s 提高到 45 Mb/s。

20 世纪 80 年代以来，由于 Internet 在美国的迅速发展和取得的巨大成功，世界各国也都纷纷加入 Internet，使得 Internet 成为全球性的网络。迄今为止，全世界已有 168 个国家都接入了 Internet，其中包括全功能的连接和单纯使用电子邮件服务。Internet 的应用领域也走向多元化，包括科技、教育、文化、经济、政治、商业等，各种各样的资源吸引着更多的用户加入 Internet。

我国于 1994 年开通了与 Internet 的专线连接。目前，我国已与 Internet 连接的互联网络有中国公用计算机互联网（ChinaNet）、中国教育和科研网（CERNet）、中国科学技术网（CSTNet）和中国金桥信息网（ChinaGBN）等。

5.7.2　Internet 提供的主要服务

Internet（因特网）之所以深深吸引社会各界的注意并使他们参与其中，是与它所提供的服务分不开的。因特网提供的服务可分为三类：通信（电子邮件、新闻组、对话等）、获取信息（文件传输、自动搜索、分布式文本检索、万维网等）和共享资源（远程登录、客户/服务器系统等）。

1. 万维网（WWW）

万维网（World Wide Web，WWW）又称环球信息网，它使用超文本方式组织、查找和表示信息，利用了从一个站点到另一个站点的链接，它还可以连接已有的信息系统。WWW 通过超级链接实现了文本与声音、图像的同时传输，大大扩展了 Internet 的传输信息范围。

2. 电子邮件（E-mail）

电子邮件是因特网上最基本、最重要的服务。据统计，Internet 上 30% 以上的业务量是电子邮件。它具有快速、高效、方便、价廉等特点，可与世界上任何地方的网上用户互通信息。它不仅可以与一个人通信，还可以把一封电子邮件同时发送给成千上万的人。除了文本之外，它还可以传递声音、图像、视频等信息。

3. 文件传输（FTP）

文件传输协议（File Transfer Protocol，FTP）用来在远程主机与本地主机或两台远程主机之间传输文件。访问 FTP 服务器有两种方式：一种访问是注册用户登录到服务器系统；另一种是匿名进入服务器系统。使用匿名方式可以免费下载并获取因特网上丰富的软件或文件资源。

4．远程登录

远程登录是将一台用户主机以仿真终端的方式，登录到一个远程主机的分时计算机系统，暂时成为远程计算机的终端，直接调用远程计算机的资源和服务。利用远程登录，用户可以实时使用远程计算机上对外开放的全部资源，可以查询数据库、检索资料，或利用远程计算完成只有巨型机才能做的工作。

5．电子论坛

电子论坛提供的是一个多对多的交流形式。当用户加入某电子论坛时，就可以收到其他成员发给电子论坛的邮件，用户也可以给其他成员发送信息。

6．电子布告（BBS）

BBS(Bulletin Board System)是发布通知和消息的布告栏，一般提供气象、娱乐、法律、电子邮件等服务。因特网上既有免费的公共 BBS 站点，又有商业 BBS 站点。

7．专题讨论

专题讨论是由众多用户在网上组织起来的"专题讨论组"，它本身没有中心管理机构，用户可以自己开设一些小的专题，吸引别人浏览和讨论。

8．电子商务

在网上进行贸易已经成为现实，例如可以开展网上购物、网上拍卖、网上货币支付等。电子商务所包含的内容十分广泛，除了网络上的商业交易外，还包含了政府提供的各项电子化服务、电子银行等。它是一套现代化管理方式，在满足企业和个人提高工作效率、服务质量的同时，显著降低了服务成本。它已经在海关、外贸、金融、税收、销售、运输等方面得到了应用。电子商务现在正向着纵深的方向发展，随着社会金融基础设施及网络安全设施的进一步健全，电子商务将在全世界引起新一轮的革命。

9．现代远程教育

现代远程教育是利用计算机网络和多媒体技术，在数字环境下进行的教学活动。目前，我国进行网络教育的试点高校已有几十所。

5.7.3　Internet 基本技术

因特网与大多数计算机网络一样，是一个分组交换网。在因特网上传输的所有数据都以分组的形式传送。同一时刻在因特网上流动的信息来自多台计算机的分组。

1．分组交换技术

在计算机网络中，结点与结点之间的通信采用两种交换方式，即线路交换方式和存储转发交换方式。存储转发交换方式又分为两种，即报文转发交换和分组转发交换。

分组交换又称为报文分组存储转发交换。它是指源结点在发送数据前先把报文按一定的长度分割成大小相等的报文分组，将每个报文分组与源地址、目标地址和控制信息按统一的规定格式打包，然后在网络中按照路径选择算法一站一站地传输。每个中间结点按照路径选择算法把分组发送给下一结点。由于每个分组都包含源地址和目标地址，因而各分组都能到达目标结点。它们所走的路径不同，各分组并不是按照编号顺序到达目标结点的，所以目标结点将它们排序后再分离出所要传输的数据。

2. TCP/IP 协议

通信协议是计算机之间用来交换信息所使用的一种公共语言的规范和约定，其中，TCP/IP 协议是针对 Internet 开发的体系结构和网络标准，其目的在于解决异种计算机网络的通信，为各类用户提供通用的、一致的通信服务。可见，TCP/IP 协议是一种通用的网络协议。

TCP/IP 协议的核心思想是：对于 OSI，在传输层和网络层建立一个统一的虚拟逻辑网络，以屏蔽物理层和数据链路层的有关部分的硬件差别，从而实现普遍的连通性。TCP 协议是传输控制协议，IP 协议是网络互联协议。TCP 协议可以保证数据的传输质量，IP 协议可以保证数据的传输。从名字上看，TCP/IP 协议似乎只包括两个协议，但实际上却是一组协议，通常是指因特网的协议族，包括上百个各种功能的协议，如远程登录、文件传输、域名服务和电子邮件等协议。

TCP/IP 协议的数据传输过程如下：

（1）TCP 协议负责将计算机发送的数据分解成若干个数据报，并给每个数据报加上报头，报头上有相应的编号和检验数据是否被破坏的信息，以保证接收端计算机能将数据还原成原来的格式。

TCP 协议被称做一种端对端协议，当一台计算机需要与另一台远程计算机连接时，TCP 协议会让它们建立一个连接、发送和接收数据以及终止连接。

（2）IP 协议是负责为每个数据报的报头加上接收端计算机的地址，使数据能找到自己要去的目的地。

（3）如果传输过程中出现数据丢失和数据失真等情况，TCP 协议会自动要求数据重传，并重组数据报。

说明：虽然 IP 和 TCP 这两个协议的功能不尽相同，也可以分开单独使用，但它们是在同一时期作为一个协议来设计的，并且在功能上也是互补的。只有两者的结合，才能保证 Internet 在复杂的环境下正常运行。凡是要连接到 Internet 的计算机，都必须同时安装和使用这两个协议，因此在实际中常把这两个协议统称为 TCP/IP 协议。

3. Internet 地址

Internet 地址是指接入因特网的结点计算机的地址。因特网上的每台计算机都有一个惟一的地址，它能够惟一标识该计算机，以区别于网上其他计算机。因特网上计算机的地址可以用两种形式表示：IP 地址和域名地址。

1）IP 地址

因特网采用一种全局通用的地址格式，为全网的每一网络和每一台主机都分配一个惟一的地址，称为 IP 地址。IP 地址的一般格式为：网络号，主机号。网络号用于识别网络，主机号用于识别网络中的计算机。例如，中国教育科研网网控中心的 IP 地址的二进制数表示为 1100101040.01110000.00000000.00100100，对应的十进制数的表示为 202.112.0.36。

2）域名地址

由于用数字描述的 IP 地址难于记忆，使用不便，因此又按照与 IP 地址一一对应的关系，使用有一定意义的字符来确定一个主机在网络中的位置。这种分配给主机的字符串地址称为域名。域名地址按地理域或机构域分层表示。书写时采用圆点将各个层次隔开，分成层次字段。在域名表示中，从右到左依次为顶级域名段、二级域名段等，最左的一个字段为主机名。一个域名最多由 25 个子域名组成。域名地址的一般格式为：计算机名.机构名.二级域名.顶级域名。例如，home.sina.com.cn 是由四部分组成的主机域名。

4. 客户机/服务器（Client/Server）模式

客户机/服务器系统由服务器和若干客户机构成。服务器是整个应用系统资源的存储和管理中心；各客户机则向服务器提出数据请求和服务请求，共同实现完整的应用。因特网正是利用客户机/服务器模式，向上网用户提供各种服务的，该模式是因特网最重要的应用技术之一。

现以客户机请求服务器提供 FTP 服务为例，介绍客户机/服务器间的交互过程。全部过程需要通过多次交互才能实现。其中每一次交互都可以分为以下四步：

（1）客户机发送请求包。用户执行 FTP 客户程序，并输入有关参数后，FTP 客户程序把它装配成请求包，再通过传输协议软件把请求包发往服务器。

（2）服务器接收请求包。服务器端的传输软件接到请求包后，对该包进行检查，若无错，便将它提交给服务器上的 FTP 服务器软件处理。

（3）服务器回送响应包。服务器上的 FTP 服务软件根据请求包中的请求，完成指定的处理或服务操作后，装配成一个响应包，由传输协议将它发往源客户机。

（4）客户机接收响应包。客户机端的传输协议软件把收到的响应包转交给 FTP 客户程序，由 FTP 客户程序做出适当的处理后提交给用户。

从上述客户机/服务器间的交互过程可以看出，在客户机/服务器系统中最重要的应该是客户程序和服务程序（一般来说客户机和服务器是针对程序而言的），上述的“请求/响应”过程实际上是客户程序和服务程序的连接过程。客户程序与服务程序之间的通信必须依赖特定的通信协议，这些协议在 TCP/IP 族中一般属于应用层协议。

5. 网络接入基本技术

1）骨干网和接入网的概念

骨干网又称为核心网络。它由所有用户共享，负责传输骨干数据。骨干网通常是基于光纤的，能够实现大范围（在城市之间和国家之间）的数据传输。这些网络通常采用高速网络传输数据，高速交换设备提供网络路由。骨干网传输速率至少为 2 Gb/s。

接入网就是最后 1 km 的连接——用户终端设备与骨干网之间的连接，即本地交换单元与用户之间的连接部分，如用户线路传输系统、用户网络接口等。

2）常用宽带接入技术

（1）基于铜线的 xDSL 技术。xDSL 技术包括各种数字用户环路技术，其中 x 表示各种数字用户环路技术，例如有 ADSL、RADSL、HDSL 和 VDSL 等。

（2）光纤同轴混合技术。光纤同轴混合技术采用主干网为光纤、接入网为同轴电缆的技术，能够将 CATV、数据通信和电话三者融合在一起。

（3）光纤接入技术。利用光纤传输带宽信号的接入网叫光纤接入网。按照是否使用了有源器件，光纤可分为有源光纤接入技术和无源光纤接入技术。

（4）无线接入网。无线接入可分为固定无线接入和移动无线接入。固定无线接入的网络侧有接口可直接与公用电话网的本地交换机连接，用户侧与电话相连，可代替有线接入系统，如微波一点多址系统、卫星直播系统等。移动无线接入如寻呼电话系统、蜂窝移动通信系统、同步卫星移动通信系统等。

3）传统接入技术

（1）仿真终端方式。这种方式是将用户计算机安装调制调解器后，经普通电话网或X.25网与ISP服务结点相连，通过电话拨号登录到服务系统，实现同因特网的连接。

（2）SLIP/PPP方式（Serial Line Internet Protocol/Point-to-Point Protocol，SLIP/PPP)指"串行线路连接协议/点对点协议"连接方式。这种方式也要求用户计算机在安装调制调解器后，经普通电话网或X.25网与ISP系统连接，通过电话拨号登录到服务系统的主机，实现同因特网的连接。

（3）局域网方式。将一个局域网连接到因特网主机有两种方法：

① 局域网通过服务器、高速调制调解器和电话线路，在TCP/IP软件支持下与因特网主机连接，此时局域网中所有计算机共享服务器的一个IP地址。

② 局域网通过路由器，在TCP/IP软件支持下与因特网主机连接，局域网上所有主机都有自己的IP地址，路由器与因特网主机的通信可选用X.25网、DDN专线或帧中继等。

局域网接入方式的软硬件投资、每月通信费用都较高。但它是惟一可以满足大信息量因特网通信的一种方式，最适合用于教育科研机构、政府机构及企事业单位中已装有局域网的用户。

5.7.4　Internet 对企业的作用与影响

Internet 对企业组织的作用与影响是广泛和深远的，它所带来的不仅仅是信息管理技术手段的更新，更重的是，它促成了市场竞争环境和机制的诞生，导致了企业经营管理观念和方式的根本性变革。因此可以说 Internet 为企业组织带来了新的机遇和挑战。Internet 对企业所产生的作用与影响主要在以下几个方面。

1. 通信成本的大幅度降低

Internet 的存在取消了企业自行组建广域网的必要性，首先使企业组织避免了其在信息网络建设方面大量投资；更主要的是，企业能够通过 Internet 的应用，以极低的成本获得多方面的通信服务功能，不仅增强了企业的网络通信能力，并大幅度地降低了包括网络管理、信函、电话、传真等在内的通信网络。

2. 管理与控制能力的提高

随着企业规模的扩大以及全球化趋势的发展，广域范围内的管理、协调与控制变得越来越重要，Internet 为此提供了基础条件。企业的各种生产经营环节可以分布在全球的各个角落，但它可以借助 Internet 的通信功能，准确及时地把握企业的全面生产经营状况，对企业实行协调统一的管理与控制。

3. 信息传输速度的加快

在信息化社会中，信息的快速获取是许多企业成功的关键。市场需求信息的快速传递、产品的快速开发、客户服务的迅速提供、突发事件的快速反应等都需要快速的信息传输，Internet 为此提供了可靠的支持。用户可以通过电子邮件、信息检索等手段方便地获得来自各种信息源的信息，可以通过各种交互性通信方式及时了解实时信息，并可通过网络迅速提供实施策略和处理方法。

4. 客户服务质量的改进

许多公司为了提高自己的服务质量，都通过 Internet 迅速地向客户提供产品或服务信息、订货渠道、售后服务和技术支持。WWW 服务是目前许多公司向客户提供信息服务的主要手段，各公司纷纷在 Internet 上建立自己的站点和主页，向客户提供全方位的信息服务，有的公司在其站点上建立自己的站点和主页，向客户提过全方位的信息服务。

5. 新的市场营销策略和手段

基于 Internet 的市场营销是一个新的发展趋势，已被越来越多的企业所采用和重视。Internet 从传统上来讲是非商业性的，目前对抵制网络的商业化依然有很高的呼声，在 Internet 上商家只能采取非强制性的、对普遍网络用户无影响的营销方式。WWW 服务的出现使这一方式成为可能，因为 WWW 服务是以被动方式提供的，它要求用户按照自己的意愿去访问商家的站点以获得有关产品和服务信息，而不同于传统营销和广告策略中的商家主动向潜在客户进行干扰性或强制性促销行为。

小　　结

管理信息系统往往运行在网络平台的基础上，实现文本、视频、音频等多媒体信息的交互、处理和传输，共享信息资源。因此，网络技术是管理信息系统的重要技术基础。本章主要从原理上介绍计算机网络的基本技术。

本章首先介绍了计算机网络的形成和发展，从而引出计算机网络的定义，核心问题是将计算机的通信功能和信息处理功能分离，从而形成通信子网和资源子网，使地理上分散的多台独立计算机互联，在协议控制下实现计算机通信和资源共享。

计算机网络的结构，重点是建立体系结构的概念。体系结构是网络通信和信息处理功能层次的描述，是概念上的抽象。如果所有独立的主机系统，都建立相应的功能层次划分，并规定相应的通信协议，就可以方便地实现计算机在各功能层次上的互联，这就是开放系统和体系结构标准化的基本概念。

局域网技术中，局域网除了地域范围小，传输速率高等特点外，重要的是共享信道的概念。由于共享信道，不存在路由选择，使得局域网的体系结构只有 ISO/OSI 标准中的物理层和数据链路层，而数据链路层又划分为逻辑链路控制子层(LLC)和媒体接入控制子层(MAC)。媒体接入控制子层，适应各种物理信道，从而制定了各种局域网协议标准(如 IEEE 802.3，802.4，802.5)，而通过逻辑链路控制子层实现与其他开放实体的连接。因为共享信道，必须对信道上各站点访问信道进行控制，以免在媒体上由于并发传输而造成碰撞，破坏数据帧的正常传输。这就是媒体接入控制或信道访问控制协议(MAC)。

局域网技术中，按照不同的拓扑结构或协议标准，有 IEEE 802.3 标准总线局域网(以太网 Ethernet)、IEEE 802.5 标准令牌环网络，主要的区别是它们的拓扑结构和信道接入控制方式。国际上使用最普通的网络是以太网和令牌环网。为了开发高速以太网技术，一种方法是沿用常规以太网通常使用的 CSMA/CD 技术，建立 100Base-T 规范；另一种方法则是抛弃传统 CSMA/CD 技术，采用需求优先级轮询的媒体访问方法，即 100Base - VG 标准，使局域网数据传输速率达到 100 Mb/s，甚至更高。为了适应多媒体信息的传输，需要带宽更高的局域网，这就是千兆位以太网。对于令牌环网，国际标准化组织制定了光纤分布式数据接口 FDDI 标准，实现 100 Mb/s 的高速传输速率。

从结点使用信道传送数据的方式划分，局域网可分为共享式网络和交换式网络两种。共享信道存在多站共用信道传送数据的问题，使网络吞吐量低，网络延迟大，带宽小，限制了数据传输速率。局域网中引进了交换技术，这就是交换式网络。在交换式网络中，所有用户端点都通过交换机连接起来，交换机为端点提供存储/转发和路由选择功能，相当于实现一个并行网络系统，多对不同源端点和不同目的端点之间可同时进行通信，不会发生冲突，从而大大提高了网络的可用带宽，减少了网络延迟。

本章的另一个重点内容是广域网技术。主要介绍了分组交换网、帧中继网、综合业务数据网（ISDN）和 ATM（异步传输模式）网络的基本概念。分组交换网是采用分组交换方式的数据通信网，国际标准是 ITU 的 X.25 协议，所以也称 X.25 网。X.25 标准规定了在公用数据网上，以分组方式进行操作的 DTE 和 DCE 之间的接口，由三层通信协议组成：物理层、链路层和分组层，对分组层以上的实体统称为用户层，未作具体规定。X.25 标准链路层执行的协议类似 ISO 的高级数据链路控制规程 HDLC，其功能是将不可靠的物理链路提升为可靠的、无差错的逻辑链路。在分组层采用分组交换方式，在一条逻辑信道上对分组流量、分组差错执行独立的控制，使物理链路提升为可靠的，无差错的逻辑链路。但随着光纤通信技术的发展，光纤数字传输系统能够提供很高的传输带宽和可靠性。因此，现代通信网的纠错能力已经不再是评价网络性能的主要指标，过去 X.25 分组交换技术的某些优点在光纤数字通信系统中已不明显，相反有些功能是多余的。于是可以简化网络功能实现高速传输。帧中继是 X.25 分组交换技术的演变，它继承了 X.25 的优点，但简化了大量的网络功能，将原用于保证数据可靠传输功能（如流量传输控制、差错控制）转移给用户终端或本地结点来完成，从而减少网络时延，降低通信费用。帧中继的核心技术是一种减少结点处理时间的技术。设帧的传输基本不出错，这样，一个结点只要知道帧的目的地址，就立即开始转发该帧，这种传输数据的帧中继方式又称为 X.25 的流水线方式。一个结点当还在接收一帧时就转发此帧，统称为快速分组交换。快速分组交换可分为两大类，帧长可变时就是帧中继，帧长为固定时就是信元中继。宽带综合业务数字网 B-ISDN 和异步传输模式 ATM 网都是信元中继。

综合业务数字网 ISDN，既指"综合业务"也指"综合数字网"。综合业务是指多种信息业务（文本、音频、视频）的传输，综合数字网是网络的传输系统和交换系统都采用数字系统，即数字链路和数字结点的综合。ISDN 有窄带 N-ISDN 和宽带 B-ISDN 之分。异步传输模式 ATM 是就信道时分复用方式而言的。异步传输模式是指时隙不是固定分配给某一信源，而是按需分配，只要时隙空闲，任何允许传输的信元都能占用。

本章最后简要叙述了网络的互联以及网络安全与管理，对 Internet 网及基本技术进行了简要的介绍。

网络互联的形式很多，要注意的是不同的互联设备互连协议和实现技术是各不相同的。对网络安全与管理只是介绍了一些最基本的概念。但是任何一个网络，无论作什么用途，它的安全与管理是至关重要的，这就是信息对抗，是网络的生命。

习　题

5-1　通过网络发展的几个阶段，请说明每个阶段的技术特点。

5-2　什么是网络的体系结构？制定网络体系结构的标准有什么实际的意义？

5-3　请说明 ISO/OSI 体系结构和 Internet TCP/IP 体系结构的基本要点和各功能层的主要作用。

5-4　局域网的体系结构有什么特点？为什么要设置媒体访问控制子层？局域网的主要特点是什么？

5-5　试比较 IEEE 802.3，802.4 和 802.5 三种局域网的主要技术特点。

5-6　什么是 CSMA/CD 介质访问控制协议？请说明 CSMA/CD 帧的发送和接收过程。

5-7　设工作站数为 10 个，每个工作站向总线发送的数据速率为 10 Mb/s，若组成 IEEE 802.3 总线以太网，则该网络的数据速率为多少？若组成交换式的以太网，假设交换机的数据速率足够高，则该交换式以太网的数据速率可达到多少？

5-8　高速以太网技术有哪几种？各采取了哪些提高速率的措施？

5-9　什么是 X.25 分组交换网？限制它传输速率的因素有哪些？试比较帧中继和 X.25 分组交换技术的异同点。

5-10　计算机网络安全主要包括哪些内容？

5-11　计算机网络管理应有哪些功能？

5-12　一个系统的协议结构有 N 层。应用程序产生 M 字节长的报文。网络协议软件在每层都加上 N 字节的协议头报头，那么网络带宽中有多少比例用于协议头信息的传输？

5-13　计算机网络互联有哪些形式？它们分别工作在哪个协议层次上？

5-14　Internet 网的基本接入技术有哪些？

第6章　数据资源管理技术

组织的科学管理依赖信息。信息是一个组织重要的资源，而数据是信息的依据和基础。数据与信息之间是原料和成品之间的关系。数据库是数据的集合，它以系统、全局的观点集中统一组织、管理数据，以满足用户的信息需求，是管理信息系统的基础。具有统一规划集中管理的数据库，信息才能真正成为组织管理的共享资源，数据库技术的使用是管理信息系统成熟的重要标志。本章介绍数据资源管理技术，数据库和数据库管理系统的基本概念，以及数据库的体系结构。介绍 RDB 的基本概念和 RDB 设计、使用的有关问题。

6.1　数据资源管理技术的发展

20 世纪 60 年代，计算机应用由科学计算、自动控制领域逐步扩展到企业、事业及行政部门的管理领域，数据处理成为计算机的一个主要应用领域。在数据处理中，通常计算比较简单，处理的数据量很大，因此，数据处理的核心是数据收集和数据管理，用于数据资源管理的数据库技术，作为计算机软件的一个重要分支得到迅速发展。

6.1.1　数据管理技术的发展

数据管理技术的发展经过了三个阶段：数据人工管理阶段、文件管理阶段和数据库阶段。

1. 数据人工管理阶段

在数据处理的初期没有软件支持，程序员直接管理数据，这一阶段的特点是数据保存在处理程序中或随程序执行人机交互地输入，数据处理后将结果输出，最后，程序和数据的内存空间一起被释放。数据和程序相互依赖，即每个应用程序要包括被处理数据的存储结构、存取方法、输入/输出方式等；数据面向应用，数据结构的变化、修改，导致整个程序的修改。此外，在这一阶段只有程序文件的概念，数据的组织方式由程序自行设计和安排。数据由人工管理最大的问题是编程效率低，程序依赖数据，不灵活，容易出错。

2. 文件管理阶段

随着计算机技术的发展，数据处理量的增加，要求数据和程序分离，出现由计算机软件管理数据，由操作系统中的文件系统管理存储外存设备上的数据。

这一阶段的特点是程序与数据具有设备独立性，数据和程序一样可长期保存在外存储器上，构成程序文件和数据文件。程序在访问数据时，不必关心其物理位置，也不涉及任何物理细节，只需使用数据文件名，由文件系统提供数据的读或写访问。同时，数据文件组织有索引文件，链接文件和散列文件等等，便于程序访问数据。数据不属于某个特定的程序，允许重复使用，但由于数据文件的结构仍取决于特定的应用，程序与数据间的依赖关系并未根本改变。文件管理阶段具有设备独立性，数据修改不必通过程序存储设备，但不能彻底体现用户观点下的数据逻辑结构独立于数据在外存上物理结构的要求，在数据物理结构修改时，仍需修改用户应用程序，所以文件系统只是计算机软件管理数据资源的初级阶段。文件管理方式是数据资源管理的一大进步，乃至现在，它也是数据库的基础。

　　随着数据管理规模的进一步扩大，数据量的急剧增加，文件系统的缺陷也明显地暴露无遗。首先是数据冗余，由于大多数应用程序可能需要多个数据文件，数据文件间缺乏联系，每个应用程序有各自对应的数据文件，如图 6-1(a)所示，同样的数据可能在多个数据文件中重复出现，造成数据冗余。冗余的数据不仅浪费存储空间，且给数据修改操作带来很大麻烦，它必须毫不遗漏地修改每一个数据文件，稍有不谨慎，就会造成同一数据在不同数据文件中不一样，即所谓数据的不一致性。其次，数据文件面向应用，当数据结构改变时，程序维护成为系统的主要矛盾。

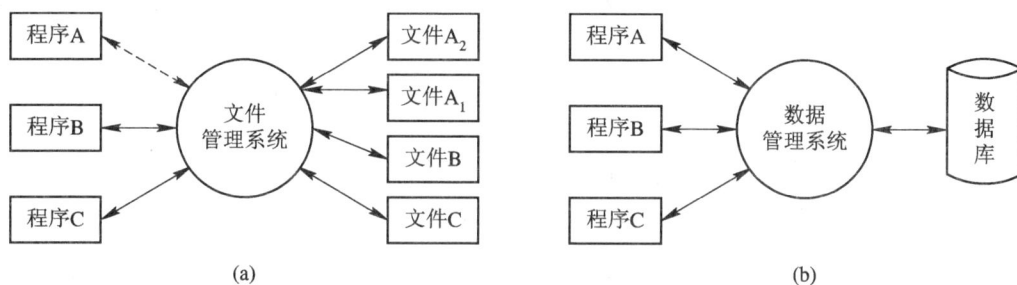

图 6-1　文件管理方式和数据库管理方式
（a）文件管理方式；（b）数据库管理方式

3. 数据库阶段

　　1960 年，数据库技术的出现标志着数据资源管理进入数据库阶段，数据存储在数据库中，数据资源使用数据库管理系统的专门软件管理，如图 6-1(b)所示。概括起来，数据库阶段数据管理具有以下特点：

　　实现数据在系统不同应用中共享。数据库技术采用复杂的数据模型表示数据结构，它不仅描述数据本身的特点，还描述了数据间的联系。数据不再面向某个特定的应用，而是面向整个应用系统，减少冗余，真正实现数据在不同应用中共享。

　　数据库技术使数据的逻辑结构和物理结构分离。数据库的结构分成用户的逻辑结构、**整体逻辑结构和物理结构三级模式。**用户（应用程序）数据和外存中数据间的转换由"**数据库管理系统**"(Database Management System，DBMS)软件实现。使数据的物理结构改变时，不影响整体结构和用户逻辑结构及应用程序，即所谓数据库的物理数据独立性，**数据库只需根据系统需求独立设计。**在数据整体结构改变时，不影响用户逻辑结构及应用程序，用户逻辑结构是取自数据整体结构的一个子集，这就是所谓数据库的逻辑数据独立性。某特定用户在处理业务时无须建立文件，而以简单的逻辑结构（视图）操作数据，大大提高了编程效率。

　　数据库系统为用户提供方便的用户接口，用户可使用查询语言或终端命令或用程序方式操作数据库。DBMS 提供数据库的恢复，并发控制，数据完整性、安全性等控制功能，保证数据库中数据的安全，可靠和正确性。

数据库系统对数据操作一般以记录为单位，也可以操作数据项，增加系统的灵活性。

从文件系统发展到数据库系统是信息处理领域中的一个重大变化。将人们处理信息从传统的功能设计（以程序设计为主导地位，数据只服从程序的作用），改变为以数据为中心。这时，数据结构设计成为信息系统首先关心的问题，数据的应用程序设计则退居为以数据结构为基础的外围地位。

20世纪70年代，数据库技术得到迅速发展，许多有效的软件产品投入运行。目前数据库系统深入到人类社会生活的各个领域，从企业事业管理、生产管理、银行业务、资源分配、经济预测一直到信息探索，档案管理、普查统计等各个方面，并在通信网络基础上，建立了国际性联机检索系统、电子商务系统等等。

数据库技术还在不断发展，并与计算机技术相互渗透、结合，形成分布式数据库系统，面向对象数据库系统，多媒体数据库系统等。

6.1.2 访问远程数据资源

随着计算机网络技术的发展，网络中不止一台计算机参与数据资源的存取和操作，计算机网络系统的结构由三部分组成：

客户机——由用户操作的个人（PC）计算机，系统配置多台客户机。

服务器——提供数据集中存储的计算机。一个系统通常只有一台服务器，有些系统配置有多台服务器。

通信网络——连接客户机和服务器的通信线路。

计算机网络中的客户机访问远程服务器上的数据资源，有以下三种方式：

1. 传统的文件方式

传统的客户机应用程序需要访问远程数据资源时，必须打开文件服务器上的数据文件，并将其装载到客户机上。而后，在客户机上运行用户的应用程序，在数据文件中找到它所需的数据集合，处理完成后，再将整个数据文件回送给文件服务器。对开发人员来说整个远程数据资源访问过程都不可见，但它却占据了时间和网络总线的带宽。文件方式要求有较大内存容量，较强的处理能力的客户机，实际上，客户机的处理能力不强，而处理能力较强的文件服务器只用于数据文件访问工作，出现处理分工不合理的现象。

2. 客户/服务器（Client/Server，C/S）方式

在客户/服务器环境中，客户机的应用程序请求服务器查找它所需的数据，服务器将数据文件中匹配的数据集合，返回给客户机的应用程序，节省时间和网络的开销。发挥了服务器较强的处理功能，使客户机只集中处理用户界面，无需关心数据访问工作。

在两层客户/服务器结构中，主要问题是客户机必须配置被访问的每一种数据库的驱动程序，成本较高；另外，用户还必须考虑配置和软件维护问题。三层客户/服务器结构解决两层结构的主要缺点，在三层结构中，客户机应用程序不再直接与服务器的DBMS通信，插入中间件服务器，客户机仅需与中间件服务器的一种驱动程序通信，中间件服务器完成与服务器的不同数据库的驱动问题。

分布式客户/服务器结构用于更复杂的和更有弹性的系统，系统中有多个分布配置的

服务器，执行不同的功能或某些特殊功能。

3. 浏览器/服务器（**Browser/Server**，**B/S**）方式

随着网络技术和 Web 技术的发展，使用数据源的数据量剧增，开发 Web 数据库系统十分有意义。在 Internet 和 Intranet 上，如网上银行、在线购物、产品信息、市场调查分析、联机数据库查询等，到处可看到 Web 数据库的应用。Web 数据库也基于 C/S 结构的三层模式，即 Browser/Web server/DB server，客户层是统一界面的浏览器，数据服务器为服务层，中间层是 Web 服务器和应用服务。用户通过浏览器的 Web 页上输入信息，并发送到 Web 服务器，通过应用程序访问数据库，将结果以图形、图像、文本或表的形式返回浏览器。

网络计算机是一种特别使人感兴趣的 PC，它是一种没有磁盘驱动器或其他当地数据存储设备的 PC 机，使网络管理简化，又能处理图形用户界面，需要的是能在任何计算机上运行的图形用户界面，当在服务器上修改某个驱动程序或应用程序时，可以在该服务器的每个网络计算机客户机上运行。面向对象的程序设计语言 Java，使应用程序独立于异构网络上的多种平台，提供在任何计算机上运行的图形用户界面设计。

6.2　数据描述及数据模型

数据由组织业务活动的原始事件产生。如果没有数据及数据处理能力，企业、事业单位就无法成功而有效地完成其业务活动，更谈不上为实现组织目标做好管理工作。数据逻辑模型是现实世界的高层抽象，而数据物理模型是数据结构形式，定义数据库的依据。

6.2.1　数据描述

数据处理中，数据描述需要运用数据模型的方法，即现实世界的模型化。这个问题涉及到三个概念：现实世界、信息世界和计算机世界，如图 6-2 所示。

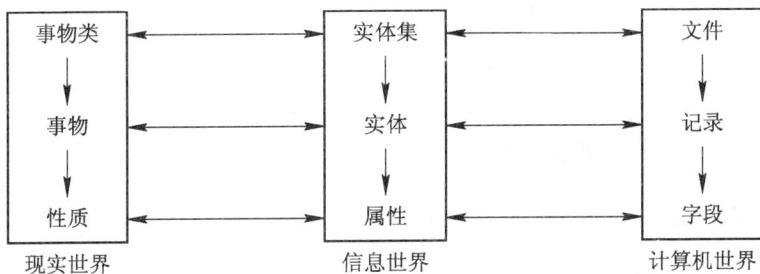

图 6-2　三个世界的数据描述

1. 现实世界

现实世界是在人们头脑以外的客观世界，对信息系统而言，组织的业务活动涉及的物流、人、事、单位以及相关的数据，如库存管理，涉及货物的存放、进出、搜查等业务活动。业务活动中抽取的数据为管理活动提供报表、汇总、统计分析图等。

2. 信息世界

信息世界是现实世界在人们头脑中的反映。人的认知有两种过程，一是从特殊到一般的归纳，二是从一般到特殊的演绎。人们将现实世界各种业务活动中客观存在又相互区别的事物或事件抽象为实体集。一个实体集具有组成实体归纳的共同的性质(属性)，例如，学生实体集有姓名、年龄、性别等共同属性。(实际上，实体集还有共同的行为或操作，这就是面向对象中的对象类)。从现实世界的事物到信息世界的实体集，是人认识世界的一次飞跃，人们关注的是实体集(事物)的属性。

实体集中的具体实例称实体。对于具体的实体，有具体的属性值，如某个学生姓名叫李四，年龄 22 岁，性别为男等，属性值的不同用来区别不同的实体。为了便于唯一地识别每个实体，常用某个属性(代码)或一组属性来标识实体，称为实体标识符。

3. 计算机世界

计算机世界是数据存储形式，信息世界的实体集和实体属性，必须转化为数据形式存储在计算机中。计算机世界中要把数据转化为有用的信息，要用有意义的方法组织数据。在计算机中数据以文件方式存储，并分下列层次：

字段或称数据项——字段可以命名的最小数据单位，字段名表示实体的属性。字段值表示每个具体属性值或数据，一般分为两大类型：数值型和字符型。

记录——记录结构是字段有序集合，记录描述一个具体实体，是字段值有序集合，实体属性的数据描述。

〔例〕实体集：　　　　学生(学号，姓名，年龄，性别，…)

实体：　　　　　　99064111 李四 22 男 …

　　　　　　　　　　…

文件(file)——文件是同一实体集的所有记录的集合，所有的学生记录组成一个学生文件。

其中，主关键字简称主键，是能唯一标识文件中每个记录的字段或字段集，与信息世界中实体标识符的概念相对应。

数据库是数据层次最高一层，它是综合的、相关的文件集合，它表示一个应用项目中相关的实体集的集合及实体集间的关联。

我们可以不必关心数据的存储结构和具体实现方式，因为数据库系统的目标之一，是用户能简单、方便地访问数据库中的数据。

6.2.2　数据的逻辑模型

数据是组织重要资源之一，组织的管理如何有效地利用数据资源至关重要。数据库应设计成能存储与组织业务相关的所有数据，并能快速访问、方便修改，能实时反映整个组织的业务情况。数据库设计首先应进行需求分析，考虑应收集哪些数据、数据的来源及谁将访问这些数据。其次是根据需求构建数据库的数据模型。

数据库需要两种数据模型：逻辑模型和物理模型。数据的逻辑模型独立于计算机系统，不涉及数据的表示、物理实现，只需描述组织所关心的信息模型。逻辑模型是现实世界中，从系统需求到信息世界的高层抽象。用于创建数据逻辑模型的工具是实体联系

(E-R)图。数据的物理模型，是面向信息模型所采用的具体数据结构，现实世界的第二层抽象。数据的物理模型有严格形式化定义，便于在计算机系统中实现数据的存储和访问。它涉及计算机系统和数据库管理系统。

反映现实世界中系统需求的实体与实体间的联系称为数据的逻辑模型或信息模型。研究逻辑模型的目是从中导出数据的物理模型。

数据的逻辑模型根据系统需求创建，它强调其语义表达功能，概念简单、清晰，易于用户理解，便于数据库设计人员和用户交流，启发、检验、返回补充系统需求。

实体联系 E-R 图，使用图形符号来表示组织业务活动涉及的实体及实体间联系。一般用矩形框表示实体，菱形框表示实体间的联系，直线将有关系的实体连接，椭圆框表示实体属性。本书采用 VFP 的表示方法，保留用菱形框表示实体间的关系，矩形框表示实体，并分为上下两部分分别表示实体标识及其属性，如果实体间的关系有属性，亦不加椭圆框而将属性直接附于菱形框。图 6-3 是表示学生和课程多对多联系的 E-R 图。

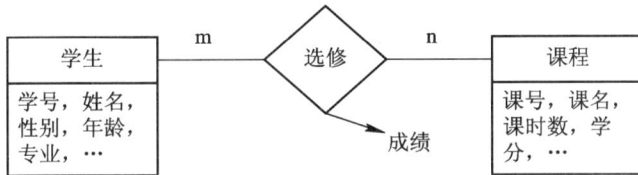

图 6-3 多对多联系的 E-R 图

在实际系统中往往有多个相互关联的实体，作图也比较复杂。现举一个较简单的例子（一个仓库管理的 E-R 图），仓库主要管理零件入库、出库及采购等事项。工程项目需要仓库提供零件，仓库需要向零件供应商采购零件。

首先确定实体集：工程项目、零件、零件供应商。

确定实体间关系：一个项目需要多个零件，且一种零件亦可提供多个项目使用。所以项目与零件问题是多对多的供需关系，供需关系的属性为零件数量。同样一种零件可以向多个供应商采购，一个供应商可提供多种零件，零件与供应商间亦是多对多的采供关系，采供关系有属性零件总量。

确定实体集名称和属性：

工程项目 （项目编号 J#，项目名称 Jname，开工日期 DATE）

零件 （零件编号 P#，零件名称 Pname，规格 Psize，重量 Pweight）

供应商 （供应商代号 S#，姓名 Sname，地址 SADR）

仓库管理的 E-R 图如图 6-4 所示。

图 6-4 仓库管理的 E-R 图

6.2.3　数据的物理模型

数据的物理模型指数据库的数据结构。物理模型中反映的记录，实际上是反映了实体间的逻辑衔接和相关性，联系指示了应用存取数据的途径。表达实体和实体联系的物理数据结构有层次、网状、关系型及面向对象模型。层次、网状模型称为第一代数据库，至今仍在使用。目前，关系模型是最重要的一种模型，人称第二代数据库，它概念简单、清晰，用户易懂易学，有严格的数学基础及在此基础上的关系数据理论，大大简化了数据库的开发建立工作。随着面向对象方法学的发展，新一代数据库，即面向对象模型亦正在发展之中。

1. 层次模型

用自顶向下的倒树状结构表示实体及实体间关系的模型，称层次或树状模型。树的结点是记录类型，每个非根结点只有一个父结点，上层记录类型与下层记录类型间是一对多的关系。

层次模型的特点是记录之间的联系依靠指针实现，查询效率高。缺点是只能表示一对多的联系，多对多联系比较困难；二是数据查询、更新复杂、编程比较复杂。

2. 网状模型

用有向图结构表示实体及实体间关系的模型。有向图的结点是记录类型，有向边从箭尾端记录类型到箭头端记录类型是一对多关系。网状模型的特点是记录之间的联系用指针实现，多对多的关系亦可拆成两个一对多的关系。网状模型易于实现，查询效率较高，其缺点是编写程序比较复杂，程序员必须熟悉数据库的逻辑结构。

3. 关系模型

用二维表格表达实体集，用外键表示实体间关系。关系模型概念简单，易于理解。同样关系模型也不支持多对多的关系，但可增加中间表，简单地将其分解为二个一对多的关系。如果实体集的主键用直线下划线表示，外键用波浪线下划线表示，则上节仓库管理的实体及实体间关系可简单表示如下：

工程项目（J＃，Jname，Date）
零件（P＃，Pname，Psize，Pweight）
供应商（S＃，Sname，Saddr）
供需关系（J＃，p＃，Total）
需供关系（P＃，S＃，Quantity）

与层次网状模型相比，关系模型不是用指针导航访问数据，简单易懂，编程不涉及存储结构、访问技术等细节，更重要的是集合论是关系模型的数学基础。SQL 语言是关系数据库的标准化语言，已得到广泛应用。目前市场上典型关系数据库管理系统 DBMS 产品有 DB2、ORACELE、SYBASE、INFORMIX 和微机产品 FOXPRO、ACCESS 等。

4. 面向对象模型

关系模型虽然有数学基础，但对复杂的非结构化数据，如正文、图、声、多媒体数据显得无能为力。对象是指现实世界中事物在计算机世界中的模拟，是事物属性和行为的封装体。面向对象概念最早出现在面向对象程序设计语言中，随后出现在数据库、信息系统软件开发等领域。面向对象数据库是面向对象技术与数据库技术相结合的产物。

6.3　数据库管理系统 DBMS

合适的数据库能支持组织的各项活动及组织目标，数据库管理系统 DBMS 是一个提供对共享数据可靠管理用的软件，是数据库系统的核心。通过 DBMS 对数据库进行定义、提供用户视图、查询、更新等一切操作，用作数据库与应用程序之间，或数据库与用户之间的接口。DBMS 总是基于数据模型，因此 DBMS 亦可看成是某个类型数据库化。

6.3.1　三级模式结构

目前，大多数商业数据库管理系统分为三级：内模式、概念模式和外模式。三级模式反映了数据库的三种不同数据观点。

1．三级模式结构

外模式是单个用户所能见到的数据特性，单个用户使用的数据视图是概念模式的一个子集。概念模式涉及所有用户的数据定义，系统的、全局的数据视图，但不涉及数据的物理存储。内模式涉及数据的存储结构（物理存储数据视图，又称存储模式），是数据库中数据的底层表示。数据库的三级模式是数据的三个抽象级别，用户只要抽象地处理数据，不必关心数据在计算机中的表示和存储，把数据的具体组织、管理工作交给 DBMS，以减轻用户使用系统的负担。

数据在三级模式间差别很大，DBMS 在三级模式间提供两个层次的映射——外模式到概念模式、概念模式到内模式映射。

2．两级数据独立性

数据库系统采用三级模式结构，因此，系统数据具有两级独立性。

逻辑独立性：对概念模式的修改不影响外模式，只需改变外模式到概念模式的映射关系，从而保证子模式不变，应用程序根据子模式编写，亦无须修改（称为数据库的逻辑数据独立性）。数据的逻辑独立性，简化了数据库系统应用程序的设计工作。

物理独立性：对内模式的修改不影响概念模式，只需改变概念模式到存储模式的映射关系，称为数据库的物理数据独立性。数据的物理独立性，使数据库只需根据系统需求独立设计，又因为有数据库的逻辑数据独立性，从而保证对于外模式和应用程序不受存储模式影响，简化了数据库系统应用系统的开发、设计工作。

数据库系统由 DBMS 在三级模式间提供两个层次的映射。数据库系统的两级独立性不仅简化了数据库系统应用系统的开发、设计工作，而且提高了数据库系统应用系统开发的效率。又因数据库的概念模式能导出系统不同应用的多种子模式，所以数据库的概念模式减少了数据冗余，有利于数据共享，保证了数据的一致性。此外，由于应用程序只能操作自己的子模式范围内的数据，因而把数据库中其他用户的数据隔离，且用户对数据库概念模式和存储模式的数据都不可见，这样有利于数据的安全性和保密性。

6.3.2　DBMS 的组成

数据库管理系统由两大部分组成：查询处理器和存储管理器。

1. 查询处理器

查询处理器主要包括有 DDL 编译器、DML 编译器、嵌入型 DML 预编译器、查询运行核心程序。

数据描述语言(Data Description Language,DDL)提供了 DDL 语言定义数据库的三级结构及其相互之间的映射,并且定义了数据完整性、安全控制等约束。数据库系统中存储三级结构定义的数据库称为数据字典(Data Dictionary,DD)。

数据操纵语言(Data Manipulation Language,DML)实现对数据库中数据操作。基本的操作有查询、插入、删除、更新等四种。DML 分交互型和嵌入型两种,因此,在 DBMS 中应包括 DML 语言的编译软件或解释软件。

DML 语言可分为过程性 DML 和非过程性 DML。过程性的 DML 必须指示"做什么"和"怎么做",层次、网状的 DML 属过程性 DML。而关系型的 DML 属非过程性的 DML,只需指示"做什么"就可,操作简单、使用方便,深受广大用户欢迎。

2. 存储管理器

存储管理器主要包括有授权和完整性管理器、事务管理器、文件管理器、缓冲管理器等,提供数据库保护功能如数据恢复、并发控制、数据库完整性和安全性控制。

安全性保护——数据库的一个重要特点是数据共享,但数据又是一个组织的重要资源,数据库对非法用户须有防止被窃取的安全、保密保护措施,必须规定用户访问数据库的权限。许多系统采取各种措施,层层设防,如鉴定用户身份、口令、数据编密码、控制用户权限等等安全性保护。

完整性管理——完整性指数据的正确性和一致性,通过对数据及数据间的逻辑关系施加约束条件来实现。如字段值对类型、取值范围、精度等约束,对实体唯一性约束,对实体间联系的约束等。

故障恢复——数据库在运行过程中难免会造成数据库被破坏,如磁盘损坏、病毒、或操作不当等偶然因素使数据丢失,系统能恢复到破坏前的状态称为故障恢复。在使用故障恢复功能时,数据备份,事务管理必不可少。

并发控制——在多用户或网络应用中的数据库,当多个用户操作同一数据时,必须控制不合理的时差有可能造成的数据出错现象。

【案例 6-1】 设 T1 和 T2 是两个用户执行同一程序 P 的数据处理进程,但在时间上并行交错,假设 P:READ A

    A=A-1
    WRITE A

图 6-5 给出了 T1 和 T2 的时序。

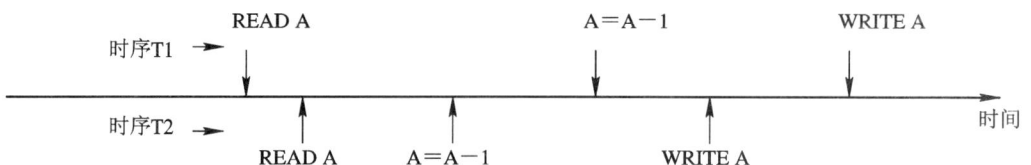

图 6-5　T1 和 T2 并发操作时序

　　T1 和 T2 先后读取数据 A，如果 A 为 5，而后 T2 将 A 修改成 4，接着 T1 又将原来的
A 是 5 也修改成 4，最后 T1 和 T2 重复地存入修改后的值 4。如果 T1 和 T2 是火车或民航
的两个售票处，并发修改剩余票数就造成了数据丢失，这样会将一张票卖给两个顾客。

　　并发错误解决的方法是控制相关进程互斥地访问数据库，如用加锁和开锁控制。

　　死锁问题：用户程序中使用锁，就可能存在死锁问题。

【案例 6 - 2】　以下两个用户并发处理 T1 和 T2，就可能发生死锁

T1：	T2：
LOCK A	LOCK B
LOCK B	LOCK A
……	……
UNLOCK A	UNLOCK B
UNLOCK B	UNLOCK A

　　当 T1 和 T2 并发时，T1 锁住了 A，T2 锁住了 B，T1 需要 A 和 B 才能继续运行，等待
B 开锁，而 T2 需要 B 和 A 才能继续运行，等待 A 开锁，导致两个处理相互等待，这样就
发生了死锁。因此编写应用程序时，必须采取预防死锁的措施。

　　数据库的维护功能是管理员运行 DB 系统时使用。如数据导入、备份、文件重组、性能
监控等，以确保数据库保持最佳工作状态。

6.3.3　用户访问数据的全过程

　　应用程序通过数据库管理系统访问数据库中记录的全过程，如图 6 - 6 所示。程序运行
时，数据库管理系统为应用程序开辟一个用户工作区，用于与系统缓冲区交换数据。

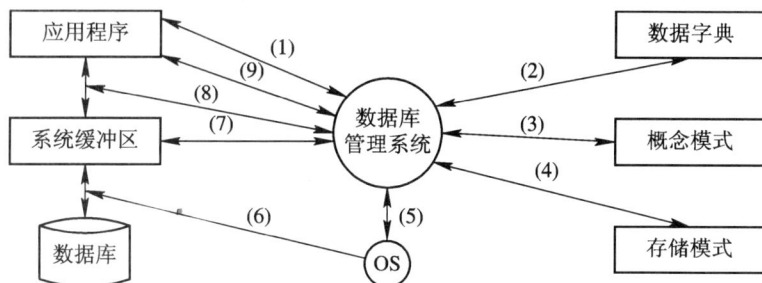

图 6 - 6　用户访问数据的全过程

　　(1)、(2) 应用程序执行一条读记录的 DML 语句时，立即启动数据库管理系统，接收、
分析命令，并从数据字典 DD 中调出程序对应的外模式，检查并决定是否执行命令。

　　(3) 决定执行命令后，数据库管理系统调出相应的概念模式，确定应读入的记录。

　　(4) 数据库管理系统调出相应的内模式，确定应读入的物理记录和相应的地址，并向
操作系统 OS 发出从指定地址读入的物理记录的命令。

　　(5)、(6) OS 按指定地址从数据库中读入相应的物理记录，存入系统缓冲区，并向数
据库管理系统做出操作结束的回答。

　　(7)、(8) 数据库管理系统收到 OS 操作结束的回答后，将读入数据库缓冲区中的数据
转换成概念模式、外模式，送到应用程序，数据库管理系统在运行日志数据库中写入一条

读记录信息，并将读取记录送用户工作区，操作状态信息返回应用程序。此后，应用程序可根据返回的状态信息对读取的记录做出相应的处理。

应用程序执行修改记录 DML 语句的过程与此类似。

6.3.4　用户界面

用户是指使用管理信息系统应用程序的联机终端用户。程序员用程序设计语言（称宿主语言），设计数据库应用程序或用户界面，编写数据库应用系统。由于数据库管理系统主要由数据定义语言 DDL 和数据操作语言 DML 组成，是基于记录模式的语言，程序设计语言是基于整数、实数、字符、记录、数组等数据类型的运算模式的语言，两者之间有"缝隙"。例如 SQL 语言不能直接使用指针，数组等数据结构，程序设计语言也没有 DDL、DML。但有两种处理方式：一是扩充宿主语言的编译程序，使之能处理 SQL 语句，如 VC ++、VB 等；另一种是自含语言（数据库管理系统有自己的编译器，也有程序控制命令），可直接用于编写数据库应用程序，如 VFP、Delphi 等，使用方便，很受欢迎。

6.4　关系型数据库 RDB

关系模型数据库（RDB）是继层次、网状模型后发展的第二代数据库，关系模型数据库有三个组成部分：数据结构、数据操作和完整性规则。和层次、网状模型相比，关系模型有两个显著的特点：一是其数据结构是二维表格，简单易理解；二是集合论是其理论基础——有严密的关系运算理论和关系模式设计理论。具体地说：

（1）关系模型面向集合处理，一次可以操作多个元组，而层次、网状模型一次只能操作一个元组。

（2）关系模型有视图等工具，应用不随数据库的改变而改变，具有数据逻辑独立性。

（3）在关系模型数据库管理系统（RDBMS）中，只需指出"做什么"不必指出"怎么做"，而层次、网状模型必须在应用程序中用指针指出数据访问路径。

6.4.1　基本概念

关系模型数据库中全部数据及其相互联系都组织成"关系"，数据库的数据结构是一个由元组行和属性列组成的关系，或直接称做二维表或表，用以表示实体集。用外键实现实体集间的联系。

1. 关系的定义

关系是元组的集合，元组是集合中的元素，一个元组为 $k(k \geqslant 1)$ 个属性的集合。图 6-7 表示一个职工的关系。关系和二维表格及数据文件类似，但关系有如下限制：

（1）关系中每一个属性值不可分解，即不允许"表中套表"，也不允许出现重复值。

（2）属性的取值范围称为值域，每个属性对应一个值域，不同属性可对应同一值域。关系中各属性的次序不改变关系的实际意义。元组中属性理论上是无序的，但在用户使用时应考虑其有序排列。

职工编号	职工姓名	性别	工作部门	工作日期	基本工资	煤粮补贴	副食补贴
1	张利民	女	计算机系	08/06/70	200.00	50.00	40.00
2	李虹民	男	经济系	04/04/95	160.50	50.00	35.00
3	张利民	男	计算机系	01/01/63	500.60	50.00	40.00
4	胡含苕	女	电子系	03/04/93	300.50	40.00	40.00
5	李因果	男	管理系	01/01/93	250.65	40.00	40.00
6	赵明	男	法律系	10/10/97	350.70	40.00	40.00
7	郑自荐	男	自控系	12/03/90	350.00	50.00	40.00
8	张晓丽	女	计算机系	12/12/87	500.00	50.00	40.00

图 6-7　一个名为"职工工资"的关系

（3）关系中元组代表具体实体，不允许出现相同元组。元组的顺序不改变关系的实际意义。

2. 基本术语

数据库技术	关系模型	SQL 语言
记录类型	关系模式	基本表
记录	元组	行
文件	关系、实例（表）	基本表、表格
字段、数据项	属性	列

以上是数据库技术，关系模型，典型的关系数据库语言 SQL 的术语对照。

实际上，关系、元组和属性等术语来自于关系数学，多数人习惯直接将关系称为表，元组称为记录或行，属性称为字段或列。

3. 键（key）

键又称关键字，是关系模型的一个重要概念，键是由一个或多个属性组成。有下列几种键：

超键——在关系模式中，能标识唯一元组的属性集

候选键——能标识唯一元组又无多余属性的属性集。

主键（主关键字）——标识唯一元组的一个候选键。主键必须唯一，不能为空，以保证标识唯一元组。

外键——如果关系 R 中的主键又是另一个关系 P 的候选键的组成部分，则它是关系 P 的外部主键或简称外键。外键不是关系 P 的主键，但用它可构成关系 R 和 P 的联系。

次键又称次关键字——用以标识一类元组的一个或多个属性。

6.4.2　关系数据模型的完整性规则

为了维护数据库中数据与现实世界的一致性，RDB 中数据更新（增删、修改）必须遵循关系模型的三类完整性规则。

字段（用户定义）完整性——针对某个具体数据项的约束条件，取决于环境。系统提供定义和检验完整性的机制，无需应用程序承担，用以保证系统收集数据的准确性。例如，学生的年龄定义为两位数，并可进一步限制为 15～30 岁之间，以保证系统收集准确的

数据。

记录(实体)完整性——要求关系中元组在主键的属性值不能为空，否则不能起到唯一标识元组的作用；并要求元组中某些属性之间有相互约束条件。例如，在职工实体集中，职工的年龄应大于等于工龄＋16，否则为非法记录。

引用完整性又称参照完整性——不允许引用不存在的元组。在 RDB 中依靠外码实现表间的联系。如上例中，插入一个职工，外码车间号是允许置为空(NULL)，但不允许车间号的值不在车间表中。同样，若要删除车间表中某个元组，对职工表中对应的车间号必须采取下列三种方法之一才能保证引用完整性：一是删除职工表中相关的元组；二是将职工表中相关元组车间号为空，或其他存在的车间号；三是若职工表中存在要删除车间号时，禁止删除。否则将导致插入或删除出现异常现象，或出现孤立无联系的元组。

6.4.3　关系模型的操作

关系模型提供关系运算，支持 RDB 的各种操作。关系模型集中反映在关系代数上，它允许用户在整个关系范围内进行操作，而非关系模型所支持的语言那样只能操作数据库的一个记录。依据关系代数，关系模型的操作分为两类：代数操作和关系操作。关系操作有单目的投影、筛选操作和双目的连接操作(是所有 RDBMS 必备的操作)，所以称为 RDB 的特征操作。

1. 关系模型的特征操作

关系操作又称关系模型的特征操作，即一个关系数据库管理系统必需具备的操作，它包括：投影、筛选和连接三类操作。

1) 投影

投影操作从关系中垂直地选择指定的列，消去一些列，并重新安排列的关系，即进行重点减维，以满足某些属性要求，重新组成的关系。

设 R 是 k 元的关系，R 在其分量 A_{i1}，A_{i2}，…，$A_{im}(m \leqslant k)$ 上的投影，结果是 m 元元组的集合。t 为元组变量，形式定义为：

$$\pi_{i1}, \cdots, \pi_{im}(R) \equiv \{ t \mid t = \langle t_{i1}, \cdots, t_{im} \rangle \wedge \langle t_1, \cdots, t_k \rangle \in R \}$$

【案例 6-3】 图 6-8 所示的"职工工资"关系，在属性"职工姓名"和"工作部门"上的投影操作的结果，新关系"职工部门"如图 6-8 的右图所示。

职工部门＝$\pi_{职工姓名, 工作部门}$(职工工资)

职工编号	职工姓名	性别	工作部门	工作日期	基本工资	煤粮补贴	副食补贴
1	张利民	女	计算机系	08/06/70	200.00	50.00	40.00
2	李虹民	男	经济系	04/04/95	160.50	50.00	35.00
3	张利民	男	计算机系	01/01/63	500.60	50.00	40.00
4	胡含苞	女	电子系	03/04/93	300.50	40.00	40.00
5	李困果	男	管理系	01/01/93	250.65	40.00	40.00
6	赵明	男	法律系	10/10/97	350.70	40.00	40.00
7	郑自箐	男	自控系	12/03/90	350.00	50.00	40.00
8	张晓丽	女	计算机系	12/12/87	500.00	50.00	40.00

职工姓名	工作部门
张利民	计算机系
李虹民	经济系
张利民	计算机系
胡含苞	电子系
李困果	管理系
赵明	法律系
郑自箐	自控系
张晓丽	计算机系

图 6-8　投影操作

2）筛选

筛选操作从关系中水平地选择出满足条件要求的元组子集构成的关系。条件可用命题公式 F（计算机语言中的条件表达式）表示，F 中有两个部分：

运算对象——常量，元组分量（属性或列序号）。

运算符——比较符（$<$，$\leqslant$，$>$，$\geqslant$，$=$，$\neq$）用 θ 表示和逻辑运算符（$\wedge$，$\vee$，$\neg$）。

关系 R 由公式 F 的筛选操作用 $\sigma_F(R)$ 表示，形式定义为：

$$\sigma_F(R) \equiv \{\, t \mid t \in R \wedge F(t) = \text{true} \,\}$$

【案例 6-4】　从"职工工资"关系中，选择女性职工组成"女性职工"新关系，如图 6-9 所示。

$$女性职工 = \sigma_{性别 = "女"}（职工工资）$$

职工编号	职工姓名	性别	工作部门	工作日期	基本工资	煤粮补贴	副食补贴
1	张利民	女	计算机系	08/06/70	200.00	50.00	40.00
4	胡含苞	女	电子系	03/04/93	300.50	40.00	40.00
8	张晓丽	女	计算机系	12/12/87	500.00	50.00	40.00

图 6-9　筛选操作

3）连接

连接是双目的操作，它把两个关系连接成一个新关系，笛卡儿积是基础。

（1）笛卡儿积。设关系 R 和 S 的元数分别为 r 和 s，则 R 和 S 的笛卡儿积是一个 $(r+s)$ 元的元组集合，每个元组前 r 个分量来自 R 的一个元组，后 s 个分量来自 S 的一个元组，记作：

$$R \times S \equiv \{\, t \mid t = \langle t^r, t^s \rangle \wedge t^r \in R \wedge t^s \in S \,\}$$

若 R 有 m 个元组，S 有 n 个元组，笛卡儿积共有 $m \times n$ 个元组，如图 6-10 所示。

R		
X	Y	Z
a	1	c
b	3	d
c	2	e

S	
D	E
a	1
b	3

R×S				
X	Y	Z	D	E
a	1	c	a	1
a	1	c	b	3
b	3	d	a	1
b	3	d	b	3
c	2	e	a	1
c	2	e	b	3

图 6-10　笛卡儿积运算

笛卡儿积连接所得的表（元组和列数）往往十分庞大，而实际意义不大。连接操作还有许多类型，在此，仅介绍用得较多的比较连接和自然连接。

（2）条件连接。条件连接是关系 R 和 S 的笛卡儿积中选出满足 θ 条件两个关系的元组

$$R \bowtie_{\theta ij} S \equiv \{\, t \mid t\langle t^r, t^s \rangle \wedge t^r \in R \wedge t^s \in S \wedge t_i^r \theta t_j^s \}$$

其中，i 和 j 分别是关系 R 和 S 第 i 和 j 个属性序号；t_i^r 和 t_j^s 分别表示元组 t^r 和 t^s 的第 i 和

j 个分量；$t_i^j \theta t_j^i$ 表示两个分量逻辑条件；θ 为等号（＝），为等值连接；θ 为比较符，称比较连接；θ 为某个逻辑条件，称逻辑条件连接。

【案例 6-5】 如图 6-11 示，已知 R 和 S 两个关系，满足属性 $Y>B$ 的连接结果。

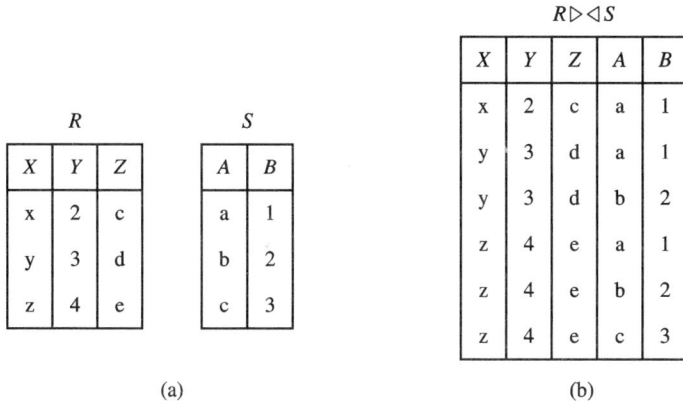

R

X	Y	Z
x	2	c
y	3	d
z	4	e

S

A	B
a	1
b	2
c	3

$R \triangleright\triangleleft S$

X	Y	Z	A	B
x	2	c	a	1
y	3	d	a	1
y	3	d	b	2
z	4	e	a	1
z	4	e	b	2
z	4	e	c	3

(a)　　　　　　　　(b)

图 6-11　条件连接

（3）自然连接。自然连接是实用价值很大的一种连接，它要求被连接的两个关系有若干相同的属性（字段）名。在公共属性上具有相等值为依据，进行元组合并构成的关系，即新关系的元组来自 R 和 S，记作：

$$R \triangleright\triangleleft S \equiv \pi_{i1}, \cdots, \pi_{im}(\sigma_{R.A=S.A \wedge R.B=S.B}(R \times S))$$

自然连接先做 $R \times S$ 计算，再从公共属性上具有相等值为条件筛选，提取满足条件的元组，去掉重复的公共属性，得到自然连接的结果。

【案例 6-6】 如图 6-12 所示，两个关系 R、S 有公共属性 Y 和 Z，分别用 $R.Y$、$R.Z$ 和 $S.Y$、$S.Z$ 表示，满足 $R.Y=S.Y$ 和 $R.Z=S.Z$ 条件的自然连接结果。

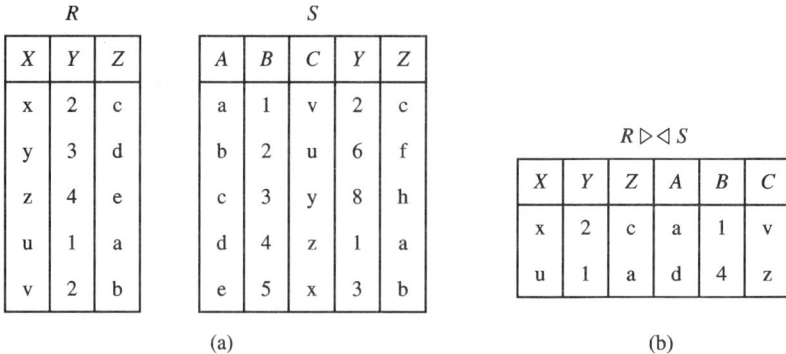

R

X	Y	Z
x	2	c
y	3	d
z	4	e
u	1	a
v	2	b

S

A	B	C	Y	Z
a	1	v	2	c
b	2	u	6	f
c	3	y	8	h
d	4	z	1	a
e	5	x	3	b

$R \triangleright\triangleleft S$

X	Y	Z	A	B	C
x	2	c	a	1	v
u	1	a	d	4	z

(a)　　　　　　　　(b)

图 6-12　自然连接

2. 关系模型的集合操作

关系的集合操作包括：并、交和差，这些集合操作的共同特点是只能在属性来自相同域值的关系中进行，操作结果的属性数不变。

1）并

设关系 R 和 S，R 和 S 的并是由属于 R 或属于 S 的元组组成的集合，记作：

$$R \cup S \equiv \{ t \mid t \in R \lor t \in S \}$$

式中 t 是元组变量。

2）交

设关系 R 和 S，R 和 S 的交是由既属于 R 又属于 S 的元组组成的集合，t 为元组变量，记作：

$$R - S \equiv \{ t \mid t \in R \land t \in S \}$$

【案例 6－7】 设 R 和 S 如图 6－13 所示的两个关系，及它们三种基本集合运算的结果。

R

X	Y	Z
a	3	e
b	1	d
a	5	a

S

X	Y	Z
b	1	d
c	2	c
a	3	e

$R \cup S$

X	Y	Z
a	3	e
b	1	d
a	5	a
c	2	c

$R - S$

X	Y	Z
a	5	a

$R \cap S$

X	Y	Z
a	3	c
b	1	d

图 6－13　三种基本集合运算

3）差

设关系 R 和 S，R 和 S 的差是由属于 R 但不属于 S 的元组组成的集合，t 为元组变量，记作：

$$R - S \equiv \{ t \mid t \in R \land t \notin S \}$$

3. SQL 数据查询命令

（Structured Query Language，SQL）结构化查询语言，用来访问 RDB，是与 RDB 通信的专用语言。程序设计人员和终端用户，使用 SQL 语言对存储在数据库中的数据进行检索、修改、定义和管理。SQL 先后被 ANSI 和 ISO 确定为美国国家标准和国际标准的 RDB 语言。目前所有的关系型数据库管理系统（从大型数据库 Oracle、Sybase、Informix、DB2 等，到微机关系型数据库管理系统 Foxpro、Access 等）都支持 SQL。

SQL 包括：数据定义、数据查询、数据操纵和数据控制。

SQL 语言的特点：SQL 语言既是自含式语言，又是嵌入式语言。它可用于联机交互使用方式，便于数据库管理员维护数据库和提取信息，又可嵌入程序设计高级语言的程序中，便于编写数据库应用程序。SQL 语言是面向问题型的语言，在进行数据操作时，只需指出“做什么”，不必指出“怎么做”，大大减轻了用户的负担；加之功能丰富，语法简单、易学易用，深受用户欢迎。

查询是 SQL 的核心，现介绍 Foxpro 中的 SQL 数据库查询命令。命令格式如下：

SELECT [ALL/DISTINCT][别名.]选择项[AS 别名][，[别名.]选择项[AS 别名]
　　…]

FROM 表名[表别名][，表名[表别名] …]
　　[[INTO 目标表名]/[TO FILE 文件名[ADDITIVE]/TO PRINTER[PROMPT]
　　/TO SCREEN]]

[WHERE 条件]

[GROUP BY 分组列[，分组列…]]

[HAVING 过滤条件]

[UNION [ALL] SELECT 命令]

[ORDER BY 排序项 [ASC/DESC][，排序项 [ASC/DESC] …]]

该查询命令共有七个子句，除 SELECT 和 FROM 子句外，其他可以任选。FROM 子句用来指明查询出自一个或多个表的表名；INTO 短语指明查询结果目标表的去向，忽略 INTO 短语表明查询结果出现在 BROWSE 浏览窗口中。SELECT 子句指明查询表(一个或多个表)投影字段，选择项还可以是常量、表达式和系统函数，如 AVG ()，MAX()，MIN()，COUNT()和 SUM()等用以建立目标表的新字段，用“AS 别名”指定新字段名。WHERE 子句十分重要，它指明查询表记录筛选条件和查询表为多个表时的连接条件，多表条件筛选选中记录构成目标表的记录集合。忽略 WHERE 子句表明无筛选或连接条件。

其他子句完成对目标表的进一步修饰。GROUP BY 子句将查询结果分组；HAVING 子句和 GROUP BY 子句联用通过“过滤条件”进一步说明分组；UNION 子句中，由 SELECT 命令组成另一个子查询，将当前查询结果与子查询的结果进行并操作；ORDER BY 将当前查询结果排序。

【案例 6-8】 用 Foxpro 中的 SQL 数据库查询命令，对如图 6-7 所示的“职工工资”表查询、显示女职工而且基本工资大于 300 元的职工名单，名单中要求显示职工姓名，性别，工作部门，工作日期，基本工资和应发工资。其中应发工资是新添字段，应发工资＝基本工资＋煤粮补贴＋副食补贴。以下是查询命令：

SELECT 职工姓名，性别，工作部门，工作日期，基本工资，基本工资＋煤粮补贴＋副食补贴，as 应发工资 FROM 职工工资 WHERE 性别＝"女" AND 基本工资＞300。

查询结果浏览窗口如图 6-14 所示。

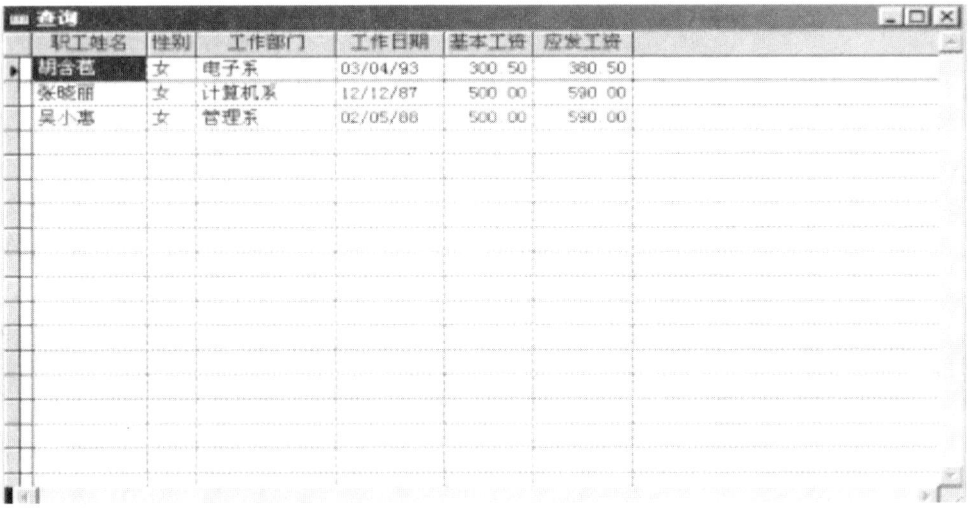

职工姓名	性别	工作部门	工作日期	基本工资	应发工资
胡含芭	女	电子系	03/04/93	300.50	380.50
张晓丽	女	计算机系	12/12/87	500.00	590.00
吴小惠	女	管理系	02/05/88	500.00	590.00

图 6-14　基本工资大于 300 元的女职工名单

6.5　RDB 设计

在数据库的物理模型采用关系模型基础上研究逻辑设计。数据库的逻辑设计是一种自顶而下，逐步逼近系统设计目标的过程。如果说数据库应用系统可以分步实施的话，数据库的设计必须先行，而且一定要以系统的、全局的观念进行设计。数据库设计好坏直接影响数据库应用系统的性能，最坏的情况可能导致整个应用系统无法实现。

数据库逻辑设计步骤：用户需求分析；E－R 模型设计，确定实体；确定实体属性及表间的联系；优化设计。系统的需求分析十分重要，具体做法见第 7 章内容，本节介绍 E-R 图到关系模型的转化和关系模型的规范化原则。

6.5.1　RDB 实体联系模型

在用户需求的驱动下，可用 E－R 图确定了系统所需的实体和实体间的联系。

1. RDB 的 E－R 图的关系模型

E－R 图主要成分是实体集和联系类型。在关系模型中，一个实体集转换成一个关系（表），实体的属性为关系属性，实体标识符为关系的键。要在关系模型中反映实体集间的联系必须根据实体集间的联系类型不同选择不同的转换方法。

（1）若实体间是 1∶1 的联系时，则将任何一个关系的主键，加入另一关系作为外键，即两个关系间的联系。

【案例 6－9】　学校与校长两个实体集如下：

　　　学校 S(学校名称，地址，电话)

　　　校长 P(校长姓名，性别，年龄，职称)

学校与校长间存在 1∶1 联系，建立联系后的关系模型为：

　　　学校 S(学校名称，校长姓名，地址，电话)

　　　校长 P(校长姓名，性别，年龄，职称)

或

　　　学校 S(学校名称，地址，电话)

　　　校长 P(校长姓名，学校名称，性别，年龄，职称)

注：本教材中用直线下划线表示关系的主键，波浪线下划线表示外键。

（2）若实体集间联系是 1∶M，则在 M 端关系中加入 1 端关系的主键作外键，构成联系。相反，如果将 1 端关系中加入 M 端关系中的主键作外键构成 1∶M 的联系，会造成外键有很多冗余，不仅浪费存储空间，而且可能造成数据的不一致性。

【案例 6－10】　车间和职工两个实体集如下：

　　　车间 W(车间号，车间名称，电话)

　　　职工 E(职工号，姓名，性别，年龄，聘期)

车间聘用职工是 1∶M 的联系，建立联系后的关系模型为

　　　车间 W(车间号，车间名称，电话)

　　　职工 E(职工号，车间号，姓名，性别，年龄，聘期)

（3）若实体集间是 M∶N 的联系，由于 RDB 不直接支持多对多的联系，需引入纽带将其分解为两个一对多的联系。建立纽带表，分别将两个关系的主键，及联系的属性置于纽带表中构成两个实体集间是 M∶M 的联系。

【案例 6－11】　教学模型中，学生和课程两个实体集为：

学生 S（学号，姓名，性别）

课程 C（课号，课名，学分，开课学期，学时数）

学生和课程两个实体集间，由学生选课建立 M∶M 联系，选课联系有成绩、绩点等属性，建立联系后的关系模型为：

学生 S（学号，姓名，性别）

课程 C（课号，课名，学分，开课学期，学时数）

选课 SC（学号，课号，成绩，绩点）

在该例中，选课联系的属性置于称为选课的纽带表中，如果置于学生或课程关系中，都不合适。

2．RDB 的体系结构

关系模型基本上遵循数据库体系结构的三级体系结构，通常称关系模式、用户模式和存储模式分别对应于概念、外模式和内模式。

【案例 6－12】　教学模型——学生选课的 E－R 图（案例 6－11），涉及两个实体集，"学生"和"课程"。学生选课是 M∶M 的联系，建立的关系模式由下面三个关系组成：

学生 S（学号，姓名，性别）

课程 C（课号，课名，学分，开课学期，学时数）

选课 SC（学号，课号，成绩，绩点）

假设用户所需的子模式 G

成绩子模式 G（学号，姓名，课名，成绩，绩点）

子模式 G 反映了用户使用的数据视图，对应的数据来自关系模式的 s 和 sc。

由于关系模式的物理独立性，用户子模式的逻辑独立性，用户无需关心存储模式，数据的访问由 DBMS 自动实现。值得注意的是，在数据库的逻辑设计时，牢记不要将应用的子模式或系统的输出报表直接看成一个完整的实体。

6.5.2　RDB 规范化理论

RDB 是关系的集合，规范化或称范式（Normal Form，NF）理论，研究如何从多种组合中选取一个性能好的关系集合，使得数据库减少数据冗余和便于维护，这是数据库设计技术中一个重要问题。规范化理论是基于数学理论产生的处理方法，有助于确定表的属性定义，表的分解。非规范化数据表必须规范化，规范化主要基于范式的概念，表的范式可分 5 个等级，且满足较高等级范式者必须满足较低等级范式。通常在解决一般问题时，满足前三个范式即已经有比较满意的性能。

（1）1NF—如果关系模式中的关系 R，其所有属性的值域中每一个值不可再分解，称 R 满足第一范式（1NF），否则将其分解，即表是一个简表，任何一字段不能为子表，或字段值不能是数组、集合、枚举量。不符合 1NF 的关系无法进行关系运算，这是 RDBMS 不支持数组、列表和嵌套的原因。

【案例 6-13】　关系：工资(工号，姓名，基本工资，加班补贴，交通补贴，…)

显然，这是非 1NF 的关系，在工资表套有补贴表，而且补贴项是枚举量，除非列举所有的补贴项，或用其他补贴表示未被列举的补贴项，否则无法完整表达。但如果全部列举(假设可以)也不实用，有的职工可能有其中的几项，有的可能一项也没有，当记录数较多时，空白项浪费存储空间十分可观。如果采用其他补贴一是无法清楚表达究竟是些什么补贴，二是当有几项未被列举的补贴项时，将其归入其他补贴必须介入人工计算。

将补贴表从工资表分离，对应的两个符合 1NF 关系为：

　　　　工资(工号，姓名，基本工资)

　　　　补贴(补贴名称，补贴数)

以上描述的问题都得到了妥善解决。同样，工资中的扣款、产品中的供应商等等，都应该依此解决。

(2) 2NF——如果关系 R 满足 1NF，且 R 中每一个非主属性完全函数依赖于主键属性则称 R 满足第二范式，即在满足 1NF 的关系中，每一个非主属性不能依赖主键属性的一部分，否则不符合 2NF。

【案例 6-14】　如下一个"学生社团"的关系

　　　　学生社团(学号，社团代号，姓名，性别，社团名称)

"学生社团"关系，满足 1NF，但不满足 2NF，该关系由学号，社团代号组成主键，学生姓名、性别只依赖于学号，和社团无关。同样，社团名称只依赖于社团代号，和学号无关，不满足 2NF。

不满足 2NF 关系，会引起数据冗余和插入、删除异常等现象。例如插入新社团而缺少学号无法添加；当删去某个学生信息时，可能会丢失有关的社团信息。解决方法：将非函数依赖部分分解成两个或多个满足要求第二范式(2NF)的关系。

　　　　学生(学号，姓名，性别)

　　　　社团(社团代号，名称)

　　　　学生社团(学号，社团代号)

(3) 3FN——如果学生关系 R 满足第二范式，且非主链属性都不传递依赖主链属性，则 R 满足第三范式的关系。

【案例 6-15】　如下一个"产品供销"的关系

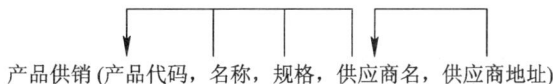

　　　　产品供销(产品代码，名称，规格，供应商名，供应商地址)

产品代码是主键，名称，规格直接依赖主链，供应商地址依赖供应商名，而供应商名又依赖于产品代码，则供应商地址传递依赖产品代码。非 3FN 关系同样在冗余和更新异常问题。解决方法，分解成多个满足 3FN 的关系。

　　　　产品(产品代码，名称，规格，供应商名)

　　　　供应商(供应商名，供应商地址)

关系规范化实际上是关系分解、关系属性确定的过程，通过分解使关系达到较高的范式。分解有多种可能性，但必须遵循关系分解的基本原则：

无损分解原则，即分解后不丢失信息；

独立关系分解原则，即分解后的关系必须相互独立，避免对一个关系的修改，涉及到另一个关系。

RDB 最大特点之一，它有坚实的理论基础。关系代数以集合代数为基础，以关系（表）为分散对象的一组分散集合。

6.5.3　RDB 设计实例

下面以一家出版社为例，介绍 RDB 的设计。

在应用开发中，最初与用户交谈，了解用户需求时，用户会提出种种如下的要求："我们有很多事情要做，但不知道如何开始。首先，我们要有作者的情况，比如姓名，地址什么的。其次是出版书的情况，这方面信息量很大。我们用四位内部编码表示所出版的书，有关书的信息包括书名、页数、售价等。有些书由多个作者合写，我们需要知道书的出版时间和印刷的册数。另外，还要有月销售书的数量等有关情况，每月我们要知道每本书销售了多少册。我们按书的内容分类，例如，用 RO 表示浪漫类，MY 表示神秘类，WE 表示西部类等等。一本书只能归属一个分类。另外，一些作者喜欢用笔名发表作品，为此，我们必须知道作者的原名，因为按笔名邮寄的支票不能兑现。有的作者笔名很多。你能在数据库中处理这些问题吗？"

对此首先要做的是定义实体和选择主键，从用户描述中可提炼出下列实体：

作者（作者编号，姓名，通信地址）

书（书号，书名，页数，售价）

分类（分类码，分类名称）

印数（书号，版数，印数，出版日期）

销售（书号，年月，销售数）

笔名（作者编号，笔名）

接下来是确定实体间的联系，我们可得出下列联系：

书和作者之间是多对多的联系

分类和书之间是一对多的联系

作者和笔名之间是一对多的联系

书和印数及书和销售之间都是一对一的联系

笔名是个枚举量

接下来是确定实体的属性，以下给出数据库的完整模型：

作者（作者编号，姓名，通信地址）

书（书号，分类码，书名，页数，售价）

作者-书（作者编号，书号，作者序位）

分类（分类码，分类名称）

印数（书号，版数，印数，出版日期）

销售（书号，年月，销售数）

笔名（作者编号，笔名）

（1）书和作者之间是多对多的联系，引入"作者-书"的纽带表，纽带表的"作者序位"是联系的属性，它表示作者是该书的第几作者。

（2）书和印数及书和销售之间都是一对一的联系，分别建表有利于减小冗余。

（3）对枚举量笔名单独建表。

6.6　新　型　数　据　库

6.6.1　数据仓库

1. 从数据库到数据仓库

数据库系统作为数据管理的主要手段，主要用于事务处理。在这些数据库中已经保存了大量的日常业务数据。传统的决策支持系统（DSS）一般是直接建立在这种事务处理环境上的。

数据库技术在事务处理、批处理、分析处理等方面发挥了巨大的作用，但它对分析处理的支持一直不能令人满意，尤其是当以事务处理为主的联机事务处理（OLTP）和以分析处理为主的决策支持系统（DSS）共存时，人们逐渐认识到事务处理和分析处理具有不同的特性。以下原因导致事务处理环境不适宜 DSS 应用：

（1）事务处理和分析处理的特性不同；

（2）数据集成问题；

（3）数据动态集成问题；

（4）历史数据问题；

（5）数据的综合问题。

以上这些问题表明，在事务型环境中直接构建分析应用是很困难的。要从本质上解决这些问题，就需要提高分析、决策的效率和结论的有效性。分析处理及其数据必须与操作型处理和数据相分离，必须把分析数据从事务处理环境中提取出来，按照 DSS 处理的需要进行重新组织，建立单独的分析处理环境。数据仓库正是为了构建这种新的分析处理环境而出现的一种数据存储和组织技术。

2. 数据仓库的定义及其特点

1）数据仓库的定义

数据仓库是近年来信息领域中迅速发展起来的数据库新技术。数据仓库一词尚没有一个统一的定义，比较一致的说法是：数据仓库是一个面向主题的、集成的、相对稳定的、反映历史变化的数据集合，主要用于支持管理决策过程。

关于数据仓库的概念，首先，数据仓库用于支持决策，面向分析型数据处理，它不同于操作型数据库；其次，数据仓库是对多个异构的数据源的有效集成，集成后按照主题进行了重组，并包含历史数据，且存放在数据仓库中的数据一般不再修改。

建立数据仓库能充分利用已存在的数据资源，获得有用信息，并由此创造出效益。目前越来越多的企业、行政、事业单位开始认识到数据仓库应用所带来的好处。与传统的数据库技术相比较，传统数据库是以单一的数据资源，即数据库为中心，进行从事务处理、批处理到决策分析等各种类型的数据处理工作的。不同类型的数据处理有着其不同的处理特点，以单一的数据组织方式进行组织的数据库并不能反映这种差异，满足不了数据处理的多样化要求。随着数据库应用的普及，人们发现：对数据处理除了操作型处理外还会有分析型处理，而且分析型处理会带来更好的效益。

所谓操作型处理(或事务处理)，是指对数据库进行的联机的日常操作，如对一个或一组记录的查询和修改等，主要是为特定应用服务的，操作人员比较注重响应时间、数据的安全性和完整性等问题。而分析型处理则主要由管理人员处理，处理结果往往会影响其决策行为，这种操作经常要访问大量的历史数据，与操作型数据之间有很大的差异。数据仓库是以已有的业务系统和大量业务数据的积累为基础的，数据仓库不是静态的概念。把信息加以整理、归纳和重组，并及时提供给相应的管理决策人员，是数据仓库的根本任务。从产业界的角度看，数据仓库建设是一个工程。

2) 数据仓库的特点

与传统数据库相比较，数据仓库拥有面向主题、集成的、相对稳定、反映历史变化等四个特点。

(1) 面向主题。与传统数据库面向事务处理应用进行数据组织的特点相对应，数据仓库中的数据是面向主题进行组织的。主题是一个抽象的概念，是指用户使用数据仓库进行决策时所关心的重点方面，是在较高层次上将企业信息系统中的数据综合、归类并进行分析利用的抽象，一个主题通常与多个操作型信息系统相关。在逻辑意义上，它对应企业中某一宏观分析领域所涉及的分析对象。

所谓较高层次，是相对面向应用的数据组织方式而言的，是指按照主题进行数据组织的方式具有更高的数据抽象级别。"主题"在数据仓库中是由一系列表实现的。一个主题下表的划分可以按数据的综合、数据所属时间段进行划分。基于一个主题的所有表都含有一个称为公共码键的属性作为其主码的一部分。公共码键将一个主题的各个表联系起来。

由于数据仓库中的数据都是同某一时刻联系在一起的，因此除了其公共码键之外，还必须包括时间成分作为其码键的一部分。

数据仓库中的数据是按照一定的主题域进行组织的，同一主题的表不一定存储在相同的介质中，而可以根据数据被关心的程度，分别存储在磁盘、磁带、光盘等不同的介质中。一般而言，查询频率低的数据存储在廉价慢速设备(如磁带)上，而查询频率高的数据则保存在磁盘上。

(2) 集成的。面向事务处理的操作型数据库通常与某些特定的应用相关。数据库之间相互独立，并且往往是异构的。而数据仓库中的数据是在对原有分散的数据库数据抽取、清理的基础上经过系统加工、汇总和整理得到的，必须消除源数据中的不一致性，以保证数据仓库内的信息是关于整个企业的一致的全局信息。

由于操作型处理与分析型处理之间的差别，数据仓库的数据是从原有的分散的数据库数据中抽取来的，在数据进入数据仓库之前，需要经过加工、统一和综合等集成处理。数据集成是数据仓库建设中最关键、最复杂的一步。

(3) 相对稳定。操作型数据库中的数据通常需要实时更新，数据根据需要及时发生变化。数据仓库的数据主要供企业决策分析之用，所涉及的数据操作主要是数据查询，一旦某个数据进入数据仓库以后，一般情况下将被长期保留，也就是数据仓库中一般有大量的查询操作，但修改和删除操作很少，通常只需要定期的加载、刷新。数据仓库存储的是相当长一段时间内的历史数据，是不同时刻数据库快照的集合，以及基于这些快照进行统计、综合和重组的导出数据，不是联机处理的数据。因而，数据一经集成进入数据库后是极少或根本不用更新的，是稳定的。

（4）反映历史变化。操作型数据库主要关心当前某一个时间段内的数据，而数据仓库中的数据通常包含历史信息，系统记录了企业从过去某一时点（如开始应用数据仓库的时点）到目前的各个阶段的信息，通过这些信息，可以对企业的发展历程和未来趋势做出定量分析和预测。数据仓库中的数据相对稳定是指，数据仓库的用户进行分析处理时可能是不进行数据更新操作的。但并不是说，在数据仓库的整个生存周期中数据集合是不变的。

3. 数据仓库系统的体系结构

整个数据仓库系统的体系结构可以划分为数据源、数据的存储与管理、OLAP 服务器、前端工具等四个层次。

数据源是数据仓库系统的基础，是各类数据的源泉，常包括企业的各类信息。如存放于 RDBMS 中的各种业务处理数据、各类文档数据、各类法律法规、市场信息、竞争对手的信息等。

数据的存储与管理是整个数据仓库系统的核心，是数据仓库的关键。数据仓库的组织管理方式决定了它有别于传统数据库，同时也决定了其对外部数据的表现形式。数据仓库按照数据的覆盖范围可以分为企业级数据仓库和部门级数据仓库（通常称为数据集市）。OLAP 服务器对分析需要的数据进行有效集成，按多维模型予以组织，以便进行多角度、多层次的分析，并发现趋势。按其具体实现可以分为：ROLAP、MOLAP 和 HOLAP。

ROLAP 基本数据和聚合数据均存放在 RDBMS 之中；MOLAP 基本数据和聚合数据均存放在多维数据库之中；HOLAP 基本数据存放在 RDBMS 之中，聚合数据存放在多维数据库中。前端工具主要包括各种报表工具、查询工具、数据分析工具、数据挖掘工具以及各种基于数据仓库或数据集市的应用开发工具。其中数据分析工具主要针对 OLAP 服务器，报表工具、数据挖掘工具主要针对数据仓库。

4. 分析工具

数据仓库系统是多种技术的综合体，它由数据仓库、数据仓库管理系统、数据仓库工具三个部分组成。数据仓库的数据分析工具用于帮助用户对数据进行分析、获取信息，是数据仓库系统的重要组成部分。在整个系统中，数据仓库居于核心地位，是信息挖掘的基础。数据仓库管理系统负责管理整个系统的运转，是整个系统的引擎。数据仓库工具则是整个系统发挥作用的关键，只有通过高效的工具，数据仓库才能真正发挥出数据宝库的作用。

1）联机分析处理技术及工具

联机分析处理（OLAP）的应用不同于联机事务处理，它具有灵活的分析功能，直观的数据操作和可视化的分析结果表示等突出优点，从而使用户对基于大量数据的复杂分析变得轻松而高效。

在 OLAP 中，特别应指出的是多维数据视图的概念和多维数据库（MDB）的实现。其中，维是人们观察现实世界的角度，决策分析需要从不同的角度观察分析数据，以多维数据为核心的多维数据分析是决策的主要内容。数据仓库技术把决策分析中数据结构和分析方法相分离，使分析工具的产品化成为可能。

目前，OLAP 工具产品的实现可分为两大类，一类是基于多维数据库的，一类是基于 RDB 的。两者相同之处是，基本数据源仍是基于关系数据模型的，向用户呈现的也都是多维数据视图。不同之处是前者把分析所需的数据从数据库或数据仓库中抽取出来，物理地组织成多维数据库，后者则利用关系表来模拟多维数据，并不物理地生成多维数据库。

2）数据挖掘技术和工具

数据挖掘(DM)是从超大型数据库或数据仓库中发现并提取隐藏在内部的信息的一种新技术。目的是帮助决策者寻找数据间潜在的关联，发现经营者被忽略的要素，而这些要素对预测趋势、决策行为也许是十分有用的信息。

人们期望数据挖掘技术能够自动分析数据，进行归纳性推理，从中发掘出数据间潜在的模式，或产生联想，建立新的业务模型，以帮助决策者调整市场策略，做出正确的决策。

5. 数据仓库、OLAP 和数据挖掘的关系

数据仓库、OLAP 和数据挖掘是作为三种独立的信息处理技术出现的。数据仓库用于数据的存储和组织，OLAP 集中于数据的分析，数据挖掘则致力于知识的自动发现。它们都可以分别应用到信息系统的设计和实现中，以提高相应部分的处理能力。

由于这三种技术内在的联系性和互补性，可以将它们结合起来构成一种新的 DSS 构架。这一构架以数据仓库中的大量数据为基础，其特点是：

（1）在底层的数据库中保存了大量的事务级细节数据，是整个 DSS 系统的数据源。

（2）数据仓库对底层数据库中的事务级数据进行集成，重组为面向全局的数据视图，为 DSS 提供数据存储和组织的基础。

（3）OLAP 从数据仓库中的集成数据出发，构建面向分析的多维数据模型，再从多个不同的视角对多维数据进行分析、比较，分析活动从以前的方法驱动转向了数据驱动，分析方法和数据结构实现了分离。

（4）数据挖掘则以数据仓库和多维数据库中的大量数据为基础，自动地发现数据中的潜在模式，并以这些模式为基础自动地做出预测。

6.6.2　多媒体数据库

1. 概述

媒体是信息的载体，多媒体是指各种信息载体(即媒体)的复合体，或者说多媒体是指多种媒体如数字、文本、图形、图像和声音的有机集成(而不是简单的组合)。其中数字、字符等称为格式化数据；文本、图形、图像、声音、视频等称为非格式化数据，非格式化数据具有数据量大、处理复杂等特点。

多媒体数据库实现对格式化和非格式化的多媒体数据的存储、管理和查询，其主要特征有：

（1）多媒体数据库应能够表示多种媒体的数据。非格式化数据表示起来比较复杂，需要根据多媒体系统的特点来决定表示方法。例如，如果感兴趣的是它的内部结构，且主要是根据其内部特定成分来检索，则可把它按一定算法映射成包含它所有子部分的一张结构表，然后用格式化的表结构来表示它。如果感兴趣的是它本身的内容整体，则要检索的也是它的整体，而且可以用源数据文件表示它。文件由文件名来标记和检索。

（2）多媒体数据库应能够协调处理各种媒体数据，正确识别各种媒体数据之间在空间或时间上的关联。

（3）多媒体数据库应提供比传统数据管理系统更强的、适合非格式化数据查询的搜索功能。在现代生活中，我们需要处理各种形态的信息，如计算机要以图形、印刷文字、手写文字、声音、图像、动画和身体语言（如手势）等多种媒体作为信息处理的对象。

2. 多媒体数据库系统的主要研究课题

近年来，随着技术的发展，形形色色的数字化手段、设备层出不穷，媒体的数字化技术有了很大发展。声音、图像、视频和音频的采样、模/数转换及存储问题已完全解决，达到了实用化的要求。这为多媒体的计算机处理和应用提供了可能。大容量存储设备的商品化和网络带宽的不断提高，为多媒体信息的计算机处理奠定了硬件基础。各种独立媒体的数据库技术（如文本库、图形库、图像库等）的发展和研究为多媒体数据库系统的研究和开发提供了基本技术的保障。多媒体数据库系统，就是把组织在不同媒体上的数据一体化的系统。

1）DBS 对多媒体数据的支持

当前的很多商用 DBS 对多媒体应用提供支持。例如 Oracle、Sybase、DB2 等都可以不同程度地支持多媒体应用，但主要是在系统中引入无结构的大对象数据类型来存储多媒体数据，因而无法满足语义信息复杂的多媒体应用建模需求。

面向对象数据库中虽能利用类层次表达复合多媒体对象之间的语义联系，但也不能满足建模需求。此外，现有的面向对象 DBS 的查询机制、事务管理和并发控制及数据访问等，只能在一定程度上支持多媒体应用。因而，多媒体数据库的许多课题有待研究与开发。

2）多媒体数据库技术的研究

资料显示、多媒体数据库涉及到的研究问题有：

（1）多媒体数据模型研究。多媒体数据具有数据量大、类型多样以及表现时具有时、空性质等特点。而作为数据模型应提供统一的概念，既要在用户使用时屏蔽各类媒体间的差异，又要在具体实现时考虑各种媒体的不同。

（2）多媒体数据的索引、检索、存取和组织技术。信息检索既是计算密集的，也是 I/O 密集的。信息检索也可能是模糊的或基于不完全信息的。研究多媒体数据的索引、检索、存取和组织技术，对加速多媒体数据库的应用是很重要的。

（3）多媒体查询语言。期望的多媒体查询语言应能够表达复杂的时空概念，允许不精确检索。

（4）多媒体数据的聚簇、存储、表现合成和传输支持技术。

（5）多媒体数据库系统的标准化工作。

3. 多媒体数据库应用系统的开发

一般来说，图像、声音、数字视频是多媒体的基本要素，目前多媒体数据库的应用日益广泛。例如，城市交互式有线电视实时点歌系统，使人们可以通过电话机按键点歌，并且同时在电视上看到自己正在操纵的菜单，选中歌曲后电视立即自动播放 MTV，不需旁人帮助，这是网络多媒体数据库的具体应用。

多媒体应用的开发技术，是一个涉及多方面的综合技术。例如，有线电视实时点播系统不仅涉及语音卡、电话网、有线电视网、数据库、高级语言编程等多方面的技术，还要解决节目来源、版权等多方面的问题。开发多媒体数据库应用系统可以采用 PowerBuilder、VB、Delphi、Visual C++等工具，数据库可根据应用的需要采用 SQL SERVER、DB2、ACCESS 等。多媒体数据库应用系统的应用程序一般要具备多媒体录制、查询、播放等众多功能。

开发过程一般要注意以下事项：

（1）系统统筹、设计、资源的数字化。

（2）将图像（静态、动态）、声音、动画、文字等多媒体素材存入数据库。

（3）制作查询、播放功能模块。

（4）设计、开发应用硬件平台，比如应用在银行等系统的 ATM、CDM、查询终端等。

目前多媒体数据库在各行各业都有应用，例如珍稀动植物多媒体数据库等。

6.6.3　数据库技术展望

1．数据库技术面临的挑战

在许多新的应用领域面前，数据库技术所面临的挑战主要体现在以下几个方面：

（1）应用环境的变化。DBS 的应用环境由可控制的环境变成多变的异质信息集成环境和 WWW 环境。

（2）数据类型的变化。数据库中的数据类型由结构化扩大至半结构化和多媒体数据类型。

（3）数据来源的变化。大量数据将来源于实时动态的传感器或监测设备，数据量也因此骤增。

（4）数据管理要求的变化。许多新型应用需支持协同设计和工作流管理。

传统 DBS 不适应新的应用领域的部分原因是由于这些应用提出了传统研究和开发没有覆盖的功能和性能要求，也有一部分原因是传统的技术和系统忽略了 DBMS 的开放性、易用性和可重用性等。它也阻碍了数据库技术的广泛应用。

2．新的研究方向

为适应新的应用，数据库技术的研究和发展不应局限于增强和提高传统 DBMS 的功能和性能上，还应注意下面一些值得探索的问题。

1）易用性

尽管 DBMS 的易安装、易使用和易管理性有了很大的改善，但很多用户仍喜欢用文件系统。这说明 DBMS 的管理还是需由专门技术人员来负责，未经培训的用户编写数据库的查询和更新程序是有相当难度的。

显然，要想让数据库技术像电子表格或字处理软件那样深入大众生活，友好的数据库界面是先决条件。首先，数据库厂商不能指望最终用户自己来写 SQL 程序，用户的所有请求应有简单易懂的界面支持；其次，系统应提供应用系统开发工具，将数据库领域的理论概念变成实际可用的技术，用户不必是理论专家也可直观地进行数据库设计、完整性检查、系统性能调整等工作。

2）可扩充性和组件化

前面已提到，DBMS 的整块式体系结构不利于瘦型或轻便型数据库应用系统的开发，解决的办法是采用数据库组件的方式。用户可按需要选择不同功能的组件构成自己需要的数据库解决方案。数据库组件有利于实现 DBMS 的模块化构建，从而提供良好的可扩充性。

在这方面值得研究的内容有：DBMS 对外部数据类型的支持；DBMS 的开放体系结构，以适应用户要求加入新的数据库功能；DBMS 组件与操作系统、程序设计语言和网络基础设施等非 DBMS 组件的协作或集成等。

3）数据质量和非精确查询

在广域网或因特网环境中，不同信息源的数据质量各不相同。数据质量是指数据的时效性、完整性和一致性。如何在获得数据源的同时捕获和处理与质量有关的源数据，在未来数据库应用系统中将是一个必须解决的问题。这涉及数据质量的度量及其在数据处理中的使用，比如对两个数据质量差异很大的数据施行连接操作显然意义不大。

另一个相关的问题是非精确查询。当今的 DBMS 管理的是可控的封闭环境，查询所得到的结果是精确的。然而，在 Web 或其他大型信息源中无法也没有必要保证绝对精确。相似性查询等技术就是典型的非精确查询。相似性技术是与具体的数据类型（如文本、图像等）密切有关的，目前正设法将它们联系起来研究，以得到成熟的通用的非精确性理论。

4）无模式数据库

在传统数据库中，模式起着举足轻重的作用，但是在许多新的应用环境中，数据不再按预先定义的模式产生。例如在 Web 中，数据结构是动态变化的，难以套用固定模式。随着新的数据不断加入，人们也会发现原先设计的模式也是不完全或不一致的，无法接纳外来数据。因此，有必要研究模式管理设施，其中包括精密的数据映象设施。另一研究方向是扩充现有数据库技术用以对非结构化数据进行查询和转换。

5）新型事务模型

事务是支持并发的关键概念。在新的应用环境中，事务有着新的特点：一是事务可能是长事务；二是并发事务数目可能很大；三是并发用户地理上分布很广。新的事务模型应允许用户介入事务管理，允许事务嵌套。典型的做法是将正确性和隔离性分别对待，放松对正确性的要求，通过补偿/回退机制保证数据正确，从而在事务模型中支持部分回退。这样既能保证数据一致性，又能保证已做的工作不致于前功尽弃。克服传统的两段封锁协议带来的阻塞问题也是新型事务模型应解决的，而提交/补偿是可行的方案之一。

6）查询优化

在未来环境中，数据库中的数据类型非常复杂。首先，应针对新的数据类型进行优化，设计相应的索引技术和查询处理策略；其次，优化标准不再仅限于降低磁盘访问次数和缩短响应时间，还需综合考虑精确性、完整性和信息成本等因素；此外，在移动、无线通信条件下，查询优化还需考虑带宽及电源使用等因素。

7）数据迁移

在分布环境中，数据迁移的成本非常高，因此，通信线路和中间结点上高速缓存的优化使用是影响性能的重要因素。尽管数据迁移是与查询优化密切相关的，也应考虑系统的整体访问模式而非单个请求的处理。另外，还必须考虑低带宽通信线路和高负荷服务器的不对称性。

8）安全性

传统的 DBS 的安全机制很大程度上依赖于模式，而新的应用中数据常是无模式的。因此，需要研究新的授权模型的设计、分布式环境中授权模式的扩充、不同安全策略间的互操作性及基于证件的访问控制策略等。

9）数据挖掘（知识发现）

数据挖掘是目前发展极为迅速的一个研究领域，它综合了机器学习、统计分析和数据库技术，是为数据库中数据的决策型使用服务的。知识发现包括规则生成、分类、聚类、序列分析等。如何扩充 DBS 的功能，使之包括数据挖掘能力，是当前数据库的一个研究方向。具体说来，就是研究简单的查询原语和新一代查询优化技术。

小　结

本章首先回顾了数据资源管理技术发展的三个阶段，以及远程访问数据资源的方式和发展。

数据描述说明数据随现实世界中，企、事业单位的业务活动而产生，业务活动中的物流在信息世界升华为实体、属性和实体间的联系，最后，在计算机世界中以数据的形式存储和转化为有用的信息。数据逻辑模型用 E－R 图说明组织业务活动需求的实体、属性和实体间的联系，即信息模型。数据物理模型是信息模型在计算机中存储的数据结构形式，数据库分成层次、网状、关系和面向对象类型的依据。

数据库是统一规划，集中管理相关数据的集合。数据库的体系结构是对数据的三级抽象，数据结构间的两级映像由数据管理系统 DBMS 软件负责。数据库的体系结构所以采用三级抽象，两级映像，使数据库系统具有物理数据独立性和逻辑数据独立性。数据的逻辑独立性，简化了数据库系统应用程序的设计工作。数据的物理独立性，使数据库逻辑设计只需根据系统需求独立设计，简化了数据库系统应用系统的开发、设计工作。

DBMS 是位于用户和操作系统 OS 间的数据管理软件，主要由查询处理器和存储管理器两大部分组成。查询处理器处理数据定义和数据操作，存储管理器提供数据管理，数据库保护功能。

为用程序设计高级语言编写数据库应用系统用户界面，有两种方法：一种是扩充能处理 SQL 语句的宿主语言，如 VFP、DBMSE 等。另一种是将 SQL 语句嵌入宿主语言，如 C＋＋、VB 等。

目前，最流行的是 RDB，关系是元组的集合。关系模型必须遵循实体、参照和用户完整性规则。

关系代数是 RDB 的理论基础，允许用户在整个关系范围内进行操作。关系模型的操作分为两类：代数操作和 RDB 的特征操作。RDB 的特征操作是本章的重点，查询是关系操作的核心，并以 Foxpro 中的 SQL 命令为例，介绍了数据库查询语句。

在数据库应用系统开发时，数据库的设计必须先行，而且强调要以系统的、全局的观念设计数据库。简单介绍数据库设计步骤，重点介绍了将 E－R 图转化为关系模型，及关系模型的规范化理论。

最后，介绍新型数据库技术的发展，如数据仓库、多媒体数据库等一些概念与特点以及数据库技术的展望。

习　　题

6－1　数据管理的文件方式和数据库方式有何本质上的不同？为什么说数据库技术的使用是管理信息系统(MIS)成熟的重要标志？

6－2　远程数据访问的客户/服务器方式和传统的文件方式有何本质上的不同？浏览器/服务器方式和客户/服务器方式有何本质上的不同？

6－3　现实世界中的事物到信息世界的实体，为什么说是人类认识现实世界的升华？

6－4　什么是数据逻辑模型？什么是数据物理模型？数据库按什么分类？目前，有什么类型的数据库？最流行的是什么模型的数据库？最有发展前景的是什么模型的数据库？

6－5　什么是实体？什么是属性？实体间有什么样的联系？

6－6　实体类型指什么？属性和属性值是什么？如何标识实体？

6－7　试举出实体间有 1∶1、1∶M 和 M∶N 三种联系方式的两个实例。

6－8　试画出在教学管理中，学生、课程和教师三个实体和实体间联系的 E－R 图，请自假设各实体的属性(只少三个)和合理的联系属性。

6－9　数据库三级体系结构是哪三级？各级代表什么数据库？数据库为什么要采用三级体系结构？数据在三级体系结构中的两级映像由什么软件负责？

6－10　说明为什么程序设计语言(宿主语言)，不能直接编写数据库应用程序的原因。什么是自含语言？VFP 属于哪类语言？

6－11　数据库的完整性指什么？安全性指什么？通常用什么方法保护数据库的安全性？

6－12　多用户处理程序并发数据库时，如何控制保证数据正确性？什么是死锁？如何防止死锁？

6－13　如图 6－7 所示名为"职工工资"表及字段名，用 VFP 的 SQL 查询命令，写出下列各题的命令(查询结果在浏览窗显示)：

(1) 查询显示全部职工的姓名，性别，工作部门，工作日期，基本工资。

(2) 查询显示全部职工的姓名，性别，工作部门，工龄，基本工资。

(3) 查询显示男性职工的姓名，性别，工作部门，工作日期，基本工资。

(4) 查询显示基本工资≥300 元男性职工的姓名，性别，工作部门和应发工资。

应发工资＝基本工资＋煤粮补贴＋副食补贴

6-14　已知两个关系 A，B 如右图所示，求：

A∪B

A∩B

A－B

的结果。

A		
X	Y	Z
a	3	e
b	5	f
c	2	g

B		
X	Y	Z
a	3	f
b	2	g
c	2	e

6-15　已知学生选课及奖学金四个关系，如下图示。
写出下列各题的命令（查询结果在浏览窗显示）：

(1) 查询学号 s2 学生选修的课号、课名和成绩。

(2) 查询课号 c2 共有哪些学生选修及其成绩。

(3) 查询同时选修 c1、c2、c3 课号课程的全部学生的名单。

(4) 查询女同学获得奖学金的名单。

学生 S

学号	姓名	性别
s1	江一班	男
s2	丁萧	女
s3	王微	女
s4	李嵘	男

课程 C

课号	课名
c1	外语
c2	管理学
c3	VFP
c4	运筹学

选修 SC

学号	课号	成绩
s1	c1	良
s1	c2	良
s1	c3	优
s2	c1	优
s2	c2	中
s2	c4	良
s3	c2	良
s3	c4	中
s4	c1	优
s4	c2	优
s4	c3	优

奖学金 T

成绩	奖学金
优	50
良	0
中	0
及格	0
不及格	0

6-16　请将下列表格改造成关系，并规范化。

职工号	扣款日期			扣款项款			
	年	月	日	缺勤扣款	水电费	房租费	其他扣款
F38071	2001	8	5		70	120	
F80084	2001	8	5	30	80	30	20
F38071	2001	9	5		100	120	

6-17　如下一个称"学生成绩"的关系，请将其规范化。

学生成绩（学号，姓名，课名，成绩，绩点）

6-18　什么是数据仓库？数据仓库与操作数据库有何不同？它们在管理信息系统中起什么作用？

第7章　管理信息系统开发方法

目前，普遍认为管理信息系统的开发过程有需求分析、系统分析、系统设计、系统实现等几个步骤；有瀑布模型、原型模型以及螺旋模型等开发模型和结构化、面向对象等系统开发方法。这些模型与方法有各自的特点和适用范围。在开发管理信息系统之初，必须首先确定采用什么样的开发方法来指导管理信息系统的开发。

7.1　开发方法综述

7.1.1　开发方法的定义

MIS 的开发，顾名思义就是涵盖了从可行性研究、系统分析、系统设计以及系统实施等各个环节的工作过程。开发一个 MIS，不管它是订票处理系统还是主管信息系统，所需的过程基本上是相同的。每一过程都由一些基本的活动组成，以至于形成了一门"系统开发学"。系统开发学指出了要进行的活动、这些活动之间的关系和顺序以及关键的评价和判定的阶段标志。提交可行性研究报告和完成功能说明书是典型的开发方法中的两个重要的阶段标志。这些活动是每一个开发人员和信息系统用户都应掌握的。但是由于每个人对该过程的理解不同，因此，又有人提出了标准的系统开发方法。标准的系统开发方法与软件一样，可以在市场上买到或者在组织内部设计出来。

1. 系统开发方法学

信息系统开发方法学是一门具体学科（信息系统开发）的方法学，其基本任务是研究信息系统开发的规律以及相应的技术和工具，从认识论、方法论、系统论的角度研究出一套符合现阶段人们认识程度的系统开发原则、方法和工具，以指导开发实现的全过程。这是系统分析师要研究解决的问题。

系统开发方法学的研究是与认识体系的研究和工具方法的研究密切相关的。方法学的研究包括下列内容：

（1）在较高层次上分析和总结以往的经验，研究信息系统开发的一般规律，建立具有一般意义（普遍适用）的系统开发指导思想的基本原则。

（2）从系统工程的角度，为分析人员（或称信息系统的建造者）提供一个协调局部与整体利益的思维方法以及具体的分析、设计原则。

（3）围绕已建立的各种开发方法、指导思想的原则，建立相应的实施步骤。

（4）研制一整套与系统开发思想相对应的、适合于各实施步骤的描述和开发工具。

（5）信息系统开发中的组织、实施方法。

（6）系统开发成功的关键因素、必要条件以及促使系统开发成功的组织运行机制。

既然信息系统开发方法学是研究信息系统开发规律的学科分支，它的研究领域包括下列方面：

（1）信息系统开发的认知体系。

（2）信息资源的战略规划。

（3）信息系统开发策略。

（4）信息系统分析与设计的一般理论和方法。

（5）信息系统集成学。

（6）系统开发环境和技术。

迄今为止，在信息系统开发方法学领域尚未形成一套公认最合理、科学的理论，以及由这些理论所支持的具体工具和方法。

2. 系统开发认知体系

信息系统开发认知体系所要研究人们在信息系统开发过程中对其开发对象的认识方法以及信息系统开发的规律及方法，以指导人们进行信息系统研制的指导思想、过程步骤及工具，为建立和认识客观事物以及各种开发理论、方法奠定统一的基础和认知框架。

认识规律的研究主要是指在信息系统开发过程中人对客观事物（即将要被处理的对象）认识规律的研究。

3. 系统开发策略与资源规划

信息系统的开发策略和资源规划，是指一个系统在被开发前所进行的整体开发战略和资源规划。系统开发策略与资源规划所要研究的主要内容如下：

（1）组织的性质、特点、目标、地位以及组织的发展战略规划。

（2）信息系统的任务、目标、作用、地位以及所期望对组织管理的影响。

（3）现有资源分析。它包括对现有信息资源、信息处理能力、技术基础、环境条件、资金设备等资料的分析。

（4）组织的管理现状和需求分析。它包括组织的管理体制、现状、水平、基础数据管理状况；组织今后战略发展可能对其现有管理模式所产生的影响，以及组织各部门对信息和信息系统的需求状况和需求层次等资料的分析。

（5）信息系统开发方法、投资方案、开发过程的实施规划。

4. MIS 的建设步骤

MIS 的建设贯彻和应用了系统方法原则和软件工程原则，将系统的开发和使用看做是一个系统产生、发展、消亡和更新的过程，即系统的生命周期。MIS 的建设是一个复杂的过程，从用户提出要求到系统建成，存在着一系列工作环节。每个工作环节的质量直接影响与之相关的环节，进而影响整个系统建设的质量和进度。因此，正确认识系统的发展规律，了解不同发展阶段的特点和相互关系，才能成功地进行 MIS 的建设。

按照系统建设的生命周期思想，MIS 的建设过程可以分成系统规划、系统开发、系统运行与维护和系统更新四个阶段。

（1）系统规划。系统规划是 MIS 建设的第一个阶段。系统规划的主要任务是根据组织的整体目标和发展战略，确定 MIS 的发展战略，明确组织总的信息需求，制定 MIS 建设的总计划。其中包括确定拟建系统的总体目标、功能、规模和所需资源，并根据需求及资源和应用环境的约束，把规划的系统建设内容分解成若干开发项目，分期分批进行系统开发。该阶段又可分为战略规划、需求分析、资源分配三个具体的过程。可行性研究也是这一阶段的一项主要任务。

（2）系统开发。系统开发阶段的任务是根据系统规划阶段所确定的总体方案和开发项目的安排，分阶段地进行系统开发。由于在系统开发过程中资源及应用环境的制约，一个组织的 MIS 一般不可能一次性建成，因此开发项目常常是针对整个信息系统的某个或某几个子系统的建立。系统开发工作又分为系统分析、系统设计、系统实施等阶段。

（3）系统运行与维护。系统维护具体包括对系统进行定期或随机的检查，纠正运行阶段暴露的错误，排除故障，更新易损部件，刷新备份的软件和数据存储，保证系统按预定要求完成各项工作。由于管理环境与技术环境的变化，系统中某些工作内容与方式已不能适应变化了的环境，因而影响系统预定功能的实现，需要对这些部分进行适当的调整和修改，以满足管理工作的需要。当用户对系统提出新的信息需求时，需要在原有系统的基础上进行适当修改和扩充，完善系统的功能，以满足用户新的信息需求。同时，为预防系统可能发生的变化或所受到的冲突，需要采取一定的预防措施。

（4）系统更新。系统维护工作在一定程度上保证了 MIS 对环境的适应能力。但是，现代组织面临的内、外部环境是不断迅速变化的。面对不断变化的环境，组织的目标、战略和信息需求也必须与环境的变化相适应。而 MIS 的维护工作只限于通过小范围内的局部调整来适应变化不明显的情况。当现有系统和系统的主要部分已不能通过维护来适应环境和用户需求的变化时，或者在原有系统基础上通过维护的办法进行调整已很不经济时，则整个信息系统或某个子系统就会被淘汰，新的系统建设工作和项目开发工作便随之开始。系统更新标志着旧系统或旧系统的某个子系统的生命周期的结束，也标志着新的系统开发工作的开始。

7.1.2　开发方法的类型

国内外科研机构和软件公司、用户都在研究 MIS 开发方法这个概念性的东西，而且也提出了很多实际的开发方法，比如：生命周期法、原型化方法、面向对象方法等等。

1. 结构化方法

结构化开发方法（Structured Analysis and Structured Design，SASD）是由 E. Yourdon 和 L. L. Constantine 提出的，也可称为面向功能的软件开发方法或面向数据流的软件开发方法。Yourdon 方法是 20 世纪 80 年代使用最广泛的软件开发方法。它首先用结构化分析（SA）对软件进行需求分析，然后用结构化设计（SD）方法进行总体设计，最后是结构化编程（SP）。它给出了两类典型的软件结构（变换型和事务型）使软件开发的成功率大大提高。

2. 面向数据结构的软件开发方法

Jackson 方法是最典型的面向数据结构的软件开发方法，Jackson 方法把问题分解为可由三种基本结构形式表示的各部分的层次结构。三种基本的结构形式就是顺序、选择和重复。三种基本结构可以进行组合，形成复杂的结构体系。这一方法从目标系统的输入、输出数据结构入手，导出程序框架结构，再补充其他细节，就可得到完整的程序结构图。这一方法对输入、输出数据结构明确的中小型系统如商业应用中的文件表格处理特别有效。该方法也可与其他方法结合,用于模块的详细设计。

3. 面向问题分析法

面向问题分析法(Problem Analysis Method,PAM)是 20 世纪 80 年代末由日立公司提出的一种软件开发方法。它的基本思想是考虑到输入、输出数据结构,指导系统的分解,在系统分析指导下逐步综合。这一方法的具体步骤是:从输入、输出数据结构导出基本处理框;分析这些处理框之间的先后关系;按先后关系逐步综合处理框,直到画出整个系统的问题分析图(Problem Analysis Diagram,PAD)。这一方法本质上是综合的自底向上的方法,但在逐步综合之前已进行了有目的的分解,这个目的就是充分考虑系统的输入、输出数据结构。PAM 方法的另一个优点是使用 PAD 图。这是一种二维树形结构图,是目前最好的详细设计表示方法之一。当然由于在输入、输出数据结构与整个系统之间同样存在着鸿沟,这一方法仍只适用于中小型问题。

4. 原型化方法

产生原型化方法的原因很多,主要是随着系统开发人员开发经验的增多,二是需求是可变的,而且并非所有的需求都能够预先定义,随着需求的变化反复修改是不可避免的,原型法动态地、逐步渐近确定系统需求。当然能够采用原型化方法的前提是因为开发工具的快速发展,比如用 VB、Delphi 等工具我们可以迅速地开发出一个可以让用户看得见、摸得着的系统框架,这样,对计算机不是很熟悉的用户就可以根据这个样板提出自己的需求。

开发原型化系统一般有以下几个阶段:

(1) 确定用户需求。

(2) 开发原始模型。

(3) 征求用户对初始原型的改进意见。

(4) 修改原型。

原型化开发比较适合于用户需求不清、业务理论不确定、需求经常变化的情况。当系统规模不是很大也不太复杂时采用该方法是比较好的。

原型法有三个层次:第一层包括联机的屏幕活动,这一层的目的是确定屏幕及报表的版式和内容、屏幕活动的顺序及屏幕排版的方法;第二层是第一层的扩展,引用了数据库的交互作用及数据操作,这一层的主要目的是论证系统关键区域的操作,用户可以输入成组的事务数据,执行这些数据的模拟过程,包括出错处理;第三层是系统的工作模型,它是系统的一个子集,其中应用的逻辑事务及数据库的交互作用可以用实际数据来操作,这一层的目的是开发一个模型,使其发展成为最终的系统规模。

原型法的主要优点在于它是一种支持用户的方法,使得用户在系统生存周期的设计阶段起到积极的作用;它能减少系统开发的风险,特别是在大型项目的开发中,由于对项目需求的分析难以一次完成,应用原型法效果更为明显。原型法的概念既适用于系统的重新开发,也适用于对系统的修改。快速原型法要取得成功,要求有像第四代语言(4GL)这样的良好开发环境/工具的支持。原型法可以与传统的生命周期方法相结合使用,这样会扩大用户参与需求分析、初步设计及详细设计等阶段的活动,加深对系统的理解。

快速原型法是近年来提出的一种以计算机为基础的系统开发方法，它首先构造一个功能简单的原型系统，然后通过对原型系统逐步求精，不断扩充完善得到最终的软件系统。原型就是模型，而原型系统就是应用系统的模型。它是待构筑的实际系统的缩小比例模型，但是保留了实际系统的大部分性能。这个模型可在运行中被检查、测试、修改，直到它的性能达到用户需求为止。因而这个工作模型很快就能转换成原样的目标系统。

5. 面向对象的软件开发方法

当前计算机业界最流行的几个单词就是分布式系统、并行处理和面向对象技术等几个术语。由此可见，面向对象这个概念在当前计算机业界的地位。比如当前流行的两大面向对象技术 DCOM 和 CORBA 就是例子。当然我们实际用到的还是面向对象的编程语言，比如 C++。不可否认，面向对象技术是软件技术的一次革命，在软件开发史上具有里程碑的意义。

随着 OOP(面向对象编程)向 OOD(面向对象设计)和 OOA(面向对象分析)的发展，最终形成面向对象的软件开发方法 OMT。这是一种自底向上和自顶向下相结合的方法，而且它以对象建模为基础，从而不仅考虑了输入、输出数据结构，实际上也包含了所有对象的数据结构。所以 OMT 彻底实现了 PAM 没有完全实现的目标。不仅如此，OO 技术在需求分析、可维护性和可靠性这三个软件开发的关键环节和质量指标上有了实质性的突破，基本解决了在这些方面存在的严重问题。

综上所述，面向对象系统采用了自底向上的归纳、自顶向下的分解的方法，它通过对对象模型的建立，能够真正建立基于用户的需求，而且系统的可维护性大大改善。当前业界关于面向对象建模的标准是 UML。

这里我们需要谈一下微软的 MSF 的框架，它简单地把系统设计分成三个阶段：概念设计、逻辑设计和物理设计。概念设计阶段就是从用户的角度出发可以得到多少个对象，并且以对象为主体，画出业务框架。逻辑设计阶段就是对概念设计阶段的对象进行再分析、细分、整合、删除。并建立各个对象的方法属性以及对象之间的关系。而物理设计实际上就是要确定我们实际需要的组件、服务和采用的框架结构、具体的编程语言等。

6. 可视化开发方法

其实可视化开发并不能单独的作为一种开发方法，更加贴切的说可以认为它是一种辅助工具，比如 SYBASE 的 S-Design，建立并显示出图形化的数据库模式，并可以导入到不同的数据库中去。

当然，不可否认的是，目前只是在编程这个环节上用了可视化，而不是在系统分析和系统设计这个高层次上用了可视化的方法。实际上，建立系统分析和系统设计的可视化工具是一个很好的卖点，国外有很多工具都致力于这方面产品的设计。比如 Business Object 就是一个非常好的数据库可视化分析工具。

可视化开发使我们把注意力集中在业务逻辑和业务流程上，用户界面可以用可视化工具方便的构成。通过操作界面元素，诸如菜单、按钮、对话框、编辑框、单选框、复选框、列表框和滚动条等，由可视开发工具自动生成应用软件。

7.2　MIS 开发过程

下面介绍信息系统生命周期和原型化开发过程。

7.2.1　MIS 生命周期

　　信息系统从提出需求、形成概念开始,经过分析论
证、系统开发、使用维护,直到淘汰或被新的信息系统所
取代的全过程称为信息系统生命周期。它就像人的一生,
要经历婴幼儿期、青少年、成年、壮年、老年直至死亡一
样,一个信息系统同样存在从产生、发展到死亡的过程。
信息系统生命周期可以按照系统开发活动的需要,划分为
如下五个阶段(如图7-1所示):

（1）可行性研究。

（2）系统分析。

（3）系统设计。

（4）系统实现。

（5）系统维护(包括升级)。

其中 MIS 开发包括四个阶段的工作。下面简述各阶段主要内容。

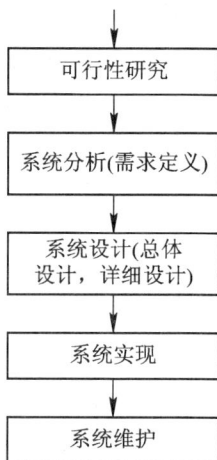

图 7-1　管理信息系统生命周期

1. 可行性研究

可行性研究是在系统开发项目确定之前,对系统开发的必要性、可行性以及可能的候
选方案,从整个系统生存周期的角度进行分析和评价,为上级主管部门决策提供科学
依据。

当一个部门的现行信息系统因种种原因已经不能满足要求,提出建立新的计算机信息
系统或改进现有的系统时,系统开发开始了。可行性研究包括明确任务,调查环境,提出
方案,分析可行性几个方面。

（1）明确任务。明确任务主要从系统开发的角度,对用户设想的目标、新系统的功能
范围、基本工作过程以及其他关键性问题做出明确的描述。

（2）环境调查。环境调查的目的是对部门的环境给出一个概括性说明,以便提出候选
方案和进行可行性分析。重点调查组织结构、现行系统等的情况,包括现行系统存在的主
要问题以及其他重要因素。

（3）提出方案。在环境调查的基础上,根据用户提出的要求,对开发新系统的需求做
出分析和预测,同时,考虑建设新系统所受到的各种制约因素,根据需要和可能,给出几
种拟建系统的候选规模及方案。

（4）可行性分析。可行性分析是对拟建系统的各种候选方案在技术上、经济上、运行
上是否可行进行分析,并在可行性分析的基础上,对各种候选方案进行比较,给出建设性
的结论。

2．系统分析

系统分析的目的是解决做什么的问题，它是在可行性分析的基础上，针对现行系统进行全面的调查分析，从而提出新系统的逻辑模型。它包括需求调查、数据分析、功能分析、系统定义等方面。

（1）需求调查。需求调查是为了弄清现行系统的基本功能及信息流程，以便在此基础上提出新系统的逻辑模型，其重点在于信息系统的内部结构、具体功能、组织安排、先后次序等，这些正是在新系统中有可能要加以修改、变更的内容。因此，工作的细致程度较之环境调查高得多，工作量也大得多，人力投入也大得多。

（2）数据分析。数据分析是对调查得到的大量材料，进行整理、分类、汇总、分析和归纳它采用数据流图、数据字典、数据规范化、数据立即存取图等工具和方法，弄清信息系统中各类数据的属性、数据的存储要求，数据的查询要求等，并给出定性和定量的描述性分析。

（3）功能分析。功能分析采用决策树、决策表和结构式语言等工具和方法，对数据流图中的每一个处理过程加以详尽说明，并精确描述用户要求一个处理过程做什么，其中最基本的部分是处理的逻辑，即用户对这个处理过程的逻辑要求以及该过程的输出数据流与输入数据流之间所具有的逻辑关系。

（4）系统定义。系统定义是指在逻辑上定义新系统，即提出新系统的逻辑模型。逻辑模型主要是用数据流图表示，用数据字典等补充。

3．系统设计

系统设计就是为实现系统分析提出的系统逻辑模型所做的各种技术考虑与设计，它根据新系统的逻辑模型建立系统的物理模型，也即根据新系统逻辑功能的要求，考虑系统的规模和复杂程度等实际条件，进行若干具体设计，确定系统的实施方案，从而解决系统怎么做的问题。系统设计包括模块设计、代码设计、输入/输出设计、文件或数据库设计、可靠性设计等。

（1）模块设计。模块设计又称系统控制结构设计，它主要对系统内部进行层次分解，划分系统的模块结构，并确定模块的调用和模块之间数据流与控制流的传递关系。模块设计的工具有结构图等。

（2）代码设计。代码设计包括确定编码的对象、名称、目的、使用范围、数量、编码方法、编码构成等内容，并编写代码对照表。

（3）输入/输出设计。输入/输出设计即系统人机交互界面设计，它包括输入/输出方法的选择，输入/输出设备的选择、输入/输出格式设计以及输入有效性检查等。

（4）数据库设计。大中型信息系统由于对时间和空间要求比较高，处理过程也比较复杂，因此，必须建立在数据库系统之上。数据库设计是在需求分析的基础上，确定数据的存储方法和存储结构，进行满足应用要求及符合语义的逻辑设计，进行具有合理的存储结构的物理设计，实现数据库的运行等。

（5）可靠性设计。可靠性设计包括系统的安全保密性能设计、系统与文件的备份与恢复等，具体表现为预防对策的设计和恢复对策的设计。

4. 系统实现

系统实现是真正解决具体做的问题，它是新系统付诸实现的实施阶段。系统实现阶段是具体实现系统设计阶段的新系统的物理模型。它主要包括软、硬件准备，程序设计，数据收集与准备，人员培训，系统测试，系统转换（新旧系统转轨），系统评价等部分。

5. 系统维护

系统验收通过与交付使用，标志着整个系统开发工作的结束。接下来是系统生命周期中的最后一个阶段，即系统运行与维护阶段。新系统要具有长久的生命力，必须不断完善，以适应变化，这就是系统维护。

当系统不能很好地满足要求时，就可能提出修改或研制更新系统的要求，于是，系统开发的整个过程又要重复。

7.2.2　原型化开发方法

1. 原型化开发方法的思想

在传统的信息系统开发中，一直采用的是严格定义和预先说明的生命周期法。这种方法要求系统开发人员和用户在系统开发初期就要对整个系统的功能有全面、深刻的认识，并制定出每一阶段的计划和说明书，以后的工作便围绕这些文档进行。即在系统开发初期（系统建成之前），就可以预先知道用户的最终要求，然后，围绕着这一需求进行下一步的分析与设计。如果用户需求不能被预知或被错误地理解了，那么，以后的工作就失去了意义。

随着企业自身的调整、新的管理方法的提出以及信息技术的飞速发展，出现了许多新的要求和新的情况，给这一传统开发方法带来严峻的挑战。为了适应竞争，许多公司的结构和经营项目在不断变化，这对信息系统提出了更高的要求：

（1）信息系统的开发要快。以往的开发方法涉及面大，人员太多，手续太繁杂，如果还是这样来开发信息系统，系统的建成之日可能就是它的淘汰之时。

（2）信息系统要有灵活性。由于经营业务的灵活性，信息系统的使用环境在经常地发生变化，要有足够的灵活性才能保证信息系统的正常运转。传统的设计方法从一开始就给系统定下了一个框框，系统的一切活动都围绕着这个框进行，如果出现了不能预料的变化，再来修改就很困难。

为解决这些问题，考虑到人自身的特点（灵活、多变、依经验办事）产生了一种新的信息系统的开发方法——原型化开发方法。这种方法的思想基础是：用户和开发人员之间总是存在这样或那样的隔阂，用户自己不清楚系统的最终需求，或者由于交流上的障碍无法把自己的意图向开发人员完全表达出来。用户只有看到一个具体的系统，才能清楚地了解到自己的需要和系统的缺点。这说明并非所有的需求都能预先定义。由于存在这样的隔阂，系统不能满足用户的要求是常有的事。因此，信息系统的开发过程中大量的反复是必要的、不可避免的，也是使系统具有更强适应性所要求的。

基于上述观点，原型法就产生了与传统开发方法的两个截然不同的特点：

（1）在没有完全弄清楚需求之前，通过一个原型化设计环境，迅速地建立原始系统；

（2）在原型化环境上能方便地对原始系统进行大量的修改、扩充和完善。

2. 原型法的开发过程

利用原型法开发 MIS 大致要经过下面几个阶段(如图 7 - 2 所示)：

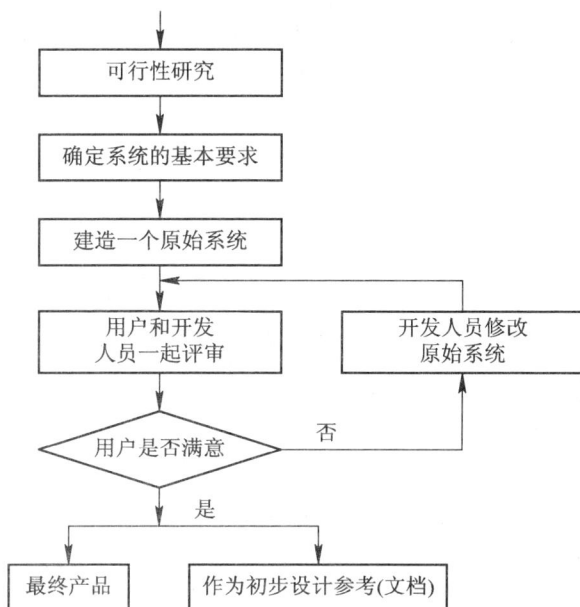

图 7 - 2　原型法的开发过程

（1）可行性研究阶段。在讨论是否开发一个系统时，首先要从宏观上对 MIS 开发的意义、费用、时间做初步的计算，以确定下面的工作是否可进行下去。

（2）确定系统的基本要求阶段。系统开发人员向用户了解用户对信息系统的基本需求，即应该具有的一些基本功能，人机交互界面的基本形式等。由于原型法的特点，不要求开发人员费极大的力气争取对系统的完全了解，了解可以是不完全的，甚至可能会有错误，但这在后面几个阶段的工作中是可以发现和改正。当然，开发人员不能借此敷衍了事。事实上，错误发现得越早，改正的代价就越小。

（3）建造原始系统阶段。在对系统有了基本了解的基础上，系统开发人员应争取尽快地建造一个具有原型功能的 MIS。在建造系统时，要考虑到以后修改的容易性。由于要求速度快，这一阶段应该尽量使用一些软件工具，特别是专门的原型建造工具，辅助进行系统实现。原型法的开发过程中非常重视开发工具的使用，只有有效地利用工具才能很快地建成一个系统，并能多次对其进行修改和完善。

（4）用户和开发人员评审阶段。这一阶段是整个开发过程的关键。用户和开发人员一起对刚完成的或经过若干次修改后的系统进行评审，提出完善意见。在这个阶段，用户是主角。用户通过亲自使用这个系统，更能了解到自己的需求到底是什么，更能发现系统是否存在一些问题。这时，开发人员一方面要记录用户提出该系统的缺点和不足之处，同时，也要借具体的系统引导、启发用户表达对系统的最终要求，从而清楚了解用户的意图。

根据心理学家的经验，每个人在借助一个具体事物来表达自己对这类事物的看法时，比不借助任何具体事物论述要全面、深刻，也容易得多。用户在有一个具体的系统摆在面前时，就能借助这个系统发表自己的观点、意见及以前无法用其他形式向开发人员表达的要求。一个具体的系统，不管存不存在缺陷或不足，常常比一大堆的文件、手册更能说明问题，它是用户和开发人员之间最理想的通信媒介。原型法之所以能得以迅速发展，就是因为它能提供雏形系统供用户和开发人员研究，从而使最终的系统更能符合用户的要求。

（5）开发人员修改原始系统阶段。在评审阶段，用户就实际的系统提供了新的要求，或指出了原始系统中存在的问题，开发人员就要根据用户的意见对原始系统进行修改、扩充和完善。

（6）结束阶段。开发人员在对原始系统进行修改后，又回到第四阶段与用户一起就完成的系统进行评审，如果不满足要求，则要回到第五阶段进行下一轮循环，反复地进行修改、评审。

如果经用户评审，该系统符合要求，则可根据开发原始系统的目的，或者作为最终的信息系统投入正常运行，或者是把该系统作为初步设计的基础，参照这个原始系统设计出实际系统应具有的功能，进行具体设计与实施。

3. 原型法的种类与特点

根据原型法的应用目的及场合可以把它分为下述三种。

（1）丢弃式原型法。丢弃式原型法是仅把原型系统作为用户和开发人员之间进行通信的媒介，而不是把它作为实际系统运行。这与通常意义上的模型的概念相似，原始系统只是从外观、功能上像实际系统。开发这类原型的目的是为了对最终系统进行研究，使用户和开发人员借助这个系统进行交流，共同明确新系统的需求。比如，在设计一个仓库管理系统时，可以使原型系统的输入、输出数据限制在很小的范围内，可以没有各种输入提示、错误处理、文档说明等，但整个处理环节、流程和人机交互界面都具体反映了出来。如果原型符合用户的需求，开发人员就可以把这些资料整理起来，作为初步的设计参考。

使用这种方法时，原型的开发过程可以作为传统的生命周期法的一个阶段，即需求定义阶段。这样就实现了原型法与传统的开发方法的紧密结合（如图7-3所示）。

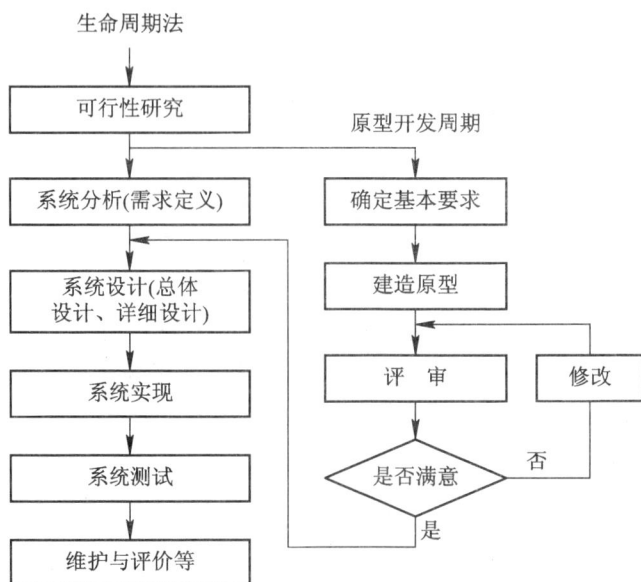

图 7-3　丢弃式原型法与生命周期法的结合

　　由于原型系统在完成评审、开发之后就被扔掉,因而要求其开发费用低、速度快,通常需利用现有的软件工具及环境作为支持。

　　(2)演化式原型法。演化式原型法的开发思想与丢弃式完全相反,其思想为:用户的要求及系统的功能都无时不在发生着变化,与其花大力气去了解不清楚的东西,不如先按照基本需求开发出一个系统,让用户先使用起来,随时有问题随时修改。系统开始也许只能完成一项或几项任务,随着用户的使用及对系统的了解不断加深,原系统的一部分或几部分可能不再适应用户的需求,需重新设计、实施、安装。增加原系统功能在演化式原型法中极为频繁。

　　演化式原型法的开发过程一般由系统设计、系统实现和演化三个阶段组成(如图7-4所示)。

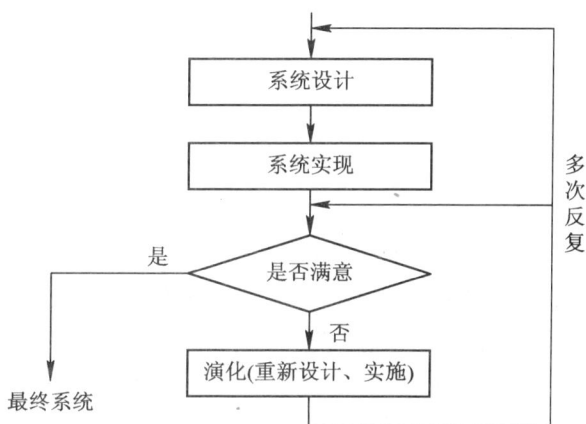

图 7-4　演化式原型法的开发过程

　　按照演化式原型法开发出来的系统即为最终系统,可立即投入正常运行。可以预料,由于在开发过程中反复进行修改,经常由用户对其评价,因此,开发完成后的系统肯定会很好地满足用户的要求。

　　用演化式的开发方法,在进行工程的实际实施时,要注意加强管理和控制,必须围绕着系统的基本需求进行,否则,会引起无休止的反复,使时间和费用都无法控制。

　　(3)递增式原型法。递增式原型法同以上两种方法既有相同之处,又有不同之处。根据这种方法,在开始时系统有一个总体框架,各功能单元的结构和功能也十分清楚,但还没有进行具体实现。这就是说,系统应完成什么功能,分为几个部分,各个部分应有几个模块,都已理解、掌握,且以后不需要作更大的变动,只是具体到每一个模块,还没有全部实现。但为了说明问题,又都有一些演示数据来说明这些模块的功能。这样,在以后的开发过程中,再一个一个完善这些模块。具体的设计可能是完全实现一个新的模块,也可能是用一个效率高的新模块代替一个旧模块。但所有这些工作都是基于一个前提:系统的组织结构不发生变化,模块的外部功能就不发生变化。从某种角度考虑,这很类似于计算机工业中的插接策略,要用到一个功能,就插一个功能模块。

　　根据这种思想,递增式原型法的开发过程分为系统总体设计和反复进行的功能子单元实现两个阶段(如图7-5所示)。

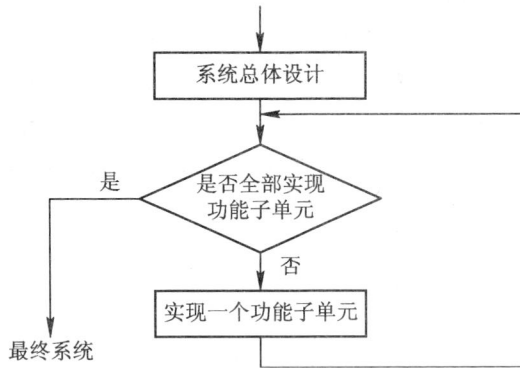

图 7-5　递增式原型法的开发过程

采用递增式原型法开发出的系统也是一个可实际运行的系统。

7.3　MIS 开发模型

　　MIS 生存周期各个阶段的划分可粗可细。实践中，各个阶段之间的关系也不可能仅是线性的、顺序的，而是带有反馈的迭代过程。这种过程通常用信息系统开发模型表示。

　　信息系统开发模型给出了信息系统开发活动各阶段之间的关系。它是信息系统开发过程的概括，是信息系统工程的重要内容。信息系统开发模型大体上可分为三种类型。第一种是以系统需求完全确定为前提的瀑布模型。第二种是在系统开发初始阶段只能提供基本需求时采用的渐进式开发模型，如原型模型、螺旋模型等。第三种是以形式化开发方法为基础的变换模型。实践中经常将几种模型组合使用以便充分利用各种模型的优点。本节主要介绍瀑布模型和原型模型。

7.3.1　瀑布模型

　　瀑布模型也称软件生存周期模型。根据软件生存周期各个阶段的任务，瀑布模型从可行性研究（或称系统分析）开始，逐步进行阶段性变换，直至通过确认测试并得到用户确认的软件产品为止。瀑布模型上一阶段的变换结果是下一阶段变换的输入，相邻两个阶段具有因果关系，紧密相联。一个阶段工作的失误将蔓延到以后的各个阶段。为了保障软件开发的正确性，每一阶段任务完成后，都必须对它的阶段性产品进行评审，确认之后再转入下一阶段的工作。评审过程发现错误和疏漏后，应该反馈到前面的有关阶段修正错误、弥补疏漏，然后再重复前面的工作，直至某一阶段通过评审后再进入下一阶段。这种瀑布模型是带有反馈的瀑布模型，如图 7-6 所示。

　　瀑布模型在软件工程中占有重要的地位，它提供了软件开发的基本框架，这比依靠"个人技艺"开发软件好得多。它有利于大型软件开发过程中人员的组织、管理，有利于软件开发方法和工具的研究与使用，从而提高了大型软件项目开发的质量和效率。瀑布模型的主要缺点是：

　　(1) 在软件开发的初始阶段指明软件系统的全部需求是困难的，有时甚至是不现实

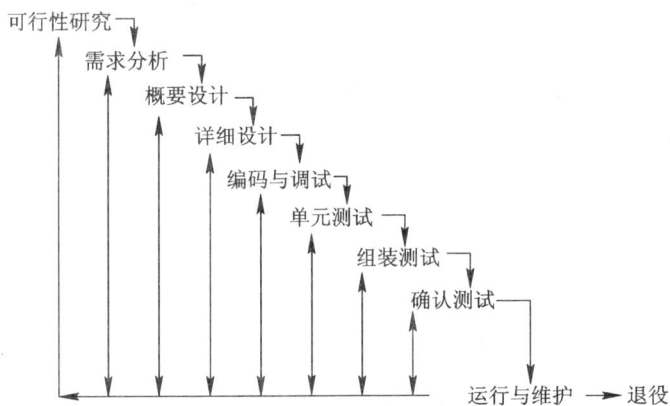

图 7-6　带有反馈的瀑布模型

的。而瀑布模型在需求分析阶段要求客户和系统分析员必须做到这一点才能开展后续阶段的工作。

（2）需求确定后，用户和软件项目负责人要等相当长的时间（经过设计、实现、测试、运行）才能得到一份软件的最初版本。如果用户对这个软件提出比较大的修改意见，那么整个软件项目将会蒙受巨大的人力、财力和时间方面的损失。瀑布模型的应用有一定的局限性。

7.3.2　原型模型

原型不是一个新概念。建筑师接到一个建筑项目后，他根据用户提出的基本要求和自己对用户、开始需求的理解，按一定比例设计并建造一个原型。用户和建筑师以原型为基础进一步研究并确定建筑物的"需求"。当用户和建筑师对建筑物的"需求"取得一致理解之后，建筑师再组织对建筑物的设计和施工。针对软件开发初期在确定软件系统需求方面存在的困难，人们开始借鉴建筑师在图 7-7 建造原型设计和建造原型方面的经验，软件开发人员根据客户提出的软件定义，快速地开发一个原型，它向客户展示了待开发软件系统的全部或部分功能和性能，在征求客户对原型意见的过程中，进一步修改、完善、确认软件系统的需求并达到一致的理解。快速开发原型的途径有三种：

（1）利用个人计算机模拟软件系统的人机交互界面和方式。

（2）开发一个工作原型，实现软件系统的部分功能，而这部分功能是重要的，也可能是容易产生误解的。

（3）找来一个或几个正在运行的类似软件，利用这些软件向客户展示软件需求中的部分或全部功能。

为了快速开发原型，要尽量采用软件重用技术，在算法的时/空开销方面也可以让步，以便争取时间，尽快向客户提供原型。原型应充分展示软件的可见部分，如数据的输入方式、人机交互界面、数据的输出格式等。由于原型是客户和软件开发人员共同设计和评审的，因此利用原型能统一客户和软件开发人员对软件项目需求的理解，有助于需求的定义和确认。原型开发模型如图 7-7 所示。利用原型定义和确认软件需求之后，就可以对软件系统进行设计、编码、测试和维护。

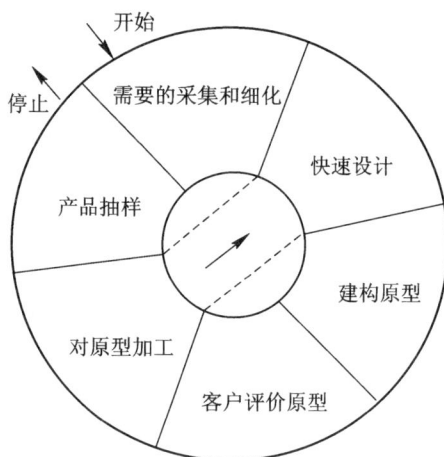

图 7 - 7　建构原型

7.3.3　MIS 模型化

从现代的信息系统的观点看,信息系统与模型是密不可分的。早期的信息系统只是一种单纯的数据处理系统,而今大的 MIS 已经发展到集数据处理、事务管理与决策支持为一体的、新型的信息系统。这种新型的信息系统以模型为基础,以信息管理和辅助决策为目的。因此可见,模型在今天的信息系统中有着不可替代的地位。

模型与信息系统的关系主要体现在宏观与微观两个层面上:

(1) 宏观。信息系统在宏观上可以理解为一个模型,信息系统的建立过程就是以计算机为基础的模型的建立过程。

(2) 微观。信息系统实质上是由一系列模型构成的有序集合。首先,信息系统的开发方法就是模型在不同层次上的建立方法;其次,信息系统的要素包含功能模型、数据模型、控制模型和表现模型等。

1. 处理模型化

信息系统是数据和处理的统一体。信息系统的数据模型化是以数据库关系理论为基础,而其处理模型化则依据各种信息系统的开发方法,其中最重要的是结构化方法和面向对象的方法。关于这两种方法将在后面的章节中详细介绍。这里,仅介绍信息系统的逻辑模型和物理模型。

1) 逻辑模型

信息系统的逻辑模型是信息系统内部结构的逻辑描述,并不涉及物理实现。信息系统为了达到其目标的要求,需要从其内部对输入、输出和处理过程进行结构性的组织,逻辑模型是这种内部结构关系的图形反映。逻辑模型反映了如下 3 个方面的内容:

(1) 为达到信息系统的目标应具有的最合理信息源、信息输出和处理过程。

(2) 信息处理的输入数据、中间信息和输出信息与处理过程的相互关系。

(3) 处理过程和相应数据的合理分类和组织。

信息系统的逻辑模型通常用数据流图来表达。

2）物理模型

物理模型是信息系统的物理实现的描述，它是信息系统物理设计的产物。对小型的应用系统和数据库设计，物理设计相当于通常所说的详细设计；对于大型信息系统，它强调的是信息系统的物理布局。物理模型的表达通常采用系统网络结构图、物理配置结构图等。应用系统的物理设计主要是针对软件系统，事实上，对应用系统（包括数据库应用系统）可在各种具备基本条件的计算机上进行开发，因而对硬件部分无需多加设计。对于大的信息系统配置方案而言，对硬件系统的设计就成为很重要的物理设计部分。

应用系统建模的观点，建立信息系统时采用的基本步骤是：

（1）了解对象系统，构造物理系统的模型，并把物理模型转换为逻辑模型。

（2）确定需求及其变化。

（3）根据对象系统逻辑模型和物理模型的变化，构造新系统的逻辑模型。

（4）根据新系统的逻辑模型，构造新系统的物理模型。

2. 数据模型化

信息系统中的数据模型是对客观事物及其联系的数据描述，即实体模型的数据化。数据模型抽象地反映了数据库的逻辑结构，知识表达则抽象地反映了信息系统中知识库的逻辑结构。

1）基本思想

由于实体之间存在着复杂的联系，因此描述它们的数据之间也存在复杂的联系。这样，数据模型就成了数据之间的一个整体逻辑结构图。数据模型的设计目标是使模型能清晰、准确地反映客观事物，并能用于信息系统中的数据库设计。

数据模型的设计方法主要有关系方法、层次方法和网络方法三种，它们都是在较低层次上关于数据库逻辑结构的抽象。如果在更高层次上进行抽象，可以发现数据模型和知识表达之间存在着许多共同性。

从信息处理的角度看，反映客观世界的基本要素可以概括为：

（1）对象。是具有相同或类似属性的实体集或事实集，是数据或知识处理的基本对象。

（2）联系。反映了对象之间、实体之间和属性之间以及它们自身之间的各种关系。

（3）状态。是对象及其联系的形态和内容的抽象。

（4）操作。施加于对象的结果将改变状态或标识一个对象——联系子集。

（5）推理规则。用来从已有事实及其联系，推导出新的事实及其联系。

（6）公理集。完整性约束可视为公理集的一个子集。

所谓数据模型或知识表达，就是研究如何把上述诸要素组合在某种一致的逻辑结构中。较高层次上的抽象数据模型称为概念数据模型。

2）数据抽象模型

数据抽象模型的基本思想是找出对象或实体之间的性质继承关系，也可把它视为某种特定形式的语义网络或语义网络的组成部分。

3）对象或对象模型

对象模型和面向对象的程序设计风格协调一致，其基本思想也和框架知识表达一致。它具有以下主要特点：

（1）自含描述。即关于对象的解释性信息和对象本身存储在一起。

（2）强类型化。即只有定义于对象的操作能够用于本对象。

（3）信息隐藏。即编程时只需了解如何利用一个对象，而不管该对象内部是怎样处理信息的。

4）实体—关系模型

实体—关系模型（Entity-Relation Model，ER）的基本思想是把客观世界看成由多个实体及其语义关系所组成。每个实体则是一个包含一个或多个函数依赖属性的集合。例如，对一个运输部门来说，职工、车辆、进货、发货、仓库等都是实体的例子，姓名、性别、工种、出生年月等则是职工的属性。

7.4　结构化分析方法

结构化开发方法（简称结构化方法），是一种仿效工程设计的系统开发方法，它是信息系统开发设计的一种重要方法。所谓结构化方法是指"严格地、可重复地、可度量地按照一组标准的准则、规定与工具进行系统开发"，它一般采用了瀑布模型，由结构化分析（SA）、结构化设计（SD）、结构化程序设计（SP）等组成。结构化方法采用"自顶而下系统分析设计，自下而上的系统实施，逐步求精，分而治之"的原则，用先全局后局部、先整体后细节、先抽象后具体的过程组织设计人员的思维活动。所以结构化方法具有以下优点：

（1）采用功能（模块）分解解决系统的复杂性，分解的功能（模块）相对独立而简单，易于实现，易于测试，获得稳定可靠的程序模块，同时，允许由多个程序设计小组编写模块，分工合作，构造规模较大的复杂系统；

（2）结构化方法产生的系统具有较好的可维护性，模块间的连接和依赖（耦合程度）达到最小，从而减少维护上的波浪效应；

（3）结构化设计产生的模块具有较好的可重用性，从而提高软件系统的开发效率。

结构化方法的目标是帮助开发人员处理规模较大的复杂任务，设计一个具有灵活性和可维护性的系统。

7.4.1　系统分析

当一个软件项目被认同，可进一步开展研究时，下一步就是回答"信息系统应该怎么样去解决问题？"这就是系统分析要完成的工作。

1. 系统分析的任务

系统分析也称为逻辑设计，是系统开发生命周期的一个重要阶段。那么，为什么要进行系统分析，而不是直接用编程工具去编写程序呢？有的人甚至认为，"只需熟练掌握几门计算机语言，就可以开发出高质量的计算机信息系统"。事实上，程序设计只不过是计算机信息系统开发过程中的一小部分工作（约占时间和费用的 20% 左右，甚至更少！）。大量实践经验表明，如果没有搞清楚系统做什么（What to do?），就直接考虑如何去做（How to do?），所开发的信息系统肯定是要失败的。也就是说，一个计算机信息系统开发成功的关键在于对问题的理解和描述是否准确。而获得问题清楚地陈述，解决"做什么"的问题正是系统分析的基本任务。

　　计算机信息系统开发首先要解决的是如何理解、抽象和描述问题。系统分析的主要任务包括可行性研究和需求分析。可行性研究是从经济、技术和其他几个方面的因素考察所开发的系统是否可行。需求分析是信息系统开发非常重要的一个工作，是整个系统开发的基础。需求是指用户要求软件系统必须满足的所有功能和限制。需求包括：功能要求、性能要求、可靠性要求、安全保密性要求以及开发费用和开发周期、可使用资源等方面的限制。其中功能需求是最基本的，包括数据要求和加工要求。大量实践表明，信息系统产生的许多错误都是由于需求定义不准确或错误导致的，而且，如果在需求定义阶段发生错误，则修改这些错误的代价是非常高的。因此，系统开发中需求定义是系统成功的关键一步，必须引起足够的重视，并且应提供保障需求定义质量的技术手段。

2. 可行性研究

　　可行性研究是系统分析中的一个重要的、可选的活动，"可选"意味着有些信息系统的可行性是需经过论证的。

　　"可行的"即可做的意思。可行性是对一个信息系统给业务系统所带来的利益的一种度量。一个信息系统的开发是可行的，意思是说在一定的条件下，可以开发、建立一个新的信息系统。

　　通常，对于信息系统来说，其可行性可以从以下五个方面来考虑：经济可行性；运行可行性；技术可行性；进程可行性；人员可行性。

　　（1）经济可行性。经济可行性是评价一个计算机信息系统是否可行的最基本、最常用的一种方法，是对信息系统解决方案的成本有效性的度量，主要是从组织的资源即人力、物力、财力来考察系统开发的可行性。信息系统的开发是一种投资，因此，对于系统的用户来说，是否值得开发一个新的信息系统是首先要考虑的。即系统投入运行后所获得的收益是否大于开发以及运行这个系统的费用或成本。如果收益大于成本，则说明这个信息系统的开发从经济的角度来讲是可行的；反之，则是不可行的。因此，经济可行性对于信息系统来讲是最重要的一项指标。

　　（2）运行可行性。运行（操作）可行性是指一个计算机信息系统在特定的环境中能否正常运行，以满足组织的各种业务信息需求。这是从用户的角度来考虑，当系统实施后，能否有效地处理相关的日常事务，在系统实施时是否会遇到大的阻碍。

　　（3）技术可行性。技术可行性是指根据现有条件，是否具备开发一个新系统所需要的技术条件，主要是支持系统的硬件和软件能力，以及从事这些工作的技术人员的数量和技术水平。

　　计算机硬件方面是指各种外围设备、通信设备、计算机设备的性能（如速度、容量等）能否满足系统开发的要求，设备的使用、维护是否具备条件。

　　计算机软件方面是指各种软件的功能能否满足系统开发的要求，软件系统是否安全可靠，本单位对使用、掌握这些软件技术的可行性。暂时不能被本单位开发人员掌握的技术，一般应视为没有可行性的技术。

　　技术人员方面是指有多少科技人员，技术力量和开发能力能否胜任开发，是否需要同其他单位合作开发等等。

　　（4）进程可行性。进程可行性是指所开发的计算机信息系统能否在规定的时间内完成。这说明系统分析员要具备比较深的计算机方面的知识，尤其是具备程序设计、系统设计和实施中与计算机有关的知识。如果系统分析员比较熟悉程序设计过程，他至少能对开发某种软件所需要的时间有一个粗略的估计。另一方面，具备计算机方面知识的系统分析员可以发现修改现有软件的方法，可以通过使用现有的软件，发现存在的问题改进或开发新的信息系统，从而节约了费用又节省了时间。同时，也说明了一个非常重要的问题，即可行性的各个方面是相互影响的，如技术可行性可能会影响到进程可行性。因此在评估可行性时，必须对这些方面的因素综合考虑，并加以权衡。

（5）人员可行性。一个新计算机信息系统的实施必然会引起某些方面的变化，如业务工作流程的改变，陈旧规章的改变等等。而从人的本性来说，通常对变化总是持抵触的情绪，尤其一些改变可能涉及个人利益时，会对新系统的实施产生一系列不利的影响，严重的甚至可能使整个系统不能正常运行。因此，在进行可行性研究时必须考虑到人员方面的可行性，即评估人员的抵触情绪对计算机信息系统的妨碍程度。

可行性研究的最后结果是形成一份可行性报告。书写可行性报告的内容包括，说明软件开发项目的实现在经济上、技术上和时间上等方面的可行性，并从以下三个方案中向用户或有关部门推荐一种：终止系统开发，在现有系统上改进，开发新系统。在报告中还要论证、评述开发目标可选择的方案。如果推荐继续开发，则应说明项目的进程和优先级。

3. 需求分析

需求定义策略分为：严格定义策略和原型化定义策略。

当需求采用严格定义策略时，要求组织一个定义小组，该小组的任务是试图在系统开发前完全、彻底地预先指出系统的合理需求，并期待用户评审认可。从理论上讲，对需求进行严格定义是必须的也是正确的，但实际上，用户本身对需求的认识也常常是很模糊的，甚至有的用户根本不了解什么是"需求"。用户需求也随着环境和系统使用而发生变化，所以需要一种灵活方式处理不完备的需求，不能一味追求事先严格定义。严格需求定义策略具有风险性，需求的错误或不完善是灾难性的问题，可能导致系统推翻重新设计，所以在系统开发生命周期中，错误发现地越晚，带来的影响越严重，造成人力、财力、时间的浪费越大。

原型化需求定义策略为预先定义提供一种选择和补充，如上章中指出，原型化方法是一种交互式、动态地完善确定需求的策略。原型作为对现实的一个近似解答，通过逐步完善使系统生命周期所需费用，实现的进度以及项目的风险达到较为满意的程度。

为了获得问题的清楚陈述，系统分析员必须与用户沟通。在结构化方法中采用分析工具的目的是为了便于与用户沟通，清楚地解释系统分析的基本任务。结构化系统分析是一种面向过程（功能）的方法，采用的主要工具是描述系统处理过程的数据流程图（DFD）；现代结构化信息建模分析强调系统的数据特征，采用另一种重要数据建模工具，如实体关系图（E-R）。

7.4.2　系统分析的工具

结构化分析方法在描述系统时，采用了一系列工具，主要有数据流图、数据字典、处理逻辑的表达方法。

1. 数据流图

分析一个系统的功能时，常采用数据流图（Data Flow Diagram，DFD），用图说明系统由哪些处理部分组成，以及各处理部分之间的联系，数据来源及去向。它描述了一个系统与具体实现无关的整体框架，是理解和表达系统的关键工具。它将数据独立从数据流程中抽象出来，通过图形方式描述信息的来龙去脉和实际流程。DFD 描述了系统的本质，数据内容及处理功能，但并不关心功能如何实现，所以称为逻辑模型或概念模型。

1）数据流图的基本成分

数据流图一般由以下四种基本符号组成，即外部实体、数据流、数据存储和数据处理过程。

（1）外部实体。外部实体是指不受系统控制而又与系统有联系的系统外的人或事物，如顾客、职工、学生等。它表达了系统数据的外部来源和去处，也可以是另外一个信息系统。数据存储表示方法如图 7-8 所示。

（2）处理逻辑。处理逻辑又称过程，指对数据的逻辑处理功能，即由输入的数据产生输出数据所要执行的处理工作，是 DFD 的一个主要环节。其表示方法如图 7-9 示，所以，处理逻辑又称为泡泡，DFD 图又称为泡泡图。由两部分组成：标识部分用来标别一个功能，一般用字符串表示，如 P1、P2 等；功能描述部分直接表达这个处理的逻辑功能，一般用一个动宾短语表示。

图 7-8　外部实体　　　　　　图 7-9　处理逻辑

（3）数据存储。数据存储是数据保存的地方，如文件或数据库，但这只是一个逻辑表而非物理地址。数据存储表示方法如图 7-10 所示。

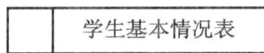

（4）数据流。数据流是指处理功能的数据输入或输出，用一条短线加一个箭头组成。它可由外部项产生，也可来自某一数据存储，也可由处理逻辑产生。其表示方法如图 7-11 所示。

图 7-10　数据存储　　　　　　图 7-11　数据流

2）数据流图的画法

系统分析的根本目的是组织信息合理的流动、处理、存储。画数据流图的基本思想是把系统看成一个整体功能，首先画出 0 层或顶层的 DFD 图，明确系统的总体功能，编辑和信息的输入/输出。系统为了实现这个总体功能，0 层泡泡内部必然有信息的处理、传递、存储，可以进一步分解为 1 层 DFD 图。这些处理泡泡又可以看成整体功能的子系统，其内部又有信息的处理、传递、存储，导出下一层 DFD 图。如此一级一级地剖析，直到很具体的处理步骤时为止。

下面以高等学校学籍管理系统为例，说明画数据流图的方法。学籍管理是一项十分严肃而复杂的工作。它要记录学生从入学到离校整个在校期间的情况，学生毕业时把学生的情况提供给用人单位。学校还要向上级主管部门报告学籍的变动情况。

首先，我们把整个系统看成一个功能。它的输入是新生入学时，从省、市招生办公室转来的新生名单和档案，输出是学生离校时给用人单位的毕业生档案和定期给主管部门的统计报表，如图 7-12 所示。"学籍表"中记载学生的基本情况、学籍变动情况、各学期各门课程的学习成绩、在校期间的奖惩记录等。

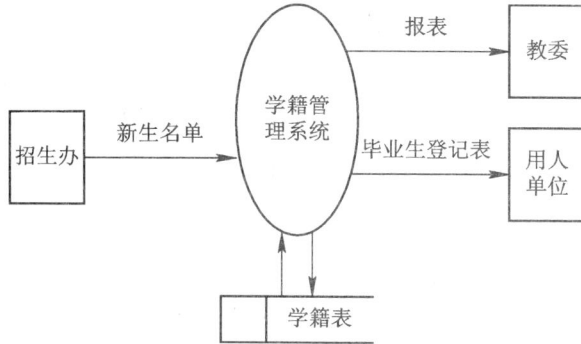

图 7-12　学籍管理系统顶层 DFD

图 7-12 概括描述了系统的轮廓、范围，标出了最主要的外部实体和数据流。还有一些外部实体、数据流并没有画出来，而是随着数据流图的展开才逐渐露出面孔。这样做的好处是突出主要矛盾，使系统轮廓更清晰。

顶层泡泡是进一步分析的出发点。学籍管理包括学生学习成绩管理、学生奖惩管理、学生异动管理三部分，因此，可以展开为图 7-13。虚线框是顶层处理泡泡的放大和功能细分，图 7-12 的各个数据流都必须反映在图 7-13 上。此外还有新增的数据流和外部实体。虚线框外为新增的数据流，在进入或流出虚线框时用"×"标记。数据存储"学籍表"是图 7-12 中原有的，可画在虚线框外，或一半在内，一半在外。在图 7-13 中，与学籍表有关的数据流更具体了。

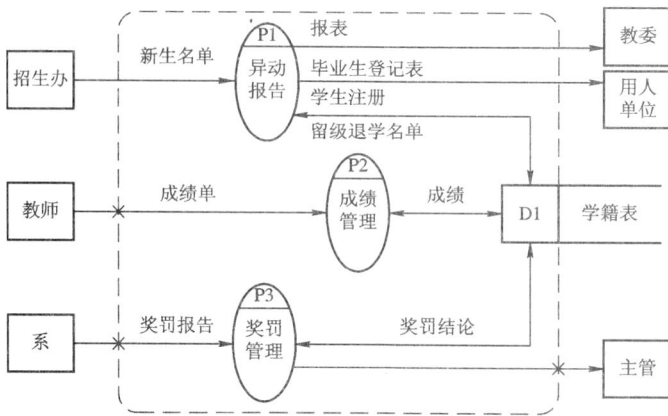

图 7-13　学籍管理系统的第一层 DFD

下面以"成绩管理"子系统为例，说明进一步逐层分解的思路。

某校现在实行校、系两级管理学习成绩。任课教师把学生成绩单送系教务员，系教务员根据成绩单登录学籍表，在学期结束时，给学生发成绩通知；在学年末，根据学籍管理条例确定每个学生升级、补考、留级、退学的情况，统计各年级各科成绩分布，并报主管领导。这样，"成绩管理"处理泡泡扩展成图 7 - 14，图 7 - 14 中的"成绩分析"再进一步扩展为图 7 - 15。

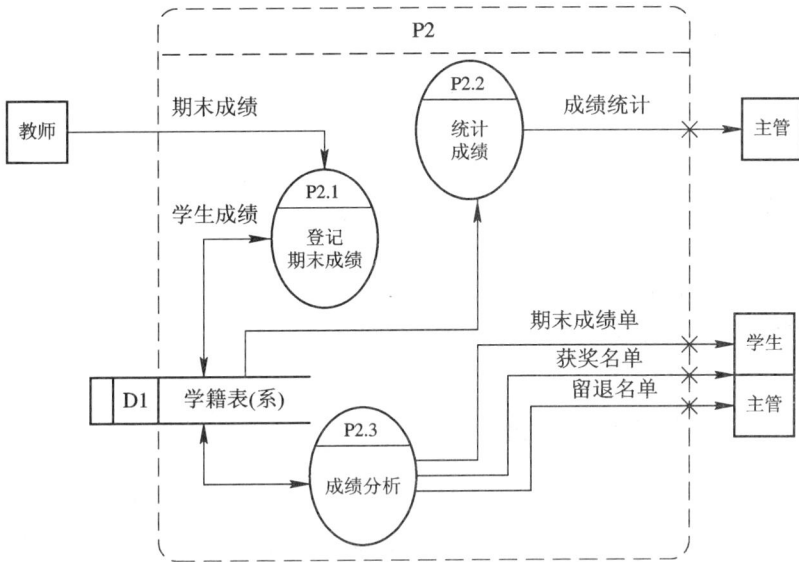

图 7 - 14　P2"成绩管理"的展开

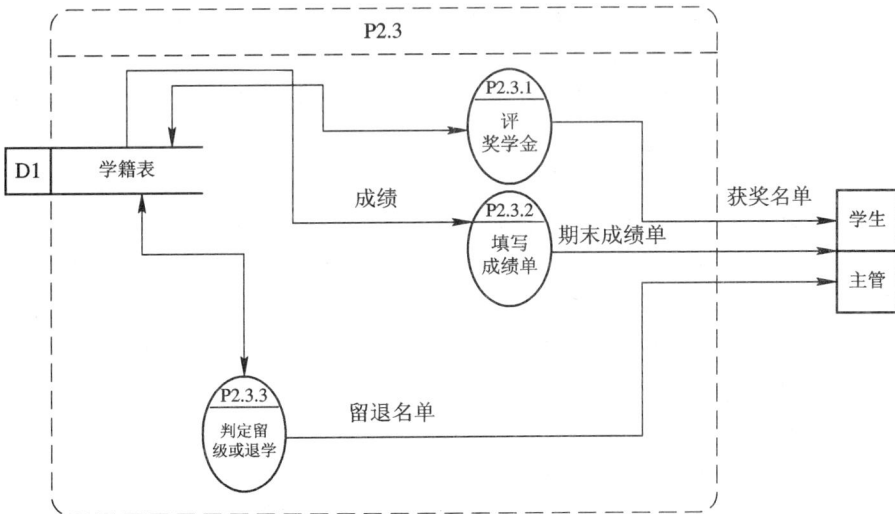

图 7 - 15　P2.3"成绩分析"的展开

3）画数据流图的注意事项

在系统分析中，数据流图是系统分析员与用户交流思想的工具。这种图用的符号少，通俗易懂。实践证明，只要对用户稍做解释，用户就能看明白。同时，这种图层次性强，适合对不同管理层次的业务人员进行业务调查。在调查过程中，随手就可记录有关情况，随时可与业务人员讨论，使不足的地方得到补充，有出入的地方得到纠正。在草图的基础上，系统分析员应对数据流图的分解、布局做适当调整，画出正式图，使之更清晰，可读性更好。

（1）关于层次的划分。从前面的例子，我们看到系统分析中得到一系列分层的数据流图。最上层的数据流图相当概括地反映出信息系统最主要的逻辑功能、外部实体和数据存储。这张图应该使人一目了然，立即有个深刻印象，知道这个系统的主要功能与环境的主要联系是什么。

逐层扩展数据流图是对上一层图（父图）中某些处理泡泡加以分解。随着处理的分解，功能越来越具体，数据存储、数据流越来越多。必须注意，下层图（子图）是上层图中某个处理泡泡的"放大"。因此，凡是与这个处理泡泡有关的外部实体、数据流、数据存储必须在下层图中反映出来。子图上用虚线长方框表示所放大的处理泡泡，属于这个处理内部用到的数据存储画在虚线框内。逐层扩展的目的是把一个复杂的功能逐步分解为若干较为简单的功能。逐层扩展不是肢解和蚕食，使系统失去原来的面貌，而应保持系统的完整性和一致性。究竟怎样划分层次，划分到什么程度，没有绝对的标准，但一般认为：

① 展开的层次与管理层次一致，也可以划分得更细。处理泡泡的分解要自然，注意功能的完整性。

② 一个处理泡泡经过展开，一般以分解为 4～10 个处理泡泡为宜，多了会显得太过复杂。

③ 最下层泡泡的处理过程用几句话，或者用一张判定表，或一张简单的 HIPO 图能表达清楚。其工作量一个人能承担，若是计算机处理，一般不超过 100 条程序语句。

（2）检查数据流图的正确性。对一个系统的理解，不可能一开始就完美无缺。开始分析一个系统时，尽管我们对问题的理解有不正确、不确切的地方，但还是应该根据我们的理解用数据流图表达出来，进行核对，逐步修改，获得较为完美的图纸。通常可以从以下几个方面检查数据流图的正确性：

DFD 图的构建与业务流程图不同，DFD 图与时序无关，只是指出无论如何实现都必须执行的任务或操作，及数据来源和结果输出。在构造 DFD 图时应避免下列错误：

① 关于处理泡泡。有三种可能发生的错误情况，一种是只有输入没有输出的处理泡泡，称黑洞，即毫无意义的处理。值得再研究为什么会产生这种情况，是否可以简化。第二种是只有输出没有输入的处理泡泡，这违反了数据处理的守恒原则，数据不能无中生有。第三种是所有的输入数据不足以产生输出结果的处理泡泡，称灰洞或称为输入数据与输出数据不匹配。即没有足够的数据输入给这个处理过程，以产生所要求输出的数据，这肯定是遗漏了某些输入数据流。

② 关于数据存储。一套数据流图中的任何一个数据存储，必定有写入的数据流和读出的数据流，缺少任何一种都意味着遗漏某些加工。

画数据流图时，应注意处理泡泡与数据存储之间数据流的方向。一个处理过程要读文件，数据流的箭头应该指向处理泡泡，若是写文件则箭头指向数据存储。修改文件要先读后写，由于 DFD 图不能表达时序关系，因此可用双箭头表示。除查询以外，一般的处理泡泡总有数据存储的写入流，以保存处理结果。

③ 关于数据流。任何一个数据流至少有一端是处理泡泡。换言之，数据流不能从外部实体直接到数据存储，也不能从数据存储直接到外部实体，更不能在外部实体之间或数据存储之间流动。初学者往往容易违反这一规定，常常在数据存储与外部实体之间画数据流。其实，记住数据流是指处理的输入与输出，就不会出现这类错误。

④ 父图中某一处理泡泡的输入、输出数据流必须反映在相应的子图中，否则就会出现

父图与子图的不匹配。这是一种比较常见的错误，应特别注意检查父图与子图的匹配问题，尤其是对子图进行某些修改之后，而不匹配的分层使人无法理解。父图的某个处理泡泡扩展时，在子图中用虚线框表示，有利于这种检查父图与子图的关系。类似于全国地图与分省地图的关系，在全国地图上标出主要的铁路、河流，分省地图则更详细，除全国地图上与该省相关的铁路、河流之外，还有一些次要的铁路、公路、河流等。

2. 数据字典

数据流图描述了系统的功能分解，即描述了从功能考虑系统由哪几部分组成，各部分之间的联系等，但还没有说明系统中各个成分是什么含义。例如，在我们前面的例子中，"数据存储—学籍表"包括哪些内容，数据流图表达不够具体、准确。又如图 7 - 15 中处理泡泡 P2.3.3"判定留级或退学"，如何决定，图上也看不出来。只有当数据流图中出现的每一个成分都给出定义之后，才能完整、准确地描述一个系统。对数据进行定义还避免了信息的多重含义的产生，即维护数据的一致性。为此，还需要其他工具对数据流图加以补充说明。

数据字典就是这样的工具之一。系统分析中所使用的数据字典，主要用来描述数据流图中的数据流、数据存储、处理过程和外部实体。数据字典把数据的最小组成单位看成是数据元素(基本数据项)，若干个数据元素可以组成一个数据结构(组合数据项)。数据结构是一个递归概念，即数据结构的成分也可以是数据结构。数据字典通过数据元素和数据结构来描写数据流、数据存储的属性。数据元素组成数据结构，数据结构组成数据流和数据存储。

建立数据字典的工作量很大，相当繁琐，但这是一项有重要意义的工作，不仅在系统分析阶段、而且在整个研制过程中以及今后系统运行中都要使用它。

数据字典可以用人工方式建立。事先印好表格，填好后按一定顺序排列，就是一本字典。也可以建立在计算机内，数据字典实际上是关于数据的详细描述的数据库，方便系统分析员、程序设计人员使用、维护。

数据字典中有 6 类条目：数据元素、数据结构、数据流、数据存储、外部实体、处理逻辑。不同类型的条目有不同的属性需要描述，现分别说明如下：

1）数据元素

数据元素是最小的数据组成单位，也就是不可再分的数据单位，如学号、姓名等。对每个数据元素，需要描述以下属性：

(1) 名称。数据元素的名称要尽量反映该元素的含义，便于理解和记忆。

(2) 别名。一个数据元素可能名称不止一个。若有多个名称，则需加以说明。

(3) 类型。说明取值是字符型还是数字型等。

(4) 取值范围和取值的含义。指数据元素可能取什么值或每一个值代表的意思。

(5) 长度。指出该数据元素由几个数字或字母组成。如学号，按某校现在的编法由 10 个数字组成，其长度就是 10 个字节。

除以上内容外，数据元素的条目还包括对该元素的简要说明，与它有关的数据结构等。

2）数据结构

数据结构的描述重点是数据之间的组合关系，即说明这个数据结构包括哪些成分。一个数据结构可以包括若干个数据元素或（和）数据结构。这些成分中有三种特殊情况：

（1）任选项。这是可以出现，也可以省略的项，用"〔〕"表示，如例中的（曾用名）是任选项，可以有，也可以没有。

（2）必选项。在两个或多个数据项中，必须出现其中的一个称为必选项。例如，任何一门课程是必修课或选修课，二者必居其一。必选项的表示办法，是将候选的多个数据项用"{}"括起来。

（3）重复项。即可以多次出现的数据项。例如一张订单可订多种零件，每种零件有品名、规格、数量，这些属性用"零件细节"表示。在定单中，"零件细节"可重复多次。

3）数据流

关于数据流，在数据字典中描述以下属性：

（1）数据流的来源。数据流可以来自某个外部实体、数据存储或某个处理。

（2）数据流的去处。某些数据流的去向可能不止一个，每个去处都要说明。

（3）数据流的组成。指数据流所包含的数据结构。一个数据流可包含一个或多个数据结构。

（4）数据流的流通量。指单位时间里的传输次数。可以估计平均数或最高、最低流量各是多少。

（5）高峰时的流通量。

4）数据存储

数据存储的条目，主要描写该数据存储的结构及有关的数据流、查询要求等。有些数据存储的结构可能很复杂，如"学籍表"，包括学生的基本情况、学生动态、奖惩记录、学习成绩、毕业论文成绩等，其中每一项又是数据结构。这些数据结构有各自的条目分别加以说明，因此在"学籍表"的条目中只需列出这些数据结构，而不要列出这些数据结构的内部构成。数据流图是分层的，下层图是上层图的具体化。同一个数据存储可能在不同层次的图中出现。描述这样的数据存储，应列出最低层图中的数据流。

5）处理逻辑

关于数据流图中的处理泡泡，需要在数据字典中描述处理泡泡的编号、名称、功能的简要说明及有关的输入、输出。关于功能的描述，使人能有一个较明确的概念，知道这一框的主要功能。功能的详细描述，还要用"小说明"进一步描述。

6）外部实体

外部实体是数据的来源或去向。因此，在数据字典中关于外部实体的条目，主要说明外部实体产生的数据流和传给该外部实体的数据流，以及该外部实体的数量。外部实体的数量对于估计本系统的业务量有参考作用，尤其是关系密切的主要外部实体。

3. 处理逻辑的表达方式

对于 DFD 中比较复杂的处理逻辑，有必要作更为详细的说明，这里指对 DFD 中最底层的处理逻辑进行说明，不必描述上层数据流图中的处理逻辑，因为上层处理逻辑是底层处理逻辑的概括。用来描述处理逻辑的方法主要有以下四种。

1）自然语言

自然语言的缺点较多，如界限不明确，意义模糊等，所以尽量少用。

2）结构化英语

结构化英语专门用来描述处理逻辑的功能，它不同于自然语言，也区别于任何一种特定的程序语言。主要由三种基本结构构成，即顺序机构、判断结构和循环结构，其特点是结构简单，描述清晰。

3）决策树

决策树又称为判断树，是用来描述在一组不同的条件下，决策的行动是根据不同条件及其取值来选择的处理过程。它是一种树状的图形，能顺序地表示出条件和行动，因而能显示出应首先考虑哪些条件，其次考虑哪些条件。看一个决策树，应由左边树根开始，沿着各个分支向右看，根据决策条件的取值类别，在决策树的最右边找出应采取的行动。

【案例 7-1】　检查订购单的处理逻辑。

若金额超过 500 元且未过期，则发出批准单和提货单；若金额超过 500 元且已过期，则不发批准单；若金额不超过 500 元且不论过期与否，则均发出批准单和提货单，在过期的情况下，还需发出通知单。处理过程用决策树表示如图 7-16 所示。

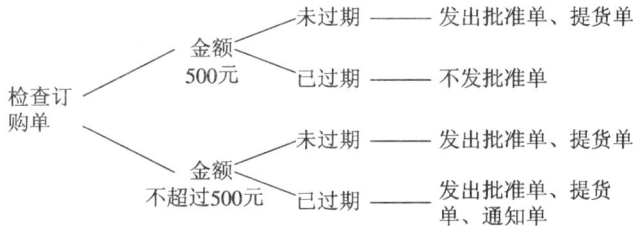

图 7-16　检查订购单的决策树

4）判断表

判断表是另一种表达处理逻辑的工具，具体如表 7-1 所示。与结构化英语和判断树方法相比，判断表的优点是能够把所有的决策条件组合，充分地表达出来。特别是当条件很多，而且每一个条件的取值有若干个，应采取的行动也很多的时候，使用判断表比较有效。它的缺点是建立过程比较复杂，表达方式不如结构化英语和判断树方法简便。

表 7-1　检查订购单的判断表

	决策规则号	1	2	3	4
条件	金额＞500 元	Y	Y	N	N
	过期与否	N	Y	N	Y
行动	发出批准单	X		X	X
	发出提货单	X		X	X
	发出通知单				X

7.4.3　系统分析报告

系统分析阶段的成果就是系统分析报告，它反映了这一阶段调查分析的全部情况，是下一步设计与实现系统的纲领性文件。系统分析报告形成后必须组织各方面的人员（包括组织的领导、管理人员、专业技术人员、系统分析人员等等)一起对已经形成的逻辑方案进行论证,尽可能地发现其中的问题、误解和疏漏。对于问题、疏漏要及时纠正,对于有争论的问题要重新核实当初的原始调查资料或进一步地深入调查研究,对于重大的问题甚至可能需要调整或修改系统目标,重新进行系统分析。总之系统分析报告是一件非常重要的文件,必须非常认真地讨论和审核。

一份好的系统分析报告应该不但能够充分展示前段调查的结果,更重要的是要反映系统分析结果,即新系统的逻辑方案。系统分析报告要包括以下内容:

(1) 对分析对象的基本情况作概括性的描述,包括组织的结构、组织的目标、组织的工作过程和性质、业务功能、对外联系、组织与外部实体间有哪些物质以及信息的交换关系,研制系统工作的背景如何等等。

(2) 系统目标和开发的可行性。系统的目标拟采用什么样的开发战略和开发方法,人力、资金以及计划进度的安排,系统计划实现后各部分应该完成什么样的功能,某些指标预期达到什么样的程度,有哪些工作是原系统没有而计划在新系统中增补的等等。

(3) 现行系统运行状况。以一些工具(主要是数据流程图、数据字典)为主,详细描述原系统的信息处理以及信息流动情况。另外,各个主要环节对业务的处理量、总的数据存储量、处理速度要求、主要查询和处理方式、现有的各种技术手段等等,都应作一个扼要的说明。

(4) 新系统的逻辑方案。新系统的逻辑方案是系统分析报告的主体。这部分主要反映分析的结果和我们对今后建造新系统的设想。它应包括本章节分析的结果和主要内容:

① 新系统拟定的业务流程及业务处理工作方式。

② 新系统拟定的数据指标体系和分析优化后的数据流程,以及计算机系统将完成的工作部分。

③ 新系统在各个业务处理环节拟采用的管理方法、算法或模型。

④ 与新的系统相配套的管理制度和运行体制的建立。

⑤ 系统开发资源与时间进度估计。

7.5　结构化设计方法

系统分析回答了系统"做什么"的问题,接下来就要解决"怎么做",这由系统设计来完成。系统设计的任务是在系统分析提出的逻辑模型的基础上,科学合理地进行物理模型设计。系统设计分为总体设计和详细设计。总体设计包括子系统的划分、网络设计和配置、设备选型、模块划分等,详细设计包括代码设计、数据库设计和输入/输出设计等。由于在前面已经详细讲解了部分设计方面的内容,因此,在这里对重复的部分就不再赘述。

网络设计是指将初步规划中的各个子系统在内部用局域网连接起来,以及今后系统与外部系统相连接的问题,它不是去设计或开发一个网络,而是根据实际业务的需要去考虑如何配置网络和选用网络产品。

7.5.1　子系统划分

子系统划分一般是以功能/数据分析为主,兼顾组织实际情况。

1. 功能/数据分析

在对实际系统的业务流程、管理功能、数据流程以及数据分析都做了详细的了解和形式化的描述以后,就可在此基础上进行系统化的分析,以便整体地考虑新系统的功能子系统和数据资源的合理分布。进行这种分析的有力工具之一就是功能/数据分析。

功能/数据分析法是 IBM 公司于 20 世纪 70 年代初提出的一种系统化的聚类分析法。它是通过 U(Use)/C(Create)矩阵的建立和分析来实现的。

2. U/C 矩阵及其建立

要建立一个 U/C 矩阵对于一个实际的组织来说不是一件容易的事情。从理论上说要建立 U/C 矩阵首先要进行系统化,自顶向下地划分,然后逐个确定其具体的功能(或功能类)和数据(或数据类),最后填上功能/数据之间的关系,即完成了 U/C 矩阵的建立过程,如图 7-17。

建立 U/C 矩阵后一定要根据"数据守恒原理"进行正确性检验,以确保系统功能数据项划分和所建 U/C 矩阵的正确性。所谓"数据守恒原理",指的是数据必定有一个产生源,而且必定有一个或多个使用者。数据应满足完备性、一致性和无冗余性等三条检验原则。它可以指出我们前段工作的不足和疏漏,或是划分不合理的地方,及时地督促我们加以改正。具体说来,U/C 矩阵的正确性检验可以从如下三个方面进行:

1) 完备性检验

完备性检验是指对具体的数据项(或类)必须有一个产生者(即"C")和至少一个使用者(即"U"),功能则必须有产生或使用("U"或"C"元素)发生。否则这个 U/C 矩阵的建立是不完备的。

2) 一致性检验

一致性检验是指对具体的数据项/类必有且仅有一个产生者("C")。如果有多个产生者的情况出现,则产生了不一致性的现象。其结果将会给后续开发工作带来混乱。

这种不一致现象的产生可能有如下原因:

(1) 没有产生者——漏填了"C"元素或者是功能、数据的划分不当。

(2) 多个产生者——错填了"C"元素或者是功能、数据的划分不独立,不一致。

3) 无冗余性检验

无冗余性检验即表中不允许有空行空列。如果有空行空列发生则可能出现如下问题:

(1) 漏填了"C"或"U"元素。

(2) 功能项或数据项的划分是冗余的,没有必要的。

3. U/C 矩阵的求解

U/C 矩阵求解过程就是对系统结构划分的优化过程。它是基于子系统划分应相互独立,而且内部凝聚性高这一原则之上的一种聚类操作。其具体作法是使表中的"C"元素尽量地靠近 U/C 矩阵的对角线,然后再以"C"元素为标准,划分子系统。这样划分的子系统独立性和凝聚性都是较好的,因为它可以不受干扰地独立运行。

　　U/C 矩阵的求解过程是通过表上作业来完成的。其具体操作方法是：调换表中的行变量或列变量，使得"C"元素尽量地朝对角线靠近（注意：这里只能是尽量朝对角线靠近，但不可能全在对角线上）。

4．系统功能划分与数据资源分布

　　在本书中 U/C 矩阵的求解目的是为了对系统进行逻辑功能划分和考虑今后数据资源的合理分布。一般说来，U/C 矩阵的主要功能有如下四点：通过对 U/C 矩阵的正确性检验，及时发现前段分析和调查工作的疏漏和错误；通过对 U/C 矩阵的正确性检验来分析数据的正确性和完整性；通过对 U/C 矩阵的求解过程最终得到子系统的划分；通过子系统之间的联系（"U"），可以确定子系统之间的共享数据。

　　而这里所要用的主要是后两点。

　　1）系统逻辑功能的划分

　　系统逻辑功能划分的方法是在求解后的 U/C 矩阵中划出一个个的小方块。划分时应注意：

　　（1）沿对角线一个接一个地画，既不能重叠，又不能漏掉任何一个数据和功能。

　　（2）小方块的划分是任意的，但必须将所有的"C"元素都包含在小方块之内。划分后的小方块即为今后新系统划分的基础。每一个小方块即一个子系统。另外特别值得一提的是：对同一个调整出来的结果，小方块（子系统）的划分不是唯一的，如图 7-17 中实线和虚线所示。具体如何划分为好，要根据实际情况以及分析者个人的工作经验和习惯来定。子系统划定之后，留在小方块（子系统）外还有若干个"U"元素，这就是今后子系统之间的数据联系，即共享的数据资源。我们将这些联系用箭头表示。

功能＼数据值类		计划	财务	产品	零件规格	材料表	原材料库存	成品库存	工作令	机器负荷	材料供应	操作顺序	客户	销售区域	订货	成本	职工
经营计划	经营计划	C	U												U		
	财务规划	U	U												U	U	
	资产规模		C														
技术准备	产品预测	U		U									U	U			
	产品设计开发			C	C	U							U				
	产品工艺			U	U	C	U										
生产制度	库存控制						C	C	U			U					
	调度			U					C	U							
	生产能力计划									C	U	U					
	材料需求				U	U					C						
	操作顺序									U	U	C					
销售	销售区域管理			U										C	U		
	销售			U									C	U	U		
	订货服务			U									U		C		
	发运			U				U							U		
财会	通用会计			U									U				U
	成本会计														U	C	
人事	人员计划																C
	人员招聘／考核																U

图 7-17　U/C 矩阵

2）数据资源分布

在对系统进行划分并确定了子系统以后，从图 7 - 17 是可以看出所有数据的使用关系都被小方块分隔成了两类：一类在小方块以内；一类在小方块以外。在小方块以内所产生和使用的数据，则今后主要考虑放在本子系统的计算机设备上处理。而在小方块以外的数据联系（图中小方块以外的"U"）则表示了各子系统之间的数据联系，这些数据资源今后应考虑放在网络服务器上供各子系统共享或通过网络来相互传递数据。

7.5.2　代码设计

所谓代码是指代表事物的名称、属性、状态等的符号和记号。代码可以是数字型，也可以是字符型的数据。代码通常被用来唯一地标识系统中的某一事物，如公民的身份证号，学生的学号，工件的零件号等。代码的研究和设计在系统开发中是至关重要的，关系到计算机信息系统的质量，关系到软件的通用性、商品化。

1. 代码的作用

（1）鉴别功能。这是代码最基本的特性。在一个信息分类编码标准中，一个代码只能唯一地标识一个分类对象，而一个分类对象也只能有一个唯一的代码。

（2）分类。当按对象的属性（如工艺、材料、用途等）分类，并进行赋予不同的类别代码时，代码又可以作为分类对象类别的标识，这是利用计算机进行分类统计的基础。

（3）排序。当按对象所产生的时间，所占空间或其他方面的顺序关系分类，并赋予不同的代码时，代码又可以作为区别分类对象排序的标识。

（4）专用含义。当客观需要采用专用符号时，代码可提供一定的专门含义，如数学运算的程序，分类对象的技术参数，性能指标等等。

2. 代码设计的基本原则

代码设计必须遵循以下基本原则。

（1）唯一性。一个对象可能有多个名称，可按不同的方式对它进行描述。但在一个编码体系中，一个对象只能赋予它一个唯一的代码。

（2）标准化、规范化。为便于通信，代码应尽可能采用国际、国内已有的标准编码。如果没有标准编码，则应由系统规范化，必须遵循系统规范化原则。在一个代码体系中，代码结构、类型、编写格式必须统一。

（3）可扩充性。应留有充分的余地，以备将来不断扩充的需要。

（4）简单性。结构尽可能简单，尽可能短，以减少各种差错。

（5）适用性。代码尽可能反映对象的特点，以助记忆，便于填写。

（6）合理性。代码结构与相应的分类体系相对应。

3. 代码的类型

代码的类型指代码符号的表示形式，一般有以下几种：

（1）顺序码。用连续的数字表示编码对象，如 1，2，3，4。其优点是代码短而简单，占用空间少。缺点是没有逻辑基础，不容易记忆；增加时只能加最后，删除时出现空码。

（2）层次码。也是用数字表示，但它的每一位或几位都有实际意义，如身份证号码、邮政编码、学号等。优点是逻辑性强，缺点是占用空间大。

（3）助忆码。用汉语拼音的缩写或英文单词缩写来表示的码，如 TV、CM 等。

7.5.3 输入／输出设计

系统输入/输出(I/O)设计是一个在系统设计中容易被忽视的环节，又是一个重要的环节，它对于用户和系统使用的方便和安全可靠性来说是十分重要的。一个好的输入系统可以为用户和系统双方带来良好的工作环境，一个好的输出系统可以为管理者提供简捷、明了、有效、实用的管理和控制信息。这里主要介绍设计方法与步骤。

1. 输出设计

1）输出设计的内容和要求

有人认为输出只是输入数据和处理逻辑被动的结果，这实际上是一种误区。计算机信息系统的输出是信息，而信息的接收者是用户。用户最关心的并不是所开发的信息系统采用了何种高新技术，而是信息系统能够提供给他什么样的信息，以多快的速度、以什么方式提供给他，这正是输出设计的内容。因此，可以说是用户的要求即输出决定了输入的内容，所以我们把输出设计放在前面。

系统所产生的输出应该是高质量的、可用的。一个高质量、可用的输出必须具备以下特征：易存取性、及时性、相关性、准确性、可用性。

2）输出形式

输出形式的设计是输出设计的一个重要内容，计算机信息系统所产生的输出一般可分为以下几种表现形式：

报表。报表的类型有详细报表、摘要报表、分析型报表。

图形。包括线图、条形图、散列图、饼图等。

另外，输出也可以采用其他形式，如声音、动画、图像等。

3）输出介质

常见的输出设备有：显示器、打印机、声音输出设备、语音综合设备、绘图仪、缩微胶片输出设备等。

2. 输入设计

输入模块承担着将系统外的数据以一定的格式送入计算机的任务。输入设计一般要考虑三个方面的问题：数据校验和输入设备、输入方式。

1）数据校验和检查

输入设计应避免垃圾进垃圾出，所以在输入设计时，要对输入数据进行校验和检查。输入数据的错误检查和编辑程序通常称之为数据校验和检查程序。

数据校验和检查技术主要有以下几种：

（1）校验位。这种方法通常用于某些数字编号的校验(知顾客账号、仓库编号、信用卡号等)，它是利用某种算法通过对一个编号中的某些或全部位的计算来得出其他数字位的一种方法。

例如，仓库中某种商品的编码为 425 - 102。前 5 位是用户输入的，第六位需要通过一个简单的算法计算出来。如将前五位数字相加得出的和除以 5，所得到的余数作为第六位数字。这种类型的算法很多。

（2）组合检查。组合检查是利用两个或更多的相关的属性来检查输入数据的一种方法，也称为交叉检验。例如，在对日期型数据进行检查时经常采用这种方法，比如一个日期 98/02/30，单就"30"这个数字而言在每个月的最大天数之内，是没有错误的，但与 02 进行组合检查，就会发现是错误的。

（3）范围检查。范围检查通常用于数字类型输入数据的检查。通常范围是一个具有上界和下界的区域。

（4）完整性检查。完整性检查通常用于位数的检查。

2）数据输入的方法

数据输入通常有成批输入和联机输入两种方法。联机输入也称为交互式输入。

成批输入又称为脱机输入，是将数据的输入过程与处理过程分离，这种分离可能是时间上的，也可能是空间上的，还可能两者都有。这种方式适合于非实时性处理。

联机输入是系统采集到数据后，立即进行数据处理，并反映到数据库中，这种方式适合实时系统使用。

3）输入设备

常见的输入设备有键盘、鼠标、声音输入设备、轨迹球、光笔、触摸屏、条码识别器、磁卡读入设备、光学标记阅读器、磁墨水字符阅读器、光学字符阅读器、图像扫描仪、数码相机、自动语言识别系统、数据手套等。

自动语言识别系统是一种语音输入和处理系统，它不仅能够采集说话者所说的孤立的单词，而且能够区分不同句子中的单词。ASR 系统有离散语音识别系统、连续语言识别系统等类型。

数据手套是一种在虚拟现实环境中使用的数据采集设备，利用数据手套可以将手势转化成计算机可识别的数据。

以上设备的详细介绍，请参阅有关技术资料。

4）输入设计的原则

输入设计最重要的原则是保证输入数据的准确性，再则是要求输入工作高效率，尤其对面向客户的业务窗口，工作效率将直接影响为客户服务的质量。

（1）尽量减少用户的输入动作，提高输入效率和数据的准确性。如采用缺省，用鼠标选取预先定义的输入（即采用值列表的方式）等。

（2）屏蔽掉在当前动作的上下文中不适用的或无效的命令，从而防止用户试图使用可能导致错误的动作。

（3）允许用户控制交互的流程。用户可以跳过不必要的操作，改变动作次序或不退出程序就从错误状态中恢复出来。

（4）为所有的输入动作提供帮助。

（5）具有自动数据校验和检查的功能，尽可能防止用户出现不必要的输入错误。

（6）由信息系统可以导出或计算出来的数据不要通过输入界面而由用户输入到计算机中。

7.5.4　用户界面设计

用户界面就是用户面对计算机时看到的平面图案，是人机交互界面，故又称接口。通过人机交互，用户向计算机系统提供命令、数据等输入信息，这些数据经过计算机信息系统处理后，又通过人机交互界面将处理的结果（即输出数据）返回给用户。另外，在处理过程中，用户也可以通过交互界面干预计算机系统的数据处理。

人机交互界面是用户与计算机信息系统之间传递、交换信息的媒介，是用户使用计算机信息系统的综合操作环境，是用户与计算机信息系统进行交互的唯一途径。所以人机交互界面的设计在信息系统设计中占有非常重要的地位。用户界面设计应坚持用户友好、操作简便、实用的原则，尽量避免过于繁琐和花哨。一般分两类用户界面：文字界面和图形界面。由于文字界面表达不够清晰，一致性差，操作员还需正确无误地记忆操作命令等缺陷。目前信息系统多数采用图形界面。

人机交互部分的设计结果，将对用户情绪和工作效率产生重要影响。人机交互界面设计得好，则会使系统对用户产生吸引力，用户在使用系统的过程中感觉良好，能够激发用户的创造力，提高工作效率；相反，人机交互界面设计得不好，用户在使用过程中就会感到不方便、不习惯，甚至会产生厌烦和恼怒的情绪。由于对人机交互界面的评价，在很大程度上由人的主观因素决定，因此，使用由原型支持的系统化的设计策略，是成功地设计人机交互子系统的关键。

1. 设计人机交互界面的准则

遵循下列准则有助于设计出让用户满意的人机交互界面：

（1）一致性。使用一致的术语，一致的步骤，一致的动作。

（2）减少步骤。应使用户为做某件事情而需敲击键盘的次数，点按鼠标的次数、或者下拉菜单的距离，都减至最少。还应使得不同技术水平的用户，为获得有意义的结果所需使用的时间都减至最少。特别应该为熟练用户提供简捷的操作方法（例如，热键）。

（3）及时提供反馈信息。每当用户等待系统完成一项工作时，系统都应该向用户提供有意义的、及时的反馈信息，以便用户能够知道系统目前已经完成该项工作的多大比例。

（4）提供撤消命令。人在与系统交互的过程中难免会犯错误，因此，应该提供"撤消"命令，以便用户及时撤消错误动作，消除错误动作造成的后果。

（5）无需记忆。不应该要求用户记住在某个窗口中显示的信息，然后再用到另一个窗口中，这是软件系统的责任而不是用户的任务。此外，在设计人机交互部分时应该力求达到下述目标：用户在使用该系统时用于思考人机交互方法所花费的时间减至最少，而用于做他实际想做的工作所用的时间达到最大值。更理想的情况下，人机交互界面能够增强用户的能力。

（6）易学。人机交互界面应该易学易用，应该提供联机参考资料，以便用户在遇到困难时可随时参阅。

（7）富有吸引力。人机交互界面不仅应该方便、高效，还应该使人在使用时感到心情愉快，能够从中获得乐趣，从而吸引人去使用它。

2. 设计人机交互子系统的策略

（1）分类用户。人机交互界面是给用户使用的，显然，为设计好人机交互子系统，设计者应该认真研究使用它的用户。应该深入到用户的工作现场，仔细观察用户是怎样做他们的工作的，这对设计好人机交互界面是非常必要的。

在深入现场的过程中，设计者应该认真思考这几个问题：用户必须完成哪些工作？设计者能够提供什么工具来支持这些工作的完成？怎样使得这些工具使用起来更方便更有效？

为了更好地了解用户的需要与爱好，以便设计出符合用户需要的界面。设计者首先应该把将来可能与系统交互的用户分类。通常按照技能水平分类（新手/初级/中级/高级）、职务分类（总经理/经理/职员）、所属集团分类（职员/顾客）等几个不同角度进行分类。

（2）描述用户。应该仔细了解将来使用系统的每类用户的情况，把用户类型、使用系统欲达到的目的、特征（年龄、性别、受教育程度、限制因素等）、关键的成功因素（需求、爱好、习惯等）、技能水平、完成本职工作的能力等各项信息记录下来。

（3）设计命令层次。设计命令层次的工作通常包含以下几项内容：

① 研究现有的人机交互含义和准则。现在，Windows 已经成了图形用户界面事实上的工业标准。所有 Windows 应用程序的基本外观及给用户的感受都是相同的（例如，每个程序至少有一个窗口，它有标题栏标识；程序中大多数功能可通过菜单选用；选中某些菜单项会弹出对话框，用户可通过它输入附加信息……），Windows 程序通常还遵守广大用户习以为常的许多约定（例如，File 菜单的最后一个菜单项是 Exit；在文件列表框中用鼠标单击某个表项，则相应的文件名变亮，若用鼠标双击则会打开该文件……）。

设计图形用户界面时，应该保持与普通 Windows 应用程序界面一致，并遵守广大用户习惯的约定，这样才会被用户接受和喜爱。

② 确定初始的命令层次。所谓命令分层次，实质上是用过程抽象机制组织起来的，可供选用的服务的表示形式。设计命令层次时，通常先从对服务的过程抽象着手，然后再进一步修改它们。以适合具体应用环境的需要。

③ 精化命令层次。为进一步修改完善初始的命会层次，应该考虑下列一些因素：

次序—仔细选择每个服务的名字，并在命令层的每一部分内把服务排好次序。排序时或者把最常用的服务放在最前面，或者按照用户习惯的工作步骤排序。

整体—部分关系：寻找在这些服务中存在的整体—部分模式，这样做有助于在分层中分组组织服务。

宽度和深度：由于人的短期记忆能力有限，命令层次的宽度和深度都不应该过大。

操作步骤：应该用尽量少的单击、拖动和击键组合来表达命令，而且应该为高级用户提供简捷的操作方法。

④ 设计人机交互类。人机交互类与所使用的操作系统及编程语言密切相关。例如，在 Windows 环境下运行的 Visual C++语言提供了 MFC 类库。设计人机交互类时，往往仅需从 MFC 类库中选出一些适用的类，然后从这些类派生出符合自己需要的类就可以了。

3. 界面设计的形式

界面设计一般包括菜单设计、会话方式、操作提示方式，以及操作权限管理等。

（1）菜单方式。菜单（Menu）方式是目前信息系统功能选择操作的最常用方式。按目前软件提出的菜单设计工具，菜单的形式可以是下拉式、弹出式的，也可以是按钮选择方式的（如 Windows 下所设计的菜单多属这种方式）。菜单选择的方式也可以是移动光棒、选择数字（或字母）、鼠标驱动或直接用手在屏幕上选择等多种方式（甚至还可以是声音系统加电话键盘驱动的菜单选择方式）。

菜单设计时一般应在同一层菜单选择中，功能尽可能多，而进入最终操作层次尽可能少（最好是二级左右）。一般功能选择性操作最好让用户一次就进入系统，只有在少数重要执行性操作时，才设计让用户选择后再确定一次的形式。例如，选择执行删除操作，系统尚未执行完毕前执行退出操作等等。

菜单设计时在两个邻近的功能（或子系统）选择之间，可以考虑交替使用深浅不同的对比色调或用分隔线隔开，以使它们之间的变化更加醒目。

在系统开发工作中我们常常用下拉式菜单。下拉式菜单的好处是条理清晰、方便、灵活。

（2）会话管理方式。在所有的用户界面中，几乎毫无例外地会遇到有人机会话问题，最为常见的有：当用户操作错误时，系统向用户发出提示和警告性的信息；当系统执行用户操作指令遇到两种以上的可能时，系统提请用户进一步地说明；系统定量分析的结果通过屏幕向用户发出控制型的信息等等。这类会话通常的处理方式是让系统开发人员根据实际系统操作过程将会话语句写在程序中。

（3）提示方式与权限管理。为了操作使用方便，在系统设计时，常常把操作提示和要点同时显示在屏幕的旁边，以使用户操作方便。

与操作方式有关的另一个内容就是对数据操作权限的管理。权限管理一般都是通过入网口令和建网时定义该结点级别相结合来实现的。对于单机系统的用户来说只需简单规定系统的上机口令即可。

7.5.5　模块化设计与系统设计报告

1. 模块化设计

系统设计的最后一步是模块化设计。所谓模块化，就是将系统划分为子系统，子系统划分为若干模块，大模块再划分为小模块的过程。

这里的模块是指具有输入、输出、逻辑功能、运行程序和内部数据四种属性的一组程序。划分模块的目的是降低系统的开发难度，增加系统的可维护性等。它的原则是使模块间的联系尽可能少，模块内部的联系尽可能多，即松耦合，高内聚。

模块化设计的主要工具是"层次图＋输入/处理/输出图"（Hierachy plus Input-Process-Output，HIPO 图）。HIPO 图主要关心的是模块的外部属性，即上下级模块、同级模块之间的数据传递和调用关系，而并不关心模块内部的具体实现。

2. 系统设计报告

系统设计阶段的最终结果是系统设计报告。系统设计报告是下一步系统实施的基础，它包括以下主要内容：

（1）系统总体结构图包括总体结构图、子系统结构图。

（2）系统设备配置图包括系统设备配置（主要是计算机系统）图、设备在各生产岗位的分布图、主机、网络和终端连接图等。

（3）系统分类编码方案包括分类方案、编码和校对方式。

（4）数据库结构图包括 DB 的结构（主要指表与表之间的结构）、表内部结构（字段、域）、数据字典等。

（5）I/O 设计方案。

（6）HIPO 图等等。

（7）系统详细设计方案说明书。

从系统调查、系统分析到系统设计是信息系统开发的主要工作，这三个阶段的工作量几乎占到了总开发工作量的 70%，而且这三个阶段所用的工作图表较多，涉及面广，较为繁杂。

7.6　网络环境下 MIS 的开发

所谓网络管理信息系统，是指在网络环境下利用网络操作系统和网络应用软件将各种硬件设备连在一起，具有信息的采集、存储、传输、处理、输出等功能的计算机信息系统。网络环境下，MIS 的开发具有十分明显的优势。

一个完善的网络信息系统，应该是支持多厂商、多协议、具有灵活配置功能并能满足多种要求且易于管理的开放式网络系统。网络信息系统建设过程中一定要注重实用，应根据实际应用的需求，充分利用各种先进成熟的网络技术进行开发建设。

7.6.1　系统开发的原则

在网络环境下，开发建设 MIS 时，应该考虑网络对 MIS 的开发提供的实质性技术支持和知识援助。当然，实用性、先进性和可扩充性等原则，也是必须考虑的。

1. 实用性原则

由于网络信息系统建设不仅面临诸多目标和要求，而且面临各种技术和方案的选择，首先需要考虑的就是实用性原则。所谓实用性，是指能够最大限度地满足实际工作的要求。为了提高网络信息系统的实用性，必须考虑以下因素：

（1）系统总体设计要充分考虑用户各业务层次、各环节管理中数据处理的便利性。

（2）采取"总体设计，分步实施"的技术方案，使系统始终与用户的实际需求紧密结合在一起，使系统建设保持较好的连贯性。

（3）人机操作设计应充分考虑不同用户的实际需要，用户接口以及界面设计需要充分考虑人体结构特征以及视觉特征进行优化设计，界面应该尽量做到美观大方，操作简便实用。

2. 先进性原则

在建设网络信息系统过程中，技术上必须具备先进性，应该尽可能地采用先进成熟的计算机软/硬件技术，包括互联网上可提供的现成的模块甚至网络计算的功能，使新建立的系统能够最大限度地适应技术发展以及业务变化的需要。

3. 可靠性原则

任何系统故障都可能会给用户带来不可估量的损失，这就要求系统具有高度的可靠性。提高系统可靠性的方法很多，常用方法包括：

（1）采用具有容错功能的服务器和网络设备，如选用双机备份、Cluster 技术的硬件设备配置方案，出现故障时能够迅速恢复并有适当的应急措施。

（2）每台设备均应考虑可离线应急操作，设备间可相互替代。

（3）采用数据备份恢复、数据日志、故障处理等系统故障对策功能。

（4）采用严格的系统监控功能。

（5）选择合适的网络管理软件对网络进行有效管理。

（6）整个网络采用星形拓扑结构，采取主干光纤和 ISDN 数据通路双备份，以便进一步增强网络的可靠性。

4. 安全性原则

网络信息系统的安全性至关重要。网络信息系统建设必须符合国家安全部门和保密部门的要求，利用网络系统、数据库系统和应用系统的安全机制设置，拒绝非法用户进入系统以及合法用户的越权操作，避免系统遭到破坏，防止系统数据窃取和篡改，还要对计算机病毒采取行之有效的防范措施。

5. 扩展性原则

根据软件工程理论，系统维护在整个软件的生命周期中所占的比重最大。网络信息系统从最初应用到最终目标实现，往往需要不断完善，其中涉及到的改进和维护工作量很大，所以必须考虑系统的可扩充能力和维护能力，要充分考虑到网络信息系统在结构、容量、通信能力、产品升级、处理能力、数据库、软件开发等方面具有良好的可扩展性和灵活性。

6. 开放性原则

在网络信息系统建设过程中，一定要充分考虑现有系统将来发展的需要，即要求网络信息系统具有良好的开放性。这样，就能使系统的维护和扩充少受限制，用户现有的应用软件通过移植或者略加修改就可以在新的网络环境中运行。

7. 标准化原则

网络信息系统建设要尽可能采用统一的信息编码，实现数据的标准化和工作流程的最优化。

8. 方便性原则

网络管理员可通过先进的网管软件进行实时监控和管理。如在客户端通过使用 Web 浏览器也可以实现部分管理功能。

7.6.2　系统开发的组织

作为 MIS 开发人员，应该把自己从代码中解脱出来，更多的时候甚至暂时要放弃去考虑如何实现的问题，而从项目或产品的总体去考虑一个软件产品。

1. 考虑整个项目或者产品的市场前景

作为一个真正的系统分析人员，不仅要从技术的角度来考虑问题，而且还要从市场的角度去考虑问题。也就是说，同时需要考虑我们产品的用户群是谁，当我们产品投放到市场上的时候，是否具有生命力。比如即使我们采用最好的技术实现了一个单进程的操作系统，其市场前景也一定是不容乐观的。

2. 从用户的角度来考虑问题

比如一些操作对于开发人员来讲是非常显而易见的问题。但是对于一般的用户来说可能就非常难于掌握，也就是说，有时候，我们不得不在灵活性和易用性方面进行折中。另外，在功能实现上，我们也需要进行综合考虑，尽管一些功能十分强大，但是如果用户几乎不怎么使用它的话，就不一定在产品的第一版的时候就推出。从用户的角度考虑，也就是说用户认可的才是好的，并不是开发人员觉得好才好。

3. 从技术的角度考虑问题

虽然技术绝对不是惟一重要的，但是技术一定是非常重要的，是成功的必要环节。在产品设计的时候，必须考虑采用先进的技术和先进的体系结构。比如，如果可以采用多线程进行程序中各个部分并行处理的话，就最好采用多线程处理。在 Windows 下开发的时候，能够把功能封装成一个单独的 COM 构件就不作成一个简单的 DLL 或者是以源代码存在的函数库或者是对象。比如能够在 B/S 结构下运行并且不影响系统功能的话就不一定要在 C/S 下实现。

4. 合理进行模块的分割

从多层模型角度来讲，一般系统可以分成用户层、业务层和数据库层三部分。当然每个部分都还可以进行细分。所以在系统实现设计的时候，尽量进行各个部分的分割并建立各个部分之间进行交互的标准。并且在实际开发的时候，确实有需要的话再进行重新调整。这样就可以保证各个部分齐头并进，开发人员也可以各施其职。

5. 人员的组织和调度

这里很重要的一点是考虑到人员的特长，有的人喜欢做界面，有的人喜欢做核心。如果有可能，则要根据人员的具体的情况进行具体的配置。同时要保证每一个开发人员在开发的时候首先完成需要和其他人员进行交互的部分，并且对自己的项目进度以及其他开发人员的进度有一个清晰的了解，保证不同部分的开发人员能够经常进行交流。

6. 开发过程中文档的编写

在开发过程中会碰到各种各样的问题和困难，当然还有各种各样的创意和新的思路。应该把这些东西都记录下来并进行及时整理，对于困难和问题，如果不能短时间解决的，可以考虑采用其他的技术替代，并在事后做专门的研究。对于各种创意，可以根据进度计划安排考虑是在本版本中实现还是在下一版本中实现。

7. 充分考虑实施时可能遇到的问题

开发是一回事情，用户真正能够使用好它又是另外一回事情。比如在 MIS 系统开发中，最简单的一个问题就是用户如果数据输入错误的时候，如何进行操作。在以流程方式工作的时候，如何让用户理解自己在流程中的位置和作用，如何让用户真正利用计算机进行协作也是成败的关键。

7.6.3　系统的网络设计

同一般信息系统一样，网络信息系统的建设过程大体上可分为系统规划、需求分析、系统设计、系统实现等阶段。在系统的设计阶段，一项重要的工作就是进行网络信息系统设计。其任务是确定组成网络信息系统的各个物理元素，即确定网络信息系统的结构、选用的网络操作系统、数据库管理系统等，完成各种软硬件的选择、结构化综合布线设计、网络管理设计等任务。

1. 确定网络信息系统的结构

从网络带宽来看，目前常用的网络类型有 10 Mb/s 以太网和高速网，高速网又有 ATM、FDDI、快速以太网、100VG-AnyLAN 等类型。网络信息系统结构的确定应根据用户单位的具体情况。为此，在充分了解用户单位对网络信息系统结构要求的基础上，了解现有的各种网络结构形式，最后提出符合用户要求的最佳网络结构。

2. 确定网络操作系统及服务软件

网络操作系统是网络信息系统中最重要的软件产品，因为网络信息系统的性能及其能够提供的各种服务，在很大程度上都取决于所配置的网络操作系统。因此，在网络总体设计阶段，应该根据网络需求从多种网络操作系统中选出最合乎用户要求的网络操作系统。

较流行的网络操作系统主要有 UNIX、NetWare、Windows NT、Linux 等，它们各具特点，可根据应用环境的具体要求和侧重点来进行选择。

目前常见的 WWW 服务器软件已有 10 多种。较流行的 WWW 服务器软件有：Netscape 公司的 Communication Server 和 Commerce Server、Microsoft 公司的 Internet information Server(IIS)。

常用的邮件服务器软件有 Microsoft Exchange Server、Lotus Notes、Novell Group-Wise，它们都有邮件收发等功能。

代理服务器可以为访问因特网的用户提供代理请求，常用的代理服务器软件有 Microsoft Proxy Server 1.0、Netscape Proxy Server 2.5、Wingate 2.0 Pro 和 WinProxy 1.1。

3. 确定数据库服务器

大型网络信息系统中通常都配置了数据库服务器，并在其上安装了主数据库管理系统，如 Oracle、Sybase 等，用来存储和管理整个网络信息系统的重要信息，所以应该慎重选择数据库管理系统。

4. 确定硬件设备

网络信息系统中较重要的硬件设备还包括网络服务器、集线器、路由器、交换机等，它们都是网络信息系统的核心部分，直接影响着网络信息系统的性能，在系统设计阶段一定要认真分析和选择。

5. 结构化综合布线设计

20 世纪 80 年代以来，各种网络信息系统的布线都广泛采用统一结构化综合布线系统。常用的布线方法是：由低层向高层，逐层进行布线设计。

6. 管理方式设计

目前，各种网络信息系统都采用集中管理方式，即大都在路由器或者交换机等设备中配置网络软件，用来管理整个网络中的各种网络设备。国外一些计算机公司也纷纷推出各种网络软件和网管平台，应该根据实际情况加以选用。

7. 接入设计

大型网络信息系统通常由本地网络和若干远程网络构成，所以在网络设计阶段应该考虑采用哪些互联方式来连接这些远程网络。在详细设计阶段，应该更深入、更细致地设计远程网络的互联，包括应该采用的互联方式、分组交换网、电话网及 DDN 等，还包括选择传输速率、接口数量、互联设备的类型等。

8. 安全性设计

网络信息系统的安全性已经成为备受关注的问题。许多新的网络操作系统都达到了 C2 级的安全性标准，具备一定的访问控制能力。但是，仅依靠操作系统提供的安全措施不能确保网络信息系统的安全性，所以必须采取其他安全措施，如防火墙。

系统设计完成应形成系统设计说明书，说明书中应该详细说明确定采用的网络结构以及选用的关键设备的依据，并组织专家进行审查。

小　　结

建设一个工程需要科学的方法支持，同样构建信息系统也需要与之特性相适应的科学方法。

信息系统从提出需求、形成概念开始，经过分析论证、系统开发、使用维护，直到淘汰或被新的信息系统所取代的全过程称为信息系统生存周期。信息系统的生命周期分为可行性研究、系统分析、系统设计、系统实施、系统维护五个阶段。

原型法的思想基础是：用户和开发人员之间总是存在这样或那样的隔阂，用户或者自己也不清楚系统的最终需求，或者由于交流上的障碍无法把自己的意图向开发人员完全表达出来。用户只有看到一个具体的系统，才能清楚地了解到自己的需要和系统的缺点。原型法的开发过程大致要经过可行性研究、确定系统的基本要求、建造原始系统、用户和开发人员评审、开发人员修改原始系统几个阶段。

原型法的种类主要有三种：丢弃式原型法、演化式原型法、递增式原型法。

信息系统开发方法学是研究信息系统开发规律的学科分支，其研究领域包括下列方面：信息系统开发的认知体系、信息资源的战略规划、信息系统开发策略、信息系统分析与设计的一般理论和方法、信息系统集成学、系统开发环境和技术等。

从现代的信息系统的观点看，信息系统与模型是密不可分的。早期的信息系统只是一种单纯的数据处理系统，而今天的信息系统已经发展到集数据处理、事务管理与决策支持为一体的、新型的信息系统。这种新型的信息系统是以模型为基础，以信息管理和辅助决策为目的的。模型在今天的信息系统中有着不可替代的地位。模型与信息系统的关系主要体现在宏观与微观两个层面上。

结构化系统分析为开发人员提供了一组标准的方法和工具。主要工具有：

(1) 数据流程图。

(2) 数据字典。

(3) 处理逻辑的表达工具(自然语言、结构式语言、决策树、判定表)。

开发人员不仅应学会使用这些工具和方法分析系统的需求,确定一个新系统的逻辑功能,以满足用户需要,而且还应使用这些工具撰写一份系统分析说明书。系统分析报告是系统分析人员在系统分析阶段结束时的最后工作成果。在系统设计阶段,系统设计员将根据这份报告,设法以最优的方式把系统内的各个组成部分联系在一起,以满足系统分析员所确定的系统逻辑功能要求。

因此,编写系统分析说明书,是系统分析员的一项重要任务。系统分析报告应有以下主要内容:

(1) 数据流程图。它描述了新系统的主要逻辑功能和数据流向。这项内容应包括从最高一级的数据流程图直到最低一级的各层数据流程图。

(2) 数据字典。它对整个系统的每一个数据项、数据存储结构、数据流、处理逻辑等都有明确的定义。

系统分析报告的完成,意味着系统分析阶段基本结束,即将进入系统开发过程中的另一阶段,即系统设计阶段,系统分析报告是系统设计阶段的指导文件。

目前流行的开发方法主要有结构化方法、面向数据结构的软件开发方法、面向问题的分析法、原型化方法、面向对象的软件开发方法、可视化开发方法。

作为信息系统开发人员,尤其是一个有经验的开发人员,应该把自己从代码中解脱出来,更多的时候在我们的脑子里甚至暂时要放弃去考虑如何实现的问题,而从项目或产品的总体去考虑一个软件产品。

习　　题

7-1　MIS 的开发的定义。

7-2　信息系统开发认知体系主要研究内容是什么?

7-3　什么是信息系统生存周期? 它可分为哪几个阶段? 每个阶段要做哪些工作?

7-4　原型法的主要思想是什么? 可分为哪几个过程? 原型化开发过程产生的背景是什么?

7-5　信息系统开发模型主要有哪些? 试分别加以说明。

7-6　信息系统模型化主要体现在哪些方面? 试加以说明。

7-7　结构化系统分析用到的工具有哪些? 它们之间有什么关系?

7-8　数据流程图的基本成分是什么? 各部分代表什么? 用什么图形表示?

7-9　数据字典的作用是什么? 数据字典条目有哪些?

7-10　处理逻辑的主要工具是什么?

7-11　试用数据流程图描述储蓄所存款的过程。

7-12　为图书馆服务台设计一个计算机管理系统。读者可在计算机终端通过国际书号、作者名、书名查出书的馆藏书号,图书管理员可以通过 ISBN、馆藏书号查找书的存放位置,当读者索要的书外借而无馆藏时,可以查到借阅者姓名及应还日期,必要时可催借阅者还书。

(1) 画出数据流程图。

（2）编写数据字典。

7-13　系统分析报告应包括哪些主要内容？

7-14　系统设计的主要任务是什么？它能为下一步的系统实现工作提供什么作用？

7-15　为什么说系统设计需自上向下的进行，必须首先进行总体设计？

7-16　子系统划分的原则是什么？模块设计的原则是什么？

7-17　耦合的定义是什么？分哪几种类型？

7-18　系统分析报告应包括哪些主要内容？

7-19　简述目前流行的软件开发方法。

7-20　网络环境下，开发 MIS 有哪些特点？

第 8 章　面向对象开发方法

20 世纪 90 年代起乃至今后很长一段时间内，面向对象方法将成为管理信息系统开发的主流方法，因为它能提高管理信息系统的开发效率、管理信息系统的质量。本章介绍面向对象方法的基本概念和原理，及面向对象系统开发的方法。

8.1　面向对象方法的产生及其发展

在计算机应用领域中，管理信息系统开发的步伐与硬件技术的发展形成了鲜明的对照。自 20 世纪 90 年代以来，软件与硬件的差距至少有两代处理器之多，而且差距还在不断扩大。软件是一种抽象的逻辑思维产品，其研制过程实质上是管理信息系统研究人员的思考过程。开发人员难于超越大系统程序复杂性的障碍，这就是所谓"软件危机"。造成危机的根本原因是冯·诺依曼计算机与问题域（用户需求）间的鸿沟，在计算机世界中不能自然地表示客观世界。

8.1.1　MIS 开发存在的主要问题

造成"软件危机"的根本原因是目前采用冯·诺依曼原理计算机，它的求解问题方法的空间结构与人们认识问题的空间结构很不一致。冯·诺依曼计算机的基本特征是程序存储和程序控制。这种在机器上能接受的是面向过程语言，随着管理信息系统规模的扩大，结构越来越复杂，上百万条指令的应用程序比比皆是。面向过程语言又是一种与人们自然语言相差很远，难以表达用户需求，又不易与用户交互的语言。如在企业管理中，开发人员是企业管理的里手，既要认识用户需求，又要求他们把企业管理需求用程序设计语言编写为应用程序。语言的鸿沟，问题空间与求解空间不一致，造成对管理信息系统开发人员过于苛刻的要求，使管理信息系统生产效率低、开发质量差、管理信息系统维护困难，出现软件危机。近 20 年来，人们为了克服软件危机，控制管理信息系统开发质量，提高管理信息系统的生产效率，对管理信息系统开发方法进行了大量深入的研究，提出了软件工程方法，以管理工程项目的方法开发管理信息系统。最典型的是结构化开发方法——结构化的系统分析、结构化的系统设计方法。

结构化系统开发方法也不是从人们认识客观世界出发的过程和方法，本质上还是冯·诺依曼计算机的系统结构，仍存在问题空间与求解空间不一致以及语言鸿沟的问题。管理信息系统越来越复杂，复用程度低，生产效率很低，改进和维护越来越困难，导致软件危机，促使面向对象方法得以快速发展。面向对象方法是管理信息系统开发方法的一场革命，代表管理信息系统设计的新思维，它旨在计算机世界中，无论在问题空间或求解空间更接近人类的思维，更自然地表示客观世界。

面向对象系统开发的体系结构在 20 世纪 90 年代后占据主导地位,体现在面向对象程序设计语言、面向对象数据库、面向对象界面、面向对象操作系统及面向对象开发环境的出现方面。在面向对象程序设计语言(OOPL)中,C++已成为标准,大多数主流程序设计语言实现了面向对象的扩充,操作系统也被扩充了,支持面向对象的应用程序设计和面向对象的标准件设计。面向对象程序设计不仅引入了开发人员,而且也将引入最终用户。

8.1.2　面向对象方法的发展

面向对象方法是从面向对象程序设计开始的,以后逐步演绎为面向对象的分析和设计方法,从而形成理论体系较为完整的管理信息系统开发方法论。

早在 20 世纪 60 年代,仿真语言 Simula-67 就建立了面向对象的形象,语言的每个元素都作为对象处理,仿真客观世界的实体(如一栋房子、一个职工、一项工程等),对象间可以某种方式通信。Simula-67 使用类的概念,用单元描述对象的结构和行为,支持层次结构和继承,共享结构和行为,被认为是最早的面向对象程序设计语言,为面向对象方法的产生奠定了基础。20 世纪 80 年代,Smalltalk 的类、子类和继承性的概念给人们启示了管理信息系统设计的新思维,成为研究面向对象方法的向导。到 20 世纪 80 年代中期,已有两类面向对象程序设计语言,一类是纯面向对象语言,如 Smalltalk、Eiffel 等;另一类是传统程序设计语言的扩充,如 C 语言的扩充 Objective C 和 C++,PASCAL 语言的扩充 CLASCAL 等等。特别是 C++,由于和 C 完全兼容,并保证内部一致性,高效率等原因,在短短的几年就获得广泛的应用。不仅如此,面向对象的概念不仅仅局限于程序设计语言,而且应用在用户接口、人工智能领域,也开始出现面向对象数据库。20 世纪 90 年代面向对象方法渐趋成熟,C++开始冲击软件市场,在金融和证券领域首先登台。适用于分布式网络环境的面向对象的编程语言 Java,它采用的语法与 C++基本一致,并去掉 C++中与面向对象无关的部分,形成纯面向对象语言,它使应用程序独立于异构网络上的多种平台,提供在任何计算机上运行的图形用户界面设计,使应用变为可移植,成为当今管理信息系统界最热门的产品。预计今后将有 70% 以上管理信息系统用面向对象方法开发。

8.1.3　结构化方法和面向对象方法的比较

这里讲的结构化方法和面向对象方法都是程序设计过程中的不同开发方法。结构化方法在解决软件危机过程中也起到了重要作用。结构化方法强调功能分解,自顶而下的系统分析,逐步求精的设计原则。强调功能抽象与模块化,应用程序由一些模块的集合组成。模块是功能相对独立的、易于理解的小程序块,通过参数传递数据,经模块处理后,可能返回处理结果。过程、子程序或函数是模块设计的工具。传统的结构化系统开发方法存在以下几个主要的问题。

1. 关于问题空间与求解空间

结构化方法是处理一系列过程(模块),以过程为中心的系统开发方法,但仍存在问题空间与求解空间不一致,语言鸿沟的问题。在结构化系统分析中,首先要清楚用户的需求,系统要"做什么"的问题。管理信息系统的分析人员不可能是业务管理的内行,用户也不可能是计算机的行家里手,系统分析员也不可能用计算机语言与用户交流,了解系统的需求。因此,要求借助别的工具(如业务流程图,业务功能表等),所以,结构化方法必然有从系统分析到结构化设计的过渡问题。即便采用别的交互工具，用户也不可能完整地表达系统的需求，而且用户需求是多变的，这对瀑布式的结构化系统设计将产生十分严重的后果。

客观世界是由万事万物组成的，客观世界中的事物在人头脑中的反映，便是抽象的概念。面向对象方法思想就是直接面对现实世界（包括客观世界和主观世界），在面向对象的方法中，大千世界可以抽象为由各种层次、具有各种属性、彼此相互联系又相互作用的一系列对象构成的一个复杂的体系结构。把代表事物属性的数据抽象和代表事物行为的功能抽象，"封装"为对象。对象是程序设计的基本元素，将具体事物抽象为对象是面向对象的核心。面向对象使系统分析员与用户交流有了共同语言，同时，虽然用户需求是多变的，但问题域的对象是最稳定，不变的因素，也解决了结构化方法的难题。

面向对象以对象为核心更直接地反映了真实世界的问题空间。按面向对象方法进行系统分析、设计时，对象、类、子类都自然对应于实际问题的物理或逻辑实体，编程仅仅是将问题译成代码，使问题转换工作量达到最小的程度。和结构化方法相比编程量可降低40%～90%，使系统开发周期变短。

2. 关于设计思想和方法

结构化设计方法将视野集中在对一个管理信息系统的解决方案和实施上。有了需求分析后，在开始解决问题时，首先考虑的是"怎样做"，结构化设计思想和方法有两个明显的缺陷：一是对一个复杂的问题难于分解；二是可以用多种方法来设计。即结构化的设计思想和方法没有一个很好的规范。

面向对象设计方法把焦点集中在应用世界的术语、资源的抽象上。换言之，面向对象方法更接近于真实世界。面向对象方法明确规定设计从对实体的研究开始，对应用域进行需求分析时寻找的是实体，并最终被抽象成类型，然后在解决域中求出种类，再编程。面向对象方法在应用域和求解域有严谨的规范，它正是在发现"做什么"的指导思想下，在需求分析中提炼解决问题的对象。这也导致了面向对象方法从解决问题的开始就和其他的设计方法完全相反，即第一件事是找应用中的实体。

3. 关于系统分析到系统设计的过渡

在结构化方法中，要在清楚"做什么"的基础上，再考虑"怎样做"的问题。系统分析模型是为了解决系统分析员与用户之间的沟通问题，而系统设计模型是为了解决系统分析员与程序员之间的通信问题，由系统分析到系统设计的过渡是一件十分困难的事情。

在面向对象方法中，在找寻需求对象时，已经把系统要"做什么"和"怎样做"的问题结合考虑了。在面向对象方法中，严谨的规范贯穿整个整个系统设计的需求分析、系统设计和系统实现三个步骤中。需求分析和系统设计分析是重叠的，系统设计和系统实现也是重叠的。也就是说，面向对象方法在需求分析中产生出来的类型或类，可以直接在系统设计中使用，而编程时可以直接使用设计中产生出来的类。由系统分析到系统设计的过渡是一个渐进的、局部细化的过程，系统分析员、用户、程序员从系统分析到系统设计、编码、测试和实施过程讨论的是同一个模型。不但容易和用户沟通，而且系统分析和系统设计交叠进行，自然过渡。

4. 关于信息系统的行为特征

结构化方法过程模型和数据模型分别建立，忽略了管理信息系统的行为特征；传统的结构化方法是从功能和数据两个不同的角度分别来构造的，产生的一个突出问题是所建立的过程模型和数据模型可能存在不一致性，并且忽视了管理信息系统的第三个重要特征——行为。无论是系统分析师还是最优秀的 CASE 软件，均无法完整地检查和纠正两个模型集成在一个模型后的不一致性和不准确性问题。在一些流行的交互式、基于 GUI 的面向对象的操作系统中，如 Windows，Macintosh，OS/2，NextStep 等和目前多数管理信息系统中，都引入了事件驱动方法，引入了使对象的状态改变的行为特征。

从理论上讲，最好的管理信息系统开发策略是面向对象方法，运用面向对象的系统分析、面向对象的系统设计和面向对象程序设计。但有关专家指出，运用面向对象方法时，可以采取一些混合策略，即将结构化、面向对象方法甚至第四代计算机语言结合的方法，进行管理信息系统的开发。目前很多管理信息系统的开发均采用了某种组合策略。

8.2　面向对象的基本原理

面向对象方法中，在构造问题空间和求解空间时，和人类认知科学、分类理论是密不可分的。人们对客观世界的认知模式：一个是从特殊到一般的归纳过程；另一个是从一般到特殊的演绎过程。同时普遍运用三个构造法则：区分对象及其属性，例如，区分一棵树和树的大小或空间位置；区分整体对象及其组成部分，例如，区分一棵树和树枝；区分不同对象类及形成，例如，区分所有树的分类和所有石头的类的形成。分别对应于对象和属性，等级结构及分类结构的概念。面向对象如同人们的主观世界是客观世界在人们头脑中的反映一样，它是现实世界在计算机世界的直接映射。对象是面向对象方法的基本元素，也是用面向对象方法分析问题和解决问题的核心。对象、对象类和类继承性也就是数据抽象、抽象数据类型和类继承，对象、对象类、类继承性和多态性，是面向对象的基本概念。

面向对象方法中的对象，是对每一个个体的属性和行为分析归纳，抽象出它们的共性，进行分类，构成了对象类，体现了人类对事物从特殊到一般的归纳、抽象过程。任何对象类的一个具体的个体称实例，它必然具有它同类的公共属性和行为，即类属性和方法（类对象的公有操作）。分类细化，使类相互联系而形成层次结构。上层的称为超（或父）类，下层的称为子类。子类继承父类的属性和行为称类的继承性，类继承性正反映了个体之间从上到下，从一般到特殊的演绎过程。

不同对象个体之间都有相互作用，面向对象方法中通过消息传递实现个体间的通信。每个个体都有各自的内部状态和运动规律，它们状态的改变是通过其他个体的作用或可实施的操作来实现的。面向对象中的方法就是改变对象状态操作和实现操作的算法，体现了从解决问题到最后得出结果的过程。

8.2.1　基本概念

面向对象方法的优秀特性体现在抽象、封装、继承性、多态性等几个主要概念方面，下面分别介绍这些面向对象的基本概念。

1. 对象

世界上一切事物都是对象，小至一根针，大至一个工厂，一所学校，从哲学概念上讲，它们都是客观对象。人们大脑中的概念和认识也是一些对象，是主观对象，如一个文件，一个项目等。一个对象无非是这样一个实体，它具有一个名字标识，并有自身的状态和自身的功能。世界上所有的事物就是如此简单，这恰是面向对象技术所追求的目标——将世界上的问题求解尽可能地简单化。

一个对象之所以能够独立存在，是因为它具有自身的属性或状态。比如，人是对象，有五脏六腑就是人的内部状态。对象所具有的这些状态并非完全直接为外界服务，但它们本身又是能够为外界服务的基础，好比一个人没有好的身体就不可能很好地为社会服务一样。在面向对象系统中，一个对象的状态是通过域来描述的，也称为私有存储单元。在C++中叫做私有的数据成员，用于存放对象状态。对象的一个重要特征表现在它的私有存储单元只能由它自己的操作进行处理。这个特征保证了对象和实现只依赖于它本身状态的自治性和独立性。

问题域中的对象是指客观世界中的任何事物或人们头脑中的各种概念在计算机世界里的抽象表示，是现实世界中实体的抽象模型。状态反映了事物的属性和事物的内部结构，行为反映了事物的运动规律，二者分别反映了事物的静态和动态特性。对象将二者封装在一起，既可以存放状态也可以因受外部作用而改变状态。

在求解域中，对象是系统中的基本运行实体，是具有特殊属性（数据）和行为方式（方法或称为服务）的实体。对象的属性反映了对象的状态，对象的行为即发生在对象上的操作。

结构化方法的数据抽象，使抽象与实现，数据与算法分离。在面向对象方法中，把代表事物属性的数据抽象和代表事物行为的功能抽象结合为一体，抽象为对象，对象是面向对象方法的基本元素。将错综复杂、千变万化的具体事物抽象为对象，是开发面向对象系统的核心问题。对象是问题域中最稳定的部分，对象具有广泛的适用性和富有独立自治的特性，有利于程序的模块化、标准化和部件化，更适合人们用自然语言对事物进行抽象描述，更符合人们的一般思维方式和规律。

2. 对象类

对象类是指将具有相同或相似结构、操作和约束规则的对象组成的集合。具体地说，类是对一组客观对象的抽象，它将该组对象所具有的共同特征（包括操作特征和数据特征）集中起来，以说明该组对象的能力与性质。"类"是日常生活中的一个常见术语，"物以类聚，人以群分"，就是分类的意思。

1）类和实例

类和实例之间的关系是抽象和具体的关系。实例（即具体对象）是类的具体事物，类是多个实例的综合抽象。古代的诡辩者提出的"白马非马"的论调，就出自于类与实例的概念。类是对具有相同性质的对象的抽象，在C++中抽象为类数据类型。任何一个对象都是某一对象类的实例，对应于C++中的类类型的变量。一个类的所有实例用相同的方法实现其操作。实例既具有共性又有个性，对象的共性是指其所能接受消息的接口和实现操作功能的方法（也称行为）。对象的个性是指形成私有存储单元的域。一个对象的域和方法不能被其他对象直接访问和使用，只能通过类的外部接口访问。

类的定义包括两个方面，它们是协议描述（或称类说明）和实现描述（又称方法描述）。协议描述列出该类的实例的私有存储空间的结构形式（C++中叫做类的数据成员）、约束规则和可执行的操作说明（类的外部接口），定义了对象类的作用和功能。实现描述，是由开发人员研制实现对象类功能的详细过程以及方法、算法和程序等。方法实现的程序，在C++中叫做类的成员函数。

2）消息和方法

在面向对象技术中，消息是对象之间交互、通信的手段，是外界能够引用对象操作及获取对象状态的唯一方式。这个特征保证了对象的实现只依赖于它本身的状态和所能接受的消息，而不依赖于其他对象。仍以人这样的对象来进行分析，一个人不是生活在真空中，总是要和其他人交往，请求他人帮助解决一些问题。这里的"请求"便是一个人与其他人进行交往的手段。在面向对象技术的专业术语中，将这些请求称之为"消息"。日常生活中不仅有请求，而且还会有命令，命令也是一种消息。

方法是实现每条消息具体功能的手段，封装在对象（或对象类）内部的操作程序，它类似于结构化程序设计中的过程或函数。方法也称为服务，信息系统为满足用户需求必须采取的行动，是信息系统对事件的响应。

在面向对象方法中，通过消息传递的形式实现对象实例之间的通信联系，一个对象向其他对象发出的带有参数的消息，接受消息的对象激活相应的方法，执行相应的操作，完成所需要的计算、数据加工或信息处理的任务，从而改变了该对象的状态。这就是对象的操作，也叫做对象的行为。

一个对象可以向另一个对象按操作名发送消息，接受消息的对象便执行相应的操作请求，完成操作任务后向发送消息的对象做出回答。一个消息可以发送给不同的对象，而每一个不同的对象又可以根据自身的参数有不同的响应，调用不同的方法完成相应的操作功能，产生所需要的结果信息。

3）协议和封装

协议或称外部接口，是一个对象对外服务的说明，它告知一个对象可以为外界做什么。外界能够并且只能向该对象发送协议中所提供的消息，请求该对象服务。因此它是由一个对象能接受并且愿意接受的所有消息构成的对外接口。也就是说，请求对象进行操作的唯一途径就是通过在协议中提供消息进行。即使一个对象可以完成某一功能，但它没有将该功能放入协议中，外界对象依然不能请求它完成这一功能。所以，协议是一个对象所能接受的所有消息的集合。方法与协议一一对应，有一条协议就必然有一个方法实现之，外界只能通过对象的协议或外部接口向该对象发送消息。

封装从字面上看，就是将某件事物包围起来，使外界不必知道实际内容。每个对象都把状态和行为封装在一起。对象的状态是该对象属性值的集合，而对象的行为是在对象状态上操作的方法的集合。封装的意义在于对象的访问只能按对象提供给外界的协议接口进行，并且只能通过协议提供的操作向该对象发送信息请求它工作。对一个对象的操作只能通过对象的外部接口，其内部实现的细节、数据结构及对它的操作都不可见，这称之为类封装的信息隐藏。

3. 继承性与类等级

在现实生活中，对事物进行分类并不是一次就能分得特别精细，通常是先进行粗分类,然后进一步细化分类,使类相互联系而形成分类的层次结构。类结构越靠上层(根部)表示更为普通或更概括的概念,而越往下层(叶部)表示更专门、更细化或更具体的概念。在两层类之间处于上层的称为超类或父类,C++称为基类,处在下层的称为子类,C++称为导出类。层次结构的一个重要特点是,一个子类直接继承其超类的全部描述。

继承性是管理信息系统部件化的基础。对象按类、超类和子类形成层次关系,上层所具有的属性和操作下层对象可以继承,这样便有一部分属性描述信息和操作程序信息,由那些尽管结构不同,但具有层次关系的下层对象所共享,从而减少了某些属性的重复描述和有关操作的重复编程。子类对超类方法的覆盖功能就是功能重载与多态的体现,面向对象系统中消息传递的实现就是以重载的多态为支撑概念的,也可以说,重载和多态概念是消息传递模式的自然体现。

多态意思是多个形态,或多个状态。在面向对象程序设计语言中,它的意思是同一消息可以根据发送消息对象的不同,采用多种不同的行为方式。多态性允许每个对象以适合自身的方式去响应共同的消息。这样就增加了操作的透明性、可理解性和可维护性。

4. 面向对象模型

模型是人们对现实世界中复杂事物以及这些事物之间关系的抽象、可视化的表示。模型是一种人们把握复杂事物以及这些事物之间关系的本质、并进行分析和交流的工具。通常,模型由一组图示符号、图示符号规则以及必要的文字说明组成。模型还是一种分析和思考问题的工具。模型可以帮助我们思考问题,把问题规范地表示出来,作为下一步构造实际人工系统的设计依据。

面向对象模型是以面向对象方法中的对象为核心建立的模型。面向对象主要有三部分:描述系统数据结构的对象模型,描述系统控制结构的动态模型,描述系统功能的功能模型。三种模型在每个问题中不是同等重要,如用户接口和过程控制,关注的是相互作用和时序,要用动态模型描述。有的问题包含大量的计算,如工程计算和编译等,这时重要的是功能模型。但几乎所有的问题都使用对象模型。对象模型用来描述对象,一个问题可分解多少个对象取决于对问题性质的了解和判断。建立对象模型的目的是促进对客观世界的了解,为计算机实现提供基础。

由于面向对象方法强调围绕对象、而不是围绕功能来构造管理信息系统,因此在三个模型中,对象模型是最重要和最核心的模型。描述对象模型的主要工具是对象模型图、属性字典和服务联系图。动态模型与对象模型结构有关,并受对象模型结构约束,它描述了对象的状态变换情况。描述动态模型的主要工具是状态图和全局事件流图。功能模型描述了系统内的计算过程,它针对每个对象的每种方法详细说明了从输入值导出输出值的计算过程。描述功能模型的主要工具是数据流图和约束规则。

8.2.2　程序设计实例

面向对象程序设计的核心概念是抽象数据类型和类、类型的层次、继承性和多态性。

抽象数据类型是面向对象程序设计的重要概念之一,一个抽象数据类型(C++称为类)是一个对象模型,它包含对象的公共属性集(C++称为数据成员)和与之相关的操作集(C++称为成员函数),也称方法。对象是特定抽象数据类型的一个变量,是类的一个实例,包含类定义中的所有域的拷贝。通过访问类的方法称向该对象发消息,可对该对象实施某种操作。以下是一个 C＋＋语言程序实例。

【**案例 8 - 1**】　设计一个程序，求笛卡尔坐标系上点 $p(x, y)$ 的极坐标 $p(r, \theta)$ 值及笛卡尔坐标值 x, y。

计算方法：

$$r = \sqrt{x^2 + y^2}$$

$$\theta = \arctan\left(\frac{y}{x}\right)$$

C＋＋语言设计的程序如下：

```
# include <iostream. h>
# include <math. h>
Class point
{    protected：double x; double y;
    public：
        Void set(double ix, double iy )
        { x＝ix; y＝iy; }
        Double xoffset( )
        { return x; }
        Double yoffset( )
        { return y; }
        double angle( )
        { return (180/3. 14159) * atan2(y, x) ; }
        double radius( )
        { return sqrt(x * x＋y * y); } };
    Void main( )
{    point p; double x, y;
    for( ; ; )
    {    cout ≪ "Enter x and y : \n "; cin≫x ≫ y ;
        if ( x<0 ) break ; p. set (x, y) ;
        cout ≪"angle＝" ≪p. angle ( ) ≪", radius＝" ≪ p. radius ( ) ≪ ", xoffset＝"
            ≪ p. xoffset ( ) ≪", yoffset ＝" ≪ p. yoffset ( ) ≪ endl; }
    }
```

运行结果：

```
 Enter x and y :
10 10
angle＝45 , radius＝14. 1421 , xoffset＝10 , yoffset ＝10
Enter x and y :
50 0
angle＝0 , radius＝50 , xoffset＝50 , yoffset ＝0
Enter x and y :
－1 －1
```

在本例中，将笛卡尔坐标系上的所有的点定义成对象类，类名 point。每个笛卡尔坐标系上的点都有 x, y 坐标，x, y 是对象类的属性(数据成员)，是保护属性，只受方法访问控制。Set、xoffset、yoffset、angle 和 radius 是对象类的方法集(成员函数)。

主程序申明对象 p 是类类型 point 的一个变量，对象类 point 的一个实例。它应有具体的属性值，通过发消息 p. set 使对象 p 获得具体的属性值。

向对象 p 发消息 p. angle，p. radius，p. xoffset，p. yoffset，分别求出对象 p 的极坐标的角度和半径，及其在笛卡尔坐标系上的 x 和 y 的值，并输出结果。

通过本例可见，面向对象方法中的消息或发消息与过程调用形式上相似，但本质上不同：消息要显式指明消息的接收对象，如 p. set、p. angle、p. radius 等，而过程调用是隐函的，其适用范围取决于参数；消息的接收方是一个具体对象，过程调用无此要求；消息可以异步传递，而且是并发的，过程调用本质上是串行的。

为了简单化，本例的类 point 定义中，没有将成员函数分成协议接口部分和实现部分，也未涉及到构造/消构函数、继承性、多态性和重载等概念。深入了解，可参看 C++程序设计有关资料。

8.2.3 方法的主要机制

面向对象方法运用以下主要机制，构成面向对象方法的基本特征。

1. 抽象、封装，信息屏蔽机制

对象是事物的行为和状态两种特性的抽象。状态是行为的结果，行为是状态或内部结构的变化。抽象机制就是把对象的动态特性和静态特性抽象为数据结构以及在数据结构上所施加的一组操作，并把它们封装在一起，使对象状态变成对象属性值的集合，对象行为变成能改变对象状态的操作、方法（作用于对象的算法和程序等）的集合，变成对象功能或作用的集合。对象抽象机制开创了管理信息系统部件化和标准化的先河，对象或类的状态只能由对象类本身的方法控制，具有独立自治性和广泛的适用性。因此，对象不仅可看做是一个个独立的部件，也可看做是与程序设计语言无关的、可再用的产品或软部件。在计算机系统中，总以最基本的单元构成更大、更复杂、更实用的系统，用以解决复杂问题。在面向对象方法中，对象的抽象正是对复杂系统分解处理的方法。大多数非面向对象的语言都支持新数据结构的构造，但仅仅是支持由现有的数据类型构造新的数据类型。面向对象的语言不仅支持新数据类型的构造定义，还支持新类型的操作定义，这大大方便了对象的抽象，新类型的使用。

封装又称信息屏蔽机制或称信息隐藏机制，是指管理信息系统组成的部件应当分离或隐藏为单一的设计。用户只能看见对象封装截面上的信息，对象内部对用户而言是隐蔽的。封装的目的在于将对象的使用者和对象的设计者分离开来，使用者不必知道行为实现的细节，只需用设计者所提供的消息来访问对象。封装的另外一个目的是为了将维护局部化。

封装的定义为：

（1）一个清楚的边界，所有的对象内部的管理信息系统范围被限定在该边界内。

（2）一个接口，这个接口描述该对象和其他对象之间的相互作用。

（3）受保护的内部实现，内部实现给出对象提供的功能细节，对象的内部实现不能被对象外部直接访问。

封装的概念与硬件"组件"化思想一致，"组件"具有"黑盒子"性，其内部电路不可见，使用者也不必关心。组件的使用者关心的是组件的使用说明，即组件的功能和用法。这种"黑盒子"性也正是对象设计，软件组件化的目标之一。

2. 消息传递机制

面向对象方法中对象之间的相互通信采用消息传递机制，由于对象本身具有很强的自治性和独立性，接受消息的对象负责响应与处理所收到的消息，按消息激活对象内的相应操作，返回操作结果。消息用来请求对象执行某种处理，或回答某些信息的要求，统一数据流和控制流。消息完全由接收对象解释，接收对象独立决定采用什么方式完成所需的处理。一个对象能接收不同形式、不同内容的多个消息。同一条消息也可以同时发至多个对象，并允许接受同一消息的对象按各自的方式响应。这样的消息传递机制很自然地与分布式并行、多机系统、网络通信等模型取得一致，强有力地支持复杂大系统的分析与运行。

3. 继承性，可重用机制

面向对象方法具有独特的继承性和多态性，使面向对象方法设计的系统更易扩充，能很好地适应复杂大系统不断发展与变化的要求。

继承性是表达相似性的机制，是共享类、子类和对象中的数据和方法的机制。继承性是面向对象方法实现可重用性的前提，和最有效的特性，它不仅支持系统的可重用性，避免了属性描述和操作程序的冗余，而且还促进了系统的可扩张性。继承性又称可重用机制（也称代码共享机制或程序共享对象机制），它是软件部件化的基础。

4. 多态性

多态性即一个名字可具有多种语义。同样的消息可以被送到一个父类的对象和它的子类的对象上，当父类对象或它的子类对象接收时，导致不同的行为方式，这被称为多态性。多态性支持"同一接口，多种方法"，使高层代码或算法程序只写一次，而低层可多次复用。面向对象有多种多态性的使用，如动态联编、重载等，提高了程序设计的灵活性和程序设计效率。

联编也称聚束——指一个程序经编译、连接成为可运行的目标码。传统语言编写的程序在运行之前即可聚束，称之为静态聚束，又称早聚束。静态聚束是在编译时刻完成的，运行效率高，但修改维护工作量大。在面向对象方法中，可以使用多重继承，因此，对象通信机制的另一个显著特点就是当程序运行时才将对象的某种方法（算法，程序等）和消息（相当于操作符）连接起来，这意味着是一种动态的组合，叫动态聚束（联编），又称晚聚束。而动态聚束是在运行时刻完成的，运行效率稍低，但它所带来的好处符合现代管理信息系统对可重用、可修改和可扩充性的要求。

面向对象方法使管理信息系统开发周期变短，开发的管理信息系统使用周期变长，最终导致开发费用降低。

8.3　面向对象系统开发

8.3.1　面向对象分析

面向对象分析（Object-Oriented Analysis，OOA）的任务是把用户需求、对问题域和系统的认识理解，正确地抽象为规范的对象和消息传递联系，形成面向对象模型，为面向对象设计（Object-Oriented Design，OOD）和面向对象程序设计（Object-Oriented Programming，OOP）提供指导。

用户需求是一个极容易变化的因素，如系统环境的变化，问题空间中数据属性或功能的变化等。系统开发方法必须要考虑这些变化对系统的影响，使得所开发的系统能适应这些变化。最基本的思想是通过系统中最稳定（即那些对变化不敏感的部分）的方面（即对象）来刻划系统。通过信息屏蔽将比较容易变化的元素隐藏，这就是 OOA 的基本思想。

面向对象方法是建立在信息模型和面向对象程序设计语言两个概念的基础上。信息模型的概念有属性、关系、结构和问题空间的对象。面向对象程序设计语言的概念有属性、服务、封装。将属性和服务封装，作为一个整体；分类结构的描述，用继承性描述共性。

1. 面向对象分析的主要特点

自 20 世纪 80 年代后期以来，相继出现了许多面向对象分析。面向对象分析具有下列主要特点：

（1）从应用设计到解决问题的方案更加抽象化，而且具有极强的对应性；问题及解决问题的概念和方式符合人类认识世界、解决问题的方式。在系统分析工作中，系统分析员与用户间的交流除了技术因素外，还需要有共同语言。面向对象分析的对象模型便于双方交流，容易和用户沟通，方便系统分析员认识理解系统和用户需求。同时，也方便从系统分析到系统设计的过渡。

（2）对象的抽象是 OOA 的核心，把属性和有关服务方法作为对象的整体看待，符合人类认识世界的方式。特别重要的是，对象在问题域中较稳定，当需求变化时，可能要求增加对象，但原有的基本对象还可保留使用。

（3）对象的抽象支持复杂性控制，根据不同对象设计产生各式各样的软组件，然后由组件组成构架，直到构成整个系统，对象组件具有较好的可重用性、易改性、易维护和易扩充的特性。

（4）对象的层次结构与后继的面向对象程序设计结合，编程思路清晰，利于提高程序质量和编程效率。

2. 面向对象分析（OOA）方法

Coad-Yourdon 的 OOA 方法的基本步骤是：标识对象；标识结构；定义主题；定义属性（及实例连接）；定义服务（及消息连接）。上述五个步骤缩写成 OSSAS。

1）标识对象

对象是数据及其专用处理的抽象，反映系统保存有关信息与现实世界交互的能力。对象具有以下三个方面的责任：

（1）属性：每一个对象都拥有自身的一些特征；

（2）对象连接：每一个对象都不可能是孤立的，都要与其他一些对象发生联系；

（3）服务：每一个对象都知道它应该完成什么样的任务，称为对象功能或服务。

对于一个给定的应用域，应用一个合适的对象集合才能够充分发挥面向对象法的优势。面向对象分析法用对象来反映问题域中的事物，但并不是问题域中的所有事物都需要用对象来反映。系统分析员应以问题域中的事物及其特征是否与当前的目标有关为准则，对事物进行取舍，识别出反映系统特征的对象。

对象是对其属性以及这些属性上专有操作的封装和抽象。封装有助于减少以后的重复工作，因为它把总体分析和说明策略都建立在稳定得多的框架系统之上。抽象是对问题空间有相关责任的事物抽象成对象。抽象的判断原则是：该事物是否为系统提供有用的信息或系统为其保存和管理某些信息，该事物是否向系统提供某些服务或需要系统描述它的行为。

在 Coad 方法中，给出在问题域中寻找对象的三种策略，可供参考：

（1）wirfs-brock 名词短语策略。仔细阅读并理解需求文档，寻找需求说明书中出现的名词短语，将名词短语分解为三部分：明显的对象、明显无意义的对象、不确定的对象。去掉无意义的名词短语，进一步讨论、研究不确定对象，使每一个短语成为明显的对象或无意义的对象。

（2）wirfs-broc 的 CRC 策略。名词策略主要强调"对象是什么（人、地点、事物）"，而动词策略则强调"对象做什么（例如，打印、计算、显示等）"。这种策略一般称之为类—责任—协作。

（3）联合策略是几种方法的综合，该策略可提供一个确定候选类和对象的清单。识别系统所需的对象，往往采用"先松后紧"的原则。系统分析员首先从问题域、系统边界和系统责任三方面出发，尽可能寻找各种可能有用的对象，包括人员、地点和组织单位、物品、设备、应记事件、表格、结构等或一次或多次出现的某类事物，尽量避免遗漏。然后对找到的对象进行逐个的筛选或合并，首先要舍弃与系统责任无关的事物，其次是舍弃与系统责任有关事物中与系统责任无关的属性，使系统中的对象尽可能紧凑。正确的抽象还需要考虑问题域中的事物映射成什么对象，及如何进行分类。

标识对象的首要目的是使一个系统的技术表示同现实世界的观点联系得更紧密。希望产生一个稳定的框架模型，以便于考虑问题空间并收集用户需求。避免从系统分析到设计时改变系统的基本表示。往往使用"单个名词或形容词＋名词"给对象命名，对象名应能描述该对象的每一个实例。

2）标识结构

结构在问题域表示复杂性，和人们认识复杂的客观世界一样，在面向对象方法中有两类结构：分类结构描述类属成员的构成，反映通用性和特殊性；组装结构刻画整体一部分的组成关系。这两种结构类型均是 OOA 方法的重要组成部分。

分类结构用于刻划问题空间的类间的泛化和特化关系，即类—成员层次关系，它通过搜集特例之中公共特性，显示现实世界中事件的通用性及专用性。它提供了一个问题域的信息的"分层"，把公共的属性和服务放在较高的层次，然后把这些属性和服务扩展到较低的层次。继承的概念是分类结构的一个重要组成部分。继承提供了一个用于标识和表示公共属性与服务的显示方式。在一个分类结构中，继承使共享属性、共享服务、增加属性或扩充服务成为可能。在一个分类结构中，对象共享在它之上定义的属性。

组装结构又称整体—部分结构，用来描述系统中各类对象之间的组成或聚集关系，表示人类的一种基本的组织方式，即整体和部分的结构关系。了解哪些对象使用了其他对象作为其组成的一部分。实例连接表达对象之间的静态关系，即通过对象的属性来表示一个对象和另外一个对象的依赖关系。

3）标识主题

主题提供了一个控制问题复杂性的机制，使读者（分析员、管理者或客户）在一个时间内仅考虑和理解模型的有关部分。主题同时也给出了 OOA 模型中各图的概观。OOA 增加了一个主题层，便于提供通信的能力，避免信息超载。它提供了从更高层次的角度来观察模型全貌的手段。主题层有助于读者复审模型并简明地概括所考虑的问题空间内的主题。

选择主题：对每一个主题增加一个相应的主题。对每一个对象增加一个相应的主题。如果主题的个数超过 7 个，则进一步提炼主题。一旦对象和结构之间的建立在属性层和服务层得以标识，根据需要，把紧耦合的主题汇在一起以提供一个更好的模型概观供读者理解。对于一个比较小的项目，主题层也许根本不需要。对于一个拥有许多对象的项目，可以先标识对象和结构，然后标识主题，以便指导读者理解模型。

4）定义属性

问题域中的事物有静态特征（即事物的属性）和动态特征（即服务，方法，在事物属性上的一组操作）。对象的内部特征包括对象属性和服务两部分。属性描述对象或分类结构实例的数据单元。在对象标识时获得的候选类，通常有多个属性，但只有一部分属性是系统所需要的，系统分析员在选择属性时，应选择那些与所开发系统有关的属性。如何识别和定义系统必需的属性呢？到目前为止尚没有一个统一的方法。在这个过程中系统用户必须积极参与，与系统分析员反复多次讨论才能确定。增加一个无用的属性会浪费存储空间，而忽略一个属性也可能会造成很严重的问题。

回答下列问题有助于属性的确定：

（1）通常如何描述对象？如果对象是"个人计算机"，品牌、类型、处理器的速度、软驱的类型、硬盘大小、RAM、并口和串口数量、监示器类型等。

（2）在特定的问题域中如何描述？

（3）类或对象需要知道什么？也就是说，为了产生系统的输出，需要什么样的输入数据？必须的输入通常是某一对象的属性。由输出结果到推出所需的输入，这也是常用的一种方法。

（4）是否需要记忆对象在某一时刻的状态信息？该问题有助于识别一些不很明显的属性。例如，某一对象的历史信息。

（5）对象处于什么状态？该问题可帮助确定对象每一个属性的取值规则和范围。

属性有三种类型：

（1）单值属性：在一个时间段内只有一个值或状态。

（2）排它属性：属性的值或状态依赖于其他属性的值或状态。如在"职工"对象中，要区别两类对象，计时工和在职职工，这是因为这两种类型的对象在处理方法上显然不同。解决这种排它属性的策略是创建新的对象。但对于具有多个或一组排它属性的类，处理起来就比较麻烦。

（3）多值属性：与单值属性正好相反，即一个对象的属性值或状态在同一时刻有多个值。多值属性导致数据冗余。可通过分解使之成为整体一部分对象连接模板的底层部分，从而避免了冗余。

5）定义服务

一个服务就是收到一条消息之后所执行的处理。定义服务的中心任务一是为每一个对象和分类结构定义所需要的行为；二是确定对象之间必要的通信。服务进一步细化模型对现实世界的抽象，指出一个对象和分类结构将提供的处理。

为了标识服务，对每一个对象和分类结构考虑三类基本服务："Occur"类服务，用来建立并维护对象分类结构的实例，如增加、修改、删除和选择。每一个对象和分类结构都需要"Occur"服务，因此，"Occur"服务被当作一个隐含的内部服务，内部服务只供对象内部的其他服务使用，不能在外部进行调用。作为所有对象和分类结构的隐含服务，它不出现在 OOA 模型图中，它只命名一次。如果需要，对象或分类结构可以覆盖它。"Calculate"服务为某个实例或代表另一个实例计算结果。"Monitor"服务执行对外界系统、设备或用户的运行监控。"Calculate"服务和"Monitor"服务属外部服务，它对外提供一个消息接口，通过这个接口接收对象外部的消息，并为之提供服务。

3. 面向对象分析的主要工作

面向对象分析要做的主要工作包括：发现对象类、确定属性、确定对象模式、确定对象类的关联关系、确定服务。

1）发现对象类

对象类是对象模型的基础，寻找并整理出对象模型中的全部对象类，是首先要做的工作。一般说来，客观世界中的对象分为以下三类：

（1）需求分析包括的可感知的实体和抽象的概念。可感知的实体如汽车、铁路、飞机、导弹等，抽象的概念如条例，校规等。

（2）需求分析包括的人或组织的角色，如学生、教员、记者、农民等。

（3）需求分析所涉及的重要事件，如学员在食堂打饭、学员在操场训练、飞机发生空难等。事件是指一个状态的改变，或者一个活动的发生。事件可按需求分析得出的重要程度分为一般事件和重要事件。一般事件可在相关对象类中增加属性并增加相应的服务；重要事件可设计为对象类，例如飞机发生空难事故这样需要长期保存资料的事件就要设计成单独的对象类。

2）确定属性

属性是对象类所具有的共同性质、特征或状态。通常，在分析阶段不可能确定所有对象类的所有属性，但在分析阶段要确定每个对象类的基本属性，因为对象类的基本属性是下一步确定对象模式的重要依据。

对象类的属性可分为两种：实例属性和类属性。实例属性是对象类中各对象实例具有不同属性值的属性项；类属性是对象类中所有对象实例都具有相同属性值的属性项。大部分对象属性类都是实例属性，类属性的情况比较少见。在实现阶段，类属性和实例属性的实现方法不同。C++语言实现类属性的方法是把该属性设计成静态数据成员。

3）确定对象模式

对象模式包括一般—特殊模式、整体—部分模式和对象连接模式三种，在对象模型图上根据分析结果标出相应的对象模式。一般说来，整体—部分模式很好确定，对象连接模式可在分析对象类之间相互联系关系的基础上得出，但一般—特殊模式的确定需要仔细考虑。

一般—特殊模式即为对象类的继承关系。一般有两种方法建立对象类的继承关系：一种是在一个对象类的基础上，再细化出若干更具体的子类；另一种是把若干个对象类的共同属性和服务提取出来，再泛化出建立这些对象类的父类。

对象类的继承分单重继承和多重继承两种，如果可能，对象类的继承关系最好设计为单重继承，因为多重继承在具体实现时比较麻烦。

4) 确定对象类的关联关系

在对象类的关联关系中，关联类型是最重要的。关联类型指出了发生联系的对象类之间所涉及的对象实例数关系的类型，这是对象模型要分析和确定的一个重要方面。在分析阶段，如果关联关系的连接属性和限定属性一时不能确定，可留待设计阶段再完成。

5) 确定服务

对象类的服务分为两大类：一类是称做常规性服务或辅助性服务，主要包括基本上每个对象类都要有的创建对象服务、设置对象属性值服务、获得对象属性值服务、删除对象服务等；另一类称做功能性服务或需求性服务，它反映了该类对象实例所具有的特殊功能。确定服务主要是要确定功能性服务。常规性服务通常在实现阶段才具体考虑。

8.3.2　面向对象设计

如前所述，分析是提取和整理用户需求，并建立问题域精确模型的过程。设计则是把分析阶段得到的需求转变成符合成本和质量要求的、抽象的系统实现方案的过程。从面向对象分析到面向对象设计，是一个逐渐扩充模型的过程。或者说，面向对象设计就是用面向对象观点建立求解域模型的过程。尽管分析和设计的定义有明显区别，但是在实际的管理信息系统开发过程中二者的界限是模糊的。许多分析结果可以直接映射成设计结果，而在设计过程中又往往会加深和补充对系统需求的理解，从而进一步完善分析结果。而设计活动是一个多次反复迭代的过程。面向对象方法学在概念和表示方法上的一致性，保证了在各项开发活动之间的平滑(无缝)过渡，领域专家和开发人员能够比较容易地跟踪整个系统开发过程，这是面向对象方法与传统方法比较起来所具有的一大优势。

使用瀑布模型开发管理信息系统时，设计阶段在分析阶段全部完成之后才开始，设计阶段彻底结束之后进入编码阶段。使用原型方法时，分析、设计、编码等项活动可能要反复迭代多次。但是，不论使用何种开发模型，在试图决定"怎样做"之前，都必须先弄清楚想要"做什么"。即使使用原型方法开发管理信息系统，在编码之前还是需要设计，而且在编码之后还要做进一步的设计工作，以便体现用户在试用原型时所提出的修改意见。事实上，这种设计工作又处于再次编码之前。因此，从总体上说，设计工作处于分析之后和编码之前。

生命周期方法学把设计进一步划分成总体设计和详细设计两个阶段，类似地，也可以把面向对象设计再细分为系统设计和对象设计。系统设计确定实现系统的策略和目标系统的高层结构。对象设计确定解空间中的类、关联、接口形式及实现服务的算法。系统设计与对象设计之间的界限，比分析与设计之间的界限更模糊。

1. 面向对象设计的准则

所谓优秀设计，就是权衡了各种因素，从而使得系统在其整个生命周期中的总开销最小的设计。对大多数管理信息系统而言，60%以上的管理信息系统费用都用于管理信息系统维护，因此，优秀管理信息系统设计的一个主要特点就是容易维护。

在进行面向对象设计时，增加了一些与面向对象方法密切相关的新特点，可以给出下列面向对象设计准则。

1) 模块化

面向对象管理信息系统开发模式，很自然地支持了把系统设计成模块的设计原理：对象就是模块。它是把数据结构和操作这些数据的方法紧密地结合在一起所构成的模块。

2) 抽象

面向对象方法不仅支持过程抽象，而且支持数据抽象。类实际上是一种抽象数据类型，它对外开放的公共接口构成了类的规格说明（即协议），这种接口规定了外界可以使用的合法操作符，利用这些操作符可以对实例中包含的数据进行操作。使用者无须知道这些操作符使用类中定义的数据。通常把该类抽象成为规格说明。

此外，某些面向对象的程序设计语言还支持参数化抽象。所谓参数化抽象，是指当描述类的规格说明时并不具体指定所要操作的数据类型，而是把数据类型作为参数。这使得类的抽象程度更高，应用范围更广，可重用性更高。例如，C++语言提供的"模板"机制就是一种参数化抽象机制。

3) 信息隐藏

面向对象方法中，信息隐藏通过对象的封装性实现，类结构分离了接口与实现，从而支持了信息隐藏。对于类的用户来说，属性的表示方法和操作的实现算法都应该是隐藏的。

4) 弱耦合

耦合是指一个管理信息系统结构内不同模块之间互联的紧密程度。在面向方法中，对象是最基本的模块，因此，耦合主要指不同对象之间相互关联的紧密程度。弱耦合是优秀设计的一个重要标准，因为这有助于使得系统中某一部分的变化对其他部分的影响降到最低程度。在理想情况下，对某一部分的理解、测试或修改，无须设计系统的其他部分。

如果一类对象过多地依赖于其他对象来完成自己的工作，则不仅给理解、测试或修改这个类带来很大的困难，而且还将大大降低该类的可重用性和可移植性。显然，类之间的这种相互关系是紧耦合的。

当然，对象不可能是完全孤立的，当两个对象必须相互联系相互依赖时，应该通过类的协议（即公共接口）实现耦合，而不应该依赖于类的具体细节。

一般说来，对象之间的耦合可分为两大类，下面分别讨论这两类的耦合。

(1) 交互耦合。如果对象之间的耦合通过消息连接来实现，则这种耦合就是交互耦合。为使交互耦合尽可能松散，应该遵守下述准则：

① 尽量降低消息连接的复杂程度。应该尽量减少消息中包含的参数个数，降低参数的复杂程度。

② 减少对象发送（或接收）的消息数。

(2) 继承耦合。与交互耦合相反，应该提高继承耦合程度。继承是一般化类与特殊类之间耦合的一种形式。从本质上看，通过继承关系结合起来的基类和派生类，构成了系统中粒度更大的模块。因此，它们彼此之间结合得越紧密越好。

为获得紧密的继承耦合，特殊类应该确实是对它的一般化类的一种具体化。因此，如果一个派生类摒弃了其他类的许多属性，则它们之间是松耦合的。在设计时应该使特殊类尽量多继承并使用其一般化类的属性和服务，从而更紧密地耦合到其一般化类。

5）强内聚

内聚可衡量一个模块内各个元素彼此结合的紧密程度。也可以把内聚定义为：设计中使用的一个构件内的各个元素，对完成一个定义明确的目的所做出的贡献程度。在设计时应该力求做到高内聚。在面向对象设计中存在下述三种内聚：

（1）服务内聚。一个服务应该完成一个且仅完成一个功能。

（2）类内聚。设计类的原则是，一个类应该只有一个用途，它的属性和服务应该是高内聚的。类的属性和服务应该全都是完成该类对象的任务所必需的，其中不包含先用的属性或服务。如果某个类有多个用途，通常应该把它分解成多个专用的类。

（3）一般—特殊内聚。设计出的一般—特殊结构，应该符合多数人的概念，更准确地说，这种结构应该是对相应的领域知识的正确抽取。

例如，虽然表面看来飞机与汽车有相似的地方（都用发动机驱动，都有轮子，……），但是，如果把飞机和汽车都作为"机动车"类的子类，则明显违背了人们的常识，这样的一般—特殊结构是低内聚的。正确的做法是，设置一个抽象类"交通工具"，把飞机和机动车作为交通工具类的子类，把汽车又作为机动车类的子类。

一般来说，紧密的继承耦合与高度的一般—特殊内聚是一致的。

6）可重用

软件重用是提高管理信息系统开发生产率和目标系统质量的重要途径，重用基本上从设计阶段开始。重用有两方面的含义：一是尽量使用已有的类（包括开发环境提供的类库，及以往开发类似系统时创建的类），二是如果确实需要创建新类，则在设计这些新类的协议时，应该考虑将来的可重复使用性。

2. 软件重用

1）概念

（1）重用。重用也叫再用或复用，是指同一事不作修改或稍加改动就能多次重复使用。广义地说，软件重用可分为以下三个层次：

① 知识重用（例如，软件工程知识的重用）。

② 方法和标准的重用（例如，面向对象方法或国家制定的管理信息系统开发规范的重用）。

③ 软件成分的重用。

前两个重用层次属于知识工程研究的范畴，本小节仅讨论软件成分重用问题。

（2）软件成分的重用级别。软件成分的重用可以进一步划分成以下三个级别：

① 代码重用。人们谈论得最多的是代码重用，通常把它理解为调用库中的模块。实际上，代码重用也可以采用下列几种形式中的任何一种。

源代码剪贴。这是最原始的重用形式。这种重用方式的缺点，是复制或修改原有代码时可能出错，有时存在严重的配置管理问题，人们几乎无法跟踪原始代码块多次修改重用的过程。

源代码包含。许多程序设计语言都提供包含库中源代码的机制。使用这种重用形式时，配置管理问题有所缓解，因为修改了库中源代码之后，所有包含它的程序自然都必须重新编译。

继承。利用继承机制重用类库中的类时，无须修改已有的代码，就可以扩充或具体化在库中找出的类，因此，基本上不存在配置管理问题。

②　设计结果重用。设计结果重用指的是，重用某个管理信息系统的设计模型（即求解域模型）。这个级别的重用有助于把一个应用系统移植到完全不同的软/硬件平台上。

③　分析结果重用。这是一种更高级别的重用，即重用某个系统的分析模型。这种重用特别适用于用户需求未改变，但系统体系结构发生了根本变化的场合。

2）软件重用的效果

为正确地评价软件重用的效果，首先应该了解为实现重用而需要付出的额外代价。需要为创建可重用的软构件（即软件成分）而投资；需要为完成更高级的质量保证而投资。为充分保证可重用的软构件的质量，通常需要比普通管理信息系统多花 2～4 倍时间去测试可重用的软构件；需要投资建立并维护一些可重用软构件库，还要为这些库提供管理和浏览等机制，以方便软件工程师使用。

3）软件重用技术

利用可重用的软件成分开发管理信息系统的技术，称为软件重用技术，它同时也指开发可重用的软件的技术。目前主要有三种软件重用技术：

（1）软件组合技术。这种技术就是按照一定规则把可重用的软件成分组合在一起，构成软件系统或新的可重用软件成分，这种技术的特点是，可重用的软件成分作为被动的原子模块使用，它们在整个组合过程中始终保持不变。

通常有两种方法可以把软构件组合成所需要的软件，分别称为底层部件库法和上层组合法。

使用底层部件库法时，首先需要有一个可重用的代码部件库，及相应的形式化的部件描述和指导选用部件的策略。然后根据用户需求采用一定的规则自动地或交互地选出合适的部件，并把它们组合起来，构成所需要的管理信息系统。

上层组合法，是把已有的完整程序按照一定规则不加修改地组合起来，构成新的软件或获取所需要的输出结果。这种方法的典型例子是 UNIX 的管道机制：它把一个程序的输出作为另一个程序的输入，从而把多个程序在系统命令级上链接起来，构成新的应用系统。

（2）软件生成技术。软件生成技术不像软件组合技术那样，先建立可重用的被动模块，再把它们合成目标程序，而是按照形式化的管理信息系统功能描述和一定的生成机理，由生成器系统主动地生成目标程序。这种方法所使用的可重用部件，是生成器本身的代码模板或隐藏在变换规则集中的模板。这种生成技术的抽象级别较高，通常有可重用软件库和知识库的支持。

（3）面向对象的软件重用技术。利用面向对象技术，可以更方便、更有效地实现软件重用。面向对象技术中的"类"，是比较理想的可重用软构件，称之为类构件。类构件有三种重用方式，分别是实例重用、继承重用和多态重用。

4）类构件

（1）可重用软构件应具备的特点。为使软构件也像硬件集成电路那样，能在构造各种各样的管理信息系统时方便地重复使用，就必须使它们满足下列要求：

①　模块独立性强。软构件具有单一、完整的功能，且经过反复测试被确认是正确的。它应该是一个不受或很少受外界干扰的封装体，其内部实现在外面是不可见的。

② 具有高度可塑性。软构件的应用环境比集成电路更广阔、更复杂。显然，要使一个软构件能满足任何一个系统的设计需求是不现实的。因此，可重用的软构件必须具有高度可裁剪性。也就是说，必须提供为适应特定需求而扩充或修改已有构件的机制，而且所提供的机制必须使用起来非常简单方便。

③ 接口清晰、简明、可靠。软构件应该提供清晰、简明、可靠的对外接口，而且还应该有详尽的文档说明，以方便用户使用。

（2）共构件的重用方式。

① 实例重用。由于类的封装性，使用者无须了解实现细节。就可以使用适当的构件函数，按照需要创建类的实例。然后向所创建的实例发送适当的消息、启动相应的服务，完成需要完成的工作，这是最基本的重用方式。此外，还可用几个简单的对象作为类的成员，创建出一个更复杂化类，这是实例重用的另一种形式。

虽然实例重用是最基本的重用方式，但是，要设计出一个理想的类构件，并不是一件容易的事情。例如，决定一个类对外提供多少服务，就是一件相当困难的事。提供的服务过多，会增加接口复杂度，也会使类构件变得难于理解；提供的服务过少，则会因为过分一般化而失去重用价值。每个共构件的合理服务数都与具体应用环境密切相关，因此，找到一个合理的折中值是相当困难的。

② 继承重用。面向对象方法特有的继承性，提供了一种对已有的类构件进行裁剪的机制。当已有的类构件不能通过实例重用完全满足当前系统需求时，继承重用提供了一种安全地修改已有类构件，以便在当前系统中重用的手段。

为提高继承重用的效果，关键是设计一个合理的、具有一定深度的类构件继承层次结构。这样做的好处是：

每个子类在继承父类的属性和服务的基础上，只要加入少量新属性和新服务，就可以降低了每个类构件的接口复杂度，表现出一个清晰的进化过程，提高了每个子类的可理解性，而且为管理信息系统开发人员提供了更多可重用的类构件。因此，在管理信息系统开发过程中，应该时刻注意提取这种潜在的可重用构件，必要时应在领域专家帮助下，建立符合领域知识的继承层次，为多态重用奠定良好的基础。

③ 多态重用。利用多态性不仅可以使对象的对外接口更加一般化（基类与派生类的许多对外接口是相同的），从而降低了消息连接的复杂程度，而且还提供了一种简便可靠的软构件组合机制。系统运行时，根据接收消息的对象类型，由多态性机制启动正确的方法，去响应一个一般化的消息，从而简化了消息界面和软构件连接过程。

为充分实现多态重用，在设计类构件时，应该把注意力集中在下列一些可能影响重用性的操作上：

- 与表示方法有关的操作，例如，不同实例的比较、显示、擦除等。
- 与数据结构、数据大小等有关的操作。
- 与外部设备有关的操作，例如，设备控制。
- 实现算法在将来可能会改进（或改变）的核心操作。

如果不预先采取适当措施，上述这些操作会妨碍类构件的重用。因此，必须把它们从类的操作中分离出来，作为"适配接口"。例如，假设类 C 具有操作 $M_1, M_2, \cdots, M_n$ 和操作 $A_1, A_2, \cdots, A_k$，其中 $A_j (1 \leqslant j \leqslant k)$ 是上面列出的可能影响类 C 重用的几类操作，M_i

$(1 \leqslant i \leqslant n)$)是其他操作。如果 M_i 通过调用适配接口 A_j 而实现，则实际上 M 被 A 参数化了。在不同应用环境下，用户只需重新定义 $A_j (1 \leqslant j \leqslant k)$ 就可以重用类 C。

还可以把适配接口再进一步细分为转换接口和扩充接口。转换接口，是为了克服与表示方法、数据结构或硬件特点相关的操作给重用带来的困难而设计的，这类接口是每个类构件在重用时都必须重新定义的服务的集合。当使用 C++语言编程时，应该在根类（或适当的基类）中，把属于转换接口的服务定义为纯虚函数。如果某个服务有多种可能的实现算法，则应该把它当作扩充接口。扩充接口与转换接口不同，并不需要强迫用户在派生类中重新定义它们，相反，如果在派生类中没有给出扩充接口的新算法，则将继承父类中的算法。当用 C++语言实现时，在基类中把这类服务定义为普通的虚函数。

3. 系统分解

人类解决复杂问题时普遍采用的策略是，"分而治之，各个击破"。同样，软件工程师在设计比较复杂的应用系统时普遍采用的策略，也是首先把系统分解成若干个比较小的部分，然后再分别设计每个部分。这样做有利于降低设计的难度，有利于分工协作，也有利于维护人员对系统理解和维护。

系统的主要组成部分称为子系统。通常根据所提供的功能来划分子系统，例如，编译系统可划分成词法分析、语法分析、中间代码生成、优化、目标代码生成和出错处理等子系统。一般来说，子系统的数目应该与系统规模基本匹配。各个子系统之间应该具有尽可能简单、明确的接口。接口确定了交互形式和通过子系统边界的信息流，但是无须规定子系统内部的实现算法，用数。可以相对独立地设计各个子系统。在划分和设计子系统时，应该尽量减少子系统彼此间的依赖性。

采用面向对象方法设计管理信息系统时，面向对象设计模型（求解域的对象模型），与面向对象分析模型（即问题域的对象模型）一样，也由主题、类 & 对象、结构、属性、服务等五个层次组成。这五个层次一层比一层表示的细节更多，我们可以把这五个层次想象为整个模型的水平切片。此外，大多数系统的面向对象设计模型，在逻辑上都由四大部分组成。这四大部分对应于组成目标系统的四个子系统，它们分别是问题域子系统、人机交互子系统、任务管理子系统和数据管理子系统。当然，在不同的管理信息系统中，这四个子系统的重要程度和规模可能相差很大，规模过大的在设计过程中应该进一步划分成更小的子系统，规模过小的可合并在其他子系统中。某些领域的应用系统在逻辑上可能仅由 3 个（甚至少于 3 个）子系统组成。

我们可以把面向对象设计模型的四大组成部分想象成整个模型的四个垂直切片。典型的面向对象设计模型可以用图 8-1 表示。

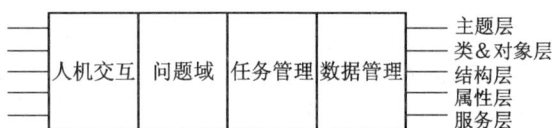

图 8-1　典型的面向对象设计

1）子系统之间的两种交互方式

在管理信息系统中，子系统之间的交互有两种可能的方式，分别是客户—供应商关系和平等伙伴关系。

(1) 客户—供应商关系。在这种关系中，"客户"的子系统作为"供应商"的子系统，后者完成某些服务工作并返回结果。使用这种交互方案，作为客户的子系统必须了解作为供应商的子系统的接口，然而后者却无须了解前者的接口，因为任何交互行为都是由前者驱动的。

(2) 平等伙伴关系。在这种关系中。每个子系统都可能调用其他子系统。因此，每个子系统都必须了解其他子系统的接口。由于各个子系统需要相互了解对方的接口，因此这种组织系统的方案比起客户—供应商方案来，子系统之间的交互更复杂，而且这种交互方式还可能存在通信环路，从而使系统难于理解，容易发生不易察觉的设计错误。

总的说来，单向交互比双向交互更容易理解，也更容易设计和修改，因此应该尽量使用客户—供应商关系。

2) 组织系统的两种方案

把子系统组织成完整的系统时，有水平层次组织和垂直块组织两种方案可供选择。

(1) 组织层次。这种组织方案把管理信息系统组织成一个层次系统，每层是一个子系统。上层在下层的基础上建立，下层为实现上层功能而提供必要的服务。每层内所包含的对象，彼此间相互独立。而处于不同层次上的对象，彼此间往往有关联。实际上，在上、下层之间存在客户—供应商关系。低层子系统提供服务，相当于供应商，上层子系统使用下层提供的服务，相当于客户。

层次结构又可进一步划分成两种模式：封闭式和开放式。所谓封闭式，就是每层子系统仅仅使用其直接下层提供的服务。由于一个层次的接口只影响与其相邻的上一层，因此，这种工作模式降低了各层次的相互依赖性，更容易理解和修改。在开放模式中，某层子系统可以使用处于其下面的任何一层子系统所提供的服务。这种工作模式的优点，是减少了需要在每层重新定义的服务数目，使得整个系统更高效更紧凑。但是，开放式的系统不符合信息隐藏原则，对任何一个子系统的修改都会影响处在更高层次的那些子系统。设计管理信息系统时到底采用哪种结构模式，需要权衡效率和模块独立性等多种因素，通盘考虑以后再做决定。

通常，在需求陈述中只描述了对系统顶层和底层的需求，顶层就是用户看到的目标系统，底层则是可以使用的资源。这两层往往差异很大，设计者必须设计一些中间层，以减少不同层次之间的概念差异。

(2) 块状组织。这种组织方案把管理信息系统垂直地分解成若干个相对独立的、弱耦合的子系统，一个子系统相当于一块，每块提供一种类型的服务。

利用层次和块的各种可能的组合，可以成功地由多个子系统组成一个完整的管理信息系统。当混合使用层次结构和块状结构时，同一层次可以由若干块组成，而同一块也可以分为若干层。例如，图 8－2 表示一个应用系统的组织结构，这个应用系统采用了层次与块状的混合结构。

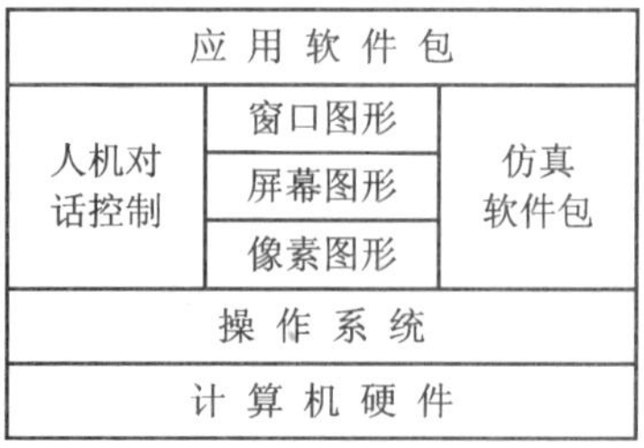

应 用 软 件 包		
人机对话控制	窗口图形	仿真软件包
	屏幕图形	
	像素图形	
操 作 系 统		
计 算 机 硬 件		

图 8－2　典型应用系统的组织

3）设计系统的拓扑结构

由子系统组成完整的系统时，典型的拓扑结构有管道形、树形、星形等。设计者应该采用与问题结构相适应的、尽可能简单的拓扑结构，以减少子系统之间的交互数量。

4. 设计问题域子系统

使用面向对象方法开发管理信息系统时，在分析与设计之间并没有明确的分界线，对于问题域子系统来说，情况更是如此。但是，分析与设计毕竟是性质不同的两类开发工作，分析工作可以而且应该与具体实现无关，设计工作则在很大程度上受具体实现环境的约束。在开始设计工作之前（至少在完成设计之前），设计者应该了解本项目预计要使用的编程语言，可用的软构件库（主要是类库）以及程序员的编程经验。

通过面向对象分析所得出的问题域精确模型，为设计问题域子系统奠定了良好的基础，建立了完整的框架。只要可能，就应该保持面向分析所建立的问题域结构。通常，面向对象设计仅需从实现角度对问题域模型做一些补充或修改，主要是增添、合并或分解类 & 对象、属性及服务，调整继承关系等等。当问题域子系统过分复杂庞大时，应该把它进一步分解成若干个更小的子系统。

使用面向对象方法学开发管理信息系统，能够保持问题域组织框架的稳定性，从而便于追踪分析、设计和编程的结果。在设计与实现过程中所做的细节修改（例如，增加具体类，增加属性及服务），并不影响开发结果的稳定性，因为系统的总体框架是基于问题域的。

对于需求可能随时间变化的系统来说，稳定性是至关重要的。稳定性也是能够在类似系统中重用分析、设计和编程结果的关键因素。为更好地支持系统在其生命期中的扩充，也同样需要稳定性。

1）调整需求

有两种情况会导致修改通过面向对象分析所确定的系统需求：一是用户需求或外部环境发生了变化；二是分析员对问题域理解不透彻或缺乏领域专家帮助，以使面向对象分析模型不能完整、准确地反映用户的真实需求。

无论出现上述哪种情况，通常都只需简单地修改面向对象分析结果，然后再把这些修改反映到问题域子系统中。

2）重用已有的类

代码重用从设计阶段开始，在研究面向对象分析结果时就应该寻找使用已有类的方法。若因为没有合适的类可以重用而确实需要创建新的类，则在设计这些新类的协议时，必须考虑到将来的可重用性。

如果有可能重用已有的类，则重用已有类的典型过程如下：

（1）选择有可能被重用的已有类，标出这些候选类中对本问题无用的属性和服务，尽量重用那些能使无用的属性和服务降到最低程度的类。

（2）在被重用的已有类和问题域类之间添加归纳关系。

（3）标出问题域类中从已有类继承来的属性和服务，现在已经无须在问题域类内定义它们了。

（4）修改与问题域类相关的关联，必要时改为与被重用的已有类相关的关联。

3）把问题域类组合在一起

在面向对象设计过程中，设计者往往通过引入一个根类而把问题域类组合在一起。事实上，这是在没有更先进的组合机制可用时才采用的一种组合方法。此外，这样的根类还可以用来建立协议。

4）增添一般化类以建立协议

在设计过程中常常发现，一些具体类需要有一个公共的协议，也就是说，它们都需要定义一组类似的服务。在这种情况下可以引入一个附加类（例如，根类），以便建立这个协议（即命名公共服务集合，这些服务在具体类中仔细定义）。

5）调整继承层次

如果面向对象分析模型中包含了多重继承关系，然而所使用的程序设计语言却并不提供多重继承机制，则必须修改面向对象分析的结果。即使使用支持多重继承的语言，有时也会出于实现考虑而对面向对象分析结果做一些调整。一般分为使用多重继承机制，使用单继承机制和不具备继承机制。

5. 设计人机交互子系统

在面向对象分析过程中，已经对用户界面需求做了初步分析，在面向对象设计过程中，则应该对系统的人机交互子系统进行详细设计，以确定人机交互的细节，其中包括指定窗口和报表的形式、设计命令层次等项内容。

人机交互部分的设计结果，将对用户情绪和工作效率产生重要影响。人机界面设计得好，则会使系统对用户产生吸引力，用户在使用系统的过程中感觉良好，能够激发用户的创造力，提高工作效率；相反，人机界面设计得不好，用户在使用过程中就会感到不方便、不习惯，甚至会产生厌烦和恼怒的情绪。由于对人机界面的评价，在很大程度上由人的主观因素决定，因此，使用由原型支持的系统化的设计策略，是成功设计人机交互子系统的关键。

6. 设计任务管理子系统

虽然从概念上说，不同对象可以并发地工作，但是，在实际系统中，许多对象之间往往存在相互依赖关系。此外，在实际使用的硬件中，可能仅由十个处理器支持多个对象。因此，设计工作的一项重要内容就是，确定哪些是必须同时动作的对象，哪些是相互排斥的对象。然后进一步设计任务管理子系统。

1）分析并发性

通过面向对象分析建立起来的动态模型，是分析并发性的主要依据。如果两个对象彼此间不存在交互，或者它们同时接受事件，则这两个对象在本质上是并发的。通过检查各个对象的状态图及它们之间交换的事件，能够把若干个非并发的对象归并到一条控制线中。所谓控制线是一条遍及状态图集合的路径，在这条路径上每次只有一个对象是活动的。在计算机系统中用任务实现控制线，一般认为任务是进程的别名。通常把多个任务的并发执行称为多任务。对于某些应用系统来说，通过划分任务可以简化系统的设计及编码工作。不同的任务标识了必须同时发生的不同行为。这种并发行为既可以在不同的处理器上实现，也可以在单个处理器上利用多任务操作系统仿真实现（通常采用时间分片策略仿真多处理器环境）。

2）设计任务管理子系统

常见的任务有事件驱动型任务、时钟驱动型任务、优先任务、关键任务和协调任务等。设计任务管理子系统，包括确定各类任务并把任务分配给适当的硬件或软件去执行。

（1）确定事件驱动型任务。某些任务是由事件驱动的，这类任务可能主要完成通信工作。例如与设备、屏幕窗口、其他任务、子系统、另一个处理器或其他系统通信。事件通常是表明某些数据到达的信号。在系统运行时，这类任务的工作过程如下：任务处于睡眠状态（不消耗处理器时间），等待来自数据线或其他数据源的中断；一旦接收到中断就唤醒了该任务，接收数据并把数据放入内存缓冲或其他目的地，通知需要知道这件事的对象，然后该任务又回到睡眠状态。

（2）确定时钟驱动型任务。某些任务每隔一定时间就被触发以执行某些处理，例如，某些设备需要周期性地获得数据；某些人机接口、子系统、任务、处理器或其他系统也可能需要周期性地通信。在这些场合往往使用时钟驱动型任务。时钟驱动型任务的工作过程如下：任务设置了唤醒时间后进入睡眠状态；任务睡眠（不消耗处理器时间）等待来自系统的中断，一旦接收到这种中断，任务就被唤醒并做它的工作，通知有关的对象，然后该任务又回到睡眠状态。

（3）确定优先任务。优先任务可以满足高优先级或低优先级的处理需求：

① 高优先级。某些服务具有很高的优先级，为了在严格限定的时间内完成这种服务，可能需要把这类服务分离成独立的任务。

② 低优先级。与高优先级相反，有些服务是低优先级服务。属于低优先级处理（通常指那些背景处理），设计时可能用额外的任务把这样的处理分离出来。

（4）确定关键任务。关键任务是有关系统成功或失败的关键处理，这类处理通常都有严格的可靠性要求。在设计过程中可能用额外的任务把这样的关键处理分离出来，以满足高可靠性处理的要求。对高可靠性处理应该精心设计和编码，并且应该严格测试。

（5）确定协调任务。当系统中存在三个以上任务时，就应该增加一个任务，用它作为协调任务。

引入协调任务会增加系统的总开销（增加从一个任务到另一个任务的转换时间），但是引入协调任务有助于把不同任务之词的协调控制封装起来。使用状态转换矩阵可以比较方便地描述该任务的行为。这类任务应该仅做协调工作，不要让它再承担其他服务工作。

（6）尽量减少任务数。必须仔细分析和选择每个确实需要的任务，应该使系统中包含的任务数尽量少。设计多任务系统的主要问题是，设计者常常为了自己处理时的方便而轻率地定义过多的任务。这样加大了设计工作的技术复杂度，并使系统变得不易理解，从而也加大了系统维护的难度。

（7）确定资源需求。使用多处理器或固件，主要是为了满足高性能的需求；设计者必须通过计算系统载荷（即每秒处理的业务数及处理一个业务所花费的时间）来估算所需要的 CPU（或其他固件）的处理能力。

设计者应该综合考虑各种因素，以决定哪些子系统用硬件实现，哪些子系统用软件实现。下述两个因素可能是使用硬件实现某些子系统的主要原因：现有的硬件完全能满足某些方面的需求，例如，买一块浮点运算卡比用软件实现浮点运算要容易得多；专用硬件比通用的 CPU 性能更高。例如，目前在信号处理系统中广泛使用固件实现快速傅立叶变换。

设计者在决定到底采用软件还是硬件时，必须综合权衡一致性、成本、性能等多种因素，还要考虑未来的可扩充性和可修改性。

7. 设计数据管理子系统

数据管理子系统是系统存储或检索对象的基本设施。它建立在某种数据存储管理系统之上，并且隔离了数据存储管理模式（文件、关系数据库或面向对象数据库）影响。

1）选择数据存储管理模式

不同的数据存储管理模式有不同的特点，适用范围也不同，设计者应该根据应用系统的特点选择适用的模式。

（1）文件管理系统。文件管理系统是操作系统的一个组成部分，使用它长期保存数据具有成本低和简单等特点，但是，文件操作的级别低，为提供适当的抽象级别还必须编写额外的代码。此外，不同操作系统的文件管理系统往往有明显差异。

（2）关系数据库管理系统。关系数据库管理系统的理论基础是关系代数，它不仅理论基础坚实而且有下列优点：

① 提供了各种最基本的数据管理功能（例如，中断恢复，多用户共享，多应用共享，完整性，事务支持等）。

② 为多种应用提供了一致的接口。

③ 标准化的语言（大多数商品化关系数据库管理系统都使用 SQL 语言）。

但是为了做到通用与一致，关系数据库管理系统通常都相当复杂，且有下述缺点，以致限制了这种系统的普遍使用：

① 运行开销大，即使只完成简单的事务（例如，只修改表中的一行），也需要较长的时间。

② 不能满足高级应用的需求。关系数据库管理系统是为商务应用服务的，商务应用中数据量虽大但数据结构却比较简单。事实上，关系数据库管理系统很难用在数据类型丰富或操作不标准的应用中。

③ 与程序设计语言的连接不自然。SQL 语言支持面向集合的操作，是一种非过程性语言；然而大多数程序设计语言本质上却是过程性的，每次只能处理一个记录。

（3）面向对象数据库管理系统。面向对象数据库管理系统是一种新技术，主要有两种设计途径：扩展的关系数据库管理系统和扩展的面向对象程序设计语言。

① 扩展的关系数据库管理系统是在关系数据库的基础上，增加了抽象数据类型和继承机制，此外还增加了创建及管理类和对象的通用服务。

② 扩展的面向对象程序设计语言，扩充了面向对象程序设计语言的语法和功能，增加了在数据库中存储和管理对象的机制。开发人员可以用统一的面向对象观点进行设计，不再需要区分存储数据结构和程序数据结构（即生命期短暂的数据）。

目前，大多数"对象"数据管理模式都采用"复制对象"的方法：先保留对象值。然后，在需要时创建该对象的一个副本。扩展的面向对象程序设计语言则扩充了这种机制，它支持"永久对象"方法：准确存储对象（包括对象的内部标识在内），而不是仅仅存储对象值。使用这种方法，当从存储器中检索出一个对象的时候，它就完全等同于原先存在的那个对象。"永久对象"方法为在多用户环境中从对象服务器中共享对象奠定了基础。

2）设计数据管理子系统

设计数据管理子系统，既需要设计数据格式又需要设计相应的服务。

（1）设计数据格式。设计数据格式的方法与所使用的数据存储管理模式密切相关，下面分别介绍适用于每种数据存储管理模式的设计方法：

① 文件系统。

• 定义第一范式表：列出每个类的属性表，把属性表规范成第一范式，从而得到第一范式表的定义。

• 为每个第一范式表定义一个文件。

• 测量性能和需要的存储容量。

• 修改原设计的第一范式，以满足性能和存储需求。

必要时把归纳结构的属性压缩在单个文件中，以减少文件数量。必要时把某些属性组合在一起，并用某种编码值表示这些属性，而不再分别使用独立的域表示每个属性。这样做可以减少所需要的存储空间，但是增加了处理时间。

② 关系数据库管理系统。

• 定义第三范式表，列出每个类的属性表，把属性表规范成第三范式，从而得出第三范式表的定义。

• 为每个第三范式表定义一个数据库表。

• 测量性能和需要的存储容量。

• 修改先前设计的第三范式，以满足性能和存储需求。

③ 面向对象数据库管理系统。

• 扩展的关系数据库途径，使用与关系数据库管理系统相同的方法。

• 扩展的面向对象程序设计语言途径：不需要规范化属性的步骤，因为数据管理系统本身具有把对象值映射成存储值的功能。

（2）设计相应的服务。如果某个类的对象需要存储起来，则在这个类中增加一个属性和服务，用于完成存储对象自身的工作。应该把为此目的增加的属性和服务作为"隐含"的属性和服务，即无须在面向对象设计模型的属性和服务表中显式地表示它们，仅在关于类 & 对象的文档中描述它们。

这样设计之后，对象将知道怎样存储自己。用于"存储自己"的属性和服务，在问题域子系统和数据管理子系统之间构成一座必要的桥梁。利用多重继承机制，可以在某个适当的基类中定义这样的属性和服务，然后，如果某个类的对象需要长期存储，该类就从基类中继承这样的属性和服务。下面介绍使用不同数据存储管理模式时的设计要点。

① 文件系统。被存储的对象需要知道访问哪个（些）文件，怎样把文件定位到正确的记录上，怎样检索出旧值（如果有的话）以及怎样用现名值更新它们。

此外，还应该定义一个对象服务器类，并创建它的实例。该类提供下列服务：

• 通知对象保存自身。

• 检索已存储的对象（查找，读取，创建并初始化对象），以便把这些对象提供给其他子系统使用。

注意，为提高性能应该批量处理访问文件的要求。

② 关系数据库管理系统。被存储的对象，应该知道访问哪些数据库表，怎样访问所需

要的行，怎样检索出旧值(如果有的话)，以及怎样用现有值更新它们。

此外，还应该定义一个对象服务器类，并声明它的对象。该类提供下列服务：

- 通知对象保存自身。
- 检索已存储的对象(查找，读值，创建并初始化对象)，以便由其他子系统使用这些对象。

③ 面向对象数据库管理系统。

- 扩展的关系数据库途径与使用关系数据库管理系统的方法相同。
- 扩展的面向对象程序设计语言途径。无须增加服务，这种数据库管理系统已经给每个对象提供了"存储自己"的行为。只需给需要长期保存的对象加个标记，然后由面向对象数据库管理系统负责存储和恢复这类对象。

8. 设计类中的服务

面向对象分析得出的对象模型，通常并不详细描述类中的服务。面向对象设计则是扩充、完善和细化面向对象分析模型的过程，设计类中的服务是它的一项重要工作内容。

1) 确定类中应有的服务

需要综合考虑对象模型、动态模型和功能模型，才能确定类中应有的服务。对象模型是进行对象设计的基本框架。但是，面向对象分析得出的对象模型，通常只在每个类中列出很少几个核心的服务，设计者必须把动态模型中对象的行为以及功能模型中的数据处理，转换成由适当类所提供的服务。

一张状态图描绘了一个对象的生命周期，图中的状态转换是执行对象服务的结果。对象的许多服务都与对象接收到的事件密切相关，事实上，事件就表现消息，接收消息的对象必然有由消息选择符指定的服务，该服务改变对象状态(修改相应的属性值)，并完成对象应做的动作。对象的动作既与事件有关，也与对象的状态有关。因此，完成服务的算法自然也和对象的状态有关。如果一个对象在不同状态可以接受同样事件，而且在不同状态接收到同样事件时其行为不同，则实现服务的算法中需要有一个依赖于状态的 DO-CASE 型控制结构。

功能模型指明了系统必须提供的服务。状态图中状态转换所触发的动作。在功能模型中有时可能扩展成一张数据流图。数据流图中的某些处理可能与对象提供的服务相对应，下列规则有助于确定操作的目标对象(即应该在该对象所属类中定义这个服务)：

(1) 如果某个处理的功能是从输入流中抽取一个值，则该输入流就是目标对象。

(2) 如果某个处理具有类型相同的输入流和输出流，而且输出流实质上是输入流的另一种形式，则该输入/输出流就是目标对象。

(3) 如果某个处理从多个输入流得出输出值，则该处理是输出类中定义的一个服务。

(4) 如果某个处理把对输入流处理的结果输出给数据存储或动作对象，则该数据存储或动作对象就是目标对象。

当一个处理涉及多个对象时，为确定把它作为那个对象的服务，设计者必须判断那个对象在这个处理中起主要作用。通常在起主要作用的对象类中定义这个服务。下面两条规则有助于确定处理的归属：

(1) 如果处理影响或修改了一个对象，则最好把该处理与处理目标(而不是触发者)联系在一起。

（2）考察处理涉及的对象类及这些类之间的关联，从中找出处于中心地位的类。如果其他类和关联围绕这个中心类构成星形，则这个中心类就是处理的目标。

2）设计实现服务的方法

在面向对象设计过程中还应该进一步设计实现服务的方法，主要应该完成以下几项工作：

（1）设计实现服务的算法。设计实现服务的算法时，应该考虑下列几个因素：

① 算法复杂度。通常选用复杂度较低（即效率较高）的算法，但也不要过分追求高效率，应以能满足用户需求为准。

② 容易理解与容易实现。容易理解与容易实现往往与高效率有矛盾，设计者应对这两个因素适当折中。

③ 易修改。应该尽可能预测将来可能做的修改，并在设计时预先做些准备。

（2）选择数据结构。在分析阶段，仅需考虑系统中需要的信息的逻辑结构，在面向对象设计过程中，则需要选择能够方便、有效地实现算法的物理数据结构。

（3）定义内部类和内部操作。在面向对象设计过程中，可能需要增添一些在需求陈述中没有提到的类，这些新增加的类，主要用来存放在执行算法过程中所得出的某些中间结果。

此外，复杂操作往往可以用简单对象上的更低层操作来定义。因此，在分解高层操作时常常引入新的低层操作。在面向对象设计过程中应该定义这些新增加的低层操作。

9. 设计关联

在对象模型中，关联是连接不同对象的纽带，它指定了对象相互间的访问路径。在面向对象设计过程中，设计人员必须确定实现关联的具体策略。即可以选定一个全局性的策略统一实现所有关联，也可以分别为每个关联选择具体的实现策略，以与它在应用系统中的使用方式相适应。为了更好地设计实现关联的途径，首先应该分析使用关联的方式。

1）关联遍历

在应用系统中，使用关联有两种可能的方式。单向遍历和双向遍历。在应用系统中，某些关联只需要单向遍历，这种单向关联实现起来比较简单，另外一些关联可能需要双向遍历，双向关联实现起来稍微麻烦一些。在使用原型法开发管理信息系统的时候，原型中所有关联都应该是双向的，以便增加新的行为，快速地扩充和修改原型。

2）实现单向关联

用指针可以方便地实现单向关联。如果关联的阶是一元的，如图 8-3 所示，则实现关联的指针是一个简单指针，如果阶是多元的，则需要一个指针集合实现关联。

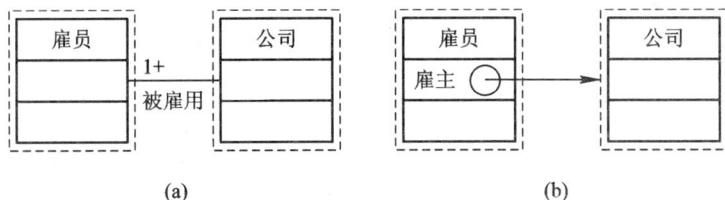

图 8-3　用指针实现单向关联

(a) 关联；(b) 实现

3）实现双向关联

许多关联都需要双向遍历，当然，两个方向遍历的频度往往并不相间。实现双向关联有下列三种方法：

（1）只用属性实现一个方向的关联，当需要反向遍历时就执行一次正向查找。如果两个方向遍历的频度相差很大，而且需要尽量减少存储开销和修改时的开销，则这是一种很有效的实现双向关联的方法。

（2）两个方向的关联都用属性实现。具体实现方法已在上一小节讲过，如图 8-4 所示。这种方法能实现快速访问，但是，如果修改了一个属性，则相关的属性也随之修改，才能保持该关联链的一致性。当访问次数远远多于修改次数时，这种实现方法很有效。

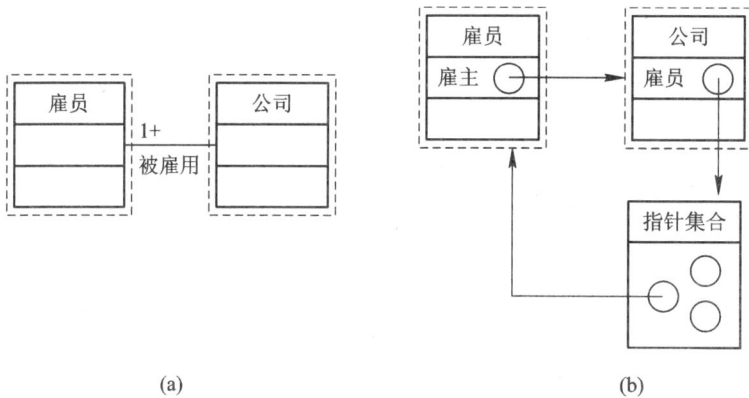

图 8-4　用指针实现双向关联

（a）关联；（b）实现

（3）用独立的关联对象实现双向关联。关联对象不属于相互关联的任何一个类，它是独立的关联类的实例，如图 8-5 所示。

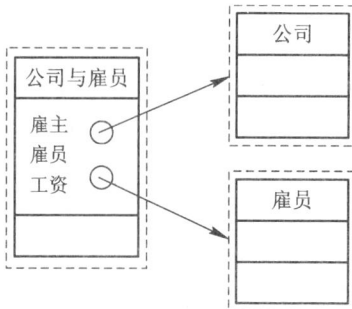

图 8-5　用对象实现关联

4）链属性的实现

如果某个关联具有链属性，则实现它的方法取决于关联的阶数。对于一对一关联来说，链属性可作为其中一个对象的属性而存储在该对象中。对于一对多关联来说，链属性可作为"多"端对象的一个属性。如果是多对多关联，则属性不可能只与一个关联对象有关，通常使用一个独立的类来实现链属性，这个类的每个实例以表示一条链及该链的属性，如图 8-5 所示。

10. 设计优化

1）确定优先级

系统的各项质量指标并不是同等重要的，设计人员必须确定各项质量指标的相对重要性（即确定优先级），以便在优化设计时制定折中方案。系统的整体质量与设计人员制定的折中方案密切相关，最终产品成功与否，在很大程度上取决于是否选择好了系统目标。最不好的情况是，没有站在全局高度正确确定各项质量指标的优先级，以致系统中各个子系统按照相互对立的目标做了优化，导致系统资源的严重浪费。在折中方案中设置优先级应该是模糊的。事实上，不可能指定精确的优先级数值（例如，速度 48%，内存 25%，费用 8%，可修改性 19%）。最常见的情况是在效率和清晰性之间寻求适当的折中方案。

2）提高效率的几项技术

（1）增加冗余关联以提高访问效率。在面向对象分析过程中，应该避免在对象模型中存在冗余的关联，因为冗余关联不仅没有增添任何信息，反而会降低模型的清晰程度。但是，在面向对象设计过程中，当考虑用户的访问模式，以及不同类型访问彼此之间的依赖关系时，就会发现，分析阶段确定的关联可能并没有构成效率最高的访问路径。

（2）调整查询次序。改进了对象模型的结构，从而优化了常用的遍历之后，接下来就应该优化算法了，优化算法的一个途径是尽量缩小查找范围。

（3）保留派生属性。通过某种运算而从其他数据派生出来的数据，是一种冗余数据。通常把这类数据"存储"（或称为"隐藏"）在计算它的表达式中。如果希望避免重复计算复杂表达式所带来的开销，可以把这类冗余数据作为派生属性保存起来。派生属性既可在原有类中定义，也可以定义新类，并用新类的对象保存它们。每当修改了基本对象之后，所有依赖于它的、保存派生属性的对象也必须相应地修改。

3）调整继承关系

在面向对象设计过程中，建立良好的继承关系是优化设计的一项重要内容。继承关系能够为一个类族定义一个协议，并能在类之间实现代码共享以减少冗余。一个基类和它的子孙类在一起称为一个类继承。在面向对象设计中，建立良好的类继承是非常重要的。利用类继承能够把若干个类组织成一个逻辑结构。

下面讨论与建立类继承有关的问题。

（1）抽象与具体。在设计类继承时，很少使用纯粹自顶向下的方法。通常的做法是，首先创建一些满足具体用途的类，然后对它们进行归纳，一旦归纳出一些通用的类以后，往往可以根据需要再派生出具体类。在进行了一些具体化（即专门化）的工作之后，也许就应该再次归纳了。对于某些类继承来说，这是一个持续不断的演化过程。

（2）为提高继承程度而修改类定义。如果在一组相似的类中存在公共的属性和公共行为，则可以把这些公共的属性和行为抽取出来放在一个共同的祖先类中，供其子类继承。在对现有类进行归纳的时候，要注意两点：一是不能违背领域知识和常识；二是应该确保现有类的协议（即同外部世界的接口）不变。更常见的情况是，各个现有类中的属性和行为（操作），虽然相似但不完全相同，在这种情况下需要对类的定义稍加修改，才能定义一个基类供其子类从中继承需要的属性和行为。

有时抽象出一个基类之后，在系统中暂时只有一个子类从它继承属性和行为，显然，在当前情况下抽象出这个基类并没有获得共享的好处。但是，这样做仍然是值得的，因为将来可能重用这个基类。

（3）利用委托实现行为共享。仅当在真实的一般—特殊关系（即子类确实是父类的一种特殊形式）时，利用继承机制实现行为共享才是合理的。

有时程序员只想用继承作为实现操作共享的一种手段，并不打算确保基类和派生类具有相同的行为。在这种情况下，如果从基类继承的操作中包含了子类不应有的行为，则可能引起麻烦。例如，假设程序员正在实现一个 stack（后进先出）类，类库中已有一个 list（表）类。如果程序员从 list 类派生出 stack 类，则如图 8-6(a)所示：把一个元素压入栈，等价于在表尾加入一个元素。把一个元素弹出栈，相当于从表尾移走一个元素。但是，与此同时，也继承了一些不需要的表操作。例如。从表头移走一个元素或在表头增加一个元素。万一用户错误地使用了这类操作，stack 类将不能正常工作。

如果只想把继承作为实现操作共享的一种手段，则利用委托（即把一类对象作为另一类对象的属性，从而在两类对象间建立组合关系）也可以达到同样的目的，而且这种方法更安全。使用委托机制时，只有有意义的操作才委托另一类对象实现，因此，不会发生继承了无意义操作的问题。

图 8-6(b)描绘了委托 list 类实现 stack 类操作的方法。stack 类的每个实例都包含一个私有的 list 类实例（或指向 list 类实例的指针）。stack 对象的操作 push（压栈），委托 list 类对象通过调用 last（定位到表尾）和 add（加入一个元素）操作实现，而 pop（出栈）操作则通过 list、last 和 remove（移走一个元素）操作实现。

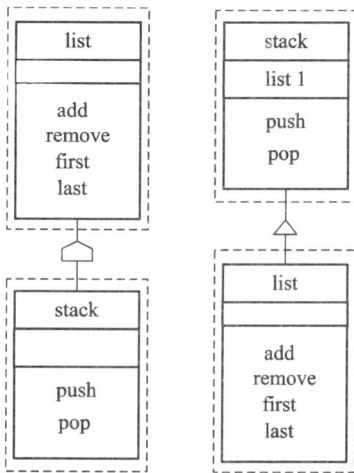

图 8-6　用表实现栈的两种方法
(a) 用继承实现；(b) 用委托实现

8.3.3　面向对象实现

面向对象实现主要包括两项工作：把面向对象设计结果，翻译成用某种程序语言书写的面向对象程序；测试并调试面向对象的程序。面向对象程序的质量基本上由面向对象设计的质量决定，但是，所采用的程序语言的特点和程序设计风格也将对程序的可靠性、可重用性及可维护性产生深远的影响。目前，管理信息系统测试仍然是保证管理信息系统可靠性的主要措施，对于面向对象的管理信息系统来说，情况仍然如此。但是，面向对象软件也给测试带来一些新的问题，我们必须通过实践，努力探索适合面向对象管理信息系统的测试方法。

1. 面向对象的语言和非面向对象的语言

面向对象设计的结果，既可以用面向对象语言，也可以用非面向对象语言实现。使用面向对象语言时，由于语言本身充分支持面向对象概念的实现，因此，编译程序可以自动把面向对象概念映射到目标程序中。使用非面向对象语言编写面向对象程序，则必须由程序员自己把面向对象概念映射到目标程序中。例如，C 语言并不直接支持类或对象的概念，程序员只能在结构中定义变量和相应的函数（事实上，不能直接在结构中定义函数而是要利用指针间接定义）。所有非面向对象语言都不支持一般—特殊结构的实现，使用这类语言编程时要么完全回避继承的概念，要么在声明特殊化类时，把对一般化类的引用嵌套在它里面。

到底应该选用面向对象语言还是非面向对象语言，关键不在于语言功能强弱。从原理上说，使用任何一种通用语言都可以实现面向对象概念。当然，使用面向对象语言，实现面向对象概念，远比使用非面向对象语言方便，但是，方便性也并不是决定选择何种语言的关键因素。选择编程语言的关键因素，是语言一致的表示能力、可重用性及可维护性。从面向对象观点来看，能够更完整、更准确地表达问题域语义的面向对象语言的语法是非常重要的，因为这会带来下述几个重要优点。

1）一致的表示方法

面向对象开发基于不随时间变化的、一致的表示方法。这种表示方法应该从问题域到OOA，从 OOA 到 OOD，最后从 OOD 到面向对象编程（OOP），始终稳定不变。一致的表示方法既有利于在管理信息系统开发过程中始终使用统一的概念，也有利于维护人员理解管理信息系统的各种配置成分。

2）可重用性

为了能带来可观的商业利益，必须在更广泛的范围中运用重用机制，而不是仅仅在程序设计这个层次上进行重用。因此，在 OOA，OOD 直到 OOP 中显式地表示问题域语义，其意义十分深远。随着时间的推移，管理信息系统开发组织既可能重用它在某个问题域内的 OOA 结果，也可能重用相应的 OOD 和 OOP 结果。

3）可维护性

尽管人们反复强调保持文档与源程序一致的必要性。但是，在实际工作中很难做到支付两类不同的文档，并使它们保持彼此完全一致。特别是考虑到进度、预算、能力和人员等限制因素时，做到两类文档完全一致几乎是不可能的。因此，维护人员最终面对的往往只有源程序本身。因此，在选择编程语言时，应该考虑的首要因素是，在供选择的语言中哪个语言能最好地表达问题域语义。一般说来，应该尽量选用面向对象语言来实现面向对象分析、设计的结果。

2. 面向对象语言的技术特点

面向对象语言的形成借鉴了历史上许多程序语言的特点，从中吸取了丰富的营养。当今的面向对象语言。从 20 世纪 50 年代诞生的 LISP 语言中引进了动态联编的概念和交互式开发环境的思想，从 20 世纪 60 年代推出的 SIMULA 语言中引进了类的概念和继承机制，此外，还受到 20 世纪 70 年代末期开发的 Modula_2 语言和 Ada 语言中数据抽象机制的影响。

20 世纪 80 年代以来，面向对象语言如雨后春笋一般大量涌现，形成了两大类面向对象语言。一类是纯面向对象语言，如 Smalltalk 和 Eiffel 等语言；另一类是混合型面向对象语言，也就是在过程语言的基础上增加面向对象机制，如 C＋＋等语言。一般说来，纯面向对象语言着重支持面向对象方法研究和快速原型的实现，而混合型面向对象语言的目标仅是提高运行速度和使传统程序员容易接受面向对象思想。成熟的面向对象语言通常都提供丰富的类库和强有力的开发环境。

下面介绍在选择面向对象语言时应该着重考察的一些技术特点。

1) 支持类与对象概念的机制

所有面向对象语言都允许用户动态创建对象，并且可以用指针引用动态创建的对象。允许动态创建对象，就意味着系统必须处理内存管理问题。如果不及时释放不再需要的对象所占用的内存，动态存储分配就有可能耗尽内存。

有两种管理内存的方法，一种是由语言的运行机制自动管理内存，即提供自动回收"垃圾"的机制；另一种是由程序员编写释放内存的代码。自动管理内存不仅方便而且安全，但是必须采用先进的垃圾收集算法才能减少开销。某些面向对象的语言（如 C＋＋）允许程序员定义析构函数。每当上个对象超出范围或被显式删除时，就自动调用析构函数。这种机制使得程序员能够方便地构造和唤醒释放为内存的操作，却又不是垃圾收集机制。

2) 实现整体—部分结构的机制

一般说来，有两种实现方法，分别使用指针和独立的关联对象实现整体—部分结构。大多数现有的面向对象语言并不显式支持独立的关联对象，在这种情况下，使用指针是最容易的实现方法，通过增加内部指针可以方便地实现关联。

3) 实现一般—特殊结构的机制

既包括实现继承的机制也包括解决名字冲突的机制。所谓解决名字冲突，指的是处理在多个基类中可能出现的重名问题，这个问题仅在支持多重继承的语言中才会遇到。某些语言拒绝接受有名字冲突的程序，另一类语言提供了解决冲突的协议。不论使用何种语言，程序员都应该尽力避免出现名字冲突。

4) 实现属性和服务的机制

对于实现属性的机制应该着重考虑以下几个方面：支持实例连接的机制；属性的可见性控制；对属性值的约束。对服务来说，主要应该考虑下列因素：支持消息连接（即表达对象交互关系）的机制；控制服务可见性的机制；动态联编。所谓动态联编，是指应用系统在运行过程中，需要执行一个特定服务的时候，选择（或联编）实现该服务的适当算法的能力。动态联编机制使得程序员在向对象发送消息时拥有较大自由；在发送消息前，无须知道接受消息的对象当时附属于哪个类。

5) 类型检查

程序设计语言可以按照编译时进行类型检查的严格程度来分类。如果语言仅要求每个变量或属性隶属于一个对象，则是弱类型的；如果语法规定每个变量或属性必须准确地属于某个特定的类，则这样的语言是强类型的。面向对象语言在类方面差异很大，例如，

Smalltalk 实际上是一种无类型语言(所有变量都是未指定类的对象);C++和 Eiffel 则是强类型语言。混合型语言(如 C++，Objective_C)等甚至允许属性值不是对象而是某种预定义的基本类型数据(如整数，浮点数等)，这样可以提高操作的效率。

强类型语言主要有两个优点：一是有利于在编译时发现程序错误，二是增加了优化的可能性。通常使用强类型编译语言开发软件产品，使用弱类型解释语言快速开发原型。总的来说，强类型语言有助于提高管理信息系统的可靠性和运行效率。现代的程序语言理论支持强类型检查，大多数新语言都是强类型的。

6) 类库

大多数面向对象语言都提供一个实用的类库。某些语言本身并没有规定提供什么样的类库，而是由实现这种语言的编译系统自行提供类库。存在类库，许多软构件就不必由程序员重头编写了，这为实现软件重构带来了很大方便。

类库中往往包含实现通用数据结构(例如，动态数组，表，队列，栈，树等)的类，通常把这些类称为包容类。在类库中还可以找到实现各种关联的类。更完整的类库通常还提供独立于具体设备的接口类(例如，输入/输出流)。此外，用于实现窗口系统的用户界面类也非常有用，它们构成了一个相对独立的图形库。

7) 效率

许多人认为面向对象语言的主要缺点是效率低。产生这种印象的一个原因是，某些早期的面向对象语言是解释型而不是编译型的。事实上，使用有完整类库的面向对象语言，有时能比使用非面向对象语言能得到运行更快的代码。这是因为类库中提供了更高效的算法和更好的数据结构，例如，程序员已经无须编写实现哈希表或平衡树算法的代码了，类库中已经提供了这类数据结构，而且算法先进、代码精巧可靠。

认为面向对象语言效率低的另一个理由是，这种语言在运行时使用动态联编实现多态性，这似乎需要在运行时查找继承数，以得到定义给定操作的类。事实上，绝大多数面向对象语言都优化了这个查找过程，从而实现了高效率查找。只要在程序运行时始终保持类结构不变，就能在子类中存储各个操作的正确入口点，从而使得动态联编成为查找哈希表的高效过程。不会由于继承数深度加大或类中定义的操作数增加而降低效率。

8) 持久保存对象

任何应用程序都对数据进行处理，如果希望数据能够不依赖于程序执行的生命期而长时间保存下来，则需要提供某种保存数据的方法。希望长期保存数据主要出于以下两个原因：

(1) 为实现在不同程序之间传递数据，需要保存数据。

(2) 为恢复被中断了的程序的运行，首先需要保存数据。

一些面向对象语言(如 C++)，没有提供直接存储对象的机制。这些语言的用户必须自己管理对象的输入/输出，或者购买面向对象的数据库管理系统。另外一些面向对象语言(如 Smalltalk)，把当前的执行状态完整地保存在磁盘上，还有一些面向对象语言，提供了访问磁盘对象的输入/输出操作。

通过在类库中增加对象存储管理功能，可以在不改变语言定义或不增加关键字的情况下，就在开发环境中提供这种功能。然后，可以从"可存储的类"中派生出需要持久保存的对象，该对象自然继承了对象存储管理功能。这就是 Eiffel 语言采用的策略。理想情况下，应该使程序设计语言语法与对象存储管理语法实现无缝集成。

9）参数化类

在实际的应用程序中，常常看到这样一些软件元素（即函数、类等软件成分），从它们的逻辑功能看，彼此是相同的，所不同的主要是处理的对象（数据）类型不同。例如，对于一个向量（一维数组）类来说，不论是整型向量，浮点型向量，还是其他任何类型的向量，针对它的数据元素所进行的基本操作都是相同的（例如，插入、删除、检索等），当然，不同向量的数据元素的类型是不同的，如果程序语言提供一种能抽象出这类共性的机制，则对减少冗余和提高可重用性是大有好处的。

所谓参数化类，就是使用一个或多个类型去参数化一个类的机制，有了这种机制，程序员就可以先定义一个参数化的类模板（即在类定义中包含以参数形式出现的一个或多个类型），然后把数据类型作为参数传递进来，从而把这个类模板应用在不同的应用程序中，或用在同一应用程序的不同部分。Eiffel 语言中就有参数化类，C++语言也提供了类模板。

10）开发环境

软件工具和软件工程环境对管理信息系统生产率有很大影响。由于面向对象程序中继承关系和动态联编等引入的特殊复杂性，面向对象语言所提供的软件工具或开发环境就显得尤其重要了。至少应该包括下列一些最基本的软件工具：编辑程序，编译程序或解释程序，浏览工具，调试器等。编译程序或解释程序是最基本、最重要的软件工具。编译与解释的差别主要是速度和效率不同。利用解释程序解释执行用户的源程序，虽然速度慢、效率低，但是可以更方便更灵活地进行调试。编译型语言适于用来开发正式的管理信息系统产品，优化工作做得好的编译程序能生成效率很高的目标代码。有些面向对象语言（例如Objective_C）除提供编译程序外，还提供一个解释工具，从而给用户带来很大方便。

某些面向对象语言的编译程序，先把用户源程序翻译成一种中间语言程序，再把中间语言程序翻译成目标代码。这样做可能会使得调试器不能理解原始的源程序。在评价调试器时，首先应该弄清楚它是针对原始的面向对象源程序，还是针对中间代码进行调试。如果是针对中间代码进行调试，则会给调试人员带来许多不便。此外，面向对象的调试器，应该能够查看属性值和分析消息连接的后果。在开发大型系统的时候，需要有系统构造工具和变动控制工具，或者该语言能否与现有的这类工具很好地集成起来。经验表明，传统的系统构造工具（例如，UNIX 的 Make），目前对许多应用系统来说都已经太原始了。

3. 选择面向对象语言

开发人员在选择面向对象语言时，还应该着重考虑以下一些实际因素。

1）将来能否占主导地位

在若干年以后，哪种面向对象的程序设计语言将占主导地位呢？为了使自己的产品在若干年后仍然具有很强的生命力，人们可能希望采用将来占主导地位的语言编程。根据目前占有的市场份额，以及专业书刊和学术会议上所作的分析、评价，人们往往能够对未来哪种面向对象语言将占主导地位做出预测。但是，最终决定选用哪种面向对象语言的实际因素，往往是诸如成本之类的经济因素而不是技术因素。

2）可重用性

采用面向对象方法开发管理信息系统的基本目的和主要优点是，经过重用提高管理信息系统生产率。因此，应该优先选用能够最完整、最准确地表达问题域语义的面向对象语言。

3）类库和开发环境

决定可重用性的因素，不仅仅是面向对象程序语言本身，开发环境和类库也是非常重要的因素。事实上，语言、开发环境和类库这三个因素综合起来，共同决定了可重用性。考虑类库的时候，不仅应该考虑是否提供了类库，还应该考虑类库中提供了哪些有价值的类。随着类库的日益成熟和丰富，在开发新应用系统时，需要开发人员自己编写的代码将越来越少。为便于积累可重用的类和重用已有的类，在开发环境中，除了提供前述的基本软件工具外，还应该提供使用方便的类库编辑工具和浏览工具。其中的类库浏览工具应该具有强大的联想功能。

4）其他因素

在选择编程语言时，应该考虑的其他因素还有：对用户学习面向对象分析、设计和编码技术所能提供的培训服务；在使用这个面向对象语言期间能提供的技术支持；能提供给开发人员使用的开发工具、开发平台、发行平台，对机器性能内存的需求，集成软件的容易程度等。

小　　结

"软件危机"的根本原因是目前采用冯·诺依曼原理计算机，它的求解问题的方法空间结构与人们认识问题的空间结构很不一致。结构化是类似管理工程项目的管理信息系统开发方法，在管理信息系统开发中曾占有重要的地位。但结构化方法学主要有以下几个问题：

（1）结构化仍是面向过程的方法，存在问题空间与求解空间不一致的问题，以及语言鸿沟的问题。结构化方法对用户需求的变化适应性很差，需求变化对系统产生的后果十分严重。

（2）复杂的问题难于进行分解，系统可以用多种方法来设计，设计思想和方法不规范。

（3）系统分析到系统设计的过渡困难。

（4）忽视了管理信息系统的行为特征，所建立的过程模型和数据模型可能存在不一致性。

面向对象方法是为了部分地、有限地缓解软件危机，缩小语言鸿沟，减小问题空间与求解空间的差距。面向对象的思想就是直接面向现实世界，旨在计算机世界中，无论在问题空间或求解空间更接近人类的思维，更自然地表示客观世界。面向对象是管理信息系统开发方法的一场革命，它使管理信息系统开发周期变短，开发的管理信息系统使用周期变长，降低了管理信息系统开发成本。

面向对象方法的优异特性体现在抽象、封装、继承性、多态性等几个主要概念方面。

对象是事物的行为和状态两种特性的抽象和封装。对象的状态只能由对象类本身的方法控制，具有独立自治性和广泛的适用性。对象不仅可看做是一个个独立的部件，也可看做是与程序设计语言无关的、可再用的产品或软部件。开创了软件部件化和标准化的先河，对象的抽象解决了系统复杂性的控制问题。

在问题域中，对象是指客观世界中的事物在计算机世界里的抽象表示，对象是系统中较为稳定的部分。在求解域中，对象是系统中的基本运行实体，对象的属性反映了对象的状态，对象的行为，是信息系统对事件的响应，是为满足用户信息需求必须采取的行动。

继承性是软件部件化的基础。对象类按类、超类和子类形成层次关系，上层所具有的属性和操作下层对象可以继承，共享。支持系统的可重用性和可扩张性，避免属性和方法的冗余。重载和多态概念是消息传递模式的自然体现。

多态性是指同一消息可以根据发送消息对象的不同，采用多种不同的行为方式。多态性允许每个对象以适合自身的方式去响应共同的消息。增加了操作的透明性、可理解性和可维护性，提高了灵活性和效率。继承性和多态性使面向对象系统更易于扩张，适应系统不断发展和变化的要求。

系统分析是在系统设计前，对问题域进行研究的阶段，目的是研究满足用户的需求系统须"做什么"，面向对象方法更适合于解决当今庞大、复杂和易变的系统模型。几乎所有的问题都使用对象模型，对象模型的目的是促进对客观世界的了解，为计算机实现提供一个精确的基础。有关对象模型我们介绍了对象类图和实例图、连接与联系、组合结构和分类结构的图形表示方法。

最后，介绍了 Coad/Yourdon 的 OOA 方法的基本步骤：标识对象，标识结构，定义主题，定义属性（及实例连接），定义服务（及消息连接）及其简单情况。

系统设计是对问题的解和建立解法的高层决策，解决问题的解如何得到，系统"怎样做"的问题。系统设计包括：如何将整个系统划分为子系统、确定子系统的软件和硬件部分的分配、为详细设计设定框架。我们介绍了 Coad/Yourdon 的 OOD 四个组成部分：问题域部分；人机接口设计部分；任务管理设计部分；数据管理部分及有关问题。

习　　题

8-1　什么是软件危机？软件危机产生的原因是什么？

8-2　在面向对象的管理信息系统开发中，封装的目的是什么？

8-3　试论述结构化方法学与面向对象方法学的区别。

8-4　归纳、总结面向对象方法的主要机制，说明这些机制建立的主要目的。

8-5　为什么说面向对象方法更接近人的思维？在问题域和求解域中，对象如何起作用？起什么样的作用？

8-6　系统分析的目的是什么？

8-7　常见的系统分析方法有哪些？为什么说 OOA 是比较理想的系统分析方法？

8-8　在 OOA 中，建立对象模型的目的是什么？在对象模型中，类、实例如何表示？如何表示类之间的联系？

8-9　聚集是类之间的一种什么样的联系？什么是聚集的传递性？什么是聚集的逆对称性？

8-10　什么是泛化？什么是特化？由泛化、特化关系构成什么样的结构？

8-11　简要说明 Coad/Yourdon 的 OOA 方法的基本步骤。

8-12　系统设计的目的是什么？

8-13　简单扼要地说明 OOD 的基本目标。

8-14　Coad/Yourdon 的 OOD 方法将系统划分为几部分？简单扼要地说明各组成部分。

第9章　管理信息系统的实施与运行

9.1　MIS 的实施

系统实施是新信息系统开发工作的最后一个阶段。所谓系统实施指的是将系统设计阶段的成果在计算机系统上实现，即将原来纸面上的、类似于设计图式的新信息系统方案转换成管理岗位上可执行操作的应用软件系统。系统实施阶段的主要任务是：

（1）按总体设计方案购置和安装计算机网络系统。

（2）建立数据库系统。

（3）编程与调试。

（4）整理基础数据，培训操作人员。

（5）投入切换和试运行。

在以上五项工作中，第一项购置和安装设备只需按总体设计的要求以及可行性报告对财力资源进行分析，选择适当的设备，通知供货厂家按要求供货并安装即可；第二项建立数据库系统也是一项比较简单的工作，如果前面数据与数据流程分析、数据/过程分析以及数据库设计工作进行得比较规范，而且开发者又对数据库技术比较熟悉的话，按照数据库设计的要求用很短时间即可建立起一个大型数据库结构。当然，这并不包括输入现实的数据，在新信息系统真正开始运行前，数据的准备（文档、表格）工作量是非常大的。本节着重讨论的是后三项耗时较多、工作量较大的工作。

9.1.1　程序设计方法

程序设计的主要依据是系统设计阶段的"层次图＋输入/处理/输出图"（Hierarchy plus Input-Process-Output，HIPO）以及数据库结构和编程码设计。程序调试的目的就是要用计算机程序语言来实现系统设计中的每一个细节。有关程序设计的方法、技术等在各种计算机程序语言书中都有详细的介绍，这里不再复述。值得注意的是：这部分工作与计算机技术的发展密切相关，随着技术的发展，当今的程序设计无论从设计思想、方法技巧，还是评价指标都产生了一些根本性的变化。例如，前些年所倡导的程序设计紧凑性、技巧性，目前已被"尽量写清楚，不要太巧"的观点所取代。这主要是由于硬件的飞速发展，使得计算机运算速度越来越快，存储容量越来越大，价格越来越便宜以及 4GLs(the 4th Generation Language)的出现，使得原来编程时主要担心和考虑的困难不复存在。另外，由于目前系统分析、设计技术越来越成熟和规范，模块的划分越来越细（基本以单一处理功能为主），故原来所强调的程序设计框图，已基本无人再画，原先强调的结构化程序设计方法也已发生了一定的变化，这些都是值得我们在设计与调试工作中注意的。

　　目前程序设计的方法大多是按照结构化方法、原型方法、面向对象方法进行的。听起来，程序设计的方法与 MIS 的开发方法名字完全一样。其实，两者的概念、作用范围有一定的联系，但也有所不同。开发方法包括程序设计方法，MIS 的开发不仅有系统实现（或叫做实施），还包括系统分析、系统设计等。在系统分析或者系统设计阶段也会出现所谓的方法，如结构化、面向对象等。在程序设计阶段，我们推荐那种充分利用现有软件工具的方法，因为这样做不但可以减轻系统开发的工作量，而且还可以使得系统开发过程规范，功能强，易于维护和修改。

1. 结构化程序设计方法

　　结构化程序设计方法是按照 HIPO 图的要求，用结构化的方法来分解内容和设计程序。在结构化程序设计方法的内部它强调的是自顶向下地分析和设计，而在其外部它又是强调自底向上地实现整个系统。它是当今程序设计的主流方法。但是，对于一个分析和设计都非常规范，功能单一和规模较小的模块来说，再强调这种设计原理就意义不大了。

　　若遇到某些开发过程不规范，模块划分不细，或者是因特殊业务处理而需要模块程序量较大时，结构化程序设计方法仍是一种非常科学有效的方法。结构化的程序设计方法主要强调三点：

　　(1) 模块内部程序的各部分要自顶向下地结构化划分。

　　(2) 各程序部分应按功能组合。

　　(3) 各程序部分的联系尽量使用调子程序方式，不用或少用 GOTO 方式。

2. 速成原型式的程序设计方法

　　这种开发方法的基本原理在前面章节中已进行过详细介绍。它在程序设计阶段的具体实施方法是，首先将 HIPO 图中类似带有普遍性的功能模块集中，如菜单模块、报表模块、查询模块、统计分析和图形模块等，这些模块几乎是每个子系统都必不可少的，然后再去寻找有无相应的、可用的软件工具，如果没有则可考虑开发一个能够适合各子系统情况的通用模块，然后用这些工具生成这些程序模型原型。如果 HIPO 图中有一些特定的处理功能和模型，而这些功能和模型又是现有工具不可能生成出来的，则再考虑编制一段程序加进去。利用现有的工具和原型方法可以很快地开发出所要的程序。

3. 面向对象程序设计方法

　　面向对象程序设计方法一般应与 OOD 所设计的内容相对应。它是一个简单、直接的映射过程，即将 OOD 中所定义的范式直接用面向对象程序（OOP），如 C++，Smalltalk，Visual C 等来取代即可。例如，用 C++中的对象类型来取代 OOD 范式中的类 & 对象，用 C++中的函数和计算功能来取代 OOD 范式中的处理功能等。在系统实现阶段，OOP 的优势是巨大的，是其他方法所无法比拟的。

　　尽量利用已有的软件工具包括两个方面。一方面是尽量利用目前计算机上已有的软件工具，来帮助完成编程工作。这样做一是较为规范，二是减少了编程过程中的许多麻烦，从而减少了编程的工作量，三是质量和功能都比我们自己编的要好很多。已有的系统软件工具有如前面所说的原型方法和面向对象方法。另一方面是充分利用本系统原有的程序或开发者能够借用的程序。例如，我们在待开发的系统中，如果有多个子系统都要用到某个功能类似的模块（如菜单、报表等）的话，尽量不要一个个去编程序，最好的方法是去编一个较好的(较为典型的)程序模块,然后拷贝几份,加上本系统相应的特殊要求(例如屏幕显示中的汉字等)和调用子程序名即可。

4. 衡量程序设计工作的指标

衡量程序设计工作质量的指标是多方面的,这些指标随着系统开发技术和计算机技术的发展也要不断地变化。从目前技术的发展来看,衡量程序设计工作质量的指标大致可有如下 5 个方面。

(1)可靠性。系统运行的可靠性是十分重要的,在任何时候都是衡量系统质量的首要指标。可靠性指标可分解为两个方面的内容:一方面是程序或系统的安全可靠性,如数据存取的安全可靠性,通信的安全可靠性,操作权限的安全可靠性,这些工作一般都要靠系统分析和设计时来严格定义;另一方面是程序运行的可靠性,这一点只能靠调试时严格把关(特别是委托他人编程时)来保证编程工作的质量。

(2)实用性。实用性是指从用户的角度来审查系统各部分都非常方便实用。实用性是系统今后能否投入实际运行的重要保证。

(3)规范性。规范性即系统的划分、书写的格式、变量的命名等等都按统一的规范,这对于今后程序的阅读、修改和维护都是十分必要的。

(4)可读性。可读性即程序清晰,没有太多繁杂的技巧,能够使他人容易读懂。可读性对于大规模工程化地开发软件非常重要。因为可读程序是今后维护和修改程序的基础,如果很难读懂,则无法修改,而无法修改的程序是没有生命力的程序。较好的做法是在程序中插入大量解释性语句,以对程序中的变量、功能、特殊处理细节等等进行解释,为今后他人读该段程序提供方便。

(5)可维护性。可维护性即程序各部分相互独立,没有调子程序以外的其他数据关联。也就是说不会发生那种在维护时牵一发而动全身的连锁反应。一个规范性、可读性、结构划分都很好的程序模块,它的可维护性也是比较好的。

9.1.2 系统调试

信息系统的调试就是要在计算机上以各种可能的数据和操作条件对程序进行测试,找出存在的问题并加以修改,使之完全符合设计要求。在大型软件的研制过程中调试工作所占的比重是很大的,一般占 40% 左右,所以对于程序的调试工作应给予充分的重视。

1. 程序调试的方法

(1)黑箱测试,即不管程序内部是如何编制的,只是从外部根据 HIPO 图的要求对模块进行测试。

(2)数据测试,即用大量实际数据进行测试,数据类型要齐备,各种"边值"、"端点"都应调试到。

(3)穷举测试,亦称完全测试,即程序运行的各个分支都应该调试到。

(4)操作测试,即从操作到各种显示、输出应全面检查,是否与设计要求相一致。

(5)模型测试,即核算所有计算结果。

2. 程序调试的主要步骤

(1)模块调试。按上述要求对模块进行全面的调试(主要是调用其内部功能)。

（2）分调。由程序的编制者对本子系统有关的各模块实行联调，以考查各模块外部功能、接口以及各模块之间调用关系的正确性。

（3）联调。各模块、各子系统均经调试准确无误后可进行系统联调。联调是实施阶段的最后一道检验工序，联调通过后即可投入程序的试运行阶段。

分步骤的调试方法一般是非常奏效的，它得益于结构化系统设计和程序设计的基本思想。在其操作过程中自身形成了一个个反馈环，由小到大，通过这些反馈较容易发现编程过程中的问题，并及时地修正。

9.1.3　人员培训

为信息系统的用户培训操作、维护、运行管理是信息系统开发过程中不可缺少的功能。一般来说，人员培训工作应尽早地进行，前面章节我们已经谈到系统开发自始至终都必须有用户参加，这样做一则可以尽快缩短系统分析人员与最终用户之间的距离，二则也是一个人员培训的过程。这里所要讲的人员培训主要是指系统操作员和运行管理人员的培训。

1. 人员培训计划

操作人员培训在系统实施阶段一般是与编程和调试工作同时进行的。这样做是基于如下几个方面的原因：

（1）编程开始后，系统分析人员有时间开展用户培训（假定系统分析人员与程序员的职责是有严格区分的情况下）。

（2）编程完毕后，系统即将投入试运行和实际运行，如再不培训系统操作和运行管理人员，就要影响整个实施计划的执行。

（3）用户受训后能够更有效地参与系统的测试。

（4）通过培训，系统分析人员能对用户需求有更清楚的了解。

2. 培训的内容

人员培训的内容包括：

（1）系统整体结构，系统概貌。

（2）系统分析设计思想和每一步考虑。

（3）计算机系统的操作与使用。

（4）系统所用主要软件工具（编程语言、工具、软件包、数据库等等）的使用。

（5）汉字输入方式的培训。

（6）系统输入方式、操作方式的培训。

（7）可能出现的故障以及故障的排除。

（8）系统文档资料的分类以及检索方式。

（9）数据的收集、统计渠道、统计口径等。

（10）运行操作注意事项等。

9.1.4　系统试运行和系统切换

系统实施的最后一步就是新系统的试运行和新老系统的转换。它是系统调试和检测工作的延续，是一项很容易被人忽视，但对最终使用的安全、可靠、准确性来说又十分重要的工作。

1. 系统的试运行

系统的试运行是系统联调的延续。在系统联调时我们使用的是系统测试数据，这些数据很难测试出系统今后在实际运行中可能出现的一些事先预料不到的问题，所以一个系统开发完成后让它实际地运行一段时间(即试运行)才是对系统最好的检验和测试方式。

系统试运行阶段的工作主要包括：

(1) 对系统进行初始化，输入各原始数据记录。

(2) 记录系统的运行数据和运行状况。

(3) 核对新系统输出和老系统(人工或计算机系统)输出的结果。

(4) 对实际系统的输入方式进行考查(是否方便、效率如何、安全可靠性、误操作保护等)。

(5) 对系统实际运行、响应速度(包括运算速度、传递速度、查询速度、输出速度等)进行实际测试。

2. 基础数据准备

按照系统分析所规定的详细内容组织和统计系统所需的数据。基础数据准备包括如下几方面的内容：

(1) 基础数据统计工作要严格科学化，具体方法应程序化、规范化。

(2) 计量工具、计量方法、数据采集渠道和程序都应该固定，以确保新信息系统运行有稳定可靠的数据来源。

(3) 各类统计和数据采集报表应标准化、规范化。

3. 系统切换

系统切换是指系统开发完成后新、老系统之间的转换。系统切换有三种方式，如图 9－1 所示。

(1) 直接切换。直接切换就是在确定新信息系统运行准确无误时，立刻启用新信息系统，终止老信息系统运行。这种方式可节省人员和设备费用，一般适用于一些处理过程不太复杂、数据不很重要的场合(见图 9－1(a))。

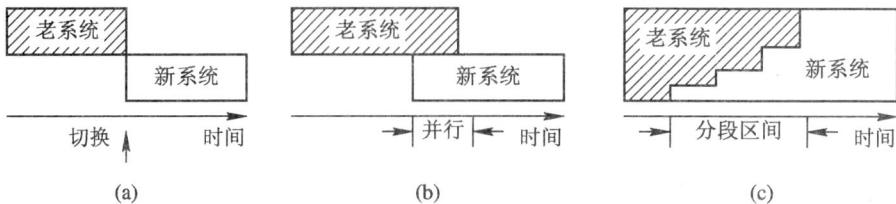

图 9－1　系统切换

(2) 并行切换。这种切换方式是新、老信息系统并行工作一段时间，经过一段时间的考验以后，新系统正式替代老系统(见图 9－1(b))。

对于较复杂处理的大型系统，这种切换方法提供了一个与老系统运行结果进行比较的机会，可以对新、老两个系统的时间要求、出错次数和工作效率给以公正的评价。当然由于与老系统并行工作，也消除了尚未认识新系统之前的惊慌与不安。

在银行、财务和一些企业的核心系统中，这是一种经常使用的切换方式。它的主要特点是安全、可靠，但费用和工作量都很大，因为在相当长时间内系统要两套甚至三套班子并行工作。

（3）分段切换。分段切换又叫向导切换。这种切换方式实际上是以上两种切换方式的结合。在新信息系统正式运行前，一部分一部分地替代老系统（见图 9 - 1(c)）。一般在切换过程中没有正式运行的那部分，可以在一个模拟环境中进行检验。这种方式既保证了可靠性，又不至于费用太大。但是这种分段切换对系统的设计和实现都有一定的要求，否则无法实现这种分段切换的设想。

总之第一种方式简单，但风险大，一旦新信息系统运行不起来，就会给工作造成混乱。这只在系统小，且不重要或时间要求不高的情况下采用。第二种方式无论从工作安全上，还是从心理状态上均是较好的。这种方式的缺点就是费用大，所以系统太大时，费用开销更大。第三种方式是前两种方式的混合方式，因而在较大信息系统中较合适。

9.2　MIS 的安全管理

信息系统的运行不仅要确保本身的安全，还需要对信息系统进行维护、收集维护。对使用过程中产生的信息以及用户的新需求，定期进行分析归纳，据此写出运行分析报告，作为升级或更新系统的依据。

信息系统的安全与运行密不可分。信息系统的运行必须安全，这既需要采用相应的安全技术进行防范，更需要通过制定合适的制度，营造良好的信息文化，培养良好的职业道德和信息素质。但信息系统的安全不仅仅是运行过程中的事情，它还包括在信息系统的设计和开发中进行安全设计。

9.2.1　MIS 不安全因素

1. 信息系统安全的定义

信息系统的安全是一个系统的概念，它既包括了信息系统物理实体的安全，也包括了软件和数据的安全，既存在因为技术原因引起的安全隐患，也有非技术原因，如由于人的素质和道德等因素引起的安全隐患。

在此基础上，我们给出一个信息系统安全的定义：信息系统安全是指采取技术和非技术的各种手段，通过对信息系统建设中的安全设计和运行中的安全管理，使运行在计算机网络中的信息系统有保护，没有危险，即组成信息系统的硬件、软件和数据资源受到妥善的保护，不因自然和人为因素而遭到破坏、更改或者泄露系统中的信息资源。

2. 不安全的因素分析

信息系统尽管功能强大，技术先进，但由于受到它自身的体系结构、设计思路以及运行机制等的限制，也隐含着许多不安全的因素。

常见的影响因素有：数据的输入、输出、存取与备份，源程序以及应用软件、数据库、操作系统等的漏洞或缺陷，硬件、通信部分的漏洞、缺陷或者是遗失，还有电磁辐射，环境保障系统、企业内部人的因素、软件的非法复制、"黑客"、计算机病毒、经济(信息)间谍等,它们的具体表现可以参见表9-1。这里我们仅以程序漏洞、硬件失窃、计算机病毒和信息间谍为例讲解信息系统安全的忧患。

(1)程序漏洞。许多商业软件在最初出售时,其程序编码中都带有漏洞。当软件已在市面上出售几个月后,用户通常会发现这些缺陷,软件销售商们就会对这些编码提供"补丁"。漏洞的严重性是不同的,有的是遇到某种特定条件就会使系统崩溃,有的数据不能正确计算,产生处理错误。为避免拿到含缺陷的软件并遭受漏洞造成的系统损失,关键是在软件选型时一定要慎重,比如等到那软件已经销售过相当一段时间并发展为不只一个版本之后再购买软件。由于大部分的软件许可协议规定销售商不对购买者遇到的任何错误、数据缺损或其他问题负责,所以对于信息系统外购软件的程序漏洞要谨慎。

表 9 - 1　　引发 MIS 安全的各种因素

影响因素	具 体 表 现
数据输入	数据容易被篡改或输入虚假数据,当然有时是误输入
数据输出	经过处理的数据通过各处设备输出,信息就有泄漏和被盗看的可能
数据存取与备份	不能完全将非法用户的侵入拒于系统之外,还可能因为没有备份而使系统难以恢复
源程序	用编程语言书写成的处理程序,容易被修改和窃取,并且本身也许存在漏洞
应用软件	如果软件的程序被修改或破坏,就会损坏系统的功能,进而导致系统的瘫痪;另外,文档的遗失将使得软件的升级与维护十分困难
数据库	数据库中存有大量的数据资源,而有些数据价值连城,如遭到破坏或失窃,其损失将是难以估计的
操作系统	操作系统是支持系统运行、保障数据安全、协调处理业务和联机运行的关键部分,如遭到攻击和破坏,将造成系统运行的崩溃
硬件	计算机硬件本身也有被破坏、盗窃的可能,此外,组成计算机的电子设备和元件存在偶然故障的可能,而且这种偶然故障可能是致命的
通信	信息和数据通过通信系统进行传输,有被窃听的危险
电磁辐射	计算机是用电脉冲工作的设备,信息是以脉冲来表示的,因此,计算机所处理的信息将以电磁波的形式向周围辐射,只要接收到这些电磁波,就能复现它的内容,造成信息的失密;同时,计算机也容易遭受外界电磁辐射的干扰
环境保障系统	信息系统需要一个良好的运行环境,周围环境的温度、湿度、清洁度以及一些自然灾害等,都会对计算机软、硬件造成影响
企业内部人的因素	低水平的安全管理、较低的安全素质、偶然的操作失误或故意的违法犯罪行为等,都会成为影响信息系统安全的重要因素
软件的非法复制	软件的非法复制也是影响信息系统安全的因素,这除了会造成软件的失密外,还会给犯罪人员提供分析、入侵、盗取和破坏系统的机会
"黑客"	一些非法的网络用户,出于各种动机,利用所掌握的信息技术进入未经授权的信息系统,恶意的黑客可能导致严重的问题
病毒	病毒对微机及网络系统的威胁和破坏越来越严重
经济(信息)间谍	出于商业目的采用各种手段(包括技术的和非技术的)窃取竞争对手的机密数据

（2）硬件失窃。对企业来说，硬件的窃取和破坏是一种经常出现的威胁，尤其是在使用容易失窃的笔记本电脑和个人数字处理器（如手写电脑）等后，这种威胁就更为常见了。这里要引起高度注意的是偷窃造成的实际损失是硬件损失的好几倍，这是由于系统、数据和程序的重新更换造成了雇员长时间故障停机，企业有可能就此失去订单和重要的客户。由于数据存储在被窃系统的硬盘中，因此信息系统的失盗还引发了其他一些问题。比如，这些数据因为描述了一种待开发产品的情况，所以极具竞争性，又由于它们包括了有关员工、用户和厂商的信息，因此又极具敏感性；或者因为这些数据包括了用户口令或远程登录密码，所以还有可能造成进一步的破坏性。

（3）计算机病毒。对于病毒，我们这里仅举两个制作得比较"高级"的例子，以引起大家的注意。一种病毒是平时处于潜伏期，一旦遇见财务信息就将其截获，并把这些数据传给窃贼之前处于休眠状态。另一种病毒是能提供假造的登录界面以获取用户的 ID 号和用户口令，特别是网络管理员的口令，因为网络管理员拥有几乎所有进入系统的路径。然后，病毒将截获的登录数据传给罪犯。

（4）信息间谍。随着经济竞争的加剧，经济间谍或信息间谍的活动也越来越活跃。竞争对手盗取其他企业数据的行为有时被称做经济间谍活动或信息间谍活动。据了解，一些国家还专门培训人员以侵入信息系统窃取商业情报。对于间谍而言，在电话线上插入接头来掠取重要的传真资料或电子邮件信息是很容易的事情。

随着企业竞争情报系统的建立，信息间谍在某种意义上具有存在的合法性。关键的问题是，我们必须有高度的警惕性，善于利用法律的武器保护企业的合法权益。

3. MIS 安全管理的层次模型

信息系统的安全管理是一项复杂的系统工程，它的实现不仅是纯粹的技术方面的问题，而且还需要法律、制度、人的素质诸因素的配合。因此，信息系统安全管理的模型应该是一个具有层次的结构，如图 9-2 所示。各层之间相互依赖，下层向上层提供支持，上层依赖于下层的完善，最终实现数据信息的安全。

第7层	数据信息安全
第6层	软件系统安全措施
第5层	通信网络安全措施
第4层	硬件系统安全措施
第3层	物理实体安全环境
第2层	管理细则和保护措施
第1层	法律规范道德纪律

图 9-2　MIS 安全管理的层次模型

9.2.2　MIS 安全的设计

信息系统的安全问题不但表现在信息系统的运行过程中，在信息系统的规划、设计与实现阶段就已经开始了。信息系统安全的设计包括物理实体安全的设计、硬件系统和通信网络的安全设计、软件系统和数据的安全设计等内容。由于硬件和通信网络的安全主要依赖于设备的选型和协议的选取，因而在本节中就不再展开讨论，本节只对物理实体安全的设计和软件、数据安全的设计进行讨论，特别是物理实体安全的设计容易被忽略，所以这部分内容讨论得更具体一些。

1. 物理实体安全环境的设计

企业信息系统尽管可以在物理上分散在各个科室、车间，但是各种服务器一般都是集中在某个较安全的地方，这个较安全的地方我们称之为信息中心、机房或中心机房。集中管理可以保证计算机在物理上受到集中保护。我们可以将这些机房划分为不同的等级。把要求具有最高安全性的系统定为 A 类机房；只确保系统运行时最低限度安全性的系统定为 C 类，介于 A 类和 C 类之间的则是 B 类。因此，信息系统的机房安全等级划分成三级，参见表 9-2。

表 9-2 MIS 的机房安全等级表

安全项目	机房安全等级		
	A	B	C
场地选择	+	+	－
防火及报警	+	+	+
内部装修	＝	+	－
供配电系统	+	+	+
空调系统	＝	+	+
防水系统	＝	+	－
防静电	＝	+	－
防雷击	＝	+	－
防鼠害	＝	+	－
电磁波防护	+	+	－
防地震	＝	+	－

符号说明："－"表示此项无要求，"＋"表示此项有要求或增加要求，"＝"表示此项要求与前类相同。

机房的规划，一般都要考虑如下的安全技术要求：

（1）合理规划中心机房与各科室、车间机房的位置。机房的位置应力求减少无关人员进入的机会，设备的位置远离主要通道，同时，机房的窗户也应避免直接面临街道。

（2）对出入机房进行控制。首先，对于 A、B 类安全机房平时应只设一个出入口，另外再设若干个紧急情况疏散口；其次，机房采取分区控制办法，限制工作人员的进出区域；再次，对各区域进行出入控制，限制外来人员的进入。

（3）机房应有一定的内部装修。A、B 类安全机房进行装修时，所使用的材料必须是难燃或不燃材料，应能防潮、吸音、防尘、抗静电等，活动地板应光洁、防潮、防尘、防震、防火。

（4）选择合适的其他设备和辅助材料。机房内使用的磁盘柜、终端桌、工作台、隔板、窗帘、屏风等应当是非易燃材料制品。此外，机房内不宜使用地毯，这主要因为地毯会聚积灰尘，产生静电。

（5）安装空调系统。空调系统用于调节机房的温度、湿度和洁净度，它应具有供风、加热、冷却、减湿、除尘的能力。对于 A、B 类安全机房，其温度和湿度一般都有具体要求，表 9-3 中列出了 A 类机房的温、湿度表。

表 9-3　A 类机房的温、湿度表

项　目	时　间	
	开机	停机
温度℃	20±2	5～35
相对湿度%	45～65	40～70
温度变化率℃/h	＜5	＜5

（6）防火、防水。机房所在建筑物的耐火等级必须达到当地消防规定的安全等级，在机房内设置火警装置，A、B 类安全机房内不能铺设水和蒸汽管道；若机房位于用水设备的下层，还必须在上层地面增加防水设施，机房天花板装设防水层和水警装置等。

（7）防磁。由于永久磁铁产生的磁场会改变存储介质上的数据，因此，机房内的磁场干扰场强必须控制在允许的范围内，一般不超过 800 A/m，磁盘、磁带等存储介质应远离电视、电扇、变压器等磁场源，最好能放入防磁屏蔽容器内保存。

（8）防静电。接地是防静电最基本的措施，一般的接地电阻应在 1 Ω 以下。此外，应当采取措施防止静电的产生。

（9）防电磁波干扰和泄漏。电磁场的干扰可使计算机等设备的工作可靠性下降。一般，防电磁波的措施主要有接地和屏蔽两种。对于 A、B 类安全机房内的无线电干扰场强，在频率范围 0.15～1000 MHz 时不大于 120 dB。

计算机等设备除了对外界的电磁干扰比较敏感外，它自己也产生比较严重的电磁辐射，它发射的电磁信号不仅频谱成分丰富，而且携带大量信息，产生的电磁辐射泄漏会影响它所处理的信息的安全。因此，必须对计算机设备信息发射的泄漏进行治理，一般可采用距离防护、噪声干扰防护、屏蔽、使用低辐射计算机设备等多种方法。

（10）电源。为确保计算机不间断地运行，可根据需要选用维持不同工作时间的不间断电源(UPS)。对于不允许停止工作的信息系统，还应当自备发电设备。

A、B 类机房除考虑上述因素外，机房所在建筑物还应具备一定的防震等级，为防止感应雷电破坏信息系统，应在信息传输通道接口处和交流电源进线处安装雷电防护电路。

2. 软件安全的设计

软件是保证信息系统正常运行、促进信息技术推广应用的主要因素和手段。

（1）选择安全可靠的操作系统和数据库管理系统。选择一个安全可靠的操作系统，是软件安全中最基本的要求。因为操作系统是其他软件的运行基础，所以只有在保证操作系统安全可靠的前提条件下，讨论软件的安全才有意义。

大部分的信息系统都运行在某个数据库管理系统之上，安全的数据库管理系统直接制约了信息系统应用程序及数据文件的安全防护能力。为此，在进行数据库管理系统选择时，一定要考虑它自身的安全策略和安全能力。

（2）设计、开发安全可靠的应用程序。通过计算机和网络进行的信息犯罪活动，往往是由篡改应用程序入手的。由于大多数的应用程序开发人员缺乏必要的安全意识，程序中又缺少有力的安全保护措施，因而使犯罪人员比较容易得手，轻而易举地改变程序的部分代码，删除、修改及复制某些数据信息，使程序在"正确的运行"中产生一些错误的结果，从而达到其目的。

（3）设立安全保护子程序或存取控制子程序。充分运用操作系统和数据库管理系统提供的安全手段，加强对用户的识别检查及控制用户的存取权限。

（4）不断提高软件产品标准化、工程化、系列化的水平，使软件产品的开发可测、可控、可管理。对所有的程序都进行安全检查测试，及时发现不安全因素，逐步进行完善。

（5）尽量采用面向对象的开发方法和模块化的思想，将某个功能或某类功能封装起来，使模块之间、子系统之间能较好地实现隔离，避免错误发生后的连锁扩大。

（6）采用成熟的软件安全技术，是从根本上提高系统安全防护能力、抵御外来侵袭的主要途径。软件安全技术包括软件加密技术、软件固化技术、安装高性能的防毒卡和防毒软件等，软件的安全除了在设计、实现阶段予以考虑外，软件运行中的安全管理也是保障信息系统安全的重要措施之一，比如加强软件的维护、妥善管理软件以及正确运行软件等。这里要强调的是必须按照严格的操作规程运行软件，否则，不但可能产生不应有的错误，而且还可能使系统遭到意外的损坏。

3. 数据安全的设计

数据是信息系统的核心，数据的安全管理是信息系统安全的重点。信息系统中数据安全的设计包括数据存取的控制、防止数据信息泄漏、防止计算机病毒感染和破坏、数据备份的方法等几项工作。关于数据存取的控制我们将在下一小节里详细讨论。

（1）防止数据信息泄漏的方法。数据加密是防止数据信息泄漏，保障数据秘密性、真实性的重要措施，是数据安全保护的有效手段，也是抵抗计算机病毒感染破坏、保护数据库完整性的重要手段。

数据加密有序列密码、分组密码、公开密钥密码、磁盘文件数据信息加密等多种方式。其中，磁盘加密的目的是防止对磁盘文件数据信息的非法拷贝和修改。经常采用的磁盘加密方法有非标准格式化磁盘、改变磁头转速、激光打孔加密及掩膜加密等。在网络系统中，还必须对传输中的数据采取安全保护措施。通常，网络中有三种对传输数据进行加密保护的方式，即链路加密、结点加密和点对点加密。

（2）数据备份的方法。重要的数据文件应当有完整的备份，以便在自然灾害或意外事故发生时将数据文件破坏，使数据不至于完全丢失，并能使系统尽快恢复运行。

所有的数据备份都应当进行登记，妥善保管，防止被盗，防止被破坏，防止被误用。重要的数据备份还应当进行定期检查，定期进行复制，保证备份数据的完整性、使用性和时效性。数据备份的方法包括全盘备份，全文件进行拷贝；增量备份，对新增部分每次进行拷贝；基本备份，对大量的不易实现的数据进行重点备份，同时也可以分类进行文件备份；离开主机备份，即将备份文件拷贝到远离主机或文件中心的其他主机或者存储库中。无论是采用何种备份方法，都要保证备份文件是一次灾害和事件影响不到的地方，这样，才能确保事件之后可以依靠所做的备份恢复原系统。

在设计具有高度安全性系统时还必须考虑系统容错的问题。由于环境的影响、电场的存在等，有时磁盘的读/写等可能会出错。为了保证系统能处理突然出现的错误，通常可以采用磁盘双工和磁盘镜像两种方法。

9.2.3　MIS 的安全技术和控制方法

信息系统安全技术是一门综合学科，它涉及信息论、计算机科学和密码学等多方面的知识，它研究计算机系统和通信网络内信息的保护方法，以实现系统内信息的安全、保密、真实、完整和可用。大多数安全技术已经在信息系统的开发中设计在系统内部，对于用户并不需要知道，但必须确认其信息系统有没有安全技术，如何使用。

常用的安全技术有：使用"防火墙"软件或设备来控制外部对于系统内部网络的存取；采用实时网络审计跟踪工具或入侵检测软件监视信息系统的运行；采用安全传输层协议和使用安全超文本传输协议，从而保证数据和信息传递的安全性；采用安全电子交易协议和电子数字签名技术进行安全交易，等等。

对信息系统施加相应的控制是确保信息系统安全的有效方法。控制涉及的范围很广，包括从在办公室房门上安装简单的暗锁以减少盗窃信息系统设备的威胁，到安装指纹辨识器以防止非法访问存储在硬盘上的敏感数据威胁的发生。按照控制类型分，有物理控制、电子控制、软件控制和管理控制四种。其中管理控制将在信息系统的运行制度中讲述。

（1）物理控制。物理控制是指采用物理保护手段的控制。物理控制可以包括门锁、键盘锁、防火门和积水排除泵。电子控制是指采用电子手段确定或防止威胁的控制。

（2）电子控制。电子控制可包括移动传感器、热敏传感器和湿度传感器。控制也可包括诸如标记和指纹、语音与视网膜录入控制等入侵者检验与生物进入控制。物理控制与电子控制常被结合使用，以对付威胁。

（3）软件控制。软件控制是指在信息系统应用中为确定、防止或恢复错误、非法访问和其他威胁而使用的程序代码控制。例如，软件控制可包括在特定时间中断计算机终端的程序用以监督谁在登录，联机多长时间，存取了哪些文件，使用了何种存取方式（是只读方式还是读写方式）。

数据是信息系统的中心，数据的安全是信息系统安全管理的核心。对信息系统的控制主要表现为对数据的存取控制。所谓存取控制，就是指依靠系统的物理、电子、软件及管理等多种控制类型来实现对系统的监测，完成对用户的识别，对用户存取数据的权限确认工作，保证信息系统中数据的完整性、安全性、正确性，防止合法用户有意或无意的越权访问，防止非法用户的入侵等。

存取控制的任务主要是进行系统授权，即确认哪些用户拥有存取数据的权力，并且明确规定用户存取数据的范围及可以实施的操作，同时监测用户的操作行为，将用户的数据访问控制在规定范围内。

系统授权的方法是对所有的用户分别赋予一定的权限，没有相应权限的用户不能使用某些系统资源。通常在操作系统一级的权限是以对文件和目录的操作为单位的，网络级操作系统的权限则涉及到网段、域、站点、工作组、计算机等多种资源。为了明确所有用户的权限，应该编制用户存取能力表及存取控制表。编制用户存取能力表，可以对系统的合法用户进行存取能力的限制，确知和控制每个用户的权限。而存取控制表则规定了文件的访问者及其被允许进行的操作，如读、写、修改、删除、添加，执行等。

用户的权限应根据业务的特点来设立。例如，对客户的登记可以做一个权限规定表，总经理可以看到所有的内容，而一个事业部的负责人只能看到他所负责的那部分客户的情况。另外还可以对所访问的数据库中某些内容（可以是表、视图或字段等）做规定，例如可以将客户电话这个字段做出规定，没有被赋予特殊权限的人不能阅读该字段信息。

许多操作系统或应用软件开发工具都提供了安全机制功能，应当充分利用。例如在Windows NT 中，系统设置的用户组分为：管理员组、服务器操作员组、记账操作员组、打印操作员组、备份操作员组、用户组、来客组等。每一组中的成员都有该组的权限，可以对特定的资源进行该组成员所被允许的操作。在 Windows 2000 及以上版本还提供了安全文件系统，为用户的电子文件进行加密。

数据库管理系统中也越来越多地采用规定角色的方法。所谓角色是多种权限的一个组合，可以授予某个用户，也可以授予某一组用户。这些角色当然也可以从用户处回收。角色可以用 SQL 语句来直接操作，实现授权的方法有授权矩阵、用户权限表、对象权限表等。

为了能更好地进行存取权限控制，在进行系统授权时应遵循下面的原则：

（1）最小特权原则，即用户只拥有完成分配任务所必需的最少的信息或处理能力，多余的权限一律不给予，这也称为"知限所需"原则。

（2）最小泄漏原则，用户一旦获得了对敏感数据信息或材料的存取权，就有责任保护这些数据不为无关人员所知，只能执行规定的处理，将信息的泄漏控制在最小范围之内。

（3）最大共享策略，让用户最大限度地利用数据库中的信息，但这不意味着用户可以随意存取所有的信息，而是在授权许可的前提下的最大数据共享。

（4）推理控制策略，所谓的推理控制策略就是防止某些用户在已有外部知识的基础上，从一系列的统计数据中推断出某些他不应该知道而且应当保密的信息。因此，必须限制那些可能导致泄密的统计查询。

9.2.4　MIS 安全的风险评估

我们还可以换一个思路讨论信息系统的安全问题。信息系统的所有安全问题都需要控制吗？是不是要做到信息系统的百分之百的安全？安全的代价有多大？这就要求我们要对信息系统安全的风险进行评估。这是个经济问题，即投入的资金与收到的回报能否相匹配。信息系统的项目经理和企业信息主管 CIO 必须采用通常的商业策略来评估风险，并决定控制的力度。没有哪个企业家花费 10 万元人民币去控制一个仅价值 5 万元的信息系统的损失风险。任何一个信息系统都存在可接受的风险，彻底摆脱风险是不可能的，当然也是负担不起的。通过评估潜在风险，信息系统的管理者可以明确何种风险可以接受，何种不能接受。估算潜在损失的常用方法是评估可能产生的损失总量和损失实际发生的概率。

【案例 9-1】 一家公司的 CIO 正在考虑如何应用控制以减少位于办公大楼第 6 层的一间上锁的办公室内 50 台微机的失窃风险。进一步假设，这些微机账面价值 40 万元，这包括所有的适配卡和相应的外部设备。然而，CIO 知道这些设备的更新价值是 60 万元，这不仅包括各种适配卡和外部设备，还包括安装机器的成本和软件及数据文件的成本，管理者会考虑大楼现在的位置以及办公室位于大楼的第 6 层，目前的安全程度——如上锁的办公室和使用钥匙才能进入的电梯和附近较低的犯罪发生率等事实。根据这些数据，管理者就能判断出这类盗窃事件发生的机率只有 1/20。利用这些数据和结论，CIO 计算出由盗窃引起的潜在损失为 3 万元（60 万元×5%），而不是 60 万元。评估的结果将会具体影响到 CIO 采取的具体控制策略。

风险评估就是要提出两个基本问题：第一，一旦损失发生，企业将做出何种反应？第二，这种反应的成本为多少？CIO 应当对公司由于信息系统缺乏安全导致的直接损失进行评估。此外，CIO 还必须在比直接资产损失更广的范围内考察潜在的损失。潜在损失也包括诸如由于存储设备失灵而重建缺损数据的费用支出，由于库存系统的错误，引起了大量缺货现象所产生销售额的损失等诸多风险。表 9 - 4 中列举了在美国境内失灵的系统应用导致的财务损失情况。

表 9 - 4　系统故障期的成本

失灵的系统应用	系统失灵每小时造成的财务损失/美元
佣金操作	5 600 000～7 300 000
信用卡/销售自动化	2 200 000～3 100 000
付款监视器	67 000～233 000
家庭采购（TV）	87 000～140 000
分类销售	60 000～120 000
航班预订	67 000～112 000
远程票据销售	56 000～82 000
包装船运	24 500～32 000
ATM 费	12 000～17 000

当经过风险评估，发现采用安全手段所需的代价过高以致不能完全排除损失时，参加商业保险就是一种好方法。保险作为一种补偿手段，是一种主动的风险防范行为，它在国外正越来越多地受到重视。在中国，企业为信息系统安全投保的人寥寥无几。

这里还要十分强调的是提高企业各类管理人员的素质，防止员工因操作失误给企业带来损失。比如本打算在 A 盘驱动器中格式化软盘，而由于疏忽重新格式化了计算机系统的硬盘，其结果破坏了整个硬盘上的内容。

【案例 9 - 2】　在销售订货系统的应用文件中输错了一种很受欢迎的产品价格，其结果是：要么大大影响利润，要么大大影响销售量；还有，一个被设计用来实施市场预测的表格产生了一个 360 万美元的错误预测，其原因是把所有小数都四舍五入成了整数，这样 1.04 的通货膨胀率就从计算中被排除了。

9.3　MIS 的运行

经过程序设计、调试以及试运行，信息系统开始步入组织的真实管理当中。要做到信息系统的正确和安全运行，除了操作上严格按照开发商的规定外，还必须建立和健全信息系统的运行制度，不断提高各类人员的素质，有效地利用运行日志等计算机数据对信息系统施行监督和控制。

9.3.1 建立和健全运行制度

管理规范的企业，每一项具体的业务都有一套科学的运行制度。信息系统也不例外，同样需要一套管理制度，以确保信息系统的正常和安全地运行。

1. 各类机房安全运行管理制度

信息系统的运行制度，首先表现为物理意义上的机房必须处于监控之中。运行制度应该包括如下主要内容：

（1）身份登记与验证出入。

（2）带入带出物品检查。

（3）参观中心机房必须经过审查。

（4）专人负责启动、关闭计算机系统。

（5）对系统运行状况进行监视，跟踪并详细记录运行信息。

（6）对系统进行定期保养和维护。

（7）操作人员在指定的计算机或终端上操作，对操作内容按规定进行登记。

（8）不做与工作无关的操作，不运行来历不明的软件。

（9）不越权运行程序，不查阅无关参数。

（10）操作异常，立即报告。

2. 信息系统的其他管理制度

信息系统的运行制度，还表现为软件、数据、信息等其他要素必须处在监控之中。信息系统的其他管理制度主要包括如下内容：

（1）必须有重要的系统软件、应用软件管理制度，如系统软件的更新维护，应用软件的源程序与目标程序分离等。

（2）必须有数据管理制度。例如重要输入数据、输出数据的管理。

（3）必须有密码口令管理制度，做到口令专管专用，定期更改并在失密后立即报告。

（4）必须有网络通信安全管理制度，实行网络电子公告系统的用户登记和对外信息交流的管理制度。

（5）必须有病毒的防治管理制度。及时检测、清除计算机病毒，并备有检测、清除的记录。

（6）必须有人员调离的安全管理制度。例如，人员调离的同时马上收回钥匙、移交工作、更换口令、取消账号，并向被调离的工作人员申明其保密义务，人员的录用调入必须经人事组织技术部门的考核和接受相应的安全教育。

（7）建立安全培训制度，进行计算机安全法律教育、职业道德教育和计算机安全技术教育。对关键岗位的人员进行定期考核。

（8）建立合作制度。加强与相关单位的合作，及时获得必要的信息和技术支持。

除此之外，任何信息系统的运行都必须遵守国家的有关法律和法规，特别是关于计算机信息系统安全的法律法规。计算机系统安全还出台了相应的技术标准，如公安部、信息产业部等。任何组织与个人从事信息系统的开发、管理与维护都必须在国家的法律和法规以及各种技术标准的范围内进行。

9.3.2　日常运行管理与监控

信息系统的日常运行管理是为了保证系统能长期有效地正常运转而进行的活动，具体有系统运行情况的记录、系统运行的日常维护等工作。对系统运行情况的记录应事先制定登记格式和登记要点，具体工作主要由使用人员完成。人工记录的系统运行情况和系统自动记录的运行信息，都应作为基本的系统文档按照规定的期限保管。这些文档既可以在系统出现问题时查清原因和责任，还能作为系统维护的依据和参考。

1. 系统运行情况的记录

原则上讲，从每天计算机的打开、应用系统的进入、功能项的选择与执行，到下班前的数据备份、存档、关机等，都要就系统软、硬件及数据等的运作情况做记录。运行情况有正常、不正常与无法运行三种，由于该项工作较繁琐，为了避免在实际工作中流于形式，一方面尽量在系统中设置自动记录功能；另一方面，可对正常情况不予记录，对于不正常和无法运行的情况则应将所见的现象、发生的时间及可能的原因做尽量详细的记录。因为这些信息对系统问题的分析与解决有重要的参考价值。

2. 审计踪迹

审计踪迹就是指系统中设置了自动记录功能，能通过自动记录的信息发现或判明系统的问题和原因。这里的审计有两个特点，一是每日都进行，二是主要是技术方面的审查。

在审计踪迹系统中，建立审计日志是一种基本的方法。通过日志，系统管理员可以了解到有哪些用户在什么时间、以什么样的身份登录到系统，也可以查到对特定文件和数据所进行的改动。

现在大多数的操作系统和数据库都提供了跟踪并自动记录的功能。例如系统管理员可以观察到一天中对某个文件进行访问的所有用户，并分析在他们访问的前后该文件发生了什么变化。在一些数据库系统中还提供审计踪迹数据字典，使用者可以用预先定义的审计踪迹数据字典视图来观察审计踪迹数据。对于审计内容可以在三个层次上设定：

（1）语句审计。语句审计是对于特定的数据库语句所进行的审计。例如在一个系统文件中记录所有使用了 Create 命令的信息。

（2）特权审计。特权审计指的是对于特定的权限使用所进行的审计。

（3）对象审计。对象审计是规定对特定的对象审计特定的语句，例如可以审计在某个文件上进行了修改其内容的语句。

3. 审查应急措施的落实

为了减少意外事件引起的对信息系统的损害，首先要制定应付突发性事件的应急计划，其次每日要审查应急措施的落实情况。

应急计划主要针对一些突发性的、灾害性的事件，例如火灾、水害等。因此，机房值班员每日都应仔细审查相应器材和设备是否良好，相应资源是否做好了备份。

资源备份包括两个方面的工作，即数据备份和设备备份，数据备份是必须要做的，在关键的领域还必须进行设备备份。

4．系统资源的管理

在维护信息系统正常运行过程中还有一个常见的问题，那就是如何管理系统的资源。例如对计算机的使用及打印纸、墨粉的消耗等，都要制定合理的管理方法。

9.4　维护、升级与评价

系统运行过程中可能会出现各种问题，如因系统错误出现的问题，因需求变更出现的问题等。为了解决这些问题，使系统能正常进行，需要对系统进行相应的维护。为了使系统的性能更高或适应新的业务需求，还需要有计划地升级原有的信息系统。

9.4.1　维护

系统维护的成本一直呈增加趋势（参见图 9-3），从 20 世纪 70 年代维护费用占总开发费用之比约 35%～40% 上升到 80 年代的 40%～60%，90 年代又增长到 70%～80% 甚至更多。系统开发期一般为 1～3 年，而维护期一般为 5～10 年；从人力资源的分布看，现在世界上 90% 的软件人员在从事系统的维护工作，开发新系统的人员仅占 10%。这些统计数字说明系统维护任务是十分繁重的。重开发、轻维护是造成我国信息系统低水平重复开发的原因之一。系统维护主要包括硬件设备的维护、应用软件的维护和数据的维护。

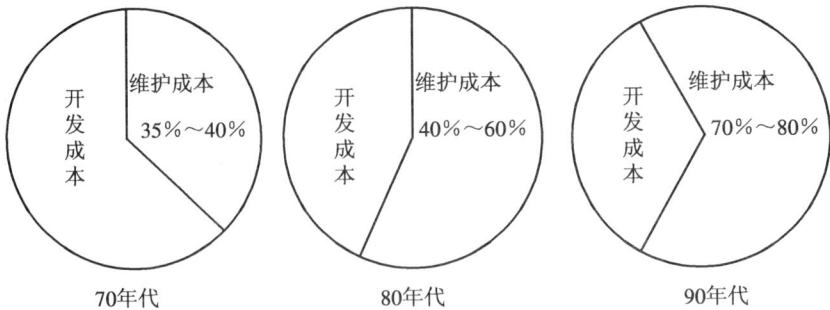

图 9-3　系统维护成本比较图

1．硬件维护

硬件的维护应有专职的硬件维护人员来负责，主要有两种类型的维护活动，一种是定期的设备保养性维护，保养周期可以是一周或一个月不等，维护的主要内容是进行例行的设备检查与保养、易耗品的更换与安装等；另一种是突发性的故障维修，即当设备出现突发性故障时，由专职的维修人员或请厂方的技术人员来排除故障，这种维修活动所花时间不能过长，以免影响系统的正常运行。

2．软件维护

软件维护主要是指根据需求变化或硬件环境的变化对应用程序进行部分或全部的修改。修改时应充分利用原程序，修改后要填写程序修改登记表，并在程序变更通知书上写明新老程序的不同之处。

软件维护的内容一般有以下几个方面：

（1）正确性维护。正确性维护是指改正在系统开发阶段已发生而系统测试阶段尚未发现的错误。据统计，这方面的维护工作量要占整个维护工作量的 17%~21%。所发现的错误有的不太重要，不影响系统正常运行，其维护工作可随时进行；而有的错误非常严重，甚至影响整个系统的正常运行，其维护工作必须制定计划，进行修改，并且要进行复查和控制。

（2）适应性维护。适应性维护是指使应用软件适应信息技术变化和管理需求变化而进行的修改。这方面的维护工作量占整个维护工作量的 18%~25%。由于目前计算机硬件价格的不断下降，各类系统软件层出不穷，人们常常为改善系统硬件环境和运行环境而产生系统更新换代的需求；企业的外部市场环境和管理需求的不断变化也对各级管理人员提出新的信息需求。这些因素都将导致适应性维护工作的产生。进行这方面的维护工作也要像系统开发一样，有计划、有步骤地进行。

（3）完善性维护。这是为扩充功能和改善性能而进行的修改。主要是指对已有的软件系统增加一些在系统分析和设计阶段中没有规定的功能与性能特征。这些功能对完善系统功能是非常必要的。另外还包括对处理效率和编写程序的改进。这方面的维护占整个维护工作的 50%~66%，比重较大，也是关系到系统开发质量的重要方面。这方面的维护除了要有计划、有步骤地完成外，还要注意将相关的文档资料加入到前面相应的文档中去。

（4）预防性维护。为了改进应用软件的可靠性和可维护性，适应未来的软、硬件环境的变化，主动增加预防性的新的功能，以使应用系统适应各类变化而不被淘汰。比如将专用报表功能改成通用报表生成功能，以适应将来报表格式的变化。这方面的维护工作量占整个维护工作量的 4% 左右。

以上各种维护在软件维护工作中所占比例关系如图 9-4 所示。

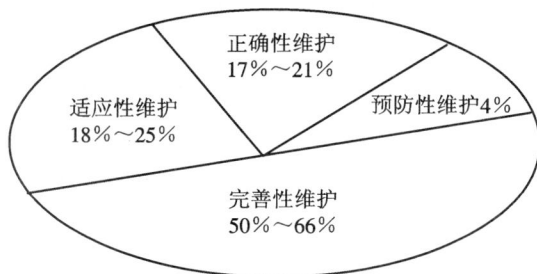

图 9-4　各类维护工作所占软件维护工作的比例

3. 数据维护

数据维护工作主要是由数据库管理员来负责，主要负责数据库的安全性和完整性以及进行并发性控制。数据库管理员还要负责维护数据库中的数据，当数据库中的数据类型、长度等发生变化时、或者需要添加某个数据项、数据库时，要负责修改相关的数据库、数据字典，并通知有关人员。另外数据库管理员还要负责定期出版数据字典文件及一些其他的数据管理文件，以保留系统运行和修改的轨迹。当系统出现硬件故障并得到排除后要负责数据库的恢复工作。

数据维护中还有一项很重要的内容，那就是代码维护。不过代码维护发生的频率相对较小。代码的维护(如订正、添加、删除甚至重新设计)应由代码管理小组(由业务人员和计算机技术人员组成)进行。变更代码应经过详细讨论,确定之后要用书面形式写清楚并贯彻执行。代码维护的困难往往不在于代码本身的变更,而在于新代码的贯彻。为此,除了成立专门的代码管理小组外,各业务部门要指定专人进行代码管理,通过他们贯彻使用新代码。这样做的目的是明确管理职责,防止和订正错误。

4. 系统维护的管理

系统的修改往往会"牵一发而动全身"。程序、文件、代码的局部修改都可能影响系统的其他部分。因此,系统的维护工作应有计划有步骤地统筹安排,按照维护任务的工作范围、严重程度等诸多因素确定优先顺序,制定出合理的维护计划,然后通过一定的批准手续实施对系统的修改和维护。

通常对系统的维护应执行以下步骤:

(1) 提出维护或修改要求。操作人员或业务领导用书面形式向系统维护工作的主管人员提出对某项工作的修改要求。这种修改要求一般不能直接向程序员提出。

(2) 领导审查并做出答复。系统主管人员进行一定的调查后,根据系统的情况和工作人员的情况,考虑这种修改是否必要、是否可行,做出是否修改、何时修改的答复。如果需要修改,则根据优先程度的不同列入系统维护计划。计划的内容应包括:维护工作的范围、所需资源、确认的需求、维护费用、维修进度安排以及验收标准等。

(3) 维护人员执行修改。系统主管人员按照计划向有关的维护人员下达任务,说明修改的内容、要求、期限。维护人员在仔细了解原系统的设计和开发思路的情况下对系统进行修改。

(4) 验收维护成果并登记修改信息。系统主管人员组织技术人员对修改部分进行测试和验收。验收通过后,将修改的部分嵌入系统,取代旧的部分。维护人员登记所做的修改,更新相关的文档,并将新系统作为新的版本通报用户和操作人员,指明新的功能和修改的地方。

在进行系统维护过程中还要注意的问题是维护的副作用。维护的副作用包括两个方面,一是修改程序代码有时会发生灾难性的错误,造成原来运行比较正常的系统变得不能正常运行。为了避免这类错误,要在修改工作完成后进行测试,直至确认和复审无错为止;二是修改数据库中数据的副作用,当一些数据库中的数据发生变化时可能导致某些应用软件不再适应这些已经变化了的数据而产生错误。为了避免这类错误,一是要有严密的数据描述文件,即数据字典系统;二是要严格记录这些修改并进行修改后的测试工作。

总之,系统维护工作是信息系统运行阶段的重要工作内容,必须予以充分的重视。维护工作做得越好,信息系统的作用才能够得以充分地发挥,信息系统的寿命也就越长。

9.4.2 升级

企业处于不断变化的环境之中。企业为适应市场环境,为求生存与发展,也必然要做相应的变革,这样企业的管理需求就会发生变更或追加,企业的信息系统自然地也要做不断的改进与提高。另一方面,随着硬件和系统软件、数据库等信息技术的换代或质的飞跃,为使系统能适应技术环境的变化,原有的系统也必须调整、修改与扩充。

升级与系统维护密切相关。系统适应性维护和完善性维护的结果可能就是升级的版本。升级与维护的区别有两点，一是升级体现出更明确的计划性和目标性，而维护则更多地体现为应急性；二是升级更多地体现为里程碑性和质的飞跃，比如硬件升级或软件升级，而维护则更多地体现为日常性和量的积累。

　　系统在不断维护时会产生许多不同的软件版本，这些版本之间可能只有微小的差异，那么，在进行版本控制时可规定为一个大的版本，比如 8.0 版本，而将具有小差异的版本定义为第二级的版本，比如 8.1 版本，甚至是第三级的版本，比如 8.0.4 版本、8.0.5 版本。因此，我们可以将版本之间第一级的数字相同的修改和完善称为系统维护，而将版本之间第一级数字的增加规定为系统的升级。

　　显然，版本第一级数字的增加（比如由 3.0 跃迁到 4.0 版本），系统的性能将会有明显的提高，完成的功能会有显著的不同。而这些性能和功能要么是在做系统的总体规划时有所考虑，要么就是随着市场环境和技术环境的改变而做出新的规划。总之，具有很强的规划性和目标性。而版本第二级和第三级的数字的不同则更多的是为了区别每次的维护，也有的系统不在变动版本的数字上做文章，而是推出补丁程序，版本之间的微小差异以补丁程序的版本来区别。

　　由于升级具有质变性，因而信息系统在升级过程中应该慎重，最好参照前面所说新旧系统之间的系统转换进行。强调升级的概念，可以突出系统维护的计划性，因为只有有计划才能区别出不同的版本，另一方面，可以使信息主管未雨绸缪，提前就下一个大版本的性能与功能进行规划，并要求维护人员收集未来信息系统的需求信息。当然，下一个版本的开发还是要在信息系统生命周期的理论指导下进行。

9.4.3　MIS 的评价体系

　　一个信息系统投入运行以后如何分析其工作质量？如何对其所带来的效益和所花费成本的投入产出比进行分析？如何分析一个信息系统对信息资源的充分利用程度？如何分析一个信息系统对组织内各部分的影响？这些都是评价体系所要解决的问题。

1. 信息系统质量的概念

　　所谓质量的概念，就是在特定的环境下，在一定的范围内区别某一事物的好坏。质量评价的关键是要定出评定质量的指标以及评定优劣的标准。质量的概念是相对的。所谓优质只能是在某种特定条件下的相对满意（不可能有绝对的最优）。对于信息系统的质量评价有下列评价的特征和指标。

　　（1）系统对用户和业务需求的相对满意程度。系统是否满足了用户和管理业务对信息系统的需求，用户对系统的操作过程和运行结果是否满意。

　　（2）系统的开发过程是否规范。它包括系统开发各个阶段的工作过程以及文档资料是否规范等。

　　（3）系统功能。系统功能的先进性、有效性和完备性也是衡量信息系统质量的关键问题。

　　（4）系统的性价比。系统的性能、成本、效益综合比是综合衡量系统质量的首选指标。它集中地反映了一个信息系统质量的好坏。

　　（5）系统运行结果。系统运行结果的有效性或可行性就是考查系统运行结果对于解决预定的管理问题是否有效或是否可行。

（6）结果完整性。处理结果是否全面地满足了各级管理者的需求。

（7）信息资源的利用率。即考查系统是否最大限度地利用了现有的信息资源并充分发挥了它们在管理决策中的作用。

（8）提供信息的质量。信息的质量包括系统所提供信息（分析结果）的准确程度、精确程度、响应速度以及其推理、推断、分析、结论的有效性、实用性和准确性。

（9）系统的实用性。系统的实用性是信息系统对实际管理工作是否实用。

2. 系统运行评价指标

信息系统在投入运行后，要不断地对其运行状况进行分析评价，并以此作为系统维护、更新以及进一步开发的依据。系统运行评价指标一般有预定的系统开发目标的完成情况、系统运行实用性评价、设备运行效率的评价等指标。

在预定的系统开发目标的完成情况方面，主要有以下七项：

（1）对照系统目标和组织目标，检查系统建成后的实际完成情况。

（2）是否满足了科学管理的要求？各级管理人员的满意程度如何？有无进一步改进的意见和建议。

（3）为完成预定任务，用户所付出的成本（人、财、物）是否限制在规定范围以内。

（4）开发工作和开发过程是否规范，各阶段文档是否齐备。

（5）功能与成本比是否在预定的范围内。

（6）系统的可维护性、可扩展性、可移植性如何。

（7）系统内部各种资源的利用情况。

在系统运行实用性评价方面的指标包括：

（1）系统运行是否稳定可靠。

（2）系统的安全保密性能如何。

（3）用户对系统操作、管理、运行状况的满意程度如何。

（4）系统对误操作保护和故障恢复的性能如何。

（5）系统功能的实用性和有效性如何。

（6）系统运行结果对组织各部门的生产、经营、管理、决策和提高工作效率等的支持程度如何。

（7）对系统的分析、预测和控制的建议有效性如何，实际被采纳了多少，这些被采纳建议的实际效果如何。

（8）系统运行结果的科学性和实用性分析。

设备运行效率的评价有两项指标：

（1）数据传送、输入、输出与其加工处理的速度是否匹配。

（2）各类设备资源的负荷是否平衡，利用率如何。

3. 信息系统经济效益评价

信息系统的经济效益评价主要是指对系统所产生的直接经济效益和间接经济效益的评价。信息系统所产生的直接经济效益一般较之所产生的间接经济效益来说很小，这部分效益借用一般工程投资项目的经济效益计算方法很容易计算出来。信息系统所产生的经济效益通常主要体现在其运行结果所产生的间接经济效益方面。而信息系统所带来的间接效益尽管在信息系统经济学、软件工程评估方法中已有一些估算模型，但迄今为止，最主要的评价方法还是一些定性的指标，如表 9-5 所示。

表 9-5　信息系统的经济效益评价指标一览表

1	系统所提供信息的质量和适用程度
2	系统所采用的推理、分析、结论的有效性、准确性和被管理人员引用的比率
3	系统建立后对组织的工作效率、工作质量以及劳动生产力的提高程度
4	系统建立后对各种资源(人、财、物、设备等)的利用率的提高程度
5	系统对哪些管理模式和管理决策方法有所触动和提高？这些方法对经营生产的影响程度
6	系统建立后填补了哪些管理上的空白？对哪些原管理者想干而又没有能力干的工作提供了信息支持
7	系统自身的投入/产出比
8	系统对组织的经营发展战略和组织内部的管理运行机制有哪些影响
9	对组织的各级管理者工作支持的程度
10	系统对提高企业劳动生产率、均衡生产过程、减少产品成本、提高产品质量以及加速生产加工周期和按期供货方面的贡献
11	系统对控制库存物资规模、减少储备资金的占用以及及时保障生产物资需求的贡献
12	系统对提高资金利用的效率、加速资金周转、分析和控制资金流动状态等的贡献
13	系统对信息输出精度、查询反映速度、分析结果的有效性程度等方面的贡献
14	系统对企业生产、经营、管理状况的分析，对市场情况的分析，对同行业竞争对手情况的分析以及这些分析综合起来对企业发展战略、竞争策略、经营决策等方面的作用
15	系统开发对企业管理科学化、规范化方面的作用

9.4.4　MIS 对管理者的影响

　　MIS 的作用在于它能使管理者打破建立在目标、信仰和技术这些不再占有优势地位的事物基础上的陈规。企业运行了 MIS 之后，必须重新思考企业的工作流程，管理者才能真正从信息技术上获益，才能大量节省资金，大大提高企业的效益。

　　随着信息管理计算机化，企业组织形态必然要创新，产生新的运作模式。这对企业来讲并不是一件容易的事情。鉴于当今按分工理论设计出来的业务流程已无法适应企业管理的需要，因而企业业务流程创新势在必行。应该说，企业流程重组是一种思想，而信息技术是一种技术。企业在改造中经常犯的错误就是运用信息技术加速改造那些已落后了几十年(甚至几个世纪)的工作流程。

1. 企业流程重组的概念

　　企业流程重组不是面向功能或组织的，而是面向流程的。它着眼于一个或几个基本流程，以使每一步都获得价值增值。当然，实施企业流程重组也必然会引起其他方面的变革，但它的核心是流程。

　　企业流程重组"是对企业的业务流程作根本性的思考和彻底重建",其目的是"在成本,质量,服务和速度等方面取得显著的改善",使得企业能最大限度地适应以"顾客,竞争,变化"为特征的现代企业经营环境。在这个定义中,包含四个关键特征:"显著的,根本的,流程和重新设计"。企业流程重组追求的是一种彻底的重构,而不是追加式的改进。它要求人们在实施企业流程重组时做这样的思考:"我们为什么要做现在的事? 为什么要以现在的方式做事?"这种对企业运营方式的根本性改变,目的是追求绩效的飞跃,而不是改善。

2. 企业流程重组的实质

　　改造的核心就是一种不继续走老路的思想观念——找出并打破以前最基础的企业经营思想的陈旧模式。除非改变这些陈规,凭着削减冗员或使现有的程序自动化是不可能取得经营业绩上的突破的,倒是应该对旧的经营思想提出挑战,并打破那些从一开始就让企业经营不善的陈规。

　　所以,企业工作流程和机制落伍过时了,工作机制和程序没有跟上技术、人口素质和企业目标变化的步伐。大多数情况下,我们把工作当作一系列独立工序的顺序组合,并根据这种顺序采用复杂的机械结构来使其发展。这种经营可以追溯至工业革命时期。那时,劳动分工和大规模经济可以战胜低效的手工作坊生产。企业把工作分割成非常细致固定的工序,再把从事这些工序的人组织到不同部门,并设经理去管理他们。

　　这些组织生产的模式已如此根深蒂固以至于尽管它们已很落后于时代,人们却很难想出其他完成生产的方式。每个企业都试图让那些机制适用到新环境里,但往往只是制造了更多的麻烦。比方说,如果客户服务很糟糕,他们就制定一种制度去提供服务,但这种制度是叠加于现有的组织之上的,因此造成了官僚机构膨胀,成本上涨,而自己的竞争对手却得到了市场份额。

　　在改造过程中,企业要摆脱造成企业不利局面的过时的企业生产经营机制并创造出新的机制。福特公司以前一直按照"接到发票再付钱"的老规矩办事。这一规矩决定了应付账款程序是如何组织的。福特公司的改造措施向这一规矩提出了挑战,并最终代之以一项新规矩:"接到货物再付钱。"

　　改造要求我们从跨职能的角度去看待企业的基础程序制度。福特公司发现仅仅改造应付账款部门是没用的。合适的措施应被叫做置货程序制度。它包括购货、接货和付账。

　　简言之,一项改造措施要尽力使企业取得突飞猛进就必须打破常规组织界限的观念和束缚,并且应该是范围宽广和跨职能的,它运用信息技术不应该只是为了实现现有工序的自动化,而应制定出一种新的程序制度。

3. 企业流程重组的原则

　　企业流程重组的思想是人们对企业流程重组本质及其内在规律的一些基本看法,是解决企业流程重组问题的指导思想。从本质上说,企业流程重组的思想正是建立在辩证唯物主义世界观之上的系统思想,突出联系、运动和发展的观点,强调主要矛盾和矛盾的主要方面。所以说企业流程重组思想是一种着眼于长远和全局,突出发展与合作的变革理念。归纳起来有如下原则:

　　(1)组织结构应该以产出为中心,而不是以任务为中心。这条原则是说应该有一个人或一个小组来完成流程中的所有步骤。围绕目标和产出而使单个任务来设计人员的工作。

（2）让那些需要得到流程产出的人自己执行流程。过去由于专业化精密分工，企业的各个专业化部门只做一项工作，同时又是其他部门的顾客，例如，会计部就只做会计工作，如果该部门需要一些新铅笔就只能求助于采购部，于是采购部需要寻找供货商，讨价还价，发出订单，验收货物然后付款，最后会计部才能得到所需的铅笔。这一流程的确能完成工作，并且对于采购贵重物品的确能显示出专业化采购优势，但是对于铅笔这类廉价的非战略性物品，这一流程就显得笨拙而缓慢了，并且往往用于采购的各项间接费用竟会超过所购产品的成本。

现在有了基于信息技术的信息系统，一切变得容易了。通过数据库和专家系统，会计部可以在保持专业化采购所具优势的条件下，自己做出采购计划。当与流程关系最密切的人自己可以完成流程时，大大消除了原有各工作组之间的摩擦，从而减少了管理费用，但是这并不意味着要取消所有的专业部门的专业职能，例如对于企业主要设备和原材料，还是需要由采购部来专门完成的。具体如何安排，还是要以全局最优为标准的。

（3）将信息处理工作纳入产生信息的实际工作中去。过去大部分企业都建立了这样一些部门，它们的工作仅仅是收集和处理其他部门产生的信息。这种安排反映了一种旧思想，即认为基层组织的员工没有能力处理自己产生的信息。而今伴随着信息技术的运用和员工素质的提高，信息处理工作完全可以由基层组织的员工自己完成。福特公司就是个很好的例子。在旧流程中，验收部门虽然产生了关于货物到达的信息，但却无权处理它，而需将验收报告交至应付款部门。在新流程下，由于福特公司采用了新的计算机系统，实现了信息的收集、储存和分享，使得验收部门自己就能够独立完成产生信息和处理信息的业务，极大地提高了流程效率，使得精简75％员工的目标成为可能。

（4）将各地分散的资源视为一体。集权和分权的矛盾是长期困扰企业的问题。集权的优势在于规模效益，而缺点是缺乏灵活性。分权，即将人、设备、资金等资源分散开来，能够满足更大范围的服务，但却随之带来冗员、官僚主义和丧失规模的后果。有了数据库，远程通信网络以及标准处理系统，人们不再为"鱼和熊掌不可兼得"而伤透脑筋，企业完全可以在保持灵活服务的同时，获得规模效益。下面我们看看惠普公司是如何做到这一点的。

【案例 9-3】　惠普公司在采购方面一贯是放权给下面的，50多个制造单位在采购上完全自主，因为他们最清楚自己需要什么，这种安排具有较强的灵活性，对于变化着的市场需求有较快的反应速度，但是对于总公司来说，这样可能损失采购时的数量折扣优惠。现在运用信息技术，惠普公司重建其采购流程，总公司与各制造单位使用一个共同的采购软件系统，各部门依然是订自己的货，但必须使用标准采购系统。总部据此掌握全公司的需求状况，并派出采购部与供应商谈判，签订总合同。在执行合同时，各单位根据数据库，向供应商发出各自订单。这一流程重建的结果是惊人的，使所购产品的成本也大为降低。

（5）将并行工作联系起来，而不是仅仅联系他们的产出。存在着两种形式的并行，一种是各独立单位从事相同的工作；另一种是各独立单位从事不同的工作，而这些工作最终必须组合到一起。新产品的开发就属于后一种类型。并行的好处在于将研究开发工作分隔成一个个业务，同时进行，可以缩短开发周期。但是传统的并行流程缺乏各部门间的协作，因此，在组装和测试阶段往往就会暴露出各种问题，从而延误了新产品的上市。现在配合各项信息技术，如网络通信、共享数据库和远程会议，企业可以协调各独立团体的活动，而不是在最后才进行简单的组合,这样可以缩短产品开发周期,减少不必要的浪费。柯达(上海)公司就是成功的一例。面对竞争对手富士公司不断推出新产品的挑战,柯达毅然放弃沿用数十年的连续性产品开发流程,引用 CAD/CAM 与并行工程技术,注意开发过程中各组织的协调,把原来需要 70 周的产品开发期缩短至 38 周,保持了市场的领先地位。

(6)使决策位于工作执行的地方,在业务流程中建立控制程序。在大多数企业中,执行者、监控者和决策者是严格分开的。这是基于一种传统的假设,即认为一线工人既没有时间也没有意愿去监控流程,同时他们也没有足够的知识和眼界去做出决策。这种假设就构成了整个金字塔式管理结构的基础。而今,信息技术能够捕捉和处理信息,专家系统又扩展了人们的知识,于是一线工作者可以自行决策,在流程中建立控制,这就为压缩管理层次和实现扁平组织提供了技术支持。而一旦员工成为自我管理自我决策者的时候,金字塔式组织结构以及伴随着它的效率低下和官僚主义,也都会消失。

【案例 9-4】 MBL(Mutual Benefit Life insurance)公司重建其保单申请程序的例子。

MBL 是全美第 18 大人寿保险公司。在重建前,从顾客填写保单开始,须经过信用评估、承保直到开具保单等一系列过程。这其间包括 30 个步骤,跨越 5 个部门,须经 19 位员工之手。因此,他们最快也需 24 小时才能完成申请过程,而正常则需 5～25 天。这么漫长的时间中究竟有多少次创造附加价值呢?有人推算,假设整个过程需要 22 天的话,则真正创造价值的只有 17 分钟,还不到 0.05%,而 99.95% 的时间都在从事不创造价值的无用工作。这种僵化的处理程序将大部分时间都消耗在部门间的信息传递上,使本应简单的工作变得复杂。例如,一位顾客想将自己现有的保单进行现金结算,并同时购买一份新保单。这是他们每天都要遇到的寻常工作,可是在这种流程下,却变得格外复杂,必须先由财务部计算出保单的现金价值,开具发票,然后再经承保部的一系列活动,最后客户才能拿到所需的保单。

面对上述这种情形,MBL 的总裁提出了将效率提高 60% 的目标。这种野心勃勃的 60% 的目标是不可能通过修补现有流程达到的,惟一方案就是实施企业流程重组。

MBL 的新做法是扫清原有的工作界限和组织障碍,设立一个新职位——专案经理,对从接收保单到签发保单的全部过程负有全部责任,也同时具有全部权力。好在有共享数据库、计算机网络以及专家系统的支持,专案经理对日常工作处理起来游刃有余,只有当遇到棘手的问题时,他才寻求专家帮助。

这种由"专案经理"处理整个流程的做法,不仅压缩了现行序列的工作,而且消除了中间管理层,这种从两方面同时进行的压缩,取得了惊人的成效。MBL 在削减 100 个原有职位的同时,每天工作量却增加了一倍,处理一份保单只需要 4 个小时,即使是较复杂的任务也只需要 2～5 天。

(7)从信息来源地一次性地获取信息。在信息难以传递的时代,人们往往会重复采集信息。但是,由于不同人、不同部门和组织对于信息有各自的要求和格式,不可避免地造成企业业务延迟、输入错误和额外费用。然而今天,当我们采集一条信息之后,可以将它储存于在线数据库中,与所有需要的人实现共享。

4. 企业流程重组的要点

(1)面向企业流程。作业流程是指进行一系列活动,即进行一项或多项投入,以创造出顾客所认同的有价值的产品。在传统劳动分工的影响下,作业流程被分隔成各种简单的任务,经理们将精力集中于个别任务效率的提高上,而忽略了最终目标,即满足顾客的需求。而实施企业流程重组,就是要有全局的思想,从总体上确认企业的作业流程,追求全局最优,而不是个别最优。企业的作业流程可分为:核心作业流程,即① 各单项作业活动:包括识别顾客需求、满足这些需求、接受订单、评估信用、设计产品、采购物料、制作加工、包装发运、结账、产品保修等。② 管理活动:包括计划、组织、用人、协调、监控、预算和汇报,以确保作业流程以最小成本及时准确地运行。③ 信息系统:通过提供必要的信息技术以确保作业活动和管理活动的完成;支持作业流程,包括设施、人员、培训、后勤、资金,以支持和保证核心流程。

(2)面向顾客。企业流程重组诞生在美国,而不是日本,是有其必然性的。长期以来,美国企业以技术为推动,忽视了顾客的核心地位,故难以适应瞬息万变的市场环境。回顾历史,战后美国在世界经济格局中举足轻重,长期缺乏竞争对手,使之将精力大量投入学院式基础研究,走上了一条技术推动型道路。而日本则相反,日本以科研为生产服务,因此到了 20 世纪 80 年代,日本的竞争力已经大大加强,并在机械、钢铁、汽车、化工等美国传统优势行业显示出明显的比较优势。正如前文所说,顾客的选择范围扩大,期望值提高,如何满足客户需求,解决"个性化提高"和"交货期缩短"之间的矛盾,已成为困扰企业发展的主要问题。实施企业流程重组如同"白纸上作画",这张白纸仍是为顾客准备的,首先应当由顾客根据自己的意思填满,其中包括产品的品种、质量、款式、交货期、价格、办事程序、售后服务等,然后企业围绕顾客的意愿,开展重建工作。这是成功的关键,因此必须投入大量的精力。例如有的企业为了能充分了解顾客和市场,甚至在企业流程重组小组中吸纳几名顾客,作为一个整体开展工作。通过这些顾客反馈信息,企业可以及时调整重建方向,以避免企业流程重组的结果与其意愿相违背。

(3)合理使用信息技术。在"企业流程重组的原则"一题中,我们已经看出企业流程重组与信息技术的紧密关系,但是两者绝非是等同的。它们的关系可以归纳如下:企业流程重组是一种思想,而信息技术是一种技术;企业流程重组可以独立于信息技术而存在;这种独立是相对的,在企业流程重组由思想到现实的转变中,信息技术起了一种良好的催化剂的作用。现代信息技术在企业流程重组中扮演的角色有下面的例子。

【案例 9 - 5】　IBM 信贷公司是为 IBM 公司的计算机、软件销售和服务提供金融支持的企业。其传统的作业流程如下:销售人员通过电话请求资金支持,电话由专人记录,并将之交至信用评级部,再转给营业部修改贷款协议,然后由信贷员确定利率,最后由工作组制定报价单,之后再交给销售员,整个流程要花费 7 天。有两种改造方案:一是运用计算机技术,将有关信贷申请的 5 个相关部门联网,而源程序不变,这种改革将减少 10% 的文件传递时间。另一种方案是取消专职办事员,而由通职办事员对整个过程负责,这样根本无需信息传递。该公司最后采用了第二种方案,运作效率得到很大的提高,处理时间由7 天减少到 4 小时。

由这个例子不难看出,实施企业流程重组不是单纯的技术问题,更是一种思维方式的转变。而多数企业却将信息技术镶嵌于现有的经营过程中,他们想的是"如何运用信息技术来改善现有流程",却没有从根本上考虑"我们要不要沿用现有的流程?",而后者才是企业流程重组的关键,它不是单纯地搞自动化,不是单纯地用技术来解决问题,而是一种管理创新。

　　那么，有没有不需要信息技术的企业流程重组项目呢？理论上应该是有的。但从全球范围看，随着国际互联网、企业内部网和电子商务的飞速发展，信息技术正广泛而深入地介入我们的生活，改变着我们的生活方式和思维模式。在这种情形下，想脱离信息技术而完成企业流程重组几乎是不可能的；若把企业流程重组比作一种化学反应，那么信息技术就是催化剂，离开了它，反应虽可进行，但却难以达到理想的结果。

小　　结

　　系统实施阶段的主要任务是按总体设计方案购置和安装计算机网络系统；建立数据库系统；编程与调试；整理基础数据，培训操作人员；投入切换和试运行。

　　程序设计的方法有结构化方法、原型方法、面向对象方法。

　　衡量编程工作的指标包括可靠性，实用性，规范性，可读性，可维护性。

　　程序调试的方法是黑箱测试，数据测试，穷举测试，操作测试，模型测试。

　　程序调试的主要步骤是模块调试，分调，联调。

　　为用户培训系统操作、维护、运行管理人员是信息系统开发过程中不可缺少的功能。

　　系统试运行阶段的工作主要包括：对系统进行初始化，输入各原始数据记录；记录系统的运行数据和运行状况；核对新系统输出和老系统输出的结果；对实际系统的输入方式进行考查；对系统实际运行、响应速度进行实际测试。

　　系统切换方式有直接切换，并行切换和分段切换等三种。

　　信息系统的安全管理是一项复杂的系统工程，它的实现不仅是纯粹的技术方面的问题，而且还需要法律、制度、人的素质诸因素的配合。

　　信息系统安全的设计包括物理实体安全的设计和软件、数据安全的设计。

　　信息系统的安全技术和控制方法包括物理控制、电子控制、软件控制和管理控制等四个方面。

　　信息系统的运行制度是要建立和健全信息系统的运行制度和信息系统的日常运行管理。

　　系统维护包括硬件设备的维护、应用软件的维护和数据的维护。

　　升级与维护的区别有两点，一是升级体现出更明确的计划性和目标性，而维护则更多地体现为应急性，二是升级更多地体现为里程碑性和质的飞跃。

　　系统运行评价指示一般有预定的系统开发目标的完成情况，系统运行实用性评价，设备运行效率的评价。

　　信息系统的经济效益评价是从直接经济效益评价和间接经济效益评价等两个方面来评价的。

　　MIS 的运行对管理者最主要的影响是企业流程重组。企业流程重组不是面向功能或组织的，而是面向流程的。它着眼于一个或几个基本流程，以使每一步都获得价值增值。企业流程重组的实质、改造的核心就是一种不继续走老路的思想观念——找出并打破以前最基础的企业经营思想的陈旧模式。

　　企业流程重组的原则是组织结构应该以产出为中心，而不是以任务为中心；让那些需要得到流程产出的人自己执行流程；将信息处理工作纳入产生这些信息的实际工作中去；将各地分散的资源视为一体；将并行工作联系起来，而不是仅仅联系他们的产出；使决策位于工作执行的地方，在业务流程中建立控制程序；从信息来源地一次性地获取信息。

企业流程重组的要点有面向企业流程，面向顾客，合理使用信息技术。

习　　题

9－1　系统实施阶段的主要任务是什么？

9－2　结构化程序设计方法的主要特点有哪些？

9－3　有哪些衡量编程工作质量的指标？

9－4　程序调试的方法有哪些？程序调试的主要步骤是什么？

9－5　人员培训应包括哪些内容？

9－6　系统试运行阶段的工作主要包括哪些内容？

9－7　系统切换有几种方式？每种方式各有什么利弊？

9－8　管理信息系统安全的含义是什么？

9－9　管理信息系统安全的设计包括哪些内容？

9－10　MIS 的日常运行管理包括哪些内容？

9－11　MIS 的维护应包括哪几方面的内容？

9－12　有哪些系统运行评价？

9－13　什么是企业流程重组？企业流程重组的原则是什么？

第10章　电子商务应用系统

采用信息技术进行商务活动,最早是在20世纪70年代。当时,大型跨国企业在经营活动当中开始采用电子数据交换(Electronic Data Interchange,EDI)与电子资金转账(Electronic Funds Transfer,EFT)技术。20世纪80年代兴起的、被人们接受的信用卡、自动柜员机和电话银行业务等,也都是电子商务的形式。电子商务可描述为支持网上商务活动并涉及信息分析的一系列管理,它包括"实现用先进信息技术支持的商业构想,以提高交易过程的效率与成效"的所有活动。

Internet技术与通信技术(包括无线通信)的发展和普及,给电子商务提供了广阔的发展空间,提供了商务活动不受时间、空间和地域约束的技术基础,它已成为改变市场格局、保持经济增长、全球商务运作不可或缺的工具。电子商务作为管理信息系统的一个应用分支,在经济全球化的发展态势下,近年来倍受推崇,已被人们认为是经济转型、寻找商机的驱动器。

10.1　电子商务的概念

10.1.1　定义

电子商务是随着网络和通信技术发展而出现的一个新名词。它是一种利用通信网络进行的商务活动。电子商务至今仍无一个清晰、公认、权威的的定义。综合各种说法,电子商务可概括为:在计算机与通信网络基础上,利用电子工具实现商业交换和行政作业的全过程。更通俗地讲,电子商务指的是利用简单、快捷、低成本的电子通信方式,买卖双方在网络环境下进行各种商贸活动。所以,电子商务的内容包含两大内涵,一是电子方式,二是商贸活动。由于商务定义的多样性,因此,电子商务的英文术语有EB(Electronic Business,E-Business)、EC(Electronic Commerce,E-Commerce)和ET(Electronic Trade,E-Trade)等,尤其是E-Business与E-Commerce,国内外对此还有一些不同见解。应该讲,两者的含义有交叉,各有侧重点。

10.1.2　电子商务的系统特性

1. 更广阔的环境

在Internet快速发展的今天,人们不受时间、空间的限制,不受传统购物的诸多限制,可以随时随地在网上交易。

2. 更广阔的市场

在Internet上,世界会变得很小,一个商家可以面对全球的消费者,而一个消费者可以在全球任何一个商家购物。

3. 更快速的流通和低廉的价格

电子商务减少了商品流通的中间环节，节省了大量的开支，从而也大大降低了商品流通和交易的成本。

4. 更符合时代的要求

如今人们越来越追求时尚，讲究个性，网上购物更能体现个性化的购物过程。

10.1.3　电子商务应用系统

电子商务应用系统泛指应用于电子商务领域中的各种系统与软件。完整的电子商务应用系统应该是企业 MIS 与 Internet 的集成，它包括主机、外部设备、网络以及应用软件甚至安全通信系统。电子商务应用系统的开发商既有国际著名的 IT 厂商，如 IBM、HP、SUN 等，又有像 Microsoft、Netscape 这样的软件公司以及大小规模的 ISP。

如果可以将电子商务简单地理解为"通过多种电子通信方式来完成"的商务活动，那么某客户通过打电话或发传真的方式来与其他客户进行商贸活动，似乎也可以称做为电子商务。其实，现在人们所探讨的电子商务主要是以 EDI(电子数据交换)和 Internet 来完成的。尤其是随着 Internet 技术的日益成熟，电子商务真正的发展将是建立在网络和 Internet 技术上的。所以也有人把电子商务简称为 IC(Internet Commerce)。

从贸易活动的角度分析，电子商务可以在多个环节中实现。由此也可以将电子商务分为两个层次：较低层次的电子商务如电子商情、电子贸易、电子合同等；最完整的也是最高级的电子商务应该是利用 Internet 网络能够进行全过程的贸易活动，即在网上将信息流、商流、资金流和部分的物流完整地实现，即从寻找客户开始，一直到洽谈、订货、在线付(收)款、开据电子发票以至到电子报关、电子纳税等全部都是通过 Internet 完成的。

10.2　电子商务的产生与发展

10.2.1　发展背景

电子商务最早产生于 20 世纪 70 年代，发展于 20 世纪 90 年代。它的产生和发展立足于以下至关重要的条件。

1. 计算机的广泛应用与普及

近 30 年来，计算机的处理速度越来越快，处理能力越来越强，性能/价格比越来越高，应用越来越广泛，为电子商务的应用提供了基础。

2. 网络的普及和成熟

Internet 逐渐成为全球通信与交易的媒体，全球上网用户呈级数增长趋势(2007 年，中国上网人数已达 1 亿 4 千万)，其快捷、安全、低成本的特点为电子商务的发展提供了应用条件。

3. 信用卡的应用普及

信用卡以其方便、快捷、安全等优点而成为人们消费支付的重要手段,并由此形成了完善的全球性信用卡计算机网络支付与结算系统,使"一卡在手、走遍全球"成为可能,同时也为电子商务中的网上支付提供了重要的手段。

4. 电子安全交易协议的制定

1997 年 5 月 31 日,由美国 VISA 和 MasterCard 等国际组织联合指定的电子安全交易协议(Secure Electronic Transfer Protocol,SET)出台,该协议出台得到大多数厂商的认可和支持,并为在开发网络上的电子商务提供了一个关键的安全环境。

5. 政府的支持与推动

自 1997 年欧盟发布了欧洲电子商务协议,美国随后发布"全球电子商务纲要"以后,电子商务受到世界各国政府的重视,许多国家的政府开始尝试"网上采购",这为电子商务的发展提供了有利的支持。

10.2.2　电子商务的发展阶段

1. 基于 EDI 的电子商务(20 世纪 60～90 年代)

从技术的角度看,人类利用电子通信的方式进行贸易活动已有几十年的历史了。早在 20 世纪 60 年代,人们就开始了用电报报文发送商务文件的工作;到了 20 世纪 70 年代,人们又普遍采用方便、快捷的传真机来替代电报,但是由于传真文件是通过纸面打印来传递和管理信息的,不能将信息直接转入到电子商务中,因此人们开始采用 EDI 作为企业间电子商务的应用技术,这也就是电子商务的雏形。

EDI 在 20 世纪 60 年代末期产生于美国。当时的贸易商们在使用计算机处理各类商务文件的时候发现,由人工输入到一台计算机中的数据的 70% 来源于另一台计算机输出的文件,由于过多的人为因素,影响了数据的准确性和工作效率的提高,人们开始尝试在贸易伙伴之间的计算机上使数据能够自动交换,EDI 应运而生。

EDI 是将业务文件按一个公认的标准从一台计算机传输到另一台计算机上去的电子传输方法。由于 EDI 大大减少了纸张票据,因此,人们也形象地称之为"无纸贸易"或"无纸交易"。

从技术上讲,EDI 包括硬件与软件两大部分。硬件主要是计算机网络,软件包括计算机软件和 EDI 标准。

从硬件方面讲,20 世纪 90 年代之前的大多数 EDI 都不通过 Internet,而是通过租用的电脑线在专用网络上实现。这类专用的网络被称为 VAN(Value-Added Network,增值网)。这样做的目的主要是考虑到安全问题。但随着 Internet 安全性的日益提高,作为一个费用更低、覆盖面更广、服务更好的系统,已表现出替代 VAN 而成为 EDI 的硬件载体的趋势,因此有人把通过 Internet 实现的 EDI 直接叫做 Internet EDI。

从软件方面看,EDI 所需要的软件主要是将用户数据库系统中的信息,翻译成 EDI 的标准格式以供传输交换。由于不同行业的企业是根据自己的业务特点来规定数据库的信息格式的,因此,当需要发送 EDI 文件时,从企业专有数据库中提取的信息,必须把它翻译成 EDI 的标准格式才能进行传输,这时就需要相关的 EDI 软件来帮忙了。

EDI 软件主要有以下几种：

（1）转换软件。转换软件可以帮助用户将原有计算机系统的文件，转换成翻译软件能够理解的平面文件(Flat file)，或是将从翻译软件接收来的平面文件，转换成原计算机系统中的文件。

（2）翻译软件。将平面文件翻译成 EDI 标准格式，或将接收到的 EDI 标准格式翻译成平面文件。

（3）通信软件。将 EDI 标准格式的文件外层加上通信信封，再送到 EDI 系统交换中心的邮箱，或由 EDI 系统交换中心内将接收到的文件取回。

在 EDI 软件中，除了计算机软件外还包括 EDI 标准。美国国家标准局曾制定了一个称为 X12 的标准，用于美国国内。1987 年联合国主持制定了一个有关行政、商业及交通运输的电子数据交换标准，即国际标准 UN/EDIFACT(UN/EDI For AdministrationCommerce and Transportation)。1997 年，X12 被吸收到 EDIFACT，使国际间用统一的标准进行电子数据交换成为了现实。

2. 基于 Internet 的电子商务(20 世纪 90 年代以来)

由于使用 VAN 的费用很高，仅大型企业才会使用，因此限制了基于 EDI 的电子商务应用范围的扩大。20 世纪 90 年代中期后，国际互联网(Internet)迅速走向普及化，逐步地从大学、科研机构走向企业和百姓家庭，其功能也已从信息共享演变为一种大众化的信息传播工具。从 1991 年起，一直排斥在互联网之外的商业贸易活动正式进入到这个王国，从而使电子商务成为互联网应用的最大热点。以直接面对消费者的网络直销模式而闻名的美国戴尔(Dell)公司，1998 年 5 月的在线销售额仅 500 万美元，而到了 2006 年销售额已高达 559 亿美元。另一个网络新贵亚马逊(Amazon.com)网上书店的营业收入从 1996 年的 1580 万美元猛增到 1998 年的 4 亿美元。依照美国 Media Metrix 的总用户浏览时间衡量，eBay 是全球因特网上最受欢迎的购物网站。eBay 公司也是互联网上最大的个人对个人的拍卖网站，这个跳蚤市场 1998 年第一季度的销售额就达 1 亿美元，2006 年全年合并净营业收入为 60 亿美元。像这样的营业性网站，在 1995 年仅有 2000 个；而到 1998 年短短的三年时间里，就急剧地升到了 42.4 万个。

10.2.3　国内某区域电子商务的应用

我们曾经对浙江一些地区的电子商务应用做了一些调查，如宁波、温州等地，不仅了解了企业电子商务应用的水平、采纳的途径，还对部分政府部门的信息化进行了分析。从微观上来讲，电子商务可以提高企业经营管理的效率，为产品开发和市场开拓提供机会；从宏观方面来看，电子商务将密切不同地区之间的经济联系，扩大区域之间的经济技术合作。我国中小企业量多面广，在我国国民经济中具有不可替代的重要地位。电子商务是在把竞赛场地拉平，使得中小型企业像大型企业一样来做生意，扩大它们的市场，销往海外，在全球经济中积极参与竞争。但是，电子商务对于中小型企业来说也是一个巨大的挑战，因为一旦电子商务全面铺开，世界上的每个企业都成为你的竞争者。本来，中小型企业的比较优势是因为它们能够有效地为一个有边界的区域性市场提供服务，而电子商务却要消灭这个边界，中小型企业的生存就会受到威胁。总的来说，电子商务对中小企业和新手是既有机遇又有挑战。宁波中小型企业量大面广、涉及行业多，中小企业在电子商务方面的应用呈现出勃勃生机。具体表现为信息基础建设的力度加大,中小型企业联网组织具有明显的地方特色,中小型企业的整合优势开始发挥。大多数中小型企业希望尽快驶入"电子商务"快车道,充分利用信息技术,以信息化推进工业现代化;强化市场营销,建立全球化新型营销网络,积极开拓国内和国际市场,寻找更多的商机。

根据调查,宁波市进出口企业的电子商务开展得较好,有60%左右通过网络进行商务联络和寻找商机,另有一批企业应用外贸电子商务达成的业务量已占到其总业务量的30%~40%。

1. 企业应用情况

在对宁波市102家企业的调查中发现,这些企业基本上都采用了计算机管理,有的企业已建立了自己的网站或建立了内部局域网,有的企业在应用电子商务方面取得了明显成效。电子商务的应用正日益受到企业,特别是科技型企业经营者的重视。从调研情况看,电子商务在企业的应用可概括为以下几种不同层次:

(1)已经开展电子商务应用,取得了较好收效。102家企业中,已经开展电子商务应用工作或正在开展的企业有39家,占本次调查企业的38.2%。其中,有的企业的电子商务应用工作建立在较完整的内部网基础上。

(2)目前尚未投入应用,但正在积极准备中,已经与电子商务公司进行了洽谈、确立了合作开发意向的有25家,占24.5%。

(3)虽未正式开展应用工作,但对电子商务应用有较大兴趣,准备在适当时机进行开发的企业共23家,占22.5%。

(4)有一些企业不仅尚未开展电子商务的应用,而且目前也未提出实施计划,对电子商务应用工作尚没有采取积极主动的态度,在认识上尚有一定差距。这类企业在这次调查中共有15家,占14.7%。

【案例10-1】 宁波爱文文具有限公司。该公司原来主要做外贸公司的转账业务,1996年底开展电子商务,三个月后就成交了第一笔网上订单。此后与美国、欧洲的十几个客户建立了稳定的业务关系,收购扩建了厂房,产品进入世界各大超市,电子商务成效额达到766万美元。

【案例10-2】 慈溪飞翔集团有限公司作为大型的打火枪、打火机专业生产厂家,有很好的外贸业务基础,既有外贸公司的转单业务,也有自营的外贸业务。1998年开始开展电子商务,现在与美国、欧洲的很多连锁店、商场建立了业务联系,产品已打入沃尔玛超市,成交额稳步上升,大客户开始积累,电子商务年销售额已突破1000万元人民币。

上述企业大都是在20世纪90年代后期开始意识到因特网这个新生事物的魅力,看到其所蕴藏的商机和前途,开始注册域名,制作网页。两三年后通过网络的交易额为企业带来丰厚的利益。

2. 企业开展电子商务的方式

上述各企业介入电子商务的方式各有千秋,甚至有些还不能真正地称之为电子商务,但宁波中小企业追求企业信息化的不懈努力,开创出各种各样"电子商务"应用的模式,给各自的企业创造了更多的商机。中小企业开展电子商务的途径归纳起来有下面几种:

(1)从网上主动寻找商机和查询工作。专职人员从互联网上接受并搜索对自己有用的信息，通过互联网上自动查询的工具软件，只要输入关键词条，计算机就能自动搜索，并能自动建立查询结果数据库。业务人员上班时只要查看数据库，就能捕获有价值信息，而且都是互联网上具有及时性、图文并茂的信息。只要有了国内外同行的产品、客户等信息，再通过其他渠道寻找买家或者直接在贸易中介网站上发布产品供应信息。有些公告牌还是免费的。爱文文具就是很好的例证，该公司利用国际贸易知识，从寻找国际文具商场信息，主动向国际上大的采购商发布产品详细资料。

（2）使用互联网与已合作伙伴互通邮件。采用这种方式沟通信息，可以降低通信成本，方便提供客户需要的即时信息服务，保证及时性，保持原有的客户群。

（3）建立企业自主网站。建立企业网站有很多好处。首先是域名注册保护了自己的品牌，并将公司信息、产品信息、质量保证、联系方式等最完整、最形象地向全球展示。在注册域名时，不仅英文域名是高频字，词义容易理解，让海外客户看了一目了然，而且翻译成的中文网址同样是一高频使用词条。在技术上企业还可以通过主机托管、虚拟主机、空间租用等有效手段，减少前期资金投入，降低技术风险，尽可能提高网站的接入速度，保证客户访问公司网站时不会感到太慢。采取这类方式的企业不是太多，如象山爵溪影达针织厂、宁波华液机器制造有限公司、宁波春龙反光材料有限公司等。企业建立了自己的网站或有了自己的主网，就可以采取各种方式开展电子商务。

3. 企业营销与电子商务应用

（1）链接专业搜索网站。首先是可以在国内外著名搜索门户网站登录，建立免费搜索链接。登录时要注意选择合适的网站类别，网站描述关键词要准确，通俗易懂，且符合英文规范，打入某一类关键字很容易搜索到。其次是公司对外宣传资料（如名片、图册）都注上网站的邮件地址，方便客户上网查询。

网站要经常进行维护，及时更新内容，把新产品信息在国内外著名搜索门户网站上链接有免费和收费两种服务。免费服务不能保证质量，不能保证及时收进搜索目录，有时目录也不能长期保持留用，更糟糕的是每次搜索站点目录时本企业的排名非常靠后，根本不可能被客户注意。而收费服务则大不一样，首要一点是在搜索目录上名次靠前，容易引起客户注意，产生眼球效应，点击进入本企业网站。其次是效益价格比并不算高，如在雅虎上注册一次仅需 199 美元，能服务一年。在雅虎上作有偿接入，投入小，产出多。目前，这种模式对宁波市已建立网站的中小企业最为有效，如宁波永淦工艺品有限公司、宁波贝斯特纺织品有限公司等。

（2）加入贸易电子商务（B to B）交易平台。环球资源、雅虎、美商网、阿里巴巴、实华开、广交会网站等这类著名网站是海外买家采购的重要信息源。它们为企业提供了最有效的国际贸易促进服务，帮助企业进行直接有效的国际宣传，提供或介绍海外采购商和投资商，帮助企业进行国际推广活动，为企业提供符合国际惯例的商业信息咨询服务等，最终使中国企业实现扩大产品出口销售、成功招商引资等。企业一方面可以加入这类网站，与它们合作以得到它们的支持和服务，利用互联网上的企业商业网站进行销售，如利用国际互联网商业网站进行全球销售。另一方面是在这类网站上做广告，通过互联网进行信息发布。这一类电子商务的开展投入相对大一些，但效果更加明显，适合一些实力大、销售额高的企业。宁波软件企业——中福瑞达电子商务有限公司推出的提供国际贸易全程服务的网上交易平台"精品之窗"，使智能搜索—商品展示—询盘—报盘—回盘—签约等国际贸易流程都可在国际互联网上实现。

（3）直接加入买家采购网。国际上大型买家为了采购方便，允许供应商直接链入自己的网络。如大型连锁店麦德龙、家乐福、沃尔玛等。大型生产企业如通用、福特等，都建立了采购网站，直接加入这类网站的供应商会员，可以获得采购的机会。有条件的企业，可把本企业的 Internet 网络直接与采购平台链接，不仅随时得到商家的采购信息，还可以直接参与商家采购的实时中标。就像全球财富 500 家中就有供应商必须与其联网，然后方可与其发生交易。

上述各种方式还可以组合运用，条件比较好的企业就是灵活地组合两种以上方式开展电子商务。随着信息技术的不断发展，一种新的途径——ASP（Application Service Provider）模式越来越受到重视。所谓 ASP 模式是指客户租用服务商的软件，包括各种定制服务。ASP 模式也分许多种，有技术上租用而运营上没有租用关系的，还有技术、运营等全部租用的等等。

10.3 电子商务的构成

众所周知，经济活动发展离不开四种流：信息流、资金流、物流和商流。而电子商务的结构也是围绕这四流而铺开的。众多对策和措施是为了顺利实现四流的运转而设计的。因此，从四种流的角度，我们可以得出一个电子商务的整体框架，如图 10-1 所示。

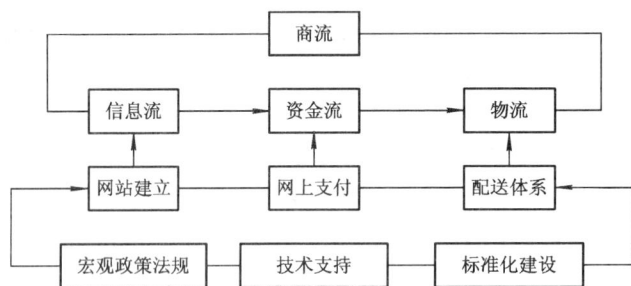

图 10-1 电子商务总框架

由图 10-1 所示，我们可将电子商务的构成表述为 3F＋2S＋P。也就是说，电子商务为了顺利实现三个流（3F），即信息流、资金流和物流，而商流就是由这三种流汇集而成的，它是交易的核心，其他三流的顺利实施才能保证商流的达成。2S 分别表示安全技术和标准化建设，一个 P 表示政策法规。后面的 2S、1P 等主要为前面四种流的顺利实现打基础，是一个必要的支持条件。

10.3.1 电子商务的发展框架

电子商务技术框架从宏观角度上指出要实现电子商务体系的各应用层面和众多支持条件。该框架整体上可分为三个层次和两个支柱，如图 10-2 所示。自底向上，从最基础的技术层到电子商务的应用层依次分为：网络层、多媒体信息发布层、一般业务服务层；两个支柱是各种技术标准和国家宏观的政策、法律。三个层次依次代表电子商务顺利实施的各级应用层次，而两边的支柱则是电子商务顺利应用的坚实基础。

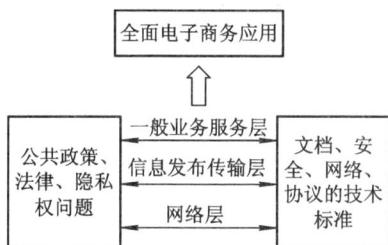

图 10-2　电子商务框架

三个层次的详细解释如图 10-3、图 10-4 和图 10-5 所示。

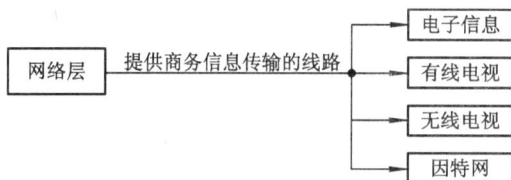

图 10-3　网络层

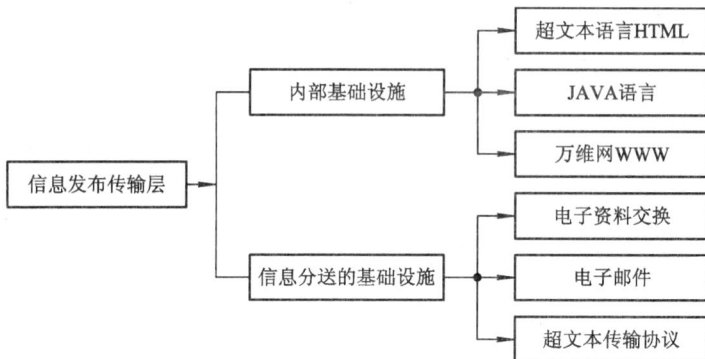

图 10-4　信息发布传输层

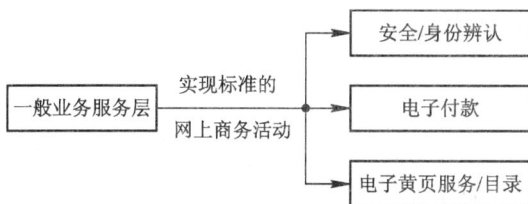

图 10-5　一般业务服务层

由图可见，网络层可通过有线电视、无线电视提供商务信息传输的线路。信息发布传输层分别解决了系统内部信息的发布和系统外部信息的传输。一般业务服务层负责对高级电子商务应用提供服务，如身份的确认、信息的加密技术等。到了电子商务的全面应用阶段，参与者们就可以摆脱技术的问题，顺应各个行业的流程，直接进行很简单的技术操作，便可实现全面电子商务的应用。此时的电子商务全面应用可以实现商务的电子化操作，企业业务流程也完成重组。

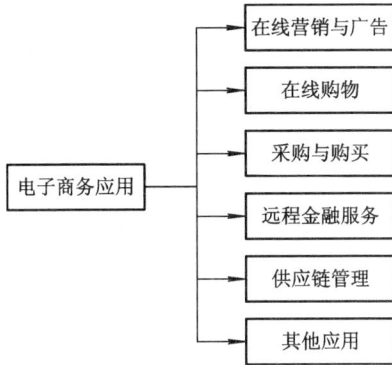

图 10-6 电子商务应用

电子商务的两个支柱的详细解释如图 10-7、图 10-8 所示，主要是标准的技术协议和支持政策。

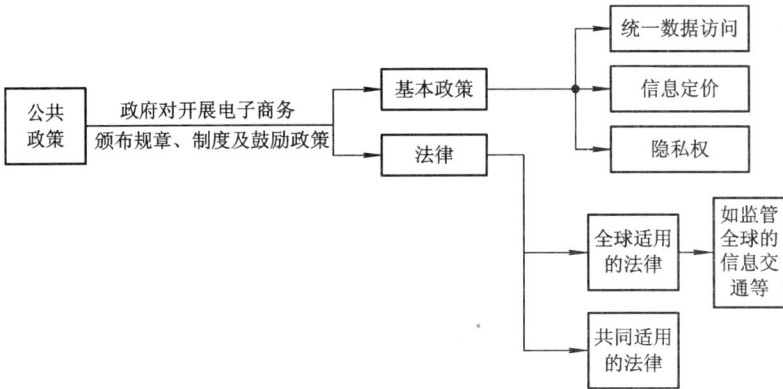

图 10-7 公共政策

图 10-8 技术标准

10.3.2 应用与技术的协同

1. 以 Web 为核心的电子商务架构

Web 是发展电子商务的软件基础，是一个全球性的信息架构。它以快速、经济和易使用的方式整合了许多层面的在线内容和信息服务。目前的电子商务应用是以 Web 为基础的，图 10-9 描述了构成以 Web 为主的电子商务架构的主要组件：客户端浏览、Web 服务器和其他厂商的服务。

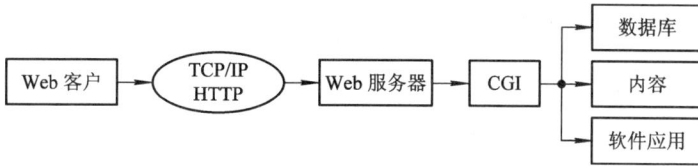

图 10-9　Web 架构

以 Web 为核心的电子商务架构更多是从一个微观的角度看电子商务的发展，并且在技术层面全面阐述电子商务活动实现所需要的环节。构成 Web 架构的组件主要包括下面几个：Web 客户端，Web 服务器，超文本传输协议（HTTP），超文本标识语言（HTML）和通用网关界面（CGI）。依靠它们各自的特点，以 Web 为核心的电子商务架构得以实施。表 10-1 描述了 Web 组件的特性。

表 10-1　Web 组件的特性

组　　件	特　　性
Web 客户端	为存取和显示内容提供一个图形使用界面，如微软的 IE，网易的领航员（Navigator）
Web 服务器	存储文件或其他内容的硬件和软件的组合。如微软的因特网信息服务器，网络的通信服务器
超文本传输协议	提供了一种能够让服务器与浏览器之间沟通的语言
超文本标识语言	是一种包含文字、窗体及图形信息的超文本文件的语言
通用网关界面	是介于 Web 服务器和应用之间的一个标准界面，它可以用来整合数据库和 Web

2. 以应用为目的的电子商务架构

电子商务应用是由电子商务系统中的主要元素，如安全认证（Certificate Authority，CA）、支付网关、业务应用系统、客户终端等通过互联网来实现的。电子商务应用贵在能够全面渗透到各行各业。

以狭义的电子商务概念为例，互联网的应用涉及到很多传统产业，迫使他们转变思想，重组业务流程，实施行业的电子商务。银行开展网上银行服务，证券业也积极从事证券网上交易，传统商家纷纷建立自己的网站，通过网上商场买卖商品。与此同时，在传统经济环境下没有的新行业也应运而生，如内容服务商（ICP）、网络服务商（ISP）、数据中心（IDC）、CA 等。所以，从应用角度来看电子商务整体架构如图 10-10 所示。

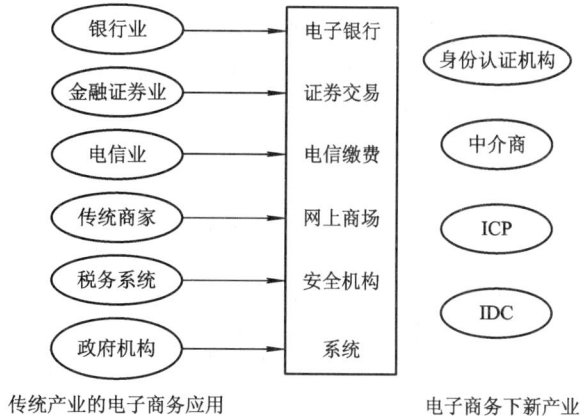

图 10-10　以应用为主的电子商务整体架构

10.3.3 电子商务网络支撑平台

1. 三大类网络基础

电子商务的运行是以 Internet、Intranet、Extranet 为基础的,因此有人把因特网(Internet)、内联网(Intranet)、外联网(Extranet)定义为电子商务的三大网络基础。借助这三大类网络进行交易,交易各方可做到降低经营成本、增加商业价值并创造新的商机,其间关系如图 10-11。

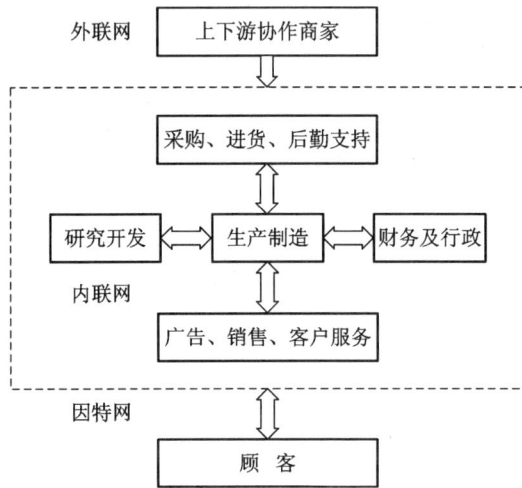

图 10-11 因特网/内联网/外联网上的电子商务示意图

2. 三大流循环流动

前面已经提到,与传统商务一样,电子商务离不开三种流:信息流、资金流、物流,在整个过程中这三种流在循环流动。因此,电子商务系统包含三个关键网络构成要素:

(1) 信息网。信息网提供了电子商务参与各方之间的信息传送与处理功能。

(2) 金融网。金融网提供交易各方在线或离线的支付功能。

(3) 运输网。当商品是实体时,运输网将其从一方传递到另一方。

电子商务是一个以信息网为载体的信息流,以金融网为载体的资金流和以运输网为载体的实物流所构成的有机整体,如图 10-12 所示。

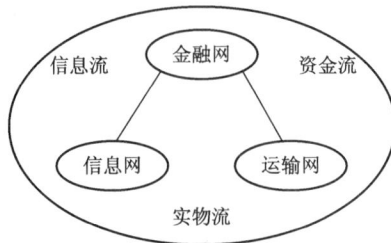

图 10-12 电子商务的组成要素

10.3.4　电子商务与 MIS 的关系

有人曾对未来市场有过这样的预言："要么电子商务，要么无商可务"。这是从商务活动的方式，提出电子商务时代已经来临了，同时也点明了现代商务的基础是基于网络的。

电子商务主要还是一种商务关系的信息化。为了用现代信息技术来改造传统的商务流程，人们提出了电子商务的概念。电子商务要落到实处，离不开信息技术和管理信息系统的支持，所以有人又称之为电子商务系统或电子商贸系统。

电子商务系统是一个以电子数据处理、环球网络、数据交换和资金汇兑技术为基础，集订货、发货、运输、报送、保险、商检和银行结算为一体的综合商务信息处理系统。电子商务系统的结构由一系列的电子商务标准或协议和信息系统两部分构成。显然，要建设电子商务，既要重视管理信息系统的建设，又要重视电子商务标准或协议的制定。

电子商务信息系统从网络属性上讲属于增值网（Value Added Network，VAN），它可以与其他网络共用某一个物理网络，形成在其他网络基础上的附加增值系统。比如一般电子商务系统都可以建构在因特网（Internet）上。然而，企业要建设自己的电子商务系统，就必须在企业原有管理信息系统基础上按照电子商务的有关标准进行重新规划，合理设置与企业原有管理信息系统的接口，以便做到能与其他企业共享相关的业务数据。当然，电子商务应用系统分好多层次，从最简易的 E-mail 系统到复杂的完全电子商务，硬件、软件要求也从低到高。企业必须根据自身的发展目标和综合实力，寻找适合自己的电子商务应用系统。这就是要做好企业的电子商务战略规划。

对于电子商务与 ERP 的关系，国内已有许多研究，主要观点是将两者进行整合。既然 ERP 是一种 MIS，那么自然就会将电子商务与 MIS 联系在一起。对于电子商务与 MIS 的关系，国内外至少有四种观点：分裂论、集成论、不同发展阶段论与耦合关系论。

1. 分裂论

电子商务与 MIS 是各自独立的，因为它们规划设计不同，开发渠道也不同。

2. 集成论

一是建立并集成企业内部的 ERP、CRM、SCM 和 BI 系统，提高企业内部业务活动的效率，二是通过互联网提升企业之间的分工与协同效率。

3. 不同发展阶段论

企业管理从"手工"发展到"半自动"，再到"内部 MIS"，未来将是"电子商务"，是企业在不同时期呈现出来的不同管理模式。电子商务的雏型——EDI 就是一种在 MIS——电子数据处理系统的基础上发展起来的。在国外，就有一种包含了 MIS 的 EDI 应用系统，而且凡是 EDI 获得成功，取得效率的企业，其 MIS 一定是比较成熟的。

4. 耦合关系论

耦合就是指两个实体相互依赖于对方的一个量度。由于电子商务与 MIS 都是以企业的数据作为基础的，所以，两者存在着耦合，而且，根据两者运用数据库系统的异同，这种耦合还可分为松耦合与紧耦合。当电子商务可以实时地存取企业 MIS 中的数据时，是紧耦合；如果电子商务具有独立的信息系统，在与企业 MIS 进行数据交换时，采用调用专用模块来实现，这时就是松耦合。

10.4　电子商务的交易过程

10.4.1　电子商务系统的类型

1. 按照商业活动的运作方式分类

按照商业活动的运作方式不同,电子商务可分为完全电子商务和非完全电子商务两种类型。

完全电子商务是指完全可以通过电子商务方式实现和完成整个交易的行为和过程,即其商品或者服务的全部交易过程都是在网络上实现的。它能使交易双方超越地理空间的障碍进行电子交易,不受时间、空间和地理位置限制,充分挖掘全球市场的潜力,以很低的运作成本在全球开展商务活动。它一般限于服务或数字化产品,如发布商务信息、提供信息服务、音像、软件等。

非完全电子商务是指不能完全依靠电子商务方式实现和完成完整交易的交易行为和过程,一般适合于物质化产品的交易,所以要依靠一些外部因素。

2. 按照开展电子交易的形式分类

按照开展电子交易的形式的不同,电子商务可分为本地电子商务、远程国内电子商务和全球电子商务。

本地电子商务通常是指利用本城市或本地区的信息网络实现的电子商务活动,电子交易的范围较小。它是开展远程国内电子商务和全球电子商务的基础系统,因此,建立和完善本地电子商务是实现全球电子商务的关键。

远程国内电子商务是指在本国范围内进行的网上电子交易活动,其交易的地域范围较广,对软、硬件和技术要求较高,要求在全国范围内实现商业电子化、自动化,以及金融电子化,交易各方具备一定的电子商务知识、经济能力和技术能力,并具有一定的管理能力。

全球电子商务是指在全世界范围内进行的电子交易活动,参加电子商务的交易各方通过网络进行贸易活动。它涉及到有关交易各方的相关系统,如买卖方国家进出口公司系统、海关系统、银行金融系统、税务系统以及保险系统等。

3. 按照商务活动的内容分类

按照商务活动的内容不同,电子商务可分为间接电子商务和直接电子商务。

间接电子商务是指有形货物的电子订货与付款等活动,它依然需要利用传统渠道如邮政服务和商业快递车等送货。

直接电子商务是指无形货物或者服务的订货与付款等活动,如某些计算机软件、娱乐内容的联机订购、付款和交付,或者是全球规模的信息服务。

直接和间接电子商务都提供特有的机会,同一公司往往是二者兼顾。间接电子商务要依靠一些外部因素,如运输系统的效率等。直接电子商务能使双方跨越时空限制,直接进行交易,可以充分挖掘全球的市场潜力。

4．按照交易对象分类

按照交易对象的不同，电子商务可分为 B2B、B2C、B2G、C2G、B2E、C2C 等。

企业与企业之间的电子商务(Business to Business，简称 B to B 或 B2B)：供求企业之间以及协作企业之间，利用网络交换信息、传递各种票据、支付货款，从而使商务活动全过程实现电子化。通过专用网络或增值网络进行的电子数据交换，这种类型的电子商务是最早而且最为典型的应用。近两年来，随着因特网的发展，越来越多的企业和公司已经开始利用 Extranet(外联网)进行贸易活动。

企业和消费者之间的电子商务(Business to Consumer，简称 B to C 或 B2C)：企业和消费者之间的电子商务的典型应用是网上购物，即电子化的销售。它随着万维网的出现而迅速发展起来。目前，在因特网上遍布电子零售活动。这个层次的电子商务活动通常基于Internet 进行。

企业和政府之间的电子商务(B to G 或 B2G)：这种电子商务活动可以覆盖企业、公司与政府组织间的各种事务，如网上办证，网上报税，公布政府采购清单，企业以电子化方式来完成对政府采购的响应等。

消费者和政府之间的电子商务(C to G 或 C2G)：这方面的电子商务应用目前尚未出现，但随着企业和消费者之间及企业和政府之间电子商务的发展，政府也许会把电子商务扩展到福利费发放和税款征收方面，例如征管部门可以通过网络进行个人所得税及其他一些税务的申报、征缴。B2G 和 C2G 的电子商务又称为电子政务。

企业和教育机构的电子商务(B to E 或 B2E)：如合作科研、合作培养人才等。

消费者和消费者之间的电子商务(C to C 或 C2C)：这是最终消费者之间的网络交易活动，可能没有商家的参与，如网上拍卖、网上二手货交易等。

5．按照使用网络的类型分类

按照使用网络的类型不同，电子商务可分为基于 EDI 的电子商务、基于 Internet 的电子商务以及基于 Intranet 的电子商务。

基于 EDI 的电子商务就是利用 EDI 网络进行电子交易。EDI 是指将商业或行政事务按照公认的标准形成结构化的事务处理或文档数据格式，进而将这些结构化的文档数据经由网络从一台计算机传到另一台计算机的电子传输方法。也就是按照商定的协议，将商业文件标准化和格式化，并通过计算机网络，与贸易伙伴进行数据的交换和自动处理。这是一种传统意义的电子商务，主要是商家之间即 B2B 型，现在逐渐发展为基于外联网(Extranet)的电子商务。

基于 Internet 的电子商务就是利用 Internet 进行电子交易。在这种电子商务中，商家通过因特网进行信息的发布、产品的宣传以及网上销售、售前售后服务等等。这类商务活动主要是 B2C 型电子商务。

基于 Intranet 的电子商务就是利用内联网进行电子交易。Intranet 是在 Internet 基础上发展起来的企业内部网，是在原有局域网上附加一些特定的软件，将局域网与 Internet 连接起来，从而形成的企业内部网络。

10.4.2　交易的三大环节

电子商务交易的过程可以分为三个环节。

第一个环节是信息交流阶段。对于商家来说，此环节是发布信息阶段，主要是精心挑选和组织自己的商品信息并建立自己的网页，然后加入名气较大、影响力较强、点击率较高的著名网站中，让尽可能多的人们了解和认识。对于买方来说，此环节是去网上寻找商品以及商品信息的阶段，主要是根据自己的需要，上网查找自己所需的信息和商品，并选择信誉好、服务好、价格低廉的商家。

第二个环节是签订商品合同阶段。对于B2B(商家对商家)来说，这一环节是签订合同、完成必需的商贸票据的交换过程。要注意的是数据的准确性、可靠性、不可更改性等复杂的问题。对于B2C(商家对个人客户)来说，这一环节是完成购物订单的签订过程，顾客要将自己选好的商品、联系地址、送货方式、付款方法等在网上签好后提交给商家，商家在收到订单后发邮件或打电话核实上述内容。

第三个环节是按照合同进行商品交接、资金结算阶段。这一环节是整个商品交易过程中非常关键的环节，不仅涉及到资金在网上的准确、安全性，同时也涉及到商品配送的准确、及时性。在这个环节需要银行业、配送系统的介入，在技术上、法律上、标准上等等方面有更高的要求。网上交易的成功与否就取决于这个环节。

10.4.3　电子商务对社会的影响

为什么基于互联网的电子商务对企业具有如此大的吸引力呢？这是因为它比基于EDI的电子商务具有以下一些明显的优势。

1. 费用低廉

由于互联网是国际的开放性网络，使用费用很便宜，一般来说，其费用不到VAN的四分之一，这一优势使得许多企业尤其是中小企业对其非常感兴趣。

2. 覆盖面广

互联网几乎遍及全球的各个角落，用户通过普通电话线就可以方便地与贸易伙伴传递商业信息和文件。

3. 功能更全面

互联网可以全面支持不同类型的用户实现不同层次的商务目标，如发布电子商情、在线洽谈、建立虚拟商场或网上银行等。

4. 使用更灵活

基于互联网的电子商务可以不受特殊数据交换协议的限制，任何商业文件或单证可以直接通过填写与现行的纸面单证格式一致的屏幕单证来完成，不需要再进行翻译，任何人都能看懂或直接使用。

随着电子商务魅力的日渐显露，虚拟企业、虚拟银行、网络营销、网上购物、网上支付、网络广告等一大批前所未闻的新词汇正在为人们所熟悉和认同，这些词汇同时也从另一个侧面反映了电子商务正在对社会和经济产生的影响。

(1)电子商务将改变商务活动的方式。传统的商务活动最典型的情景就是"推销员满天飞"，"采购员遍地跑"，"说破了嘴、跑断了腿"；消费者在商场中筋疲力尽地寻找自己所需要的商品。现在，通过互联网只要动动手就可以了。

（2）电子商务将改变人们的消费方式。网上购物的最大特征是消费者的主导性，购物意愿掌握在消费者手中；同时消费者还能以一种轻松自由的自我服务的方式来完成交易。消费者主权可以在网络购物中充分体现出来。

（3）电子商务将改变企业的生产方式。由于电子商务是一种快捷、方便的购物手段，消费者的个性化、特殊化需要可以通过网络及时展示在生产厂商面前。

（4）电子商务将对传统行业带来一场革命。电子商务是在商务活动的全过程中，通过人与电子通信方式的结合，极大地提高商务活动的效率，减少不必要的中间环节，传统的制造业籍此进入小批量、多品种的时代，"零库存"成为可能；传统的零售业和批发业开创了"无店铺"、"网上营销"的新模式；各种在线服务为传统服务业提供了全新的服务方式。

（5）电子商务将带来一个全新的金融业。由于在线电子支付是电子商务的关键环节，也是电子商务得以顺利发展的基础条件，随着电子商务在电子交易环节上的突破，网上银行、银行卡支付网络、银行电子支付系统以及网上服务、电子支票、电子现金等服务，将传统的金融业带入了一个全新的领域。

（6）电子商务为中小企业的发展提供了更多的机会。中小企业由于其本身规模的限制，相对大企业来说，资金、购销渠道等都比较薄弱，而电子商务以较低的成本为企业带来广阔的采购、销售机会。

（7）电子商务将转变政府的行为。政府承担着大量的社会、经济、文化的管理和服务功能，尤其作为"看得见的手"，在调节市场经济运行、防止市场失灵带来的不足方面有着很大的作用。在电子商务时代，当企业应用电子商务进行生产经营，银行是金融电子化，以及消费者实现网上消费的同时，将同样对政府管理行为提出新的要求。电子政府或称网上政府，将随着电子商务发展而成为一个重要的社会角色。

总而言之，作为一种商务活动过程，电子商务将带来一场史无前例的革命。其对社会经济的影响会远远超过商务的本身，除了上述这些影响外，它还将对就业、法律制度以及文化教育等带来巨大的影响，它会将人类真正带入信息社会。

10.5　电子商务战略规划

信息技术具有双重应用价值。信息化既是公司经营的技术手段，又是一种战略，一种战略管理的工具，而且信息技术的战略作用没有受到足够的重视。一个组织不仅在最高层有战略规划，而且，在中层和基层也有战略规划。每层战略规划都应符合上层战略规划的约束。任何组织的战略规划都在动态中发展，而且在不同时期，可能需要根据环境条件和政策策略进行调整。电子商务的兴起使得电子商务的建设与开发摆脱了传统的、迟缓与分散的方式，逐步走上了高效率、专业化、多样化的阶段。电子商务战略是商家们抢占先机的有力武器，因此，掌握、学习电子商务战略规划的基本知识和具体方法至关重要。

10.5.1　战略规划的概念

1. 战略规划

美国计算机领域的著名学者詹姆斯·马丁（James Martin）在《战略数据规划方法学》和

《数据库环境的管理》等书中结合管理信息系统开发实例,完整、系统地论述了开发策略和方法学。一个组织的战略规划应当是有效的,所谓有效包括两个方面:一是正确性,即战略规划中的战略是正确的,也就是说应做到组织资源的良好利用和与环境的良好匹配;二是可行性,即战略规划中的战略适合于该组织的管理过程,也就是与组织活动的良好匹配。因此,一个有效的战略规划具有以下特点:

(1)可执行性。战略明确、容易理解、可操作,能真正起到管理工作的指导作用。

(2)可落实性。战略计划要求逐级落实。上层部门制定的战略一般应以方向和约束的形式传达至下级,下级接受任务并将之细化,然后再以同样的方式向下传达,整个战略规划通过不断细化直至落实到不可分解为止。

(3)可变更性。对战略规划应当进行周期性的复核和评审,这就要求战略规划有较强的灵活性,容易适应变更的需要。

2. 企业战略规划

一个企业是一个不断调整、变化以适应环境要求的系统。随着企业的规模越来越大并日趋复杂,需要日益先进的方法使企业所有活动实现一体化。因此,需要有计划地为企业提供关于发展方向与目标、约束与政策、阶段任务与衡量指标等信息,而起着这种作用的就是企业的战略规划。

企业战略规划涉及以下内容:

(1)目标规范。包括企业规模、市场占有率、利润预测、投资回收率等。

(2)范围确定。包括产品、市场、用户以及产品价格与质量关系等。

(3)竞争优势。包括特种市场地位、独特产品的优势、管理技术优势及信息资源优势等。

(4)资源分配。包括物质资源和信息资源的投入、分配、开发等。

3. 电子商务战略规划

自 20 世纪 60 年代起,信息系统战略规划就受到企业界和学术界的高度重视,许多学者和组织在实践的基础上提出了不同的方法。但是在电子商务战略规划的进行过程中,遇到了从未遇到过的问题:

(1)各种电子商务战略规划方法的规划特点和规划过程各不相同。

(2)各种电子商务战略规划方法所解决的问题和适用范围有很大区别。

(3)正在进行电子商务规划的组织对规划的要求和侧重点也不尽相同。

(4)特别要指出的是,目前越来越多的企业正在进行电子商务的建设,而组织的特点、类型和对规划的具体需求又是多种多样,因此,如何正确应用电子商务战略规划方法,针对组织的具体特点和规划需求来进行战略规划,成为电子商务建设中迫在眉睫的问题。

电子商务战略规划是关于电子商务长远发展的规划。它既可以看成是企业战略规划的一个重要组成部分,也可以看成是企业战略规划下的一个专门性规划。

电子商务战略规划主要解决如下四个问题:如何保证电子商务规划同它所服务的组织和总体战略上的一致?怎样为该组织设计出一个电子商务总体结构,并在此基础上设置、开发应用系统?面对相互竞争的应用系统,应如何拟定优先开发计划和资源配置计划?面对前三个阶段的工作,应怎样选择并应用行之有效的设计方法?

在现代社会中,信息已成为企业的生命线,信息资源是企业的一项重要财富,信息资源管理是企业管理的重要组成部分,电子商务的运行与企业的运营方式息息相关,所以,不仅要在资源上、经费上、时间上给予充分考虑,更要在观念上给予高度重视,做出全方位的规划。许多事实还证明,电子商务战略规划可以直接为企业带来积极影响,如更准确地识别出哪些是实现企业目标所必须完成的任务,发现潜在问题,为企业更合理地安排各种业务活动提供依据。

一般情况下,如果将电子商务战略规划看成是企业战略规划下的一个专门性规划,它将是在制定企业战略之后配合其结果和要求来制定的。另一种情况则将电子商务战略规划看成是企业战略规划的一个组成部分,即在制定企业战略规划中的生产规划、市场规划等的同时制定电子商务战略规划。由于信息管理的规划涉及到生产、市场等多个部门的规划,因此,要强调电子商务战略规划与企业战略规划整体的协调。总之,不论电子商务战略规划是作为企业战略规划的一部分还是一个专门性规划,都应与企业战略规划有机地配合。正如一些电子商务规划专家所指出的:如何使一个企业中的电子商务发展战略与企业发展战略保持一致是电子商务战略规划工作的核心问题之一。

4. 战略规划与电子商务

当一个企业制定和调整企业战略规划时,它完全可以借助已有的电子商务提供支持。正如前面所提到的,电子商务具有双重作用,其中它的战略性作用正在被人们所认识。电子商务应用系统能提供许多连续的、规范化的信息,同时也包括企业内外两方面的以及原始的或经过分析的信息来支持企业战略规划制定的全过程。

10.5.2　战略规划的目标与组织

1. 战略规划的目标

目前在电子商务战略规划工作中,存在着两种性质截然不同的思路。一种思路是希望增加企业的硬件和软件系统的能力,即使战略不成功至少还留下了资产。另一种思路则是强调建立更好的组织模式,目的是给计划和控制提供良好的管理信息。不论哪一种思路,都必须根据以前的情况来预测战略规划执行期间的技术和管理上的进展,而且,也要考虑将来的组织结构、产品情况和业务系统。更重要的是,要确保所制定的电子商务战略规划的目标与组织的战略规划的目标相一致。

2. 战略规划的作用

信息资源环境的复杂性使电子商务规划工作的好坏成为电子商务成败的关键。一个有效的电子商务战略规划可以使电子商务和用户建立较好的关系,可以做到信息资源的合理分配和利用,从而节省电子商务的投资。一个有效的电子商务战略规划可以促进电子商务应用的深化,为企业带来更高的经济效益。有效的电子商务战略规划还可以作为一个标准,考核电子商务开发人员的工作,明确他们的努力方向。电子商务战略规划的制定过程本身也是迫使企业领导回顾过去的工作,发现可改进的地方的过程。只有进行电子商务战略规划才可以保证电子商务中信息的一致性,避免电子商务成为"沙滩上的房屋"。

3. 战略规划的内容

电子商务战略规划一般既包含三年或更长的长期计划,也包含一年的短期计划。长期计划部分指明了总的发展方向，而短期计划部分则为作业和资金工作的具体责任提供依据。一般说来，整个战略规划包括四项主要内容：

(1) 电子商务的目标、约束与结构。

(2) 当前的能力状况。

(3) 对影响计划的信息技术发展的预测。

(4) 近期计划。

对电子商务的战略规划需要不断修改。人员的变化、技术的变革、组织自身的变化都可能影响到整个规划，甚至一种新的硬件或软件的推出也能影响到规划。除此之外，修改规划的原因还可能来自电子商务之外的事物，如财务限制、政府的规章制度、竞争对手采取的行动等。

4. 战略规划的组织

一般来讲，战略规划要有下面三个组织：

(1) 规划领导小组。

(2) 人员培训机构。

(3) 进度控制人员。

10.5.3　战略规划的步骤

下面介绍诺兰(Nolan)的阶段模型、信息系统战略规划的三阶段模型和制定电子商务战略规划的具体步骤。

1. 诺兰的阶段模型

在一些国家、地区或部门，电子商务的建设刚刚起步，而在另一些地区，电子商务的建设已经趋于成熟。诺兰的阶段模型反映了信息化的发展阶段，将其运用在电子商务的战略规划中，可以使电子商务的各种特性与系统生长的不同阶段对应起来，从而成为电子商务规划工作的框架。因此，如果能够明确一个企业目前所处的成长阶段，就能够对它的战略规划提出一系列的限制条件和做出针对性的规划方案。

诺兰在 1973 年首次提出的信息系统发展阶段理论确定了四个不同生长阶段，到 1980 年，诺兰又把上述模型扩展成六个阶段，如图 10-13 所示。

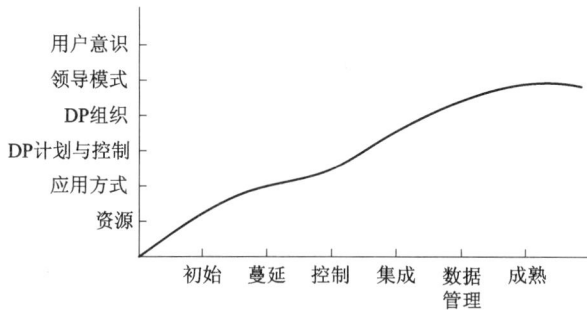

图 10-13　诺兰的模型阶段

　　图中的水平轴列出了六个发展阶段，垂直轴列出增长要素，曲线表示六个阶段的信息系统预算。显然，曲线基本上是 S 形，即在第一阶段、第二阶段，预算上升很快，在第三阶段较为平缓，第四阶段又逐步上升，第五阶段、第六阶段又变得平缓。

　　第一阶段：初始阶段。企业购置第一台用于管理的计算机，表明是信息系统开发初始阶段。在这一阶段，各级管理人员对信息系统从不认识到有点认识，支持、组织开发出了一两个简单的应用系统。初始阶段的计算机一般是在会计、统计等部门。这些简单的应用系统的运行所产生的效益和效率使得人们对信息系统的认识大大提高，逐渐进入了蔓延阶段。

　　第二阶段：蔓延阶段。随着计算机应用见到效果，信息系统从最初的一些部门向各个部门扩散。这一阶段是数据处理发展最快的一个阶段，用户感到计算机在事务处理上的好处，计算机利用率不断提高，各部门都开发了大量应用程序，但这时由于缺乏综合系统开发，出现了信息冗余、代码不一致、信息难以共享等混乱局面。在 20 世纪 60 年代，美国多数公司经历了这个阶段，当时由于无控制的技术刺激和松弛的管理，使计算机应用猛增，但只有一小部分收到实际的效益。

　　第三阶段：控制阶段。由于广大管理人员都认识到了计算机信息系统的优越性，纷纷购置设备，开发支持自身管理的信息系统，使得硬件、软件投资和开发费用急剧增长，增长到一定程度便会受到控制，即进入控制阶段。这个阶段除了各项投资费用受到控制外，还要求完善各个子系统的功能以提高现有计算机应用的效益，其发展速度与前两个阶段相比要缓慢得多。管理部门了解到他们的计算机系统超出控制，计算机预算每年以 30%～40% 的比例增长，而投资的回收却不理想，同时随着应用经验逐渐丰富，应用项目不断积累，客观上也要求加强组织协调。于是，就出现了由企业领导和职能部门负责人参加的领导小组，对整个企业的系统建设进行统筹规划，特别是利用数据库技术解决数据共享问题。这时，严格的控制阶段便代替了蔓延阶段。诺兰认为，第三阶段将是实现从以计算机管理为主转向以数据管理为主的关键，一般发展较慢。

　　第四阶段：集成阶段。由于发现分散开发的系统不能互通、信息不能共享等一系列问题，就产生了从全局出发，建立一个支持全企业的信息系统的集成阶段。在集成阶段，信息系统的开发首先考虑总体，面向数据库建立稳定的全局数据模型，基于稳定的全局数据模型的功能需求，进而发挥信息"粘合剂"和"倍增剂"的作用。这种开发支持全局信息系统的需求势必带来各项投资费用的增长，但开发速度加快了。

　　第五阶段：数据管理阶段。诺兰认为，在集成阶段之后才会真正进入数据管理阶段。这时，数据真正成为企业的重要资源。鉴于美国在 20 世纪 80 年代多数企业还处在第四阶段，诺兰对第五阶段还无法给出详细的描述。

　　第六阶段：成熟阶段。一般认为，信息系统的成熟表明它可以满足企业的各管理层次要求，从操作层的事务处理(EDP)到中间管理层的控制管理(信息系统)，再到支持高级管理层的决策支持(DSS)，真正实现了信息资源的管理。图中还显示了六种增长要素。第一个增长要素是资源，主要指计算机的软、硬件资源。第二个增长要素是应用方式，如批处理方式和联机方式。第三个增长要素是数据处理计划与控制，从开始的随机的、短期的计划到长期的、战略的计划。第四个增长要素是数据处理组织，确切地说是信息系统功能在组织中所占的地位。在早期，电子信息处理功能常归属于财务部门，计算机被看成是和计算器一样的附属品，到第三阶段、第四阶段后，信息系统才发展成独立的活动部分。第五个增长要素是领导模式。在第一阶段、第二阶段，技术领导是主要的，随着用户和上层管理人员越来越了解信息系统，在第五、六阶段，上层管理部门开始与信息系统管理部门一起决定发展战略。最后一个增长要素是信息系统用户意识的改变，即从操作管理级的用户发展到中层和上层管理级。

诺兰模型是对计算机信息系统发展历程的总结。诺兰曲线是一种波浪式的发展过程，反映了一定的发展规律，跳过某个或某几个阶段是不大可能的。但是，随着人们对电子商务认识的提高，可以压缩某些阶段的时间，特别是蔓延阶段的时间。

诺兰的阶段理论既可以用于诊断当前所处在哪个生长阶段、向什么方向前进、怎样管理对研制最有效，也可以用于对各种变动的安排，进而以一种可行方式转至下一生长阶段。虽然系统生长现象是连续的，但各阶段则是离散的。在制定战略规划过程中，根据各阶段之间的转换和随之而来的各种特性的逐渐出现，运用诺兰模型辅助规划的制定，将它作为信息系统规划指南是十分有益的。

2．信息系统战略规划的三阶段模型

目前，已有许多方法用于信息系统的规划工作，各种方法在规划中所起的作用和地位是不同的。由鲍曼（B. Bowman）、戴维斯（G. B. Davis）等所研制的信息系统计划工作的三阶段模型，阐明了广义战略规划的制定活动以及各活动的顺序与可选用的技术和方法（见图 10－14）。

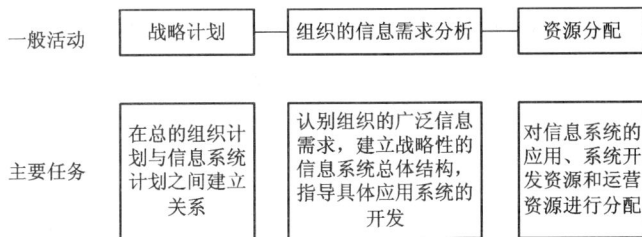

图 10－14　信息系统战略规划的三阶段模型

三阶段模型有助于人们了解规划问题的本质并选择适当的规划阶段，可减少规划方法使用不当造成的混乱，对进行电子商务规划也可给予实质性的指导。

3．制定电子商务战略规划的具体步骤

（1）确定规划性质。检查企业的战略规划，确定电子商务战略规划的年限和规划方法。

（2）收集相关信息。收集来自企业内部和外部环境中的与战略规划有关的各种信息。

（3）进行战略分析。对电子商务的战略目标、开发方法、功能结构、计划活动、信息部门情况、财务状况、所承担的风险程度和政策等多方面进行分析。

（4）定义约束条件。根据财务资源、人力资源、信息设备资源等方面的限制，定义电子商务的约束条件和政策。

（5）明确战略目标。根据分析结果与约束条件，确定电子商务的战略目标，也就是在规划结束时，电子商务应具有怎样的能力，包括服务的范围、质量等多方面。

（6）提出未来框图。选择未来的电子商务的思路，勾画出未来电子商务的框图，产生子系统划分表等。

（7）选择开发方案。对电子商务进行分析，根据资源的限制，选择一些适宜的项目优先开发，制定出总体开发顺序。

（8）提出实施进度。在确定每个项目的优先权后，估计项目成本、人员要求等，以此作为整个时期的任务、成本与进度表。

（9）通过战略规划。将战略规划书写成文，书写过程中不断征求用户、电子商务工作者的意见。战略规划经企业领导批准后生效，并将它合并到企业战略规划中。

小　　结

电子商务是随着信息技术、网络的发展而出现的一种利用电子网络进行的商务活动，特指在计算机与通信网络基础上，利用电子工具实现商贸活动和行政作业的全过程。其内容包含两个方面，一是电子方式；二是商贸活动。电子商务有多种不同的分类方法，按照商业活动的运作方式、开展电子交易的形式、商务活动的内容、交易对象和使用网络的类型等可以把电子商务分成多种类型。整个电子商务的交易过程由信息交流阶段、签订商品合同阶段和按合同进行商品交换、资金结算阶段组成。

一个有效的战略规划具有以下特点：可执行性、可落实性、可变更性。企业战略规划涉及以下内容：目标规范、范围确定、竞争优势、资源分配。

电子商务战略规划是将组织目标、支持组织目标所必需的信息、提供这些必需信息的电子商务，以及这些电子商务的实施等诸要素集成的电子商务方案，是面向组织中电子商务发展远景的系统开发计划的，电子商务战略规划可帮助组织充分利用电子商务及其潜能来规范组织内部管理，提高组织工作效率和顾客满意度，为组织获取竞争优势，实现组织的宗旨、目标和战略。

电子商务战略规划有狭义和广义两个概念。广义的战略规划是指电子商务的整个建设计划，既包括战略计划，也包括信息需求分析和资源分配。狭义的电子商务战略规划则不包括后面分析的内容。

电子商务战略规划的目标：制定同组织发展战略目标相一致的电子商务发展战略目标。战略规划的内容：电子商务的目标，约束与结构，当前的能力状况，对影响计划的信息技术发展的预测，近期计划。

战略规划的组织包括：规划领导小组，人员培训，时间规定。

诺兰提出的信息系统发展阶段理论确定了生长的六个阶段：初始阶段、蔓延阶段、控制阶段、集成阶段、数据管理阶段、成熟阶段。这一理论模型可用在电子商务的战略发展之中。

制定电子商务战略规划的具体步骤如下：确定规划性质，收集相关信息，进行战略分析，定义约束条件，明确战略目标，提出未来略图，选择开发方案，提出实施进度，通过战略规划。

习　　题

10-1　说明一个完整的电子商务过程所需要的要素、阶段。

10-2　描述 B2B、B2C 的含义，并举例说明。

10-3　用实际例子分析电子商务与 MIS 的关系。

10-4　动手做一个个人网站。

10-5　什么是企业的战略规划？企业战略规划包括哪些内容？

10-6　什么是电子商务战略规划？

10-7　电子商务战略规划主要解决哪些问题？

10-8　如何理解电子商务战略规划与企业战略规划之间的关系？

10-9　战略规划的目标、作用是什么？

10-10　战略规划包括哪些内容？

10-11　战略规划的组织中规划领导小组的作用是什么？

10-12　什么是诺兰的阶段模型？它提出了什么理论及具体内容是什么？

10-13　信息系统战略规划的三阶段模型中各阶段的主要任务是什么？对电子商务战略规划有何指导意义？

10-14　制定战略规划有哪些具体步骤？

10-15　什么是电子商务应用系统？

参考文献

[1] (美)康纳. 信号. 张怀林，译. 北京：科学出版社，1982.

[2] 黎明. 信息时代的哲学思考. 北京：中国展望出版社，1987.

[3] 王燮臣，等. 管理信息系统. 杭州：浙江大学出版社，1989.

[4] 李芳芸，等. 计算机软件技术基础. 北京：清华大学出版社，1993.

[5] 邱家武. 管理信息系统. 北京：中国统计出版社，1994.

[6] 朴顺玉、陈禹. 管理信息系统. 北京：中国人民大学出版社，1995.

[7] 杨竹健. 面向对象技术与面向对象数据库. 西安：西北工业大学出版社，1996.

[8] Laudon, Kenneth C. , Laudon, Jane P. Essentials of management information systems：organization and technology. 2nd. Upper Saddle River：Prentice-Hall, Inc. , 1997.

[9] (英)Stephen Haag. 信息时代的管理信息系统. 北京：机械工业出版社，1998.

[10] (美)舒尔特海斯. 管理信息系统. 北京：机械工业出版社，1998.

[11] 毕强. 网络信息资源管理. 长春：吉林科学技术出版社，1999.

[12] 陈余年，方美琪. 信息工程中面向对象方法. 北京：清华大学出版社，1999.

[13] 姜旭平. 信息系统开发方法. 北京：机械工业出版社，1999.

[14] 薛华成. 管理信息系统 .3 版. 北京：清华大学出版社，1999.

[15] 严建援. 管理信息系统. 太原：山西经济出版社，1999.

[16] 宋远方，成栋. 管理信息系统. 北京：中国人民大学出版社，1999.

[17] (美)切舍尔. 电子商务与企业通讯. 沈伦，译. 北京：清华大学出版社，2000.

[18] 李亚民. 计算机组成与系统结构. 北京：清华大学出版社，2000.

[19] 孙强南，孙昱东. 计算机系统结构. 2 版. 北京：科学出版社，2000.

[20] 张菊鹏，等. 计算机硬件技术基础. 2 版. 北京：清华大学出版社，2000.

[21] 高传善，等. 数据通信与计算机网络. 北京：高等教育出版社，2000.

[22] 雷振甲. 计算机网络. 西安：西安电子科技大学出版社，2000.

[23] 蔡皖东. 计算机网络. 西安：西安电子科技大学出版社，2000.

[24] 斯库塞斯，等. 管理信息系统. 李一军，译. 大连：东北财经大学出版社，2000.

[25] 安忠. 管理信息系统实用教程. 2 版. 北京：中国铁道工业出版社，2000.

[26] 黄梯云，李一军. 管理信息系统(修订版). 北京：高等教育出版社，2000.

[27] 陈广宇. 管理信息系统应用与开发. 北京：中国人民公安大学出版社，2000.

[28] 王汉新. 管理信息系统教程(管理学核心教材). 北京：中国劳动出版社，2000.

[29] Stair, Ralph M. , Reynolds, George W. Principles of information systems：a managerial approach. 5th edition. Boston：Course Technology, 2001.

[30] 王众托. 企业信息化与管理变革. 北京：中国人民大学出版社，2001.

[31]　丁宁. 信息技术与企业组织创新. 北京：经济管理出版社，2001.

[32]　艾德才. 计算机信息管理基础. 北京：中国水利水电出版社，2001.

[33]　阎菲. 软件工程. 北京：中国水利水电出版社，2001.

[34]　甘仞初. 管理信息系统. 北京：机械工业出版社，2001.

[35]　张靖，杜梅先. 管理信息系统. 上海：上海财经大学出版社，2001.

[36]　黄叔武，杨一平. 计算机网络工程教程. 北京：清华大学出版社，2001.

[37]　张骞. 信息系统分析与设计. 北京：高等教育出版社，2001.

[38]　谢希仁. 计算机网络. 北京：清华大学出版社，2001.

[39]　曾凡奇. 基于 Internet 的管理信息交流. 北京：中国财政经济出版社，2001.

[40]　张国峰. 管理信息系统. 北京：机械工业出版社，2001.

[41]　陈景艳. 管理信息系统. 北京：中国铁道工业出版社，2001.

[42]　章祥荪，等. 管理信息系统理论与规划方法. 北京：科学出版社，2001.

[43]　耿骞，等. 信息系统分析与设计. 北京：高等教育出版社，2001.

[44]　李东. 管理信息系统的理论与应用. 2 版. 北京：北京大学出版社，2001.

[45]　朱顺泉，姜灵敏. 管理信息系统理论与实务. 北京：人民邮电出版社，2001.

[46]　左美云，邝孔武. 信息系统的开发与管理教程. 北京：清华大学出版社，2001.

[47]　易荣华. 管理信息系统. 北京：高等教育出版社，2001.

[48]　邵培基. 管理信息系统. 成都：电子科技大学出版社，2001.

[49]　仲秋雁，刘友德. 管理信息系统. 大连：大连理工大学出版社，2001.

[50]　张金城. 管理信息系统. 北京：北京大学出版社，2001.

[51]　曾凡奇，林小苹、邓先礼. 基于 INTERNET 的管理信息系统. 北京：中国财政经济出版社，2001.

[52]　O'Brien, James A. Management information systems: managing information technology in the e-business enterprise. 5th edition. New York: McGraw-Hill, 2002.

[53]　张维明. 信息系统原理与工程. 北京：电子工业出版社，2002.

[54]　苏选良. 管理信息系统. 北京：电子工业出版社，2003.

[55]　梅姝娥，陈伟达. 管理信息系统. 北京：石油工业出版社，2003.

[56]　刘鹏. 管理信息系统. 上海：上海财经大学出版社，2003.

[57]　滕佳东. 管理信息系统. 大连：东北财经大学出版社，2003.

[58]　袁红清，韩明华. 管理信息系统：电子商务视角. 上海：立信会计出版社，2003.

[59]　徐敏奎，邱立新. 管理信息系统. 北京：中国标准出版社，2003.

[60]　李永平. 管理信息系统. 北京：科学出版社，2003.

[61]　彭澎，等. 管理信息系统. 北京：机械工业出版社，2003.

[62]　安忠，佟志臣. 管理信息系统. 北京：经济科学出版社，2003.

[63]　吴琮璠，谢清佳. 管理信息系统. 上海：复旦大学出版社，2003.

[64]　陈戈止，王道清. 管理信息系统. 成都：西南财经大学出版社，2004.

[65]　张建林. 管理信息系统. 杭州：浙江大学出版社，2004.

[66]　刘鹏，等. 管理信息系统. 武汉：武汉大学出版社，2004.

[67]　蔡淑琴. 管理信息系统. 北京：科学出版社，2004.

［68］　张志清. 管理信息系统实用教程. 北京：电子工业出版社，2005.

［69］　张月玲，卢潇. 管理信息系统. 北京：清华大学出版社，2005.

［70］　陈国青，李一军. 管理信息系统. 北京：清华大学出版社，2006.